浙江省高职院校“十四五”重点立项建设教材
高等职业教育系列教材

工业现场总线通信技术

主　编　丁文晖　徐　晶
副主编　魏　彬　夏　天　李超燕　王　萌
参　编　忻尚丰　金娇娇　孔艺梦　刘　鑫　张秋豪　朱思颖

机 械 工 业 出 版 社

本书根据智能制造类企业中自动化设备的设计、安装、编程、调试等岗位的职业技能要求编写而成，通过 14 个任务，介绍了工业通信技术常用的 RS-232 通信、RS-485 通信、以太网通信，PLC 与二维码、RFID 卡通信，PLC 与变频器通信，PLC 之间组网通信，PLC 与温控器、远程 IO 模块、热敏打印机之间通信。本书内容丰富、结构合理，且理论与实践相结合。

本书可作为职业院校、职业本科院校电气自动化技术、机电一体化技术、工业互联网技术、物联网应用技术、计算机应用技术等专业相关课程的配套教材，也可作为自动化工程技术人员的培训用书。

本书为新形态立体化教材、双色印刷，可实现教、学、做一体化，配套数字资源包括微课、PPT 和源程序等。教师可登录 www.cmpedu.com 免费注册，审核通过后下载，或联系编辑索取（微信：13261377872，电话：010-88379739）。

图书在版编目（CIP）数据

工业现场总线通信技术 / 丁文晖，徐晶主编．北京：机械工业出版社，2024．9．--（高等职业教育系列教材）．-- ISBN 978-7-111-76710-7

Ⅰ．TP336；TN91

中国国家版本馆 CIP 数据核字第 2024GZ3313 号

机械工业出版社（北京市百万庄大街 22 号　邮政编码 100037）
策划编辑：李文铁　　　责任编辑：李文铁　赵小花
责任校对：曹若菲　张　薇　　　责任印制：刘　媛
北京中科印刷有限公司印刷
2025 年 1 月第 1 版第 1 次印刷
184mm×260mm · 17.5 印张 · 456 千字
标准书号：ISBN 978-7-111-76710-7
定价：69.90 元

电话服务
客服电话：010-88361066
010-88379833
010-68326294

网络服务
机　工　官　网：www.cmpbook.com
机　工　官　博：weibo.com/cmp1952
金　书　网：www.golden-book.com
机工教育服务网：www.cmpedu.com

Preface

前 言

党的二十大报告提出，“坚持把发展经济的着力点放在实体经济上，推进新型工业化，加快建设制造强国、质量强国、航天强国、交通强国、网络强国、数字中国。实施产业基础再造工程和重大技术装备攻关工程，支持专精特新企业发展，推动制造业高端化、智能化、绿色化发展。”

工业现场总线作为连接工业现场设备和控制设备的重要桥梁，对完成工业现场设备数据的采集，实现各类工业现场设备的数字化、信息化起到了重要的支撑作用。

本书面向自动化类、工业互联网类、物联网类、计算类相关专业，适应新时代智能制造企业数字化转型升级发展需求。本书根据工业自动化现场一线项目调试的实战经验，以及企业数字化转型的实际需求编写而成。作为面向高职高专学生的新型专业技术教材，本书兼顾“技能、知识、现场”的深度融合，注重学生职业生涯的可持续发展。

为满足快速发展的先进智能制造企业对工业自动化技术人员知识和能力的需求，在本书策划阶段，我们深入先进制造企业，从目前技改及新设备、新系统研发角度深入了解企业实际需求，并调研工业自动化技术人员目前所需的专业知识、岗位技能和职业素养。针对目前业界急需的工业通信实践类教材，将企业最需要的 PLC 与变频器通信、PLC 系统之间组网通信等先进工业现场实际工作任务转化为课程教学项目，从而满足企业对先进技术技能人才培养的需要。

在内容编排上，本书选取了工业自动化现场常见的通信应用场景，这 14 个任务由浅入深地根据学生的认知规律进行编排。本书以真实生产项目、典型工作任务等为载体，突出与现场实际相结合，从简单的计算机之间通信，到 PLC 对工业标签的采集、变频器的通信控制、PLC 之间的通信组网以及常见工业通信产品（温控仪表、远程 IO 模块、微型打印机）的通信。学生通过本书的学习，可以为将来从事工业自动化及工业物联网等相关岗位奠定坚实的基础。

本书根据“做中学”的教学理念，从学生认知规律出发，为适应学生学习习惯，对所需教授内容进行**“通信领域→实践项目→实施任务→具体步骤”多次分解**，进一步降低学习难度，且每一个操作步骤均提供视频资源。

本书结合企业实际需求，以及先进技术人才培养规律，具有如下特色与创新点：

（1）模块化设计，层次分明，满足人才培养要求

本书根据工业通信常见工作场景，按照“由易到难”的方式进行项目的学习。考虑到各个院校的实训设备并不统一，采用 PLC 新旧型号搭配的方式，进行相关内容的讲解，尽可能满足各院校的实训条件。

（2）深入浅出，图文并茂，操作清晰

以编写“手把手”工作手册式教材为指导思想，对项目、任务、实施步骤进行多级分层细化，对关键的实施步骤采用“表格为框架、文字说明与操作步骤图片相结合”的方式进行详细说明。

（3）结合新技术、新应用，直面企业需求

随着制造业自动化与信息化技术的深度交融，企业对工业设备的通信技术需求日趋旺盛。本书结合企业实际，对工业常用通信技术进行项目化教学，通过系统与设备之间通信，实现设备的数据采集、数据共享、数据修改等。

（4）注重素养教育的融合，实现知识、技能、双创、素养互融互通

本书以智能制造助力社会共同富裕为目标，引导学生树立社会主义核心价值观，强调技术创新与社会责任的结合，引导读者在追求技术进步的同时，不忘初心，牢记使命，为构建人类命运共同体贡献自己的力量。

作为一本新型专业课程教材，本书以**真实企业项目、典型工业通信任务**等为载体，突出了产业发展的**新技术、新工艺、新规范**的应用。

本书由宁波职业技术学院丁文晖和徐晶主编，魏彬、夏天、李超燕、王萌为副主编，忻尚丰、金娇娇、孔艺梦、刘鑫、张秋豪、朱思颖参加了编写。其中，丁文晖负责全书构思、设计、统稿以及初稿编写，徐晶负责全书课程思政内容的整合以及书稿校对，宁波中控微电子魏彬对本书项目 1 和项目 2 的内容进行审核，并对本书中通信协议部分进行编写指导。宁波港股份有限公司北仑第二集装箱码头分公司夏天为本书提供了丰富的企业应用案例，李超燕对本书的架构设计进行具体指导，王萌负责全书的校对整理工作，忻尚丰对本书实践项目进行验证，金娇娇对本书文稿格式进行修订，孔艺梦、刘鑫、张秋豪、朱思颖对本书图片、视频进行拍摄制作。宁波职业技术学院王民权教授对本书的编写工作提出了很多的宝贵意见。宁波市职业技术教育中心学校高级教师潘波对本书编写中的样例、行文格式提出了具体建议。本书在编写过程中得到了宁波北仑天技智能科技有限责任公司的大力支持。在此向参与并支持本书出版的所有团队成员表示衷心的感谢！

为了更好地提供教学服务和支持，特建立本课程的教学服务群（QQ 群：932615163），欢迎就教材和课程进行交流和研讨。

由于编者水平有限，书中错误和不妥之处在所难免，欢迎读者批评指正。联系邮箱：18969860643@189. cn。

编　者

目 录 Contents

项目 4 PLC 之间组网通信 …… 169

项目 5 PLC 与其他工业组件之间通信 …… 221

参考文献 …… 274

项目 1 认识基础工业通信

【项目背景】

人和人需要沟通，通过沟通增进彼此联系，通过沟通实现相互协作，完成个体无法完成的事情。其实计算机、PLC 等控制设备也是一样，很多任务往往单台设备无法独立完成，需要与其他设备通过沟通和协作共同完成。

这就要求设备具有类似嘴巴一样能发出一些信息的装置，通过空气进行声音的传播，让其他设备听到，同时设备自己要有类似耳朵的装置，接收其他设备发出的信息。而通信接口就是计算机、PLC 等控制设备的嘴巴和耳朵，负责数据的发送和接收，连接计算机通信接口的线路就是数据传播的媒介，再通过相关的软件进行处理就可以完成一项项的多机协同任务。

本项目将具体介绍通过 RS-232、RS-485、以太网通信接口实现计算机之间的数据交互的具体方法及步骤。

【项目描述】

受甲方委托需要对某高新制造企业进行生产数字化系统升级改造，自动化项目总工程师已初步完成总体方案设计。您作为实习现场工程师，需要在公司内部完成工业通信基础知识技能培训，经过培训后方可参与现场项目实施。

【任务分解】

- 2 台计算机通过 RS-232 通信接口，实现计算机之间的数据交互。
- 3 台计算机通过 RS-485 通信接口，实现计算机之间的数据交互。
- 3 台计算机通过以太网 UDP/TCP 协议，实现计算机之间的数据交互。

【素质目标】

- 通过连接通信线路，培养安全操作、文明操作、规范操作的意识。
- 通过参数设置，培养认真细致的工作态度以及严谨的工作作风。
- 通过多机通信数据交互，培养团队协作的能力。

【知识目标】

- 掌握 RS-232、RS-485、以太网接口的硬件结构、引脚定义、电气特性以及各接口的特点。
- 掌握串行通信的参数定义。
- 理解十六进制（HEX）与 ASCII 码的转换关系。
- 理解以太网 UDP/TCP 协议通信原理。

【技能目标】

- 能够连接 RS-232、RS-485 和以太网通信线路。
- 能够设置计算机 COM 口、以太网通信参数。
- 能够使用 RS-232、RS-485、以太网分别实现计算机之间的数据交互。

任务 1.1 2 台计算机之间的 RS-232 通信

【任务导读】

本任务将详细介绍如何使用硬件（RS-232 通信接口）及软件（串口调试助手），实现 2 台计算机之间的数据通信。通过本项目，读者可以学到 RS-232 接口、串口通信参数、十六进制与 ASCII 码数据格式等知识，为后续使用 RS-232 通信接口完成通信项目打下基础。

【任务目标】

2 台计算机通过 RS-232 通信接口，进行数据收发。

【任务准备】

1）任务准备软硬件清单见表 1-1。

表 1-1 任务准备软硬件清单

序号	器件名称	数量	用途
1	带 USB 口的计算机（或个人笔记本计算机）	2	通信的 2 台设备
2	天技 T125A USB 转 232&485 模块（即 T125A 模块）	2	将 USB 接口转换成 RS-232 接口
3	打印机数据线	2	连接计算机 USB 口与 T125A 模块
4	双母头交叉串口线	1	连接 2 个 T125A 模块
5	串口调试助手（软件）	1	计算机串口数据收发软件

2）任务关键实物清单图片如图 1-1 所示。

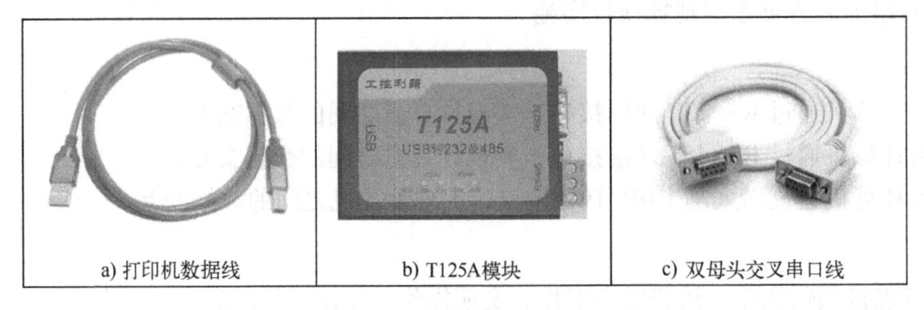

a) 打印机数据线　b) T125A模块　c) 双母头交叉串口线

图 1-1 任务关键实物清单图片

【任务实施】

本任务通过 RS-232 通信连接，实现 2 台计算机之间的数据通信，具体实施步骤可分解为 4 个小任务，如图 1-2 所示。

小任务 1：硬件线路连接，采用双母头交叉串口线将 2 台计算机通过 RS-232 通信接口在物理上实现连接。

小任务 2：计算机 COM 口编号设置，确保通信时 COM 口的设置正确。

小任务 3：十六进制单字节收发数据通信，2 台计算机之间通过 RS-232 数据通信接口实现字节收发通信。

小任务 4：ASCII 字符收发数据通信，2 台计算机之间通过 RS-232 数据通信接口实现 ASCII 字符收发通信。

小任务1：2台计算机RS-232通信连接 → 小任务2：计算机COM口编号设置 → 小任务3：2台计算机单字节收发通信 → 小任务4：2台计算机字符收发通信

图1-2　2台计算机之间RS-232通信连接的实施步骤

1.1.1　2台计算机RS-232通信连接

［目标］

完成2台计算机RS-232接口的扩展以及2台计算机之间通信线路的连接。

［描述］

两台计算机进行相互通信时，可以使用计算机扩展USB转RS-232接口设备实现计算机内部串行数据转换成RS-232标准的通信电平，再配接一条RS-232通信数据线完成两台计算机的数据通信。

该任务的系统接线图如图1-3所示，系统通信架构图如图1-4所示。

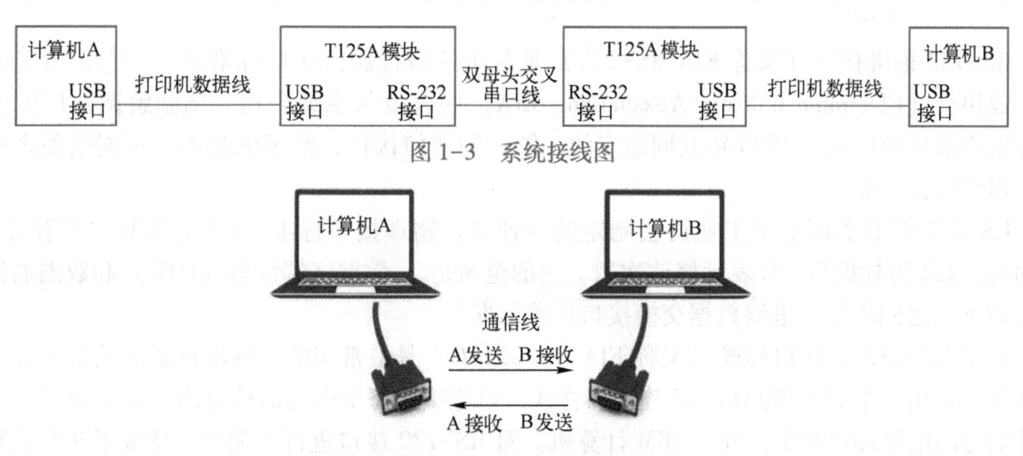

图1-3　系统接线图

图1-4　系统通信架构图

［实施］

2台计算机通信线路连接的操作步骤见表1-2。

表1-2　2台计算机通信线路连接的操作步骤

操作步骤	操作说明	示意图
1)	使用打印机数据线将计算机USB接口与T125A模块进行连接，打印机数据线的A公头接至计算机，B公头接至T125A模块。 计算机A、计算机B都按图所示方式进行连接	打印机数据线 T125A

（续）

操作步骤	操作说明	示意图
2）	使用双母头交叉串口线，将 2 台 T125A 模块的串口进行连接，如右图所示。 当模块正常工作时，蓝色电源指示灯会亮起	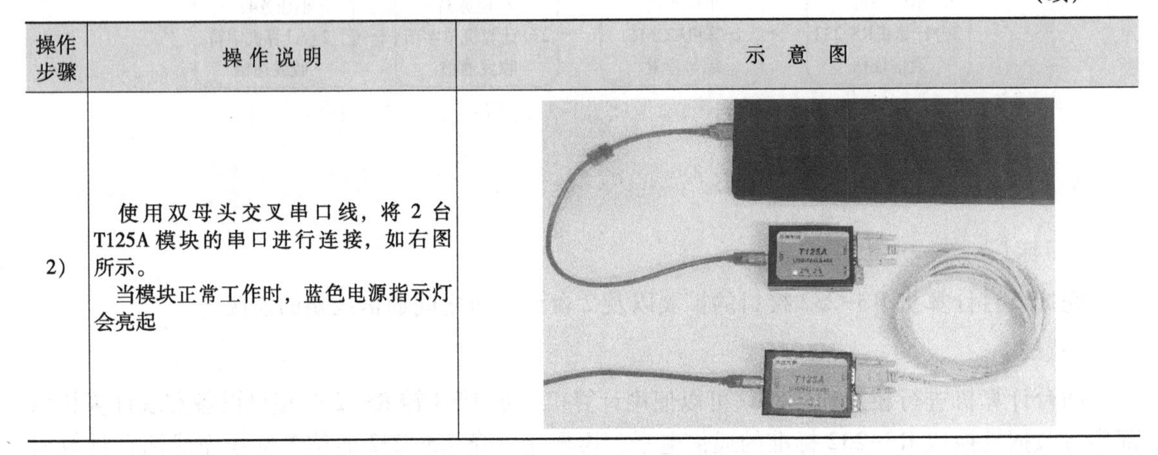

[相关知识]

1. RS-232 接口

RS-232 标准接口（又称 EIA RS-232）是常用的串行通信接口标准之一，它是由美国电子工业协会（Electronic Industry Association，EIA）联合贝尔系统公司、调制解调器厂家及各计算机终端生产厂家于 1970 年共同制定的。统一的通信接口，使不同品牌、不同设备之间的数据通信成为可能。

RS-232-C 是美国电子工业协会制定的一种串行物理接口标准。RS 是英文“推荐标准”的缩写，232 为标识号，C 表示修改次数。它的全名是“数据终端设备（DTE）和数据通信设备（DCE）之间串行二进制数据交换接口技术标准”。

目前 RS-232-C 接口标准（又称 EIA RS-232-C）是最常用的一种串行通信接口标准。该标准规定采用一个 25 引脚 DB-25 连接器样式，对连接器每个引脚的信号内容加以规定，还对各种信号的电平加以规定。此后 IBM 计算机。对 RS-232 接口进行了简化，变成了 9 个引脚的 DB-9 连接器样式，该样式随着普遍使用从而成为事实标准。工业控制的 RS-232 接口一般只使用 RXD、TXD、GND 这 3 个引脚。

重要：

在工业中，一般只使用 RS-232 接口的 RXD、TXD、GND 这 3 个引脚，它们的定义如下。

- RXD：用于接收数据；
- TXD：用于发送数据；
- GND：信号地（或称为公共端）。

2. RS-232 接口硬件

表 1-3 所示的 M（针形）公头实物图和 F（孔形）母头实物图，在早期的计算机主板上能见到金属 9 条针形。每个引脚都有各自不同的功能定义。随着技术的发展以及软件处理能力的提高，很多引脚的功能已经不再需要。但是机械结构依旧保持之前的，并没有改动。在进行设备通信时，一般使用 2、3、5 这 3 个引脚来实现数据的发送和接收。

计算机侧串口的外观、引脚分配及功能定义见表 1-3。

表 1-3　计算机侧串口的外观、引脚分配及功能定义

		计算机侧针形（M 公头）接口功能		
		DB9-M	功能定义	重要性
M针形公头实物图	F孔形母头实物图	1	载波检测 DCD	
		2	接收数据 RXD	重要
		3	发送数据 TXD	重要
1 5 6 9 DB9-M引脚序号定义图	5 1 9 6 DB9-F引脚序号分配图	4	数据终端准备 DTR	
		5	信号地 GND	重要
		6	数据装置准备 DSR	
		7	请求发送 RTS	
		8	清除发送 CTS	
		9	响铃指示 RI	

注意：
RS-232 接口为 9 针结构，电子行业中使用“DB9”来表示。又因其分为针形和孔形（下文的电气接线会介绍），电子行业使用 M 表示针形、F 表示孔形；业界人士一般称针形为“公头”、孔形为“母头”。计算机侧一般为 DB9-M 针形

3. RS-232 接口的电气特性

RS-232 接口具有独立的接收和发送引脚，所以可以实现同时接收和发送通信数据的功能（即全双工通信）。

RS-232 接口信号线的电压为负逻辑关系。即：

- 逻辑数据为“1”时，输出-3～-15 V；
- 逻辑数据为“0”时，输出+3～+15 V。

也就是说数据接收时，当接收到高于+3 V 的电平信号时，RS-232 通信接口识别为逻辑数据“0”。当接收到低于-3 V 的电平信号时，RS-232 通信接口识别为逻辑数据“1”。要求外部干扰电压低于±2 V。

RS-232 电气接口电路发送电平与接收电平的差为 2～3 V，所以其共模抑制能力较差，容易受共地噪声和外部干扰的影响，再加上信号线之间的分布电容，因此其传送距离最大为 15 m。

4. T125A 模块

T125A 模块外观说明见表 1-4，该模块具有 USB 转 RS-232 与 RS-485 的功能，且 RS-232 与 RS-485 两种接口相互独立。在计算机中生成独立的 2 个 COM 口。通过连接计算机的 1 个 USB 接口，可同时进行 RS-232、RS-485 通信接口的调试。在现场调试时，可使用 RS-232 接口调试 PLC，同时又可使用 RS-485 接口调试变频器等外部设备。

表 1-4　T125A 模块外观说明

<table>
<tr><td>左侧</td><td></td><td>左图为 USB-A 型接口，常见于打印机设备，因其可靠性高，被广泛应用于工业控制场合</td></tr>
<tr><td>正面</td><td>
</td><td>左图下侧有 5 个指示灯，具体含义为：
<table>
<tr><th>标识</th><th>指示灯</th><th>接口</th><th>功 能 定 义</th></tr>
<tr><td>POW</td><td>蓝色</td><td>—</td><td>电源指示</td></tr>
<tr><td>1TXD</td><td>红色</td><td>RS-232</td><td>232 发送数据指示</td></tr>
<tr><td>1RXD</td><td>绿色</td><td>RS-232</td><td>232 接收数据指示</td></tr>
<tr><td>2TXD</td><td>红色</td><td>RS-485</td><td>485 发送数据指示</td></tr>
<tr><td>2RXD</td><td>绿色</td><td>RS-485</td><td>485 接收数据指示</td></tr>
</table></td></tr>
<tr><td>右侧</td><td>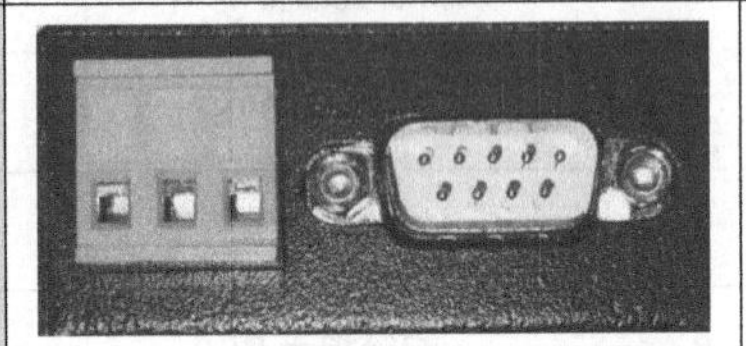</td><td>左图中，最左边 3 位橘色的端子为 RS-485 通信接口，从左至右，分别为 RS-485 接口的 A+、B-、GND。
右侧的 DB9-M 接口为 RS-232 接口，其中第 2、3、5 引脚分别为 RXD 接收、TXD 发送、GND 公共端</td></tr>
</table>

［知识扩展］

1. 串口通信原理简介

工业控制领域大多数使用单个芯片功能集成的方式研制控制器，如 PLC，类似计算机的简化版，它将 CPU、程序存储器、数据存储器、输入/输出接口电路、定时/计数器、中断控制器等集成在一个芯片上，提高了整个系统的可靠性。

需要与外部设备进行数据通信时，使用芯片的发送、接收这 2 个引脚，对外部设备进行 UART（通用异步收发传输器）通信。UART 功能集成在芯片 MCU（微控制单元）中。

UART 是一种通用串行数据总线，用于异步通信。该总线为双向通信，可以实现传输和接收。作为异步串口通信协议的一种，其工作原理是将传输数据的每个字符一位接一位地传输，如图 1-5 所示。

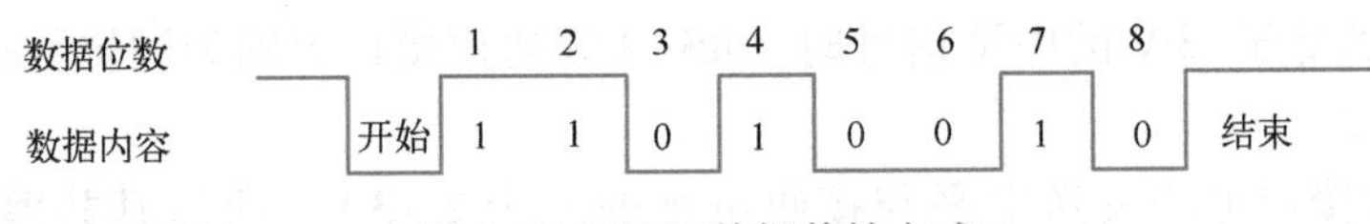

图 1-5　UART 数据传输方式

在 UART 数据总线中，CPU 输出的引脚默认是高电平，当开始传输时，先变为低电平，之后再进行相关数据的发送，当发送完成后，再变为高电平。这就是一个字节（8 bit）的发送过程。不同的 MCU 其输出的电平不同，有 5 V、3.3 V、1.8 V 等，我们称之为 TTL 电平。

众所周知，不同电平标准的设备是不能直接进行通信的。所以需要电平转换芯片，将 TTL 电平转换成符合通用标准的电平进行通信（如 RS-232 接口）。

统一的通信接口为不同设备之间通信的实现提供了可能。本项目将使用工业中比较常用的 RS-232 接口，实现两台计算机之间的数据传输。

2. 2 台计算机 RS-232 接口串行通信过程

本实验使用天技智能研发的 T125A 模块将 USB 接口转换成 RS-232 通信接口，通过 2 个 RS-232 通信接口的数据交互，来完成通信实验。图 1-6 为通信细节描述图。

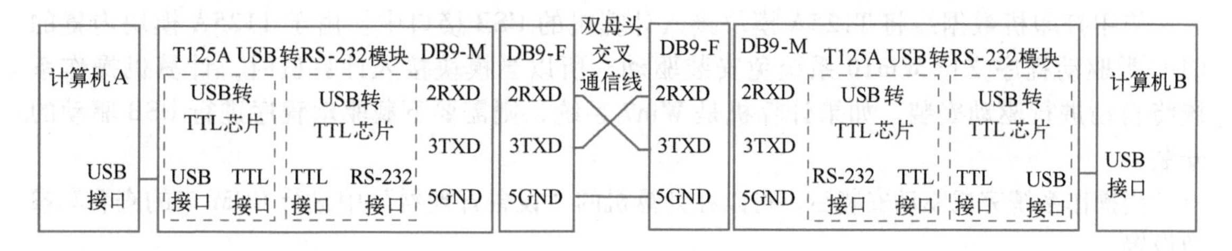

图 1-6　通信细节描述图

两台计算机使用 USB 口外接通信线至 T125A 模块，因为 USB 口自带 5 V 电源，实现了对 T125A 模块的供电。

当计算机 A 发出数据时，首先通过 USB 接口将数据发送至 T125A 模块中，该模块内部有 2 个单独功能的芯片，首先接收到 USB 数据的是“USB 转 TTL 芯片”，该芯片的主要作用是将 USB 串行数据转换成 UART 接口形式的 TTL 电平信号；然后将数据传输至“TTL 转 232 芯片”，该芯片是将 TTL 电平信号转换成标准 RS-232 接口的电平，并通过 DB9-M 针形接口的 3 号引脚发送至双母头交叉通信线 DB9-F 孔型接口的 3 号引脚中。

由于双母头交叉通信线（也称为双母头通信线）内部线路实现了数据引脚 2、3 之间的交叉，从而双母头通信线左侧 3 号引脚的数据被传送至了右侧 2 号引脚处，计算机 A 发出的数据被计算机 B 的“T125A 模块”2 号引脚接收，这样数据就通过相应处理被计算机 B 给接收到了。5 号引脚作为接口的公共端进行相互连接。

当计算机 B 发送数据时，其路径与计算机 A 的数据发送过程相似，发出的数据会被计算机 A 的“T125A 模块”2 号引脚接收。如此便实现了 2 台计算机数据的收发通信。

作者趣谈：

RS-232 接口具有独立的接收和发送引脚，类似电话的话筒和听筒，话筒用来向对方发送信息，而听筒则用来接收对方传过来的信息。需要注意的是，打电话的场景一般发生在 2 个人之间，因此 RS-232 接口通信一般也只能用于 2 台计算机或设备之间。

1.1.2　计算机 COM 口编号设置

［目标］

完成计算机 COM 口编号的查看及设置。

1.1.2　计算机 COM 口编号设置

［描述］

串行通信端口（Cluster Communication Port，COM 口）简称串口，通常用于连接鼠标及通信设备（如条码扫描枪、微型打印机或一些工业设备接口）等，目前广泛应用于工业领域在计算机系统中，使用“端口（COM 和 LPT）”编号来表示不同的通信串口编号。

本任务通过查看计算机的设备管理器，来设置 COM 口编号，并为后续实验做准备。

[实施]

1. 准备

使用打印机数据线将 T125A 模块接入计算机的 USB 接口中。由于 T125A 模块内置的 CDC 类驱动程序支持 Win10 系统免安装驱动，所以当模块接入计算机时，计算机操作系统将自动进行驱动安装。如果计算机是 Win7 系统，则需要下载驱动程序进行 USB 驱动的安装。

当操作系统完成驱动安装后，可以在计算机的“设备管理器”中进行 COM 口的查看和参数设置。

2. 操作步骤

COM 口的查看及参数设置操作步骤见表 1-5 所示。

表 1-5　COM 口的查看及参数设置操作步骤

操作步骤	操作说明	示意图
1)	右击“此电脑”，在弹出菜单中选择“属性”，会弹出系统“设置”界面	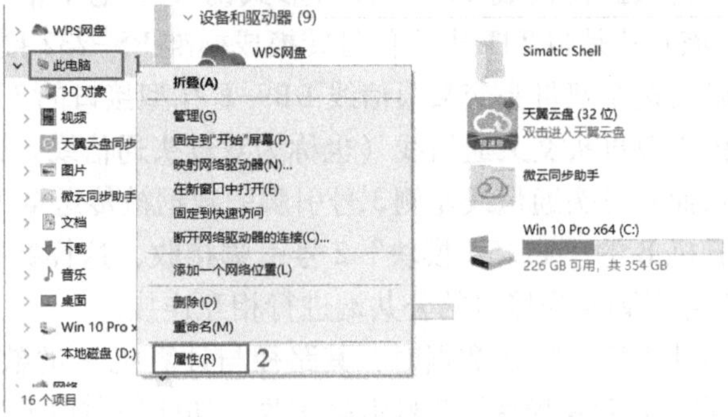 WPS网盘 此电脑 1 3D 对象 视频 天翼云盘同步 图片 微云同步助手 文档 下载 音乐 桌面 Win 10 Pro x 本地磁盘 (D:) 网络 16 个项目 设备和驱动器 (9) WPS网盘 折叠(A) 管理(G) 固定到"开始"屏幕(P) 映射网络驱动器(N)... 在新窗口中打开(E) 固定到快速访问 断开网络驱动器的连接(C)... 添加一个网络位置(L) 删除(D) 重命名(M) 属性(R) 2 Simatic Shell 天翼云盘 (32 位) 双击进入天翼云盘 微云同步助手 Win 10 Pro x64 (C:) 226 GB 可用，共 354 GB
2)	在“设置”界面，先将页面滚动条拉至底部，其次单击“设备管理器”，进入“设备管理器”界面	 设置 主页 查找设置 系统 显示 声音 通知和操作 专注助手 电源和睡眠 电池 存储 平板电脑 多任务处理 关于 更改产品密钥或升级 Windows 阅读适用于我们服务的 Microsoft 服务协议 阅读 Microsoft 软件许可条款 相关设置 BitLocker 设置 设备管理器 2 远程桌面 系统保护 高级系统设置 重命名这台电脑 1 获取帮助 提供反馈

（续）

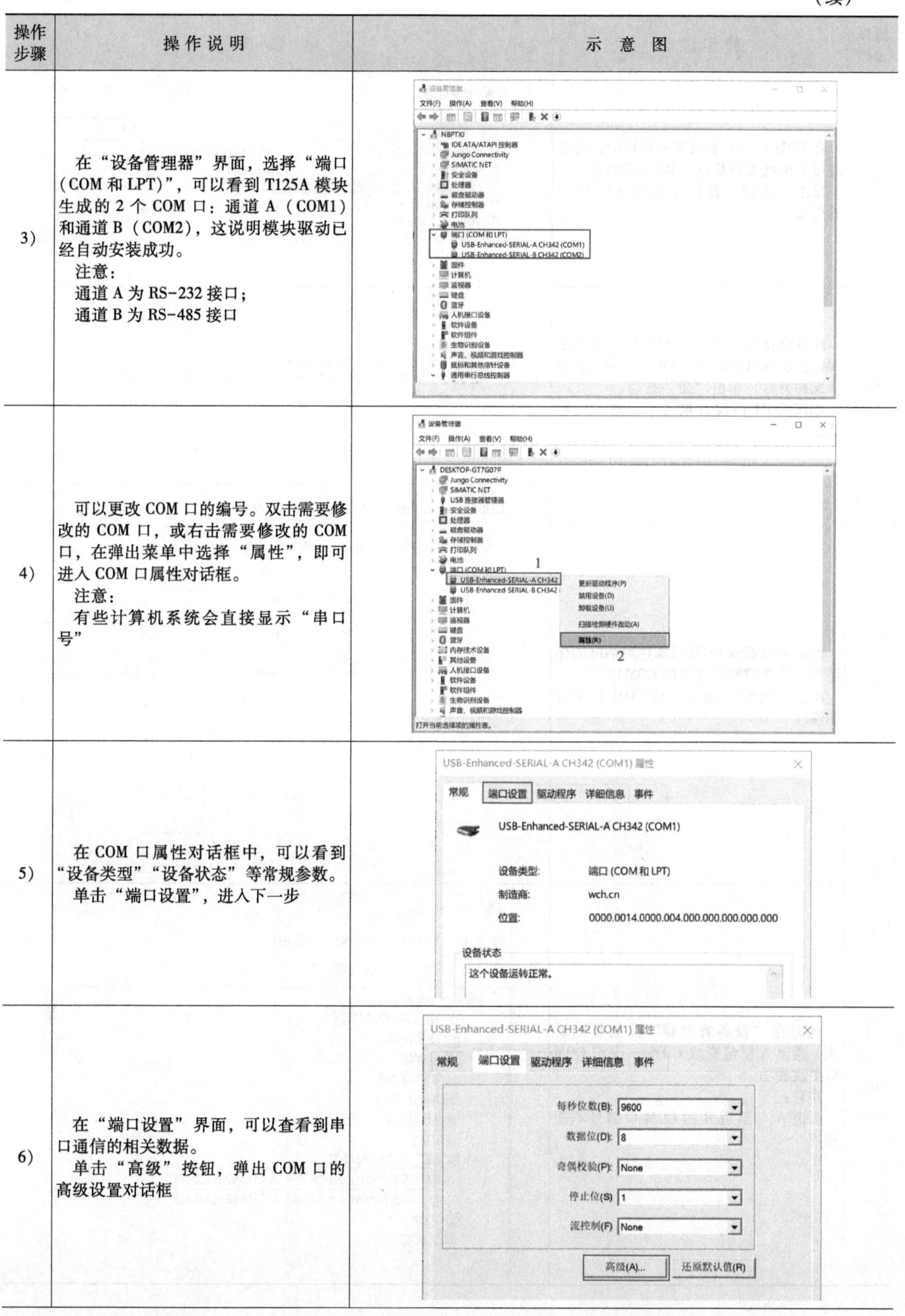

操作步骤	操作说明	示意图
3)	在“设备管理器”界面，选择“端口（COM 和 LPT）”，可以看到 T125A 模块生成的 2 个 COM 口：通道 A（COM1）和通道 B（COM2），这说明模块驱动已经自动安装成功。 注意： 通道 A 为 RS-232 接口； 通道 B 为 RS-485 接口	
4)	可以更改 COM 口的编号。双击需要修改的 COM 口，或右击需要修改的 COM 口，在弹出菜单中选择“属性”，即可进入 COM 口属性对话框。 注意： 有些计算机系统会直接显示“串口号”	
5)	在 COM 口属性对话框中，可以看到“设备类型”“设备状态”等常规参数。 单击“端口设置”，进入下一步	
6)	在“端口设置”界面，可以查看到串口通信的相关数据。 单击“高级”按钮，弹出 COM 口的高级设置对话框	

（续）

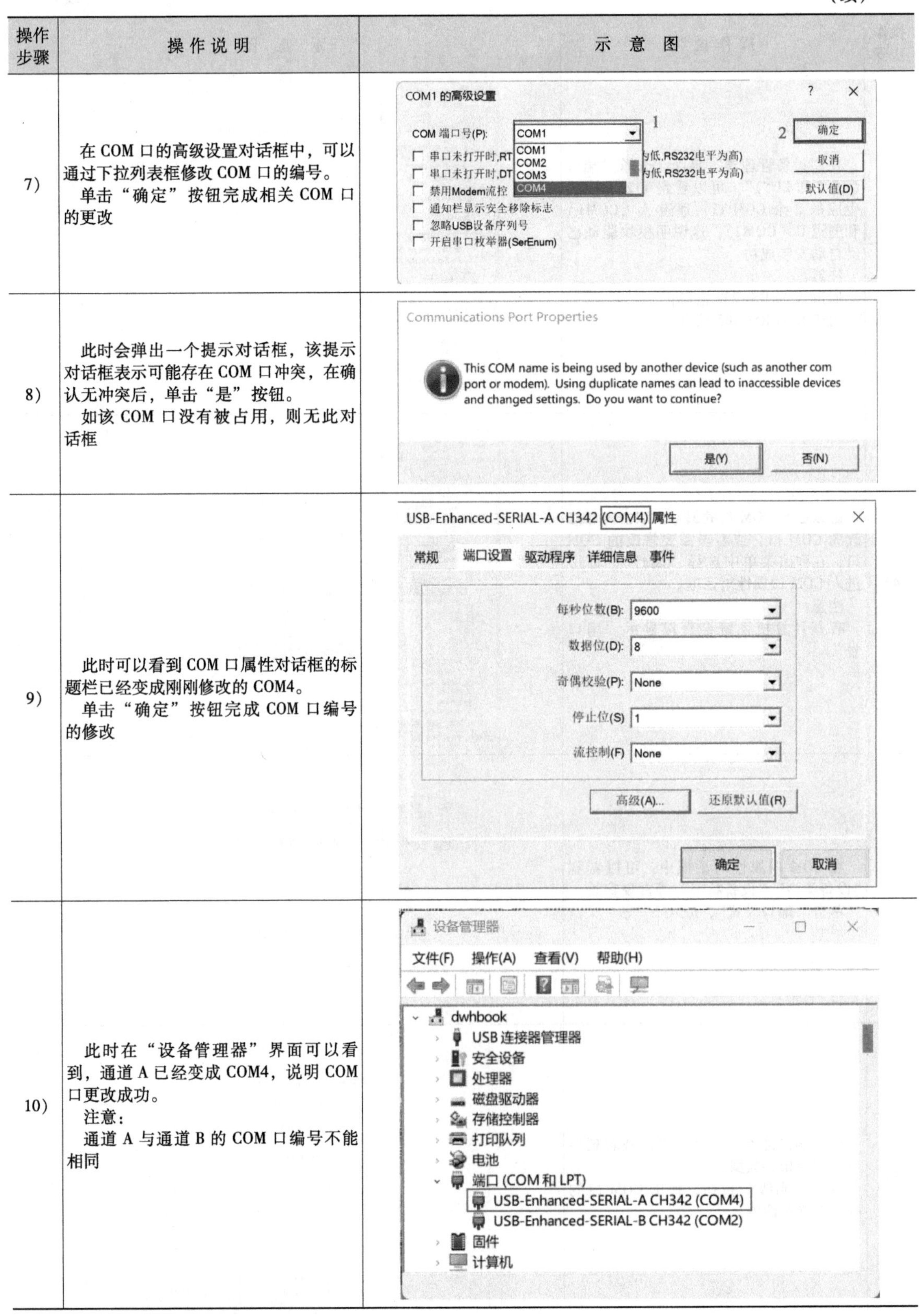

操作步骤	操作说明	示意图
7）	在 COM 口的高级设置对话框中，可以通过下拉列表框修改 COM 口的编号。 单击“确定”按钮完成相关 COM 口的更改	COM1 的高级设置 COM 端口号(P): COM1 1 2 确定 取消 默认值(D) COM1 COM2 COM3 COM4 串口未打开时,RT…为低,RS232电平为高) 串口未打开时,DT…为低,RS232电平为高) 禁用Modem流控 通知栏显示安全移除标志 忽略USB设备序列号 开启串口枚举器(SerEnum)
8）	此时会弹出一个提示对话框，该提示对话框表示可能存在 COM 口冲突，在确认无冲突后，单击“是”按钮。 如该 COM 口没有被占用，则无此对话框	Communications Port Properties This COM name is being used by another device (such as another com port or modem). Using duplicate names can lead to inaccessible devices and changed settings. Do you want to continue? 是(Y) 否(N)
9）	此时可以看到 COM 口属性对话框的标题栏已经变成刚刚修改的 COM4。 单击“确定”按钮完成 COM 口编号的修改	USB-Enhanced-SERIAL-A CH342 (COM4) 属性 常规 端口设置 驱动程序 详细信息 事件 每秒位数(B): 9600 数据位(D): 8 奇偶校验(P): None 停止位(S): 1 流控制(F): None 高级(A)... 还原默认值(R) 确定 取消
10）	此时在“设备管理器”界面可以看到，通道 A 已经变成 COM4，说明 COM 口更改成功。 注意： 通道 A 与通道 B 的 COM 口编号不能相同	设备管理器 文件(F) 操作(A) 查看(V) 帮助(H) dwhbook USB 连接器管理器 安全设备 处理器 磁盘驱动器 存储控制器 打印队列 电池 端口 (COM 和 LPT) USB-Enhanced-SERIAL-A CH342 (COM4) USB-Enhanced-SERIAL-B CH342 (COM2) 固件 计算机

1.1.3　2 台计算机单字节收发通信

[目标]

通过 2 台计算机之间的 RS-232 通信线路，完成单字节数据的收发通信。

1.1.3　两台计算机单字节收发通信

[描述]

字节（Byte）是计算机中表示信息含义的最小单位，一个字节由 8 个二进制位组成。在本任务中，2 台计算机之间通过 RS-232 通信线路，进行单字节数据的收发测试。本任务完成通信线路、软件、设备工作状态的测试，为后面的学习打下基础。

[实施]

1. 准备

在完成电路连接、计算机驱动安装和 COM 口编号设置后，将进行具体的数据收发实验操作。在此，对 2 台计算机的 COM 口编号进行规划，避免后期混淆。

定义：计算机 A 通过 T125A 模块扩展的通道 A 对应的 RS-232 接口设置为 COM1，通道 B 对应的 RS-485 接口设置为 COM2。计算机 B 通过 T125A 模块扩展的通道 A 对应的 RS-232 接口设置为 COM3，通道 B 对应的 RS-485 接口设置为 COM4，具体见表 1-6。

表 1-6　2 台计算机的 COM 口编号

计算机 A			计算机 B		
T125A 模块	接口类型	COM 口编号	T125A 模块	接口类型	COM 口编号
通道 A	RS-232	COM1 ☑	通道 A	RS-232	COM3 ☑
通道 B	RS-485	COM2☐	通道 B	RS-485	COM4☐

在进行 RS-232 通信时，计算机 A 使用扩展的 T125A 模块通道 A 的 RS-232 接口 COM1，与计算机 B 扩展的 T125A 模块通道 A 的 RS-232 接口 COM3 进行通信。

2. 操作步骤

2 台计算机之间单字节收发通信操作步骤见表 1-7。

表 1-7　2 台计算机之间单字节收发通信操作步骤

操作步骤	操 作 说 明	示　意　图
(1) 2 台计算机串口参数设置		
1)	在计算机 A 中打开“串口调试助手”软件。 在该软件左侧上部“串口设置”中设置“串口号”为“COM1”，“波特率”为“9600”，“校验位”为“NONE”，“数据位”为“8”，“停止位”为“1”，“流控制”为“NONE”。 在该软件左侧中部“接收设置”中设置为“HEX”（十六进制格式）。 在该软件左侧下部“发送设置”中设置为“HEX”（十六进制格式）。 单击“串口设置”中的“打开”按钮，开启 COM 口	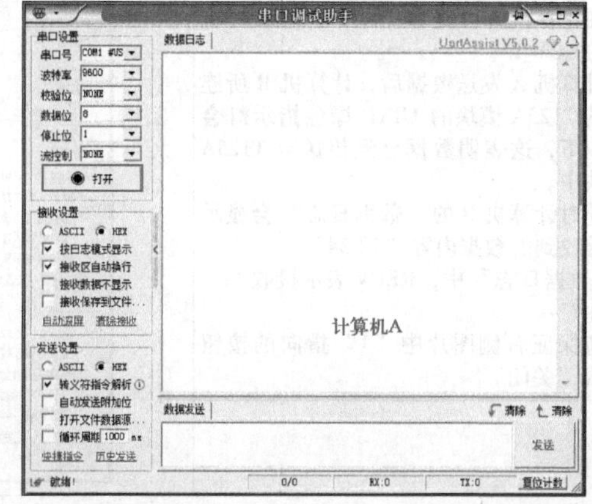

（续）

操作步骤	操作说明	示意图
2）	在计算机B中打开“串口调试助手”软件。 在该窗口左侧上部“串口设置”中设置“串口号”为“COM3”，“波特率”为“9600”，“校验位”为“NONE”，“数据位”为“8”，“停止位”为“1”，“流控制”为“NONE”。 在该窗口左侧中部“接收设置”中设置为“HEX”（十六进制格式）。 在该窗口左侧下部“发送设置”中设置为“HEX”（十六进制格式）。 单击“串口设置”中的“打开”按钮，开启COM口	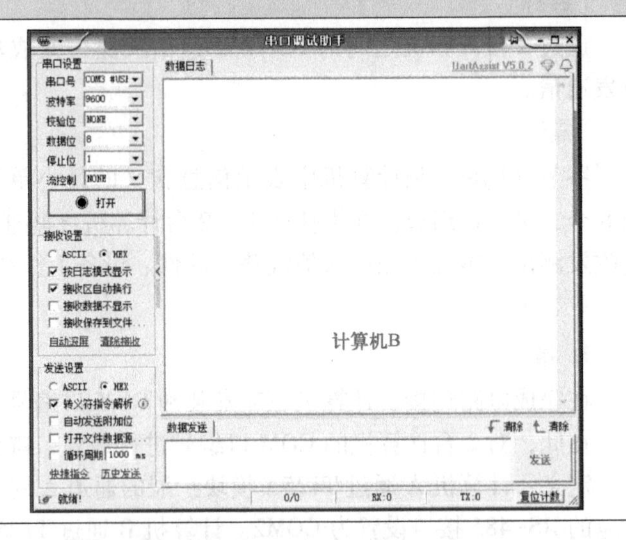
（2）计算机A向计算机B发送字节数据		
1）	在开启COM口后，“串口设置”中的指示灯会变成红色，内部参数将不允许更改。 在下部“数据发送”区域输入发送内容“12 34”，单击窗口右下角“发送”按钮。 此时，“数据日志”将显示数据发送的时间、格式以及内容。 当发送数据时，计算机A所连接的T125A模块的1TXD红色指示灯会闪一下，这表明数据已经发送出去了。 在“数据日志”中： SEND表示发送； HEX表示十六进制。 注意： 应保证右侧图片中“1”指向的按钮显示“关闭”	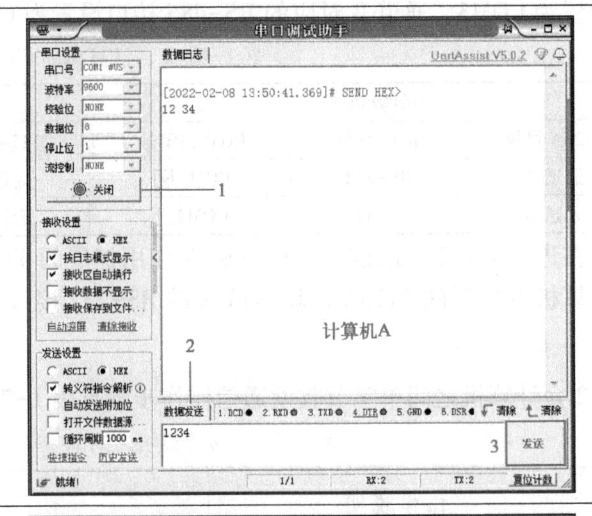
2）	在计算机A发送数据前，打开计算机B的COM口。 计算机A发送数据后，计算机B所连接的T125A模块的1RXD绿色指示灯会闪一下，这表明数据已经传送至T125A模块中。 此时计算机B的“数据日志”会显示出接收到的数据内容“12 34”。 “数据日志”中，RECV表示接收。 注意： 应保证右侧图片中“1”指向的按钮显示“关闭”	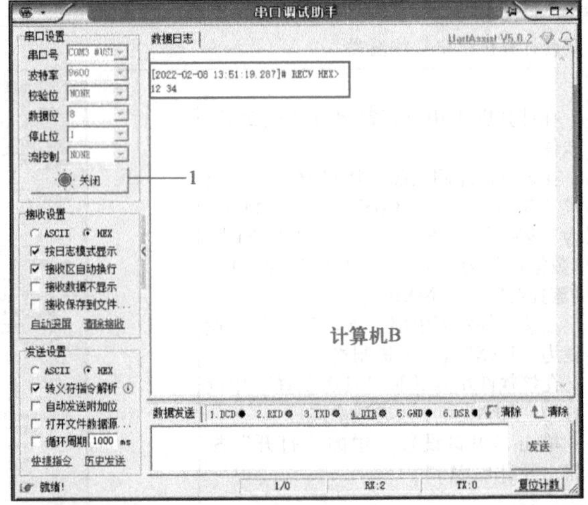

（续）

操作步骤	操 作 说 明	示 意 图
（3）计算机 B 向计算机 A 发送字节数据		
1）	在计算机 B“串口调试助手”软件的“数据发送”区域，输入发送内容“56 78”，并单击“发送”按钮。 此时，“数据日志”中将显示计算机 B 发送的数据	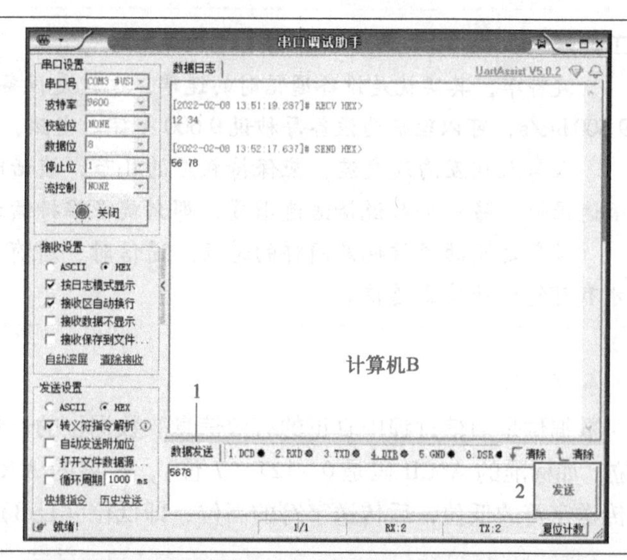
2）	计算机 A“串口调试助手”软件中的“数据日志”会自动显示接收到的数据内容“56 78”	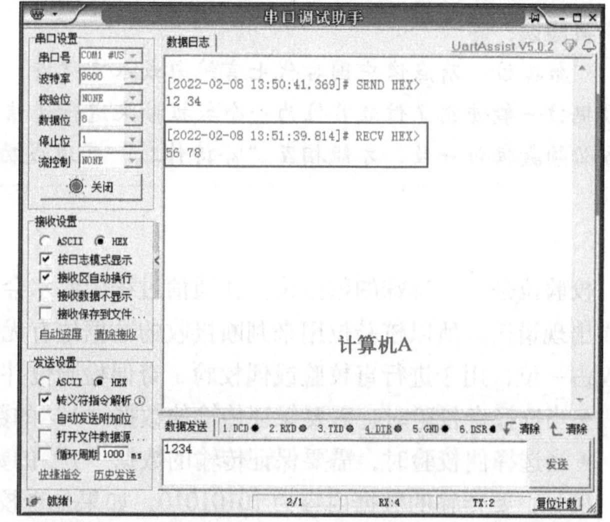

注意：
十六进制格式（HEX）下的通信内容范围为 0~9、A~F。在“数据日志”中，“串口调试助手”软件会对十六进制数据按照每个数据帧（1 个数据帧占 2 位十六进制）自动进行空格

［相关知识］

在使用“串口调试助手”软件过程中，需要对“串口设置”中的参数进行设置，除了“串口号”的选择，还应对波特率、数据位、停止位、校验位、流控制进行设置，其中“流控制”用于启用串口的其他引脚功能，目前在工业中很少使用。下面介绍波特率、数据位、停止位、校验位这 4 个参数的功能。

1. 波特率

波特率表示每秒传输的数据量（也称位传输速率），即单位时间内传送的二进制位数，用

来表示有效数据的传输速率，用 bit/s 或比特/秒表示，读作：比特每秒，常用的单位有比特每秒 bit/s、千比特每秒（Kbit/s）或兆比特每秒（Mbit/s）。

在工业中常用得波特率参数有 9600 bit/s、19 200 bit/s、115 200 bit/s 等。

工控趣谈：

波特率，其实就是设备通信时的速率，也就是设备“讲话时的语速”，常用的波特率是 9 600 bit/s，可以理解为设备每秒说 9 600 个字。当然，如果是 115 200 bit/s 那就更快了。

人与人相互沟通交流，应保持相应的礼节，谈话时的语速也应一致。如果一个人说话语速很快，另一个人说话语速很慢，那么就很难持续进行沟通交流。

设备之间的通信也是同样的道理。通信时，所有设备其端口的波特率应设置为一致，才有可能成功建立通信。

2. 数据位

数据位是通信过程中真正的有效信息。数据位的位数由通信双方共同约定，一般为 7 位或 8 位，如标准的 ASCII 码是 0~127（7 位），扩展的 ASCII 码是 0~255（8 位）。传输数据时，先传送字符的低位，后传送字符的高位，即低位（LSB）在前，高位（MSB）在后。

作者趣谈：

数据位，有点像中国古代七言绝句或八言律诗，即 7 个字或 8 个字为一句。通信中的数据位一般使用 7 位或 8 位为一个数据帧来进行通信。通信时同样要求字句工整，通信双方必须数据位一致，才能相互“吟诗作对”实现成功通信。

3. 校验位

校验位是一个特殊的数据位。在通信过程中偶尔会遇到干扰、掉线等异常情况，导致数据接收出现错误。所以校验位用来判断接收的数据位有无错误，一般采用奇偶校验位。奇偶校验位仅占一位，用于进行奇校验或偶校验，奇偶检验位并不是必需的。

- 当选择奇校验时，需要保证传输的数据“1”的数量为奇数；
- 当选择偶校验时，需要保证传输的数据“1”的数量为偶数。

例如，要传输的数据内容为 10101010，如果是奇校验，则校验位为 1（应确保 1 的个数为奇数），如图 1-7 所示。

如果是偶校验，则校验位为 0（应确保 1 的个数为偶数），如图 1-8 所示。

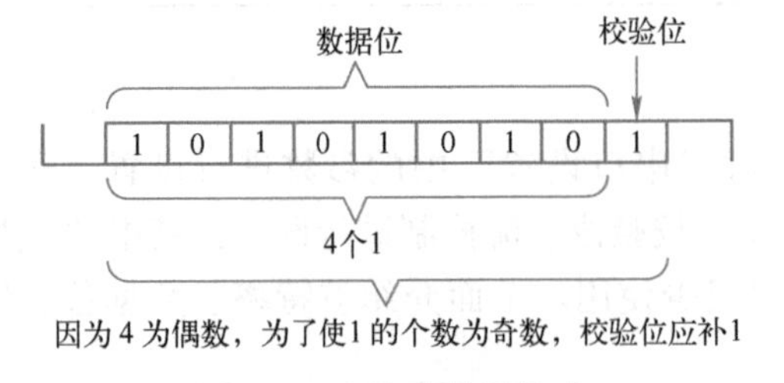

图 1-7 奇校验数据格式

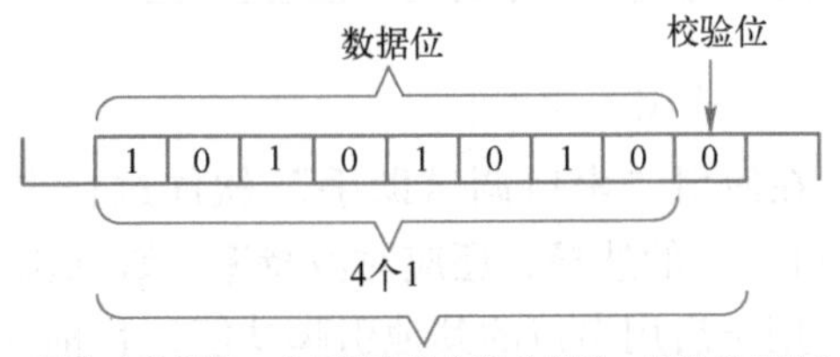

图 1-8 偶校验数据格式

由此可见，奇偶校验位仅是对数据进行简单的置逻辑高位或逻辑低位，不会对数值进行判断，优点是接收设备能够知道1个位的状态变化，从而判断是否有噪声干扰了通信以及传输的数据过程中是否出现异常。

知识小贴士：

在各类串口通信软件校验位设置时，各种字母表示含义如下。

- NONE表示无校验，即不对该帧数据进行校验。
- ODD表示奇校验，即对该帧数据进行奇校验。当数据中“1”的个数不为奇数时，该校验位变“1”进行补充，从而满足每个数据帧中“1”的个数都是奇数。
- EVEN表示偶校验，即对该帧数据进行偶校验。当数据中“1”的个数不为偶数时，该校验位变“1”进行补充，从而满足每个数据帧中“1”的个数都是偶数。

4. 停止位

停止位在数据帧的最后，用以标志一个字符传送的结束，对应于“1”（高电平）状态。停止位可以是1位、1.5位或2位，即停止位的长度可以由软件设定。但它一定是“1”（高电平）状态，标志着传输一个字符的结束。

作者趣谈：

停止位，有点像说完一句话以后的停顿。众所周知，如果说话没有停顿，别人就很难听懂，通信也是这样，当发送完7位或8位数据后，需要通过停止位来告诉接收方，一个句子已经说完。当然，停顿时间的长短可以设置，一般是1位或2位。

[知识扩展]

通过这个简单的任务，完成了2台计算机以十六进制格式（HEX）进行相互之间的数据收发。当计算机在发送数据或接收数据时，T125A模块上的指示灯会相应点亮。

将数字示波器信号输入探头接在T125A模块RS-232接口的3号引脚处，信号公共端接在T125A模块的5号引脚处，可以清楚地看到电平的变化，如图1-9所示。也可分析电平的变化，得出计算机所传输的数据。

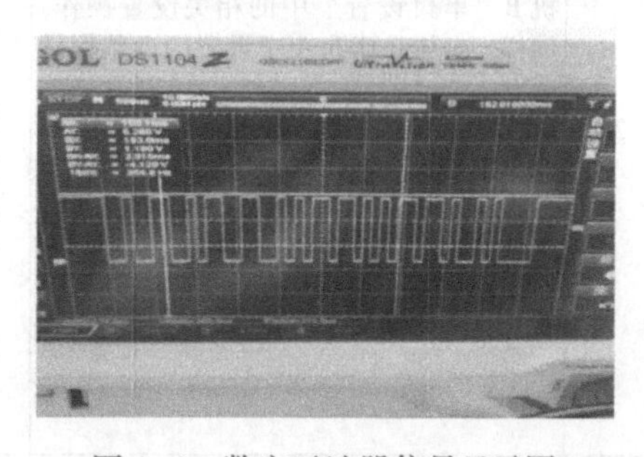

图1-9 数字示波器信号显示图

1.1.4 2台计算机字符收发通信

[目标]

通过2台计算机之间的RS-232通信线路，完成2台计算机之间字符数据的收发通信操作。

1.1.4 两台计算机字符收发通信

[描述]

在“2台计算机单字节收发通信”任务中，已经完成了十六进制数据的接收和发送，但是存在一个问题，传输的只能是十六进制的数据0~9、A~F，无法发送其他字母、符号等数据内容。在本任务中，将使用ASCII码格式完成字符的收发。

[实施]

2 台计算机之间字符收发通信操作步骤见表 1-8。

表 1-8　2 台计算机之间字符收发通信操作步骤

操作步骤	操作说明	示意图
(1) 计算机 A 向计算机 B 发送字符数据		
1)	首先，完成“串口设置”中的相关设置（注意，应与计算机 B 中设置的参数保持一致）。 其次，在“发送设置”中选择“ASCII”，并开启 COM 口。 在“数据发送”中输入发送内容“Hello!”（注意，“!”为英文字符），并单击窗口右下角“发送”按钮，将数据发送至计算机 B	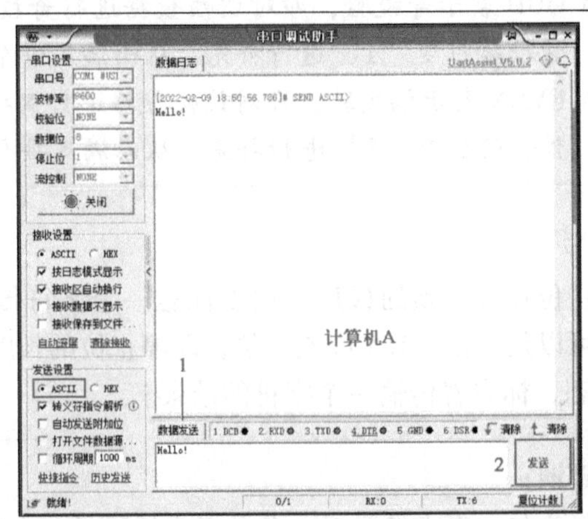
2)	在计算机 A 发送数据之前，完成计算机 B“串口设置”中的相关设置操作。同样，应与计算机 A 中设置的参数保持一致。 其次，在将“接收设置”中选择“ASCII”，并打开 COM 口。 当接收到计算机 A 的数据时，“数据日志”会显示出接收到的数据内容“Hello!”	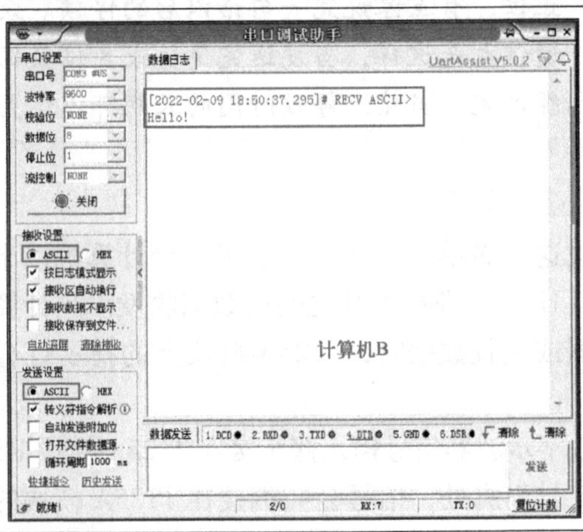
(2) 计算机 A 向计算机 B 发送字符数据（使用十六进制接收数据）		
1)	将计算机 B 中的“接收设置”由原来的“ASCII”设置为“HEX”	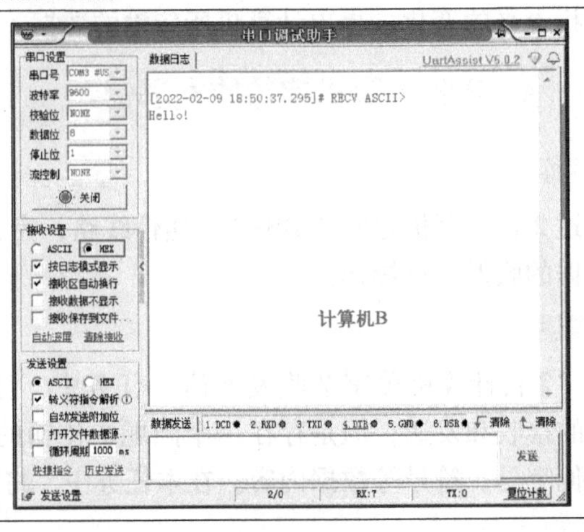

（续）

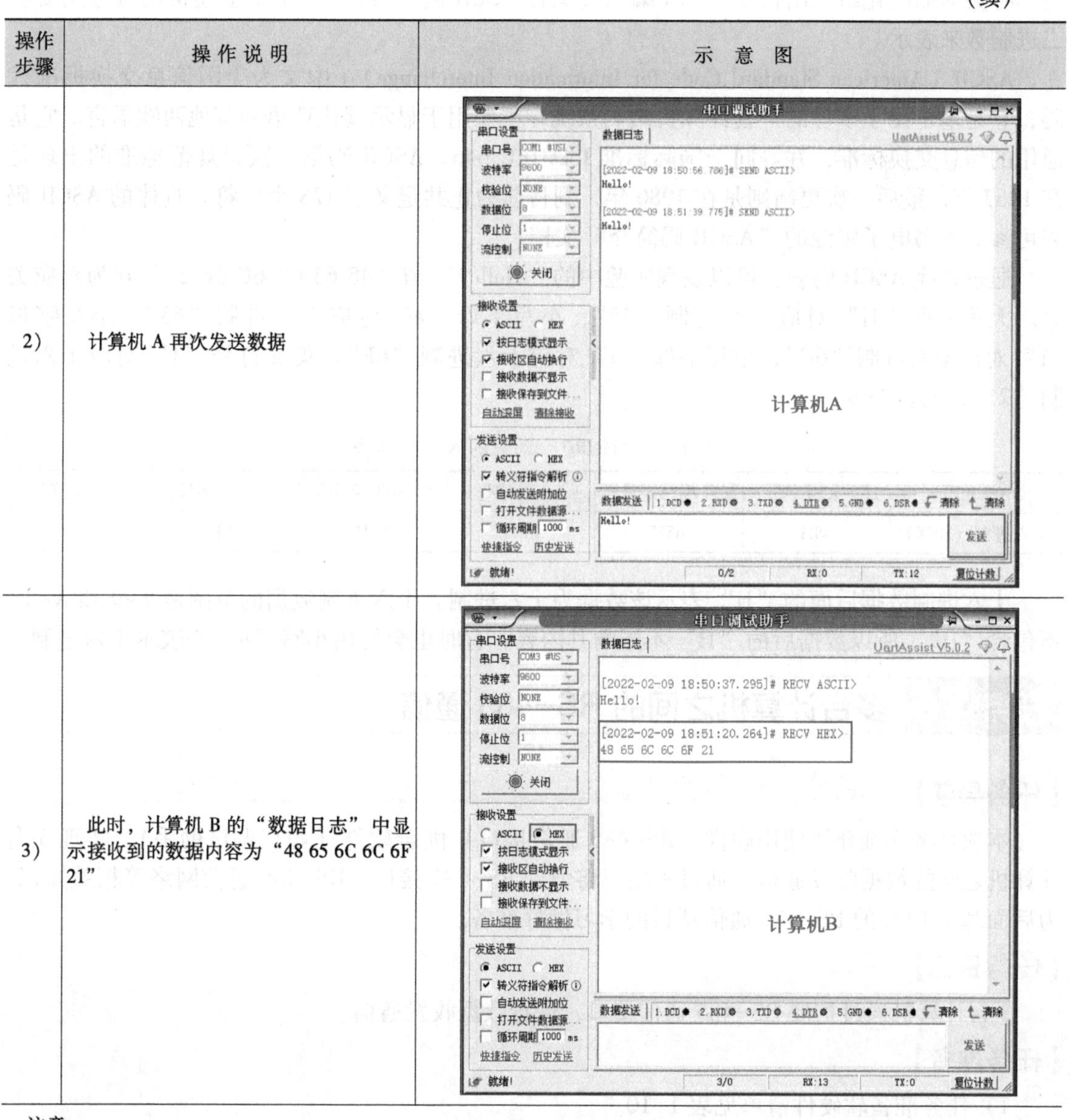

操作步骤	操 作 说 明	示 意 图
2)	计算机 A 再次发送数据	
3)	此时，计算机 B 的“数据日志”中显示接收到的数据内容为“48 65 6C 6C 6F 21”	

注意：
ASCII 码格式下的通信内容可查看本书电子资源中的“ASCII 码简介”文档

[相关知识]

通过实验可以发现，计算机 A 发送同样的内容“Hello!”，计算机 B 采用不同的接收格式，显示出来的内容并不相同。第 1 次接收显示的是 ASCII 码内容“Hello!”，第 2 次接收同样的数据显示的是十六进制“48 65 6C 6C 6F 21”。可见，ASCII 码和十六进制存在着一定的对应关系。下面来介绍一下 ASCII 码的由来。

在计算机中，所有的数据在存储和运算时都要使用二进制数表示（因为计算机用高电平和低电平分别表示 1 和 0）。例如，大写字母 A~Z、小写字母 a~z 以及数字 0~9，还有一些常用的符号，如!、*、#、@ 等。具体用哪些二进制数字表示哪个符号，每个人都可以约定自己的一套（这就是编码），但若要互相通信而不造成混乱，则必须使用相同的编码规则。由此，美国有关的标准化组织出台了 ASCII 编码（又称 ASCII 码），统一规定了上述常用符号用哪些二进制数来表示。

ASCII（American Standard Code for Information Interchange）：中文为美国信息交换标准代码，它是基于拉丁字母的一套计算机编码系统，主要用于显示现代英语和其他西欧语言。它是通用的信息交换标准，并等同于国际标准 ISO/IEC 646。ASCII 码第一次以规范标准的出现是在 1967 年，最后一次更新则是在 1986 年，到目前为止共定义了 128 个字符。具体的 ASCII 码表可参见本书电子资源的“ASCII 码简介”文档。

通过查找 ASCII 码表，可以发现实验中的“Hello!”与“48 65 6C 6C 6F 21”互为对应关系。大写字母“H”对应十六进制“48”，小写字母“e”对应十六进制“65”，小写字母“l”对应十六进制“6C”，小写字母“o”对应十六进制“6F”，英文符号“!”对应十六进制“21”，见表 1-9。

表 1-9 “Hello!”对应的 ASCII 码表

ASCII 码	H（大写字母）	e（小写字母）	l（小写字母）	l（小写字母）	o（小写字母）	!（英文符号）
十六进制（HEX）	48H	65H	6CH	6CH	6FH	21H

十六进制数据后面的“H”表示该数据为十六进制。十六进制数据的范围是 0~9 和 A~F，不包含“H”，所以数据后的“H”不影响其内容。有时也会使用小写“h”来表示十六进制。

任务 1.2 多台计算机之间的 RS-485 通信

【任务导读】

本项目将详细介绍使用硬件（RS-485 通信接口）配合软件（串口调试助手），实现 3 台计算机之间的数据收发通信。通过本项目将学到 RS-485 接口、RS-485 通信网络等相关知识，为后面基于 PLC 的 RS-485 通信项目的学习做好准备。

【任务目标】

3 台计算机通过扩展 RS-485 通信接口，进行数据收发通信。

【任务准备】

1）任务准备软硬件清单见表 1-10。

表 1-10 任务准备软硬件清单

序号	器件名称	数量	用　途
1	带 USB 口的计算机（或个人笔记本计算机）	3	通信的 3 台设备
2	天技 T125A USB 转 232&485 模块（简称 T125A 模块）	3	将 USB 接口转换成 RS-485 接口
3	打印机数据线	3	连接计算机 USB 口与 T125A 模块
4	0.3 mm^2 导线	4	连接 3 个 T125A 模块的通信
5	串口调试助手（软件）	1	计算机串口数据收发软件

2）任务关键实物清单图片如图 1-10 所示。

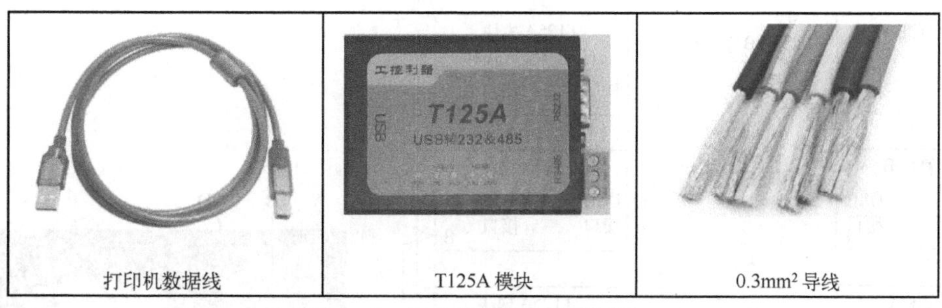

图 1-10　任务关键实物清单图片

【任务实施】

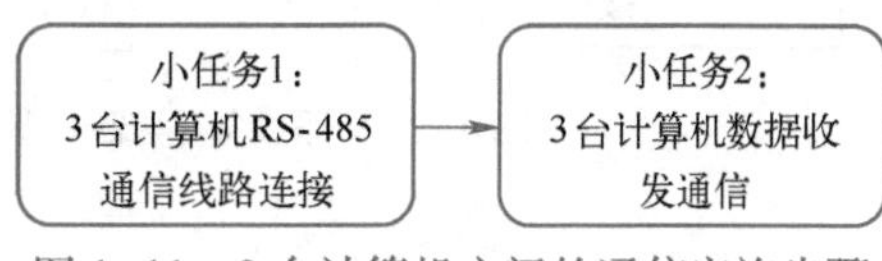

图 1-11　3 台计算机之间的通信实施步骤

本任务通过 RS-485 通信连接，实现 3 台计算机之间的数据通信，具体实施步骤可分解为 2 个小任务，如图 1-11 所示。

小任务 1：硬件线路连接，采用电线使 3 台计算机通过拓展 RS-485 通信接口在物理上实现连接。

小任务 2：通过 RS-485 通信网络，完成 3 台计算机之间数据的收发通信。

1.2.1　3 台计算机 RS-485 通信线路连接

[目标]

1.2.1　3 台计算机通信线路连接（T125A 模块与计算机进行连接）

完成 3 台计算机 RS-485 接口的扩展以及 3 台计算机之间通信线路的连接。

[描述]

当 3 台计算机进行相互通信时，因计算机没有 RS-485 接口，需要使用 T125A 模块（USB 转 RS-485 接口设备），将计算机内部的串行数据转换成 RS-485 标准的通信电平。再通过外接电线实现 3 台 T125A 模块之间的连接，实现通信网络的硬件线路连接。

该任务的系统接线图，如图 1-12 所示，系统通信架构图，如图 1-13 所示。

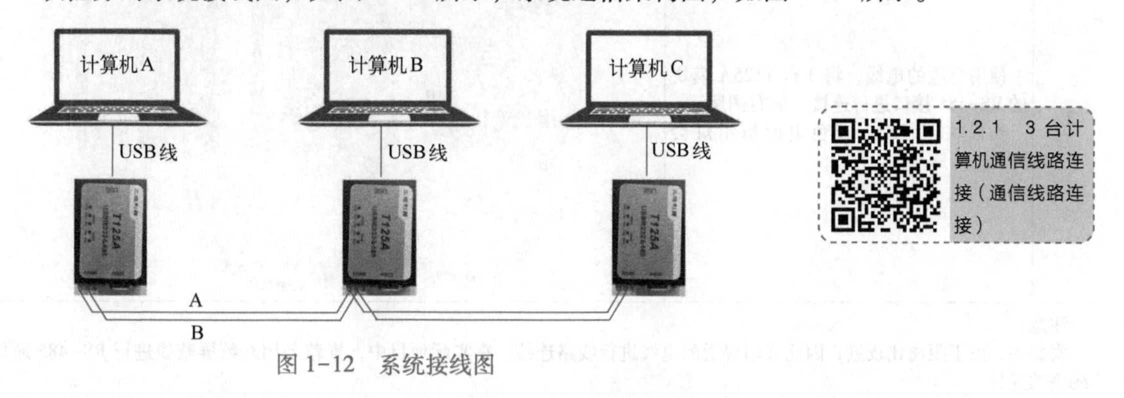

图 1-12　系统接线图

[实施]

1）接线时应注意 T125A 模块的 RS-485 接口的接线端子“A”“B”的位置，如图 1-14 所示。在接线时，通过导线将所有的“A”连在一起，同时将所有的“B”也连在一起，切忌将端子“A”与“B”接在一起！

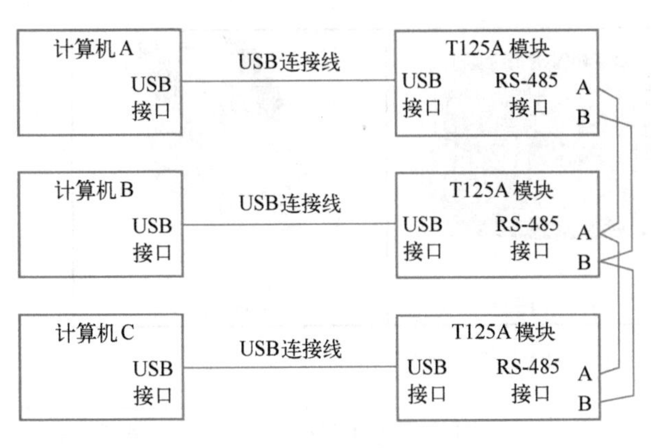

图 1-13　系统通信架构图

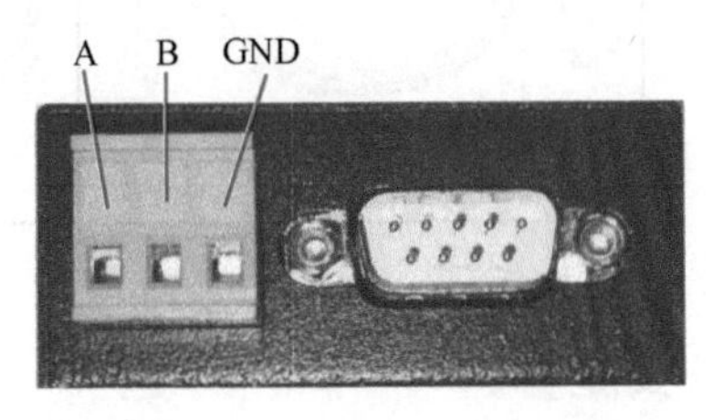

图 1-14　RS-485 接口的接线端子“A”“B”“GND”的位置图

2）3 台计算机通信线路连接操作步骤见表 1-11。

表 1-11　3 台计算机通信线路连接操作步骤

操作步骤	操 作 说 明	示 意 图
1)	使用打印机数据线将计算机与 T125A 模块进行连接。 计算机 A、计算机 B 和计算机 C 均按右图所示进行打印机数据线的连接	
2)	使用合适的电线，将 3 台 T125A 模块的 RS-485 接口进行连接，如右图所示。 当模块正常时，蓝色电源指示灯会亮起	

注意：
实验中，由于距离比较近，因此采用普通的电线进行线路连接。在实际项目中，推荐采用双绞屏蔽线进行 RS-485 通信线路的连接

[相关知识]

1. RS-485 接口介绍

RS-485 标准接口是美国电子工业协会（EIA）于 1983 年批准的一个新的平衡传输标准

（Balanced Transmission Standard），使用该标准的数字通信网络能在远距离条件下以及电子噪声大的环境下有效传输信号。RS-485 使得连接本地网络以及多支路通信链路的配置成为可能。

同 RS-232 一样，RS-485 也是一种串行通信方式，可以在一条通信总线（总线是一种共享型的数据传送设备。虽然总线上可连接多个设备，但任意时刻通常只能有一对设备参与数据传输。）上连接多台设备进行数据收发操作。目前 RS-485 通信最高的传输速率为 10 Mbit/s。

采用了 RS-485 接口的设备之间组网方便、接线简单、抗干扰能力强，因此 RS-485 接口已经成为工业现场使用非常广泛的通信接口。

重要：

RS-485 接口在工业中一般使用 A、B 这 2 个引脚进行通信，而 GND 信号地在通信距离远、现场干扰大的情况下使用。这 3 个引脚的定义如下。

- A：非反向（non-inverting）信号，有些资料中也被标注为 D+。
- B：反向（inverting）信号，有些资料中也被标注为 D-。
- GND：信号地（或者称为公共端）。

2. RS-485 接口硬件

在通信标准制定时，并没有定义具体的硬件引脚样式，表 1-12 是工业现场常见的 3 种 RS-485 接口的样式。表中，左侧为西门子 PLC 采用的标准 DB9-F 端子形式；中间的是温湿度采集仪表采用的可插拔式接线端子的形式；右侧为伺服电动机的驱动器部分采用以太网网口的形式。

表 1-12 工业现场常见的 3 种 RS-485 接口样式

 DB9-F端子	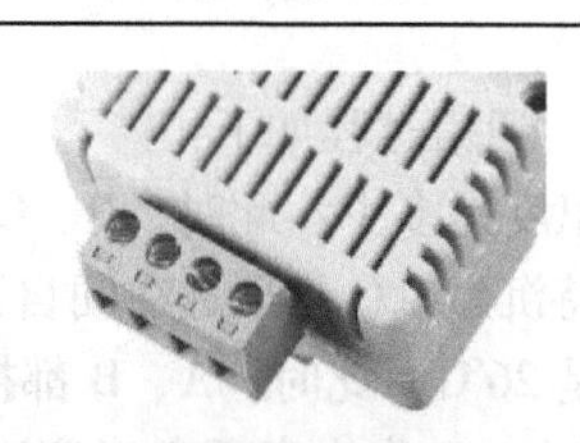 插拔式接线端子	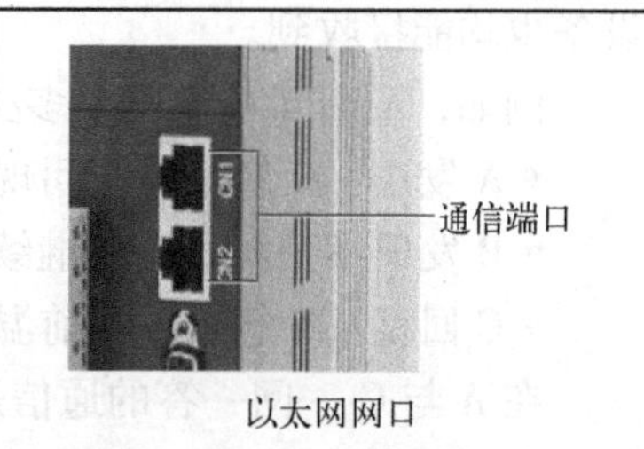 以太网网口

由于 RS-485 接口样式多样，并未统一，所以在实际项目使用时，需要查阅该产品引脚具体定义后，方可进行线路连接，从而确保设备安全使用。

3. RS-485 接口电气特性

RS-485 接口接收和发送共用，所以不能同时实现接收和发送的功能（即半双工通信）。

RS-485 接口信号线的电压为逻辑关系。

- 逻辑数据电平为“1”时，引脚 A 信号的电压比引脚 B 的高，即 A、B 之间呈现正电压。
- 逻辑数据电平为“0”时，引脚 B 信号的电压比引脚 A 的高，即 A、B 之间呈现负电压。

也就是说当 RS-485 接口向外传输逻辑高电平（DI=1）时，RS-485 的通信引脚 A 的电压高于引脚 B 的（$V_{OA}>V_{OB}$）；如果 RS-485 接口向外传输逻辑低电平（DI=0），则引脚 B 的电压高于引脚 A 的（$V_{OB}>V_{OA}$）。

如果 RS-485 接口接收到引脚 A 的电压高于引脚 B 的（$V_{IA}-V_{IB}>200\,mV$），则确认接收到逻辑高电平（RO=1）；如果 RS-485 接口接收到引脚 B 的电压高于引脚 A 的（$V_{IB}-V_{IA}>200\,mV$），则确认接收逻辑低电平（RO=0）。

RS-485 接口电平采用这种差分方式传输（也称为平衡传输）进行信号收发处理，能够有效减少噪声信号的干扰。在使用 RS-485 接口时，数据信号传输所允许的最大电缆长度与信号传输的波特率成反比（即波特率越高，通信距离越近；波特率越低，通信距离越远），通信距离主要是受信号失真及噪声等因素影响。理论上，通信波特率在 100 Kbit/s 及以下时，RS-485 的最长传输距离可达 1200 m。在工程项目中也可使用 RS-485 中继器进行信号增强，从而实现更远的通信距离。

4. RS-485 接口 GND 的作用

RS-485 接口采用差分方式进行数据传输，并不需要相对于某个参考点来检测信号，通信系统中只需要检测两线之间的电位差即可。

但在实际项目使用中，RS-485 接口的收发芯片存在一定的地电位差异。RS-485 收发芯片共模电压范围为-7～+12 V，只有在满足该条件下，整个 RS-485 网络才能正常工作。

因为 RS-485 网络是总线方式进行数据传输，总线上有很多其他设备（也称为节点），当通信网络线路中共模电压范围超过-7～+12 V 时，就会影响通信的稳定可靠，甚至会损坏接口。

所以在实际项目中，需要将 RS-485 接口的 GND 连接在一起。

在本任务中，计算机通过扩展 T125A 模块完成 RS-485 通信。RS-485 接口与 RS-232 接口有很大的不同，RS-232 接口具有独立的收发引脚，RS-485 则没有，其收发共用一路通道。多台设备通信时，设备的 RS-485 接口在默认情况下属于接收状态，当接收到外部数据并完成数据处理后，确认需要自身回复时，才进行数据发送。而发送出去的数据，同一网络中的其他设备也均能接收到。

例如，A 询问 C 温度是多少时，通信过程如下：

- A 发送：C 您好！请问现在温度是多少？此时，B、C 都接收到了这一条信息。
- B 发现不是问我，便继续保持沉默。C 发现是在问自己，于是便进行了回答。
- C 回复：A 您好！当前温度是 26℃。此时，A、B 都接收到了这一条信息。

在 A 与 C 一问一答的通信过程中，B 作为旁听者（旁听者可以有很多个），全程收到了 A 与 C 的沟通信息。这就是 RS-485 的通信过程以及通信特征。

在同一时刻，只允许一台设备发出数据信息，而网络中的其他设备只能进行数据接收。如果出现有 2 台及以上设备同时发送数据时，则网络中的其他设备不可能正确接收数据，从而导致整个网络通信异常或失败。

作者解读：

RS-485 通信不是打电话，更像是小朋友通过一根共通的管道进行相互聊天。

当 A 发出声音时，B、C 两位能听到；同理，当 B 或 C 发出声音时，其他的小朋友也能听到。

在共用一根管道聊天时，需要注意的是，要一个一个讲话。如果不遵守规则，全部一起讲话，或者前一个还没说完，后一个就开始插嘴说话了，就会导致听不清楚的情况发生。

所以在通信时，务必遵守通信协议的规定。

1.2.2 3台计算机数据收发通信

［目标］

通过 RS-485 网络，完成3台计算机之间数据的收发通信任务。

1.2.2 3台计算机数据收发通信

［描述］

在完成了3台计算机 RS-485 通信网络硬件线路的连接后，本任务将通过串口调试助手分别对3台计算机进行通信参数的设置。其中，1台计算机通过 RS-485 通信网络同时对另外2台计算机发送实时数据，另外2台计算机接收数据。通过此次收发测试，检查通信线路的连接是否正确，以及软件、设备的工作状态是否良好，为后面的 RS-485 通信调试实验积累经验。

［实施］

1. 准备

在完成电路连接、计算机驱动安装和 COM 编号设置后，将进行具体的数据收发实验操作。在此对3台计算机的 COM 口编号进行规划，避免后期混淆。3台计算机的 COM 口编号规划内容见表1-13。

计算机 A 通过 T125A 模块扩展的通道 A 对应的 RS-232 接口设置为 COM1，通道 B 对应的 RS-485 接口设置为 COM2。

计算机 B 通过 T125A 模块扩展的通道 A 对应的 RS-232 接口设置为 COM3，通道 B 对应的 RS-485 接口设置为 COM4。

计算机 C 通过 T125A 模块扩展的通道 A 对应的 RS-232 接口设置为 COM5，通道 B 对应的 RS-485 接口设置为 COM6。

表1-13 3台计算机的 COM 口编号规划内容

T125A 模块		COM 口编号		
通道号	接口类型	计算机 A	计算机 B	计算机 C
通道 A	RS-232	COM1☐	COM3☐	COM5☐
通道 B	RS-485	COM2☑	COM4☑	COM6☑

2. 3台计算机之间数据收发通信操作步骤

3台计算机之间数据收发通信操作步骤见表1-14。

表1-14 3台计算机之间数据收发通信操作步骤

操作步骤	操 作 说 明	示 意 图
（1）进行3台计算机串口参数的设置		
1）	在计算机 A 中打开“串口调试助手”软件。 在该窗口左侧上部“串口设置”中设置“串口号”为“COM2”，“波特率”为“9600”，“校验位”为“NONE”，“数据位”为“8”，“停止位”为“1”，“流控制”为“NONE”。 在该窗口左侧中部“接收设置”中设置“ASCII”码格式。 在该窗口左侧下部“发送设置”中设置“ASCII”码格式。 单击“串口设置”中的“打开”按钮，开启 COM 口	计算机A

（续）

<table>
<tr><th>操作步骤</th><th>操 作 说 明</th><th>示 意 图</th></tr>
<tr><td>2）</td><td>在计算机 B 中打开“串口调试助手”软件。
在该窗口左侧上部“串口设置”中设置“串口号”为“COM4”，“波特率”为“9600”，“校验位”为“NONE”，“数据位”为“8”，“停止位”为“1”，“流控制”为“NONE”。
在该窗口左侧中部“接收设置”中设置“ASCII”码格式。
在该窗口左侧下部“发送设置”中设置“ASCII”码格式。
单击“串口设置”中的“打开”按钮，开启 COM 口</td><td>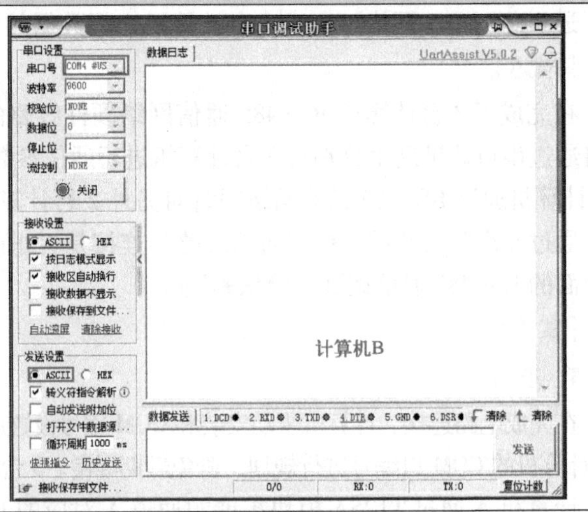
</td></tr>
<tr><td>3）</td><td>在计算机 C 中打开“串口调试助手”软件。
在该窗口左侧上部“串口设置”中设置“串口号”为“COM6”，“波特率”为“9600”，“校验位”为“NONE”，“数据位”为“8”，“停止位”为“1”，“流控制”为“NONE”。
在该窗口左侧中部“接收设置”中设置“ASCII”码格式。
在该窗口左侧下部“发送设置”中设置“ASCII”码格式。
单击“串口设置”中的“打开”按钮，开启 COM 口</td><td>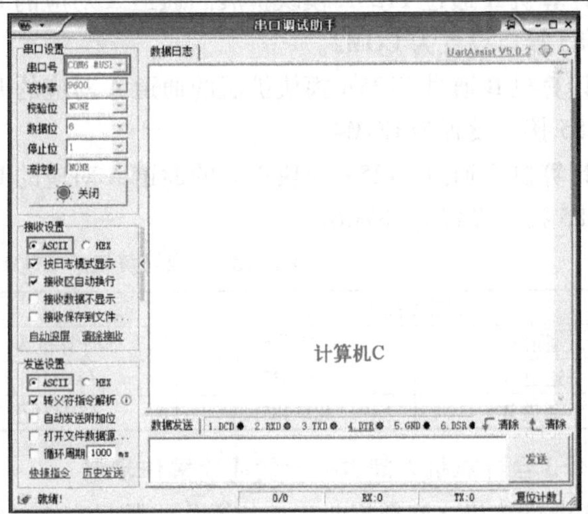
</td></tr>
<tr><td colspan="3">（2）计算机 A 发出数据，计算机 B 和计算机 C 接收数据</td></tr>
<tr><td>1）</td><td>完成“串口设置”中相关设置操作，注意 3 台计算机的参数设置应一致。
在计算机 A“串口调试助手”软件的“数据发送”区域输入发送内容“My001”（注意，此内容主要用于识别设备身份），单击窗口右下角的“发送”按钮，将数据发送至 RS-485 网络中</td><td>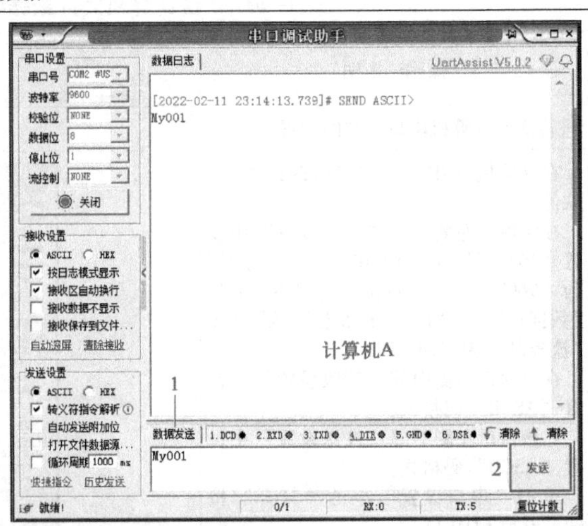
</td></tr>
</table>

（续）

操作步骤	操作说明	示意图
2）	计算机 B 通过 RS-485 网络接收到计算机 A 发出的数据，在“数据日志”中显示出接收到的数据内容“My001”	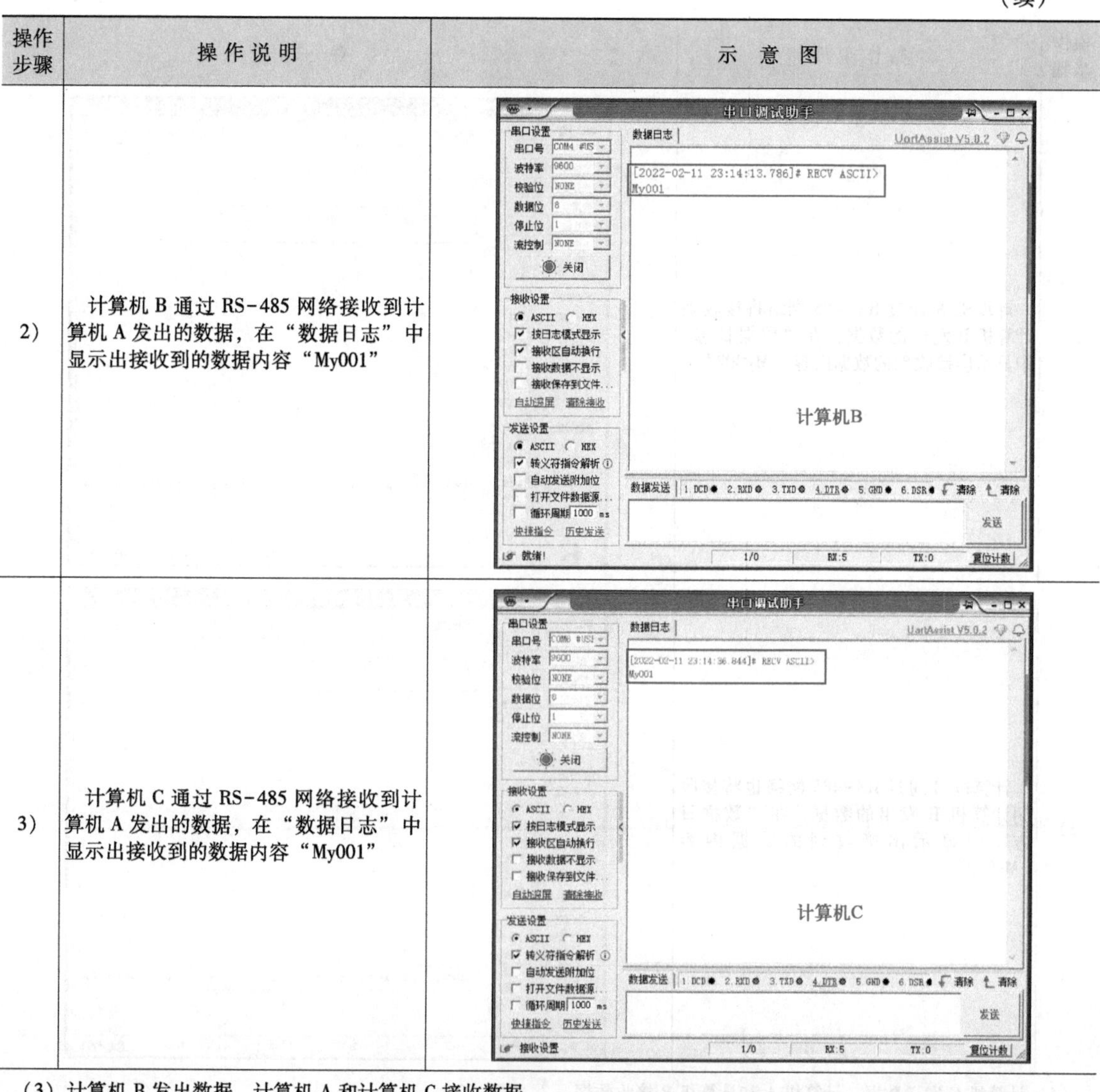
3）	计算机 C 通过 RS-485 网络接收到计算机 A 发出的数据，在“数据日志”中显示出接收到的数据内容“My001”	
（3）计算机 B 发出数据，计算机 A 和计算机 C 接收数据		
1）	当计算机 B 发送数据时：在计算机 B“串口调试助手”软件下部“数据发送”区域输入发送内容“My002”，单击窗口右下角的“发送”按钮，将数据发送至 RS-485 网络中。 注意： “My002”等报文主要用于识别设备身份	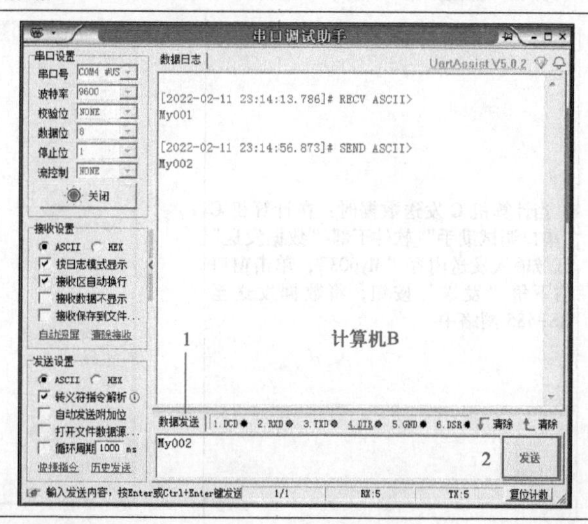

（续）

操作步骤	操作说明	示意图
2）	计算机 A 通过 RS-485 网络将接收到计算机 B 发出的数据，在“数据日志”中显示出接收到的数据内容“My002”	
3）	计算机 C 通过 RS-485 网络也将接收到计算机 B 发出的数据，在“数据日志”中显示出接收到的数据内容“My002”	
（4）计算机 C 发送数据，计算机 A 和计算机 B 接收数据		
1）	当计算机 C 发送数据时：在计算机 C“串口调试助手”软件下部“数据发送”区域输入发送内容“My003”，单击窗口右下角“发送”按钮，将数据发送至 RS-485 网络中	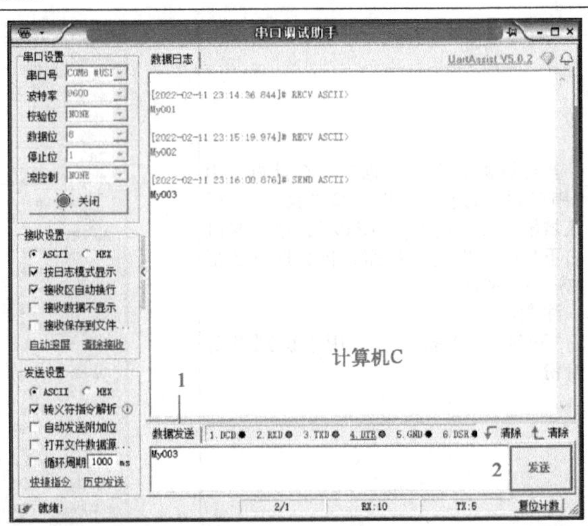

（续）

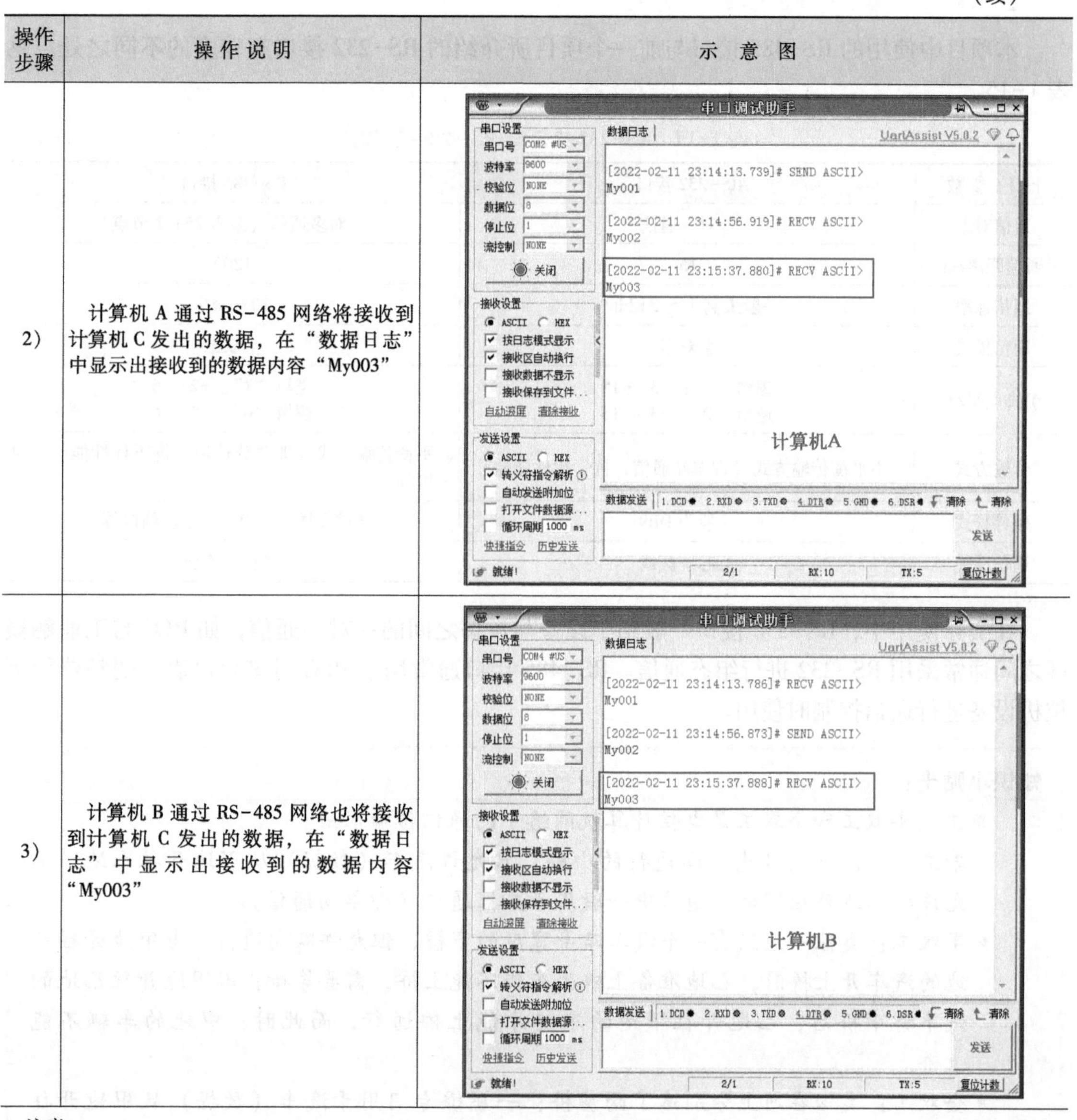

操作步骤	操作说明	示意图
2）	计算机 A 通过 RS-485 网络将接收到计算机 C 发出的数据，在“数据日志”中显示出接收到的数据内容“My003”	计算机A
3）	计算机 B 通过 RS-485 网络也将接收到计算机 C 发出的数据，在“数据日志”中显示出接收到的数据内容“My003”	计算机B

注意：
RS-485 通信网络中，多台设备通信时，要确保通信格式（即波特率、数据位、校验位、停止位）统一。如 RS-485 网络中的其中一台设备与网络中其他设备的通信格式不一致，那么该设备在网络中将无法正常进行通信，对于接收的其他设备数据，将会显示成乱码。同样，该设备所发送的数据，也会被其他设备当作乱码处理

［相关知识］

1. RS-485 通信总线网络

RS-485 通信总线在工业网络中，主要用于与各类工业设备、仪器仪表进行信息传输和数据交换，具有多台设备组网联机能力、较强的噪声抑制能力、高效的数据传输速能力、良好的数据传输可靠性以及较长的通信距离，这些是其他许多工业通信标准所无法比拟的。因此，RS-485 通信总线在工业控制领域、楼宇智能化控制领域、民用仪表（水表）数据采集等诸多领域得到了广泛的应用。

2. RS-232 接口与 RS-485 接口对比

本项目中使用的 RS-485 接口与前一个项目所介绍的 RS-232 接口有较多的不同之处。见表 1-15。

表 1-15　RS-232 接口与 RS-485 接口对比

比较参数	RS-232 接口	RS-485 接口
通信对象	一对一通信	一对多通信（最多 254 个节点）
通信距离/m	15	1200
通信速率	一般最高 115.2 Kbit/s	10 Mbit/s
通信模式	全双工	半双工
引脚电平/V	逻辑“1”：-3~-15 逻辑“0”：+3~+15	逻辑“1”：+2~+6 逻辑“0”：-2~-6
传输方式	不平衡传输方式（即单端通信，抗干扰性能差）	平衡传输方式（即差分传输，抗干扰性能好，灵敏度高）
硬件样式	一般为 DB9	样式多样（DB9、端子、网口等）
通信线缆	三芯屏蔽线	屏蔽双绞线

在实际使用中，RS-232 接口一般用于设备与设备之间的一对一通信，如 PLC 与工业触摸屏之间通常采用 RS-232 进行组态通信。RS-485 接口通常用于 PLC 对多台仪表、变频器等下位机设备进行通信控制时使用。

知识小贴士：

单工、半双工和全双工是电信计算机网络中的通信传输术语。

- 单工：类似一座只能单向通行的小桥，只允许汽车（数据）从甲地开往乙地，不允许从乙地开往甲地。通信中一般用于广播通信（即单向通信）。
- 半双工：类似一座只有一个汽车车身宽度的窄桥，但允许双向通行。当甲地开往乙地的汽车开上桥时，乙地准备上桥的车辆不能上桥，需要等待；当甲地开往乙地的汽车都下桥后，乙地开往甲地的车辆才能上桥通行，而此时，甲地的车辆不能上桥。
- 全双工：类似在河上分别建了两座桥；一座桥专门用于汽车（数据）从甲地开往乙地，另一座桥专门用于汽车（数据）从乙地开往甲地，且两地往来互不影响。

[知识扩展]

1. RS-485 正确的网络连接形式

在工业现场，往往需要进行多台设备之间的通信。正确的网络连接形式，能确保通信线路正常可靠运行，从而保证通信的质量。RS-485 通信总线网络的接线方式为“手拉手”式，即通信的传输线必须由第一台设备的通信接口连接至第二台设备的通信接口，再由第二台设备的通信接口连接至第三台设备的通信接口，依次连接至最后一台设备的通信接口，但不允许使用星形或环形的连接形式。

如图 1-15 所示，RS-485 端子 A 与 A 相连接，端子 B 与 B 相连接，端子 G 与 G 相连接，屏蔽层尽量靠近 RS-485 通信端口。

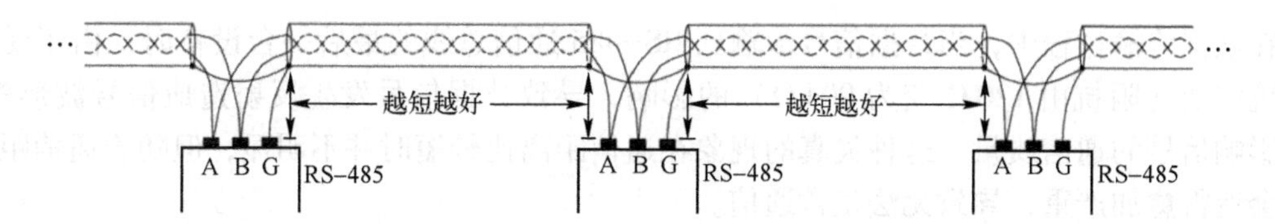

图 1-15　RS-485 通信线路“手拉手”式连接

如图 1-16 所示，RS-485 通信线路在 1 台设备的 RS-485 端子上交汇，此为星形连接，是不正确的接线方式。

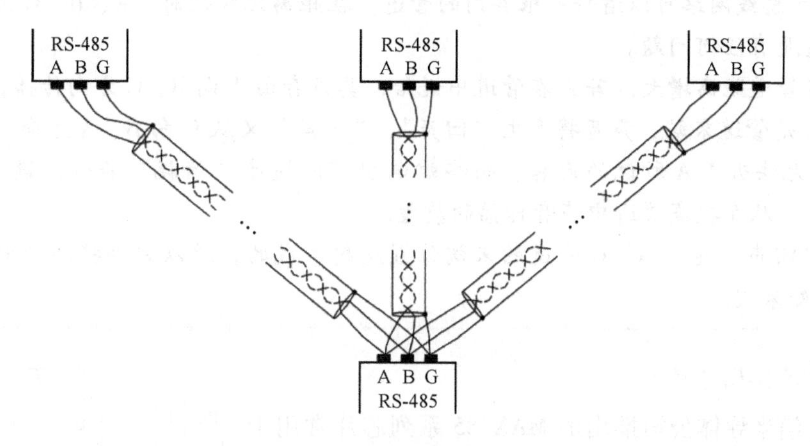

图 1-16　RS-485 通信线路星形连接

如图 1-17 所示，RS-485 通信线路在连接时形成了环形，是不正确的接线方式。

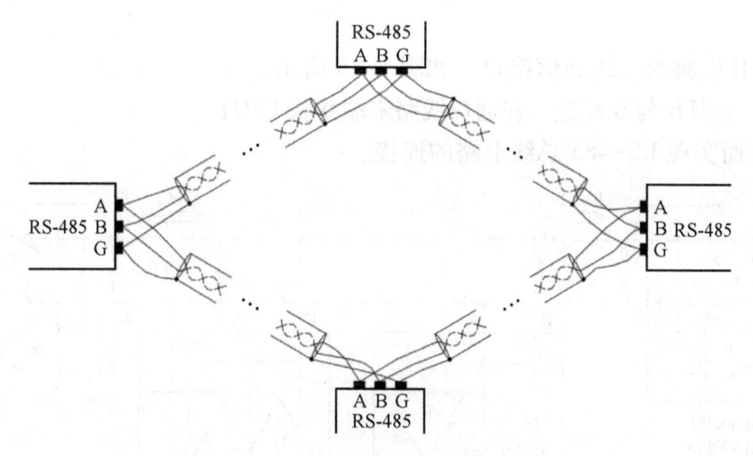

图 1-17　RS-485 通信线路环形连接

2. RS-485 网络终端电阻的使用

在实际项目中，RS-485 通信总线网络在低速、短距离、无干扰的场合可以采用普通的双绞线；但在高速、长距离传输时，则必须采用阻抗匹配（一般为 120 Ω）的 RS-485 专用电缆。由于 RS-485 接口内部芯片收发器的输入阻抗比较高（一般在 90 kΩ 左右，视具体芯片而定），最多可同时连接 256 台设备（也称为 256 个通信节点）。

在数据传输过程中，当数据信号传输到 RS-485 通信总线的最后一台设备时，由于受到瞬时阻抗突变（阻抗由 120 Ω 变为 90 kΩ）的影响，导致数据信号发生反射造成信号波形失真，从而影响信号的通信质量。这种失真的现象在通信距离比较短时并不明显，但随着通信距离的增大会变得愈加严重，导致无法正常通信。

因此，使用 RS-485 接口通信时需要在网络的两端并接 120Ω 的电阻，该电阻称为终端电阻。

作者解读：

RS-485 总线网络可以看作一根共用的管道，在距离比较短时，A、B、C 三人通过管道进行沟通没有任何问题。

但是当管道距离增大，若 A 在管道中说话，其声音由 A 向 B、C 方向传播，当传到 C 时，由于 C 是管道末端，声音将产生“回声”，“回声”又从 C 向 B、A 方向回传，这就导致 B、C 无法听清 A 所说的内容。而终端电阻可以快速“消耗”声音，避免“回声”现象的发生，从而提高管道中声音传播的质量。

由于“回声”是在 A、C 管道的末端位置反射形成的，所以需要将终端电阻布置在 A、C 这两处末端。

3. RS-485 接口芯片

Maxim 美信半导体公司推出的 MAX485 系列芯片常用于 RS-485 通信线路。

图 1-18 为 MAX485 芯片引脚图。其中，第 6 脚和第 7 脚分别为 A、B 引脚，用于接入 RS-485 通信总线中进行数据收发通信。

芯片的 A、B 引脚为总线通信接口，如图 1-19 所示。引脚 A 与 A 相连，引脚 B 与 B 相连，在通信线路末端并联 120 Ω 的终端电阻，从而实现 RS-485 总线电路的连接。

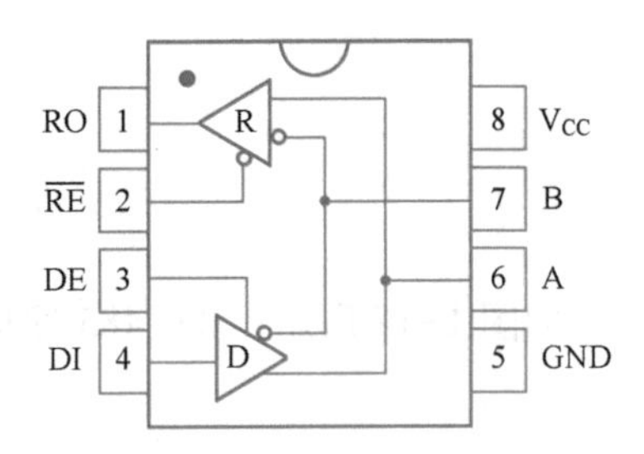

图 1-18 MAX485 芯片引脚图

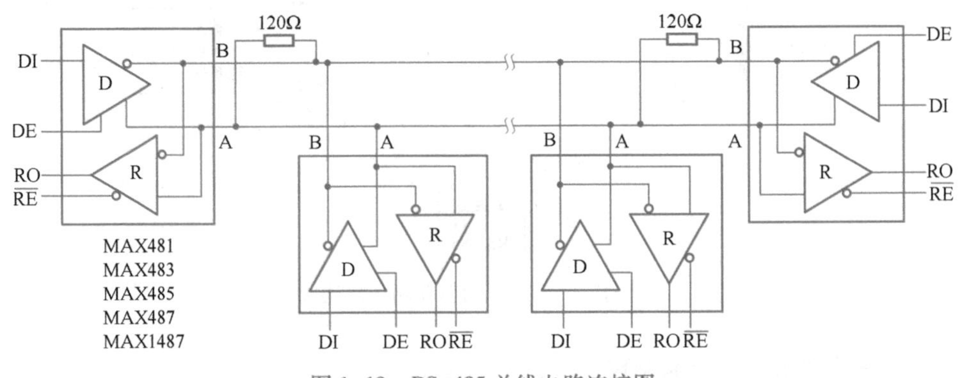

图 1-19 RS-485 总线电路连接图

需要注意的是，RS-485 通信接口的 A、B 引脚在国产设备中通常标识为 A、B，而国外设备中通常标识为 D+、D-。如果发现国外设备也标识为 A、B 时，应警惕，因为 A、B 的电平定义往往与国产设备的相反，因此在接线时，需要互换才能实现正常通信。

任务1.3　多台计算机之间的以太网通信

【任务导读】

本项目将详细介绍使用硬件（网线、交换机）及软件（网络调试助手），实现3台计算机之间的数据收发通信。通过本项目将学到以太网接口、网线接法、UDP、TCP等相关知识，为后面的工业以太网通信技术的学习，打下扎实的基础。

【任务目标】

3台计算机通过以太网接入交换机中，进行3台计算机之间的数据收发通信。

【任务准备】

1）任务准备软硬件清单见表1-16。

表1-16　任务准备软硬件清单

序号	器件名称	数量	用　途
1	带网口的计算机（或个人笔记本计算机）	3	通信的3台设备
2	以太网交换机	1	用于以太网通信数据交换
3	EDR-150-24开关电源	1	给以太网交换机提供直流24 V
4	220 V电源线	1	给开关电源供电
5	0.75 mm^2导线	2	连接以太网交换机与开关电源输出端的电源线
6	网线	3	连接计算机与交换机
7	网络调试助手（软件）	1	计算机以太网数据收发软件

2）任务关键实物清单图片如图1-20所示。

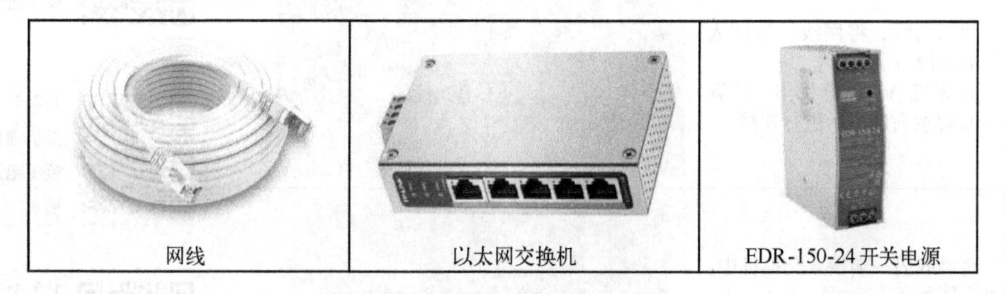

图1-20　任务关键实物清单图片

【任务实施】

本任务通过以太网线路连接，实现3台计算机之间的数据通信，具体实施步骤可分解为4个小任务，如图1-21所示。

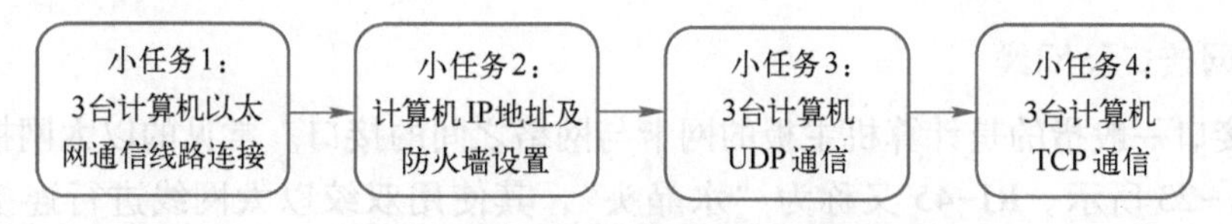

图1-21　3台计算机之间的通信实施步骤

小任务1：硬件线路连接，采用网线与交换机将3台计算机在物理层实现连接。

小任务 2：计算机 IP 地址设置，及计算机防火墙设置。
小任务 3：3 台计算机使用 UDP 进行数据收发通信。
小任务 4：3 台计算机使用 TCP 进行数据收发通信。

1.3.1 3 台计算机以太网通信线路连接

[目标]

完成 3 台计算机以太网接口与网络交换机之间通信线路的连接。

[描述]

当 3 台计算机通过以太网进行相互通信时，需要使用以太网交换机进行数据交互传输。

使用网线将 3 台计算机网口与交换机的网口进行连接，成功连接后，交换机上的指示灯会闪烁。

该任务的系统通信架构图如图 1-22 所示。

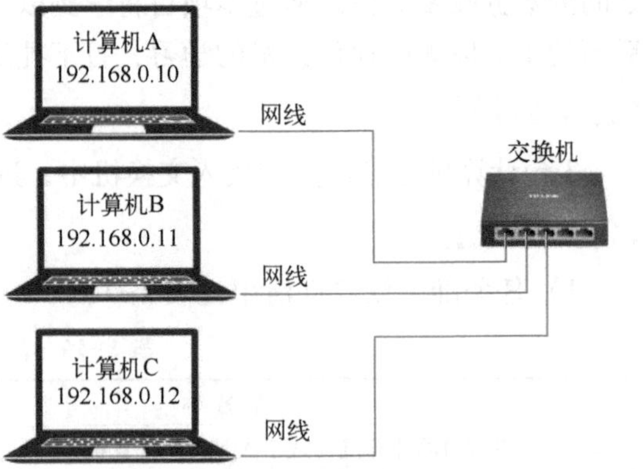

图 1-22 系统通信架构图

[实施]

3 台计算机通信线路连接操作步骤见表 1-17。

表 1-17 3 台计算机通信线路连接操作步骤

操作步骤	操 作 说 明	示 意 图
1)	使用网线，将网线一端接入计算机网口。 计算机 A、计算机 B、计算机 C 都按右图所示进行连接	
2)	将网线另一端接入交换机中，如右图所示。 当交换机指示灯亮起，表示网线已经连接到位	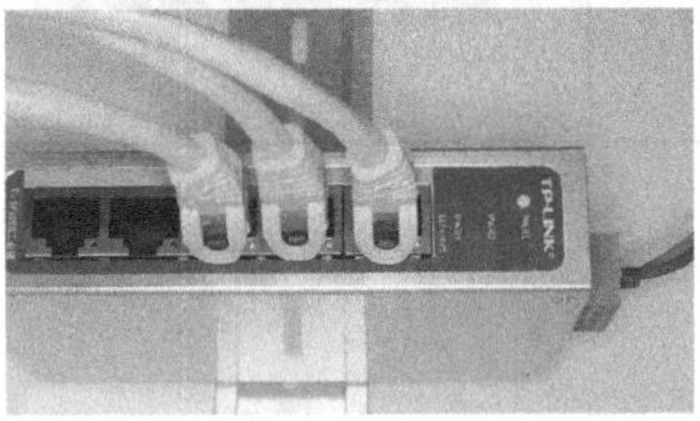

1.3.1 3 台计算机通信线路连接（器件准备）

1.3.1 3 台计算机通信线路连接（电源线路连接）

1.3.1 3 台计算机通信线路连接（以太网线路连接）

[相关知识]

1. 以太网接口及网线

以太网接口一般指的是计算机主板的网卡与网络之间的接口。常见的以太网接口是 RJ-45 接口，如图 1-23 所示。RJ-45 又称为“水晶头”，其使用双绞以太网线进行连接。RJ-45 接口使用时只能沿固定方向插入，接口上设有一个塑料弹片与 RJ-45 插槽卡住，以防止脱落。

在目前的网线通信线路中，从最基本的 10 Mbit/s 以太网网络，到目前主流的 100 Mbit/s 快速以太网和 1000 Mbit/s 千兆以太网中，均使用 RJ-45 接口和双绞以太网线。

在不同速率的以太网网络中，虽然它们传输所使用的介质都是双绞线类型，但是采用了各自不同版本的双绞线，如最初 10 Mbit/s 使用的是三类网线，1000 Mbit/s 千兆速率使用的是六类网线，而 100 Mbit/s 则使用的是所谓的五类、超五类网线，当然也可以是六类网线。这些 RJ-45 接口的外观是完全一样的，但内部线路却有很大的分别。

目前的网线主要分为非屏蔽线与屏蔽线，如图 1-23 所示。

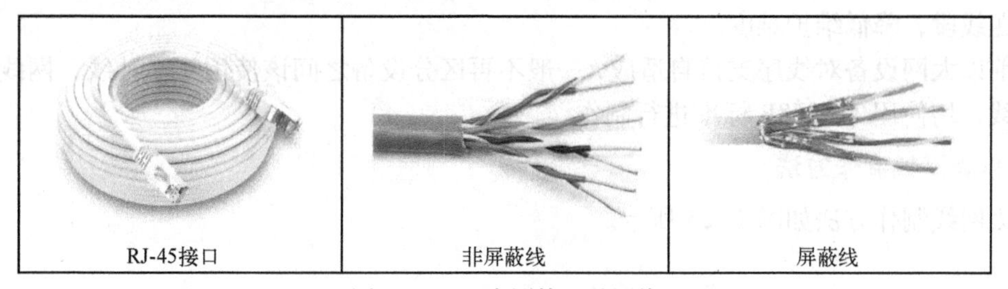

图 1-23　以太网接口及网线

非屏蔽线（Unshielded Twisted Pair，UTP）在实际工程中很常见。它对外部的电磁噪声没有额外的防护，但得益于双绞线的固有特性，其数据传输也非常可靠。非屏蔽线便宜、物理韧性好，也更软，这些优点使得其在大多数场合更受欢迎。

屏蔽线（Shielded Twisted Pair，STP）其每对双绞线以及全部 4 对导线最外侧都包有额外的金属屏蔽壳，这有助于隔离信号传输时的电磁噪声。屏蔽线必须与带屏蔽的插头一起使用，才能实现全链路端到端的屏蔽功能。屏蔽线通常用在对电磁屏蔽高度敏感的场合，例如，网线紧挨着发电机或者重型机械的输电线等情况。

2. 以太网线序标准

在网线接水晶头时，以太网线序有 TIA568A 和 TIA568B 两种常用的接法线序，这两种是国际上标准的网线接法。TIA568A 和 TIA568B 接法都有各自的线序，它们之间只有 4 条主线的排列顺序不同，如图 1-24 所示。

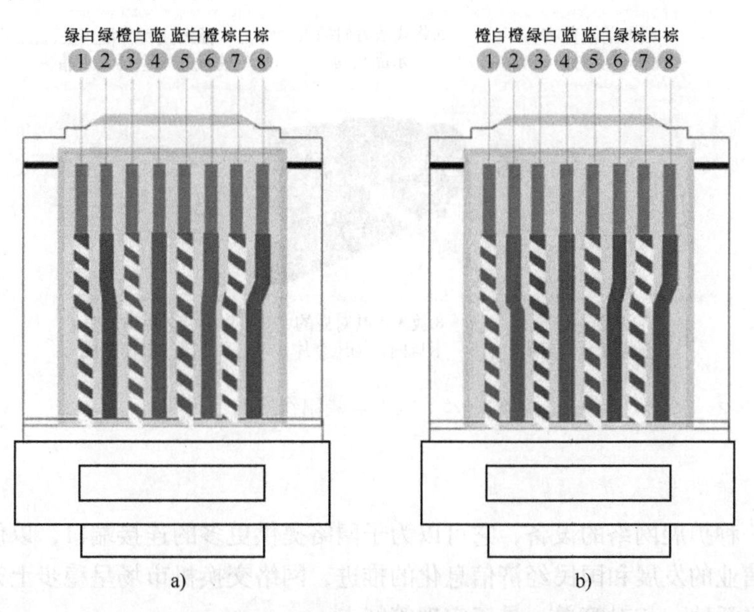

图 1-24　TIA568A 和 TIA568B 接法线序

a）TIA568A　b）TIA568B

- TIA568A：绿白、绿、橙白、蓝、蓝白、橙、棕白、棕。
- TIA568B：橙白、橙、绿白、蓝、蓝白、绿、棕白、棕。

水晶头铜片位置向上，从左到右按照线序排列接线。在综合布线工程中，TIA568A 和 TIA568B 是规范性接法；在工程布线中，它们作为一种接线标准，可以减少出错误的情况，可以规范化布线、提高工作效率；同时，如果在工程中发现线不通，这种接法可以比较容易地排查出问题线段，降低维护难度。

目前以太网设备对线序支持自适应，一般不再区分设备之间该使用哪一种线，网线全部使用直通线，均使用 TIA568B 标准进行制作。

3. 以太网线制作方法

以太网线制作方法如图 1-25 所示。

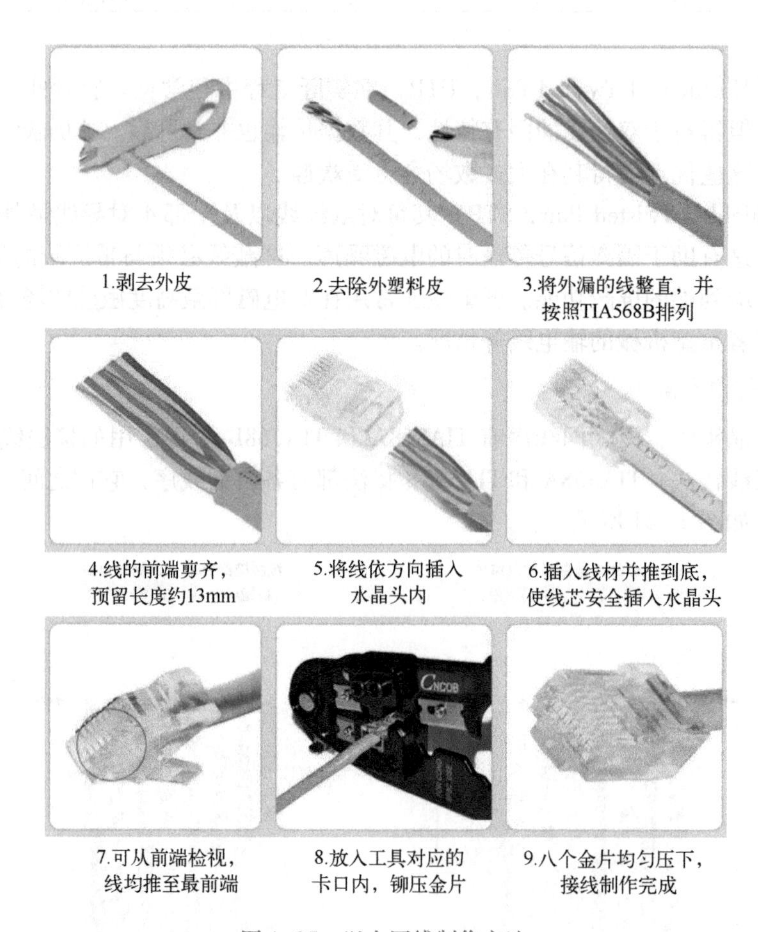

图 1-25　以太网线制作方法

4. 交换机

交换机是一种扩展网络的设备，它可以为子网络提供更多的连接端口，以便连接更多的计算机。随着通信业的发展和国民经济信息化的推进，网络交换机市场呈稳步上升趋势，它具有高性价比、高灵活性、相对简单、易于实现等特点。

1.3.2 计算机 IP 地址及防火墙设置

[目标]

掌握计算机 IP 及防火墙查看和修改等设置方法。

[描述]

通过对 3 台计算机手动设置不同网段的 IP，建立起一个小型局域网。

同时，为保证计算机能自由开启网络端口以及收发任意数据，需要关闭计算机自身的防火墙，以确保实验能够正常进行。

[实施]

1. 准备

首先进行计算机 IP 规划。在完成计算机与交换机之间的连接后，将进行计算机 IP 地址的设置。在此对 3 台计算机的 IP 地址进行规划，避免后期混淆。规划内容如下：

- 计算机 A，其 IP 为 192.168.0.10；
- 计算机 B，其 IP 为 192.168.0.11；
- 计算机 C，其 IP 为 192.168.0.12。

将 3 台计算机的 IP 设置在同一网段中，这样便于提高交换机进行数据收发及处理的速度。

2. 计算机 IP 设置操作步骤

计算机 IP 设置操作步骤见表 1-18。

表 1-18 计算机 IP 设置操作步骤

操作步骤	操作说明	示意图
1)	如右侧图所示，选择“此电脑”→“计算机”→“打开设置”，进入“Windows 设置”界面	
2)	在“Windows 设置”界面，单击“网络和 Internet”	

（续）

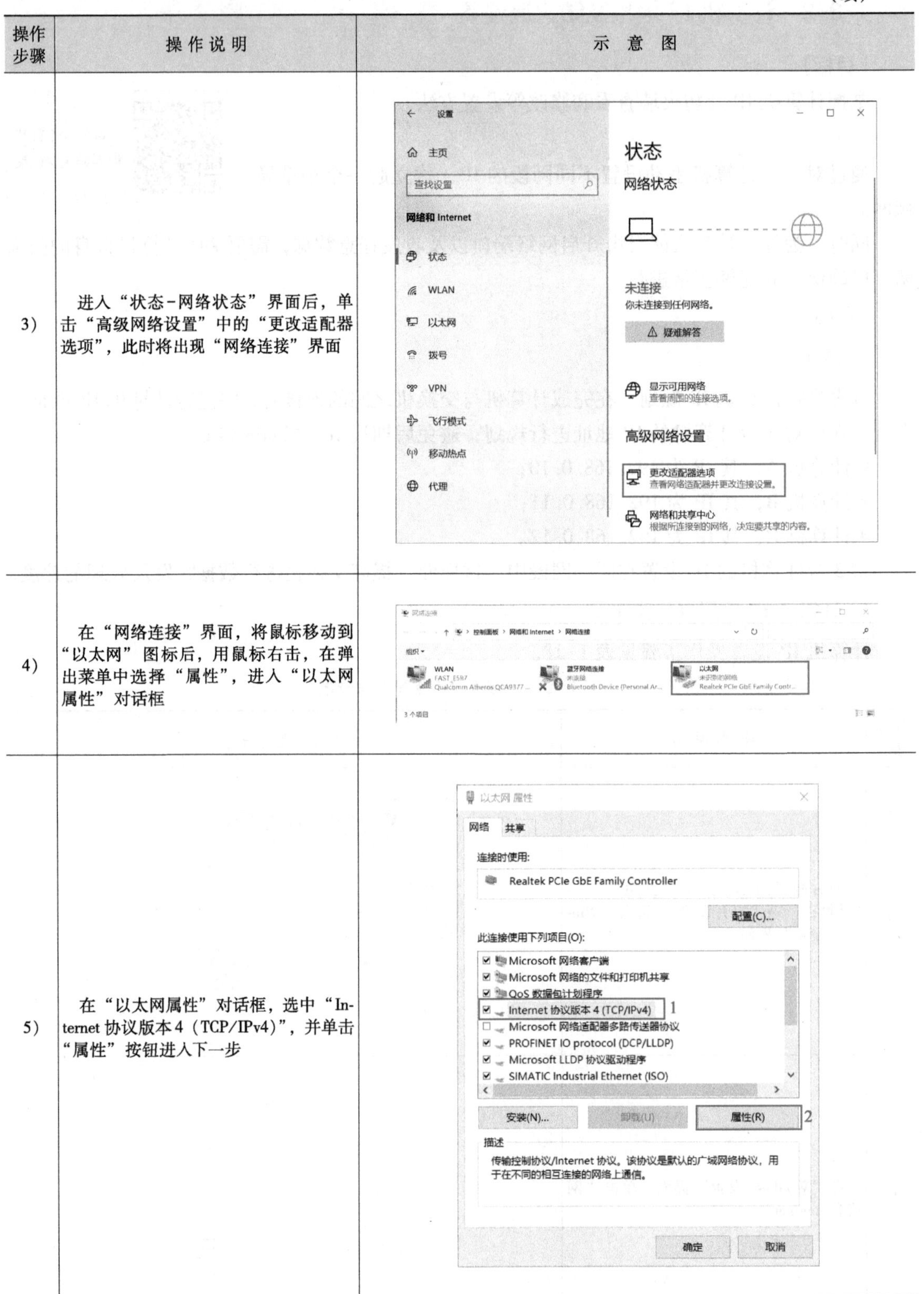

操作步骤	操作说明	示意图
3）	进入“状态-网络状态”界面后，单击“高级网络设置”中的“更改适配器选项”，此时将出现“网络连接”界面	
4）	在“网络连接”界面，将鼠标移动到“以太网”图标后，用鼠标右击，在弹出菜单中选择“属性”，进入“以太网属性”对话框	
5）	在“以太网属性”对话框，选中“Internet 协议版本4（TCP/IPv4）”，并单击“属性”按钮进入下一步	

（续）

操作步骤	操作说明	示意图
6）	在“Internet 协议版本 4（TCP/IPv4）属性”对话框，选中“使用下面的 IP 地址”，将出现“IP 地址”等信息的输入框。 在“IP 地址”中输入计算机 A 的地址“192.168.0.10”，在“子网掩码”中输入“255.255.255.0”，单击“确定”按钮完成计算机 IP 的设置	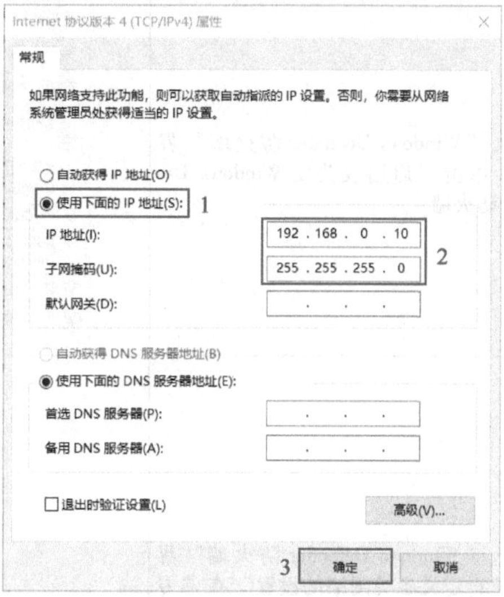
注意：计算机 B 和计算机 C 也按此步骤进行 IP 的设置		

3. 计算机防火墙设置操作步骤

计算机防火墙设置操作步骤见表 1-19。

表 1-19　计算机防火墙设置操作步骤

操作步骤	操作说明	示意图
1）	打开计算机的“控制面板”，在其右上方“搜索控制面板”处，输入“防火墙”，进行搜索	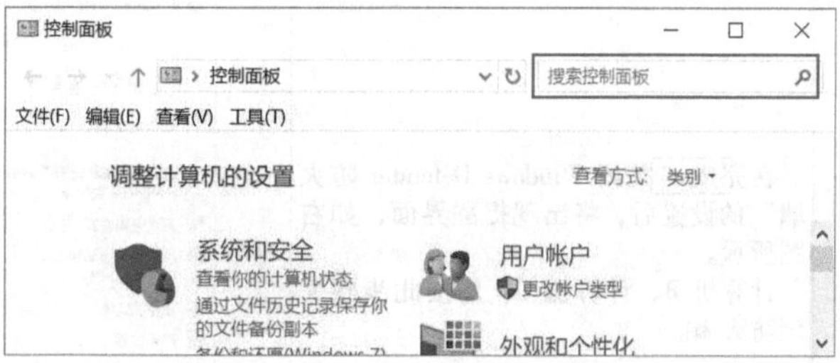
2）	完成“防火墙”搜索后，将出现“Windows Defender 防火墙”图标及文字。 单击“Windows Defender 防火墙”，进行防火墙相关设置	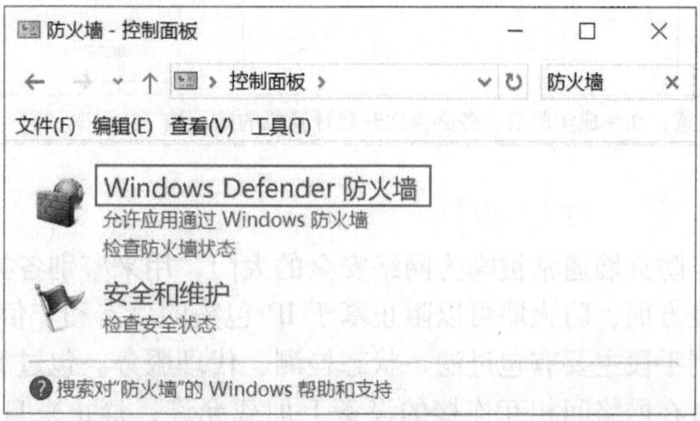

（续）

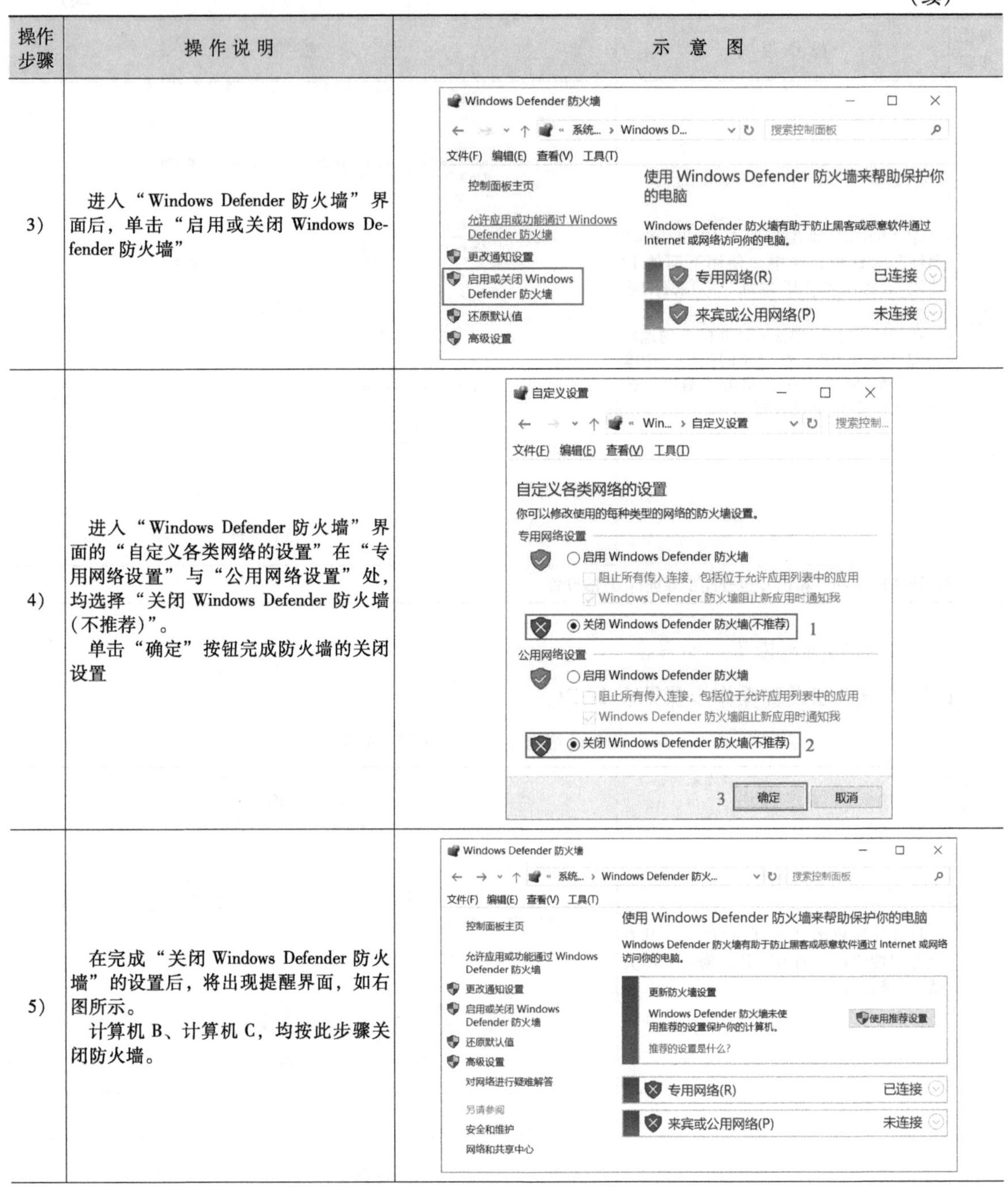

操作步骤	操作说明	示意图
3）	进入“Windows Defender 防火墙”界面后，单击“启用或关闭 Windows Defender 防火墙”	
4）	进入“Windows Defender 防火墙”界面的“自定义各类网络的设置”在“专用网络设置”与“公用网络设置”处，均选择“关闭 Windows Defender 防火墙（不推荐）”。 单击“确定”按钮完成防火墙的关闭设置	
5）	在完成“关闭 Windows Defender 防火墙”的设置后，将出现提醒界面，如右图所示。 计算机 B、计算机 C，均按此步骤关闭防火墙。	
注意：在完成实验后，务必再次开启计算机的防火墙		

[相关知识]

防火墙通常被喻为网络安全的大门，用来鉴别各类数据包能否进出内部网络。在应对黑客入侵方面，防火墙可以阻止基于 IP 包头的攻击和非信任地址的访问。防火墙通常使用的安全控制手段主要有包过滤、状态检测、代理服务。包过滤是一种简单、有效的安全控制技术，它通过在网络间相互连接的设备上加载允许、禁止来自某些特定的源地址、目的地址、TCP 端口号等规则，对通过设备的数据包进行检查，限制数据包进出内部网络。

在本次以太网通信实践中，计算机之间将发送无规则的字符串。由于防火墙会对数据包进出网络进行检查，对不符合网络通信格式规范的数据包进行拦截，所以在实验前需要关闭防火墙。

1.3.3 3台计算机UDP通信

[目标]

3台计算机之间使用UDP完成数据的收发通信操作。

[描述]

UDP是以太网通信中的一种通信协议。通过3台计算机分别发送数据到其他计算的IP及端口中，观察其他计算机的数据接收情况，理解UDP的通信过程，并通过此次数据收发实验，检查线路、交换机等硬件设备的工作状态是否良好，为后续实验做好准备。

[实施]

3台计算机之间进行UDP通信的操作步骤见表1-20。

表1-20 3台计算机之间进行UDP通信的操作步骤

操作步骤	操作说明	示意图
(1) 3台计算机网络参数的设置		
1)	在计算机A中打开“网络调试助手”软件。 在该窗口左侧上部“网络设置”中设置：“协议类型”为“UDP”，“本地主机地址”为“192.168.0.10”，“本地主机端口”为“8080”。 在该窗口左侧中部“接收设置”中设置“ASCII”码格式。 在该窗口左侧下部“发送设置”中设置“ASCII”码格式。 单击“网络设置”中的“打开”按钮开启网口	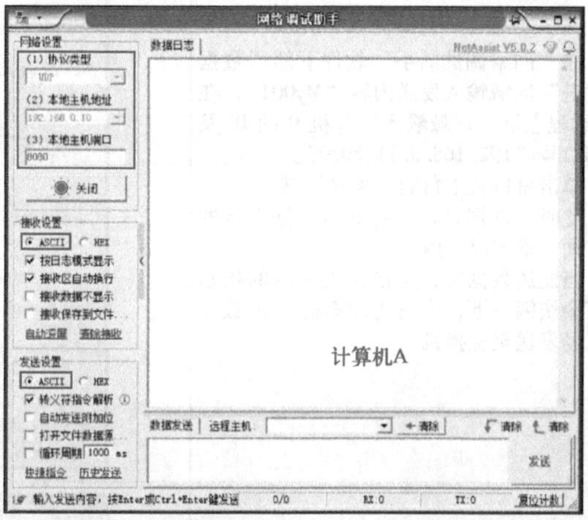 计算机A
2)	在计算机B中打开“网络调试助手”软件。 在该窗口左侧上部“网络设置”中设置：“协议类型”为“UDP”，“本地主机地址”为“192.168.0.11”，“本地主机端口”为“8080”。 在该窗口左侧中部“接收设置”中设置“ASCII”码格式。 在该窗口左侧下部“发送设置”中设置“ASCII”码格式。 单击“网络设置”中的“打开”按钮开启网口	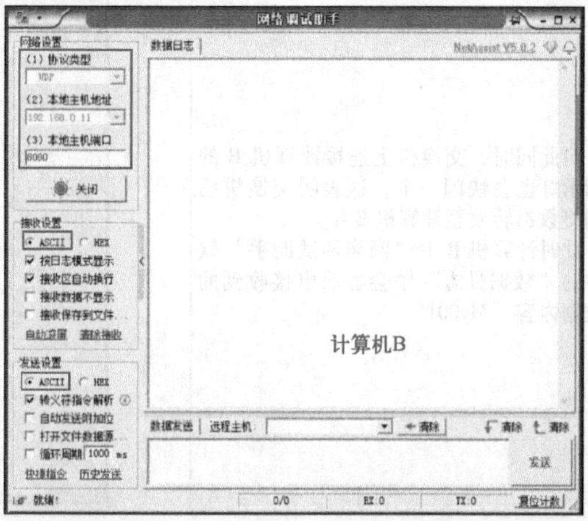 计算机B

（续）

操作步骤	操作说明	示意图
3）	在计算机C中打开“网络调试助手”软件。 在该窗口左侧上部“网络设置”中设置：“协议类型”为“UDP”，“本地主机地址”为“192.168.0.12”，“本地主机端口”为“8080”。 在该窗口左侧中部“接收设置”中设置“ASCII”码格式。 在该窗口左侧下部“发送设置”中设置“ASCII”码格式。 单击“网络设置”中的“打开”按钮开启网口	
（2）计算机A向计算机B发送数据		
1）	在“网络调试助手”软件下部“数据发送”区域输入发送内容“My001”，在“远程主机”区域输入计算机B的IP及端口号“192.168.0.11:8080”。 单击窗口右下角的“发送”按钮。 此时“数据日志”将显示数据发送的时间、格式以及内容。 当发送数据时，交换机上对应的指示灯会快闪一下，这表明计算机A的数据已经发送至交换机	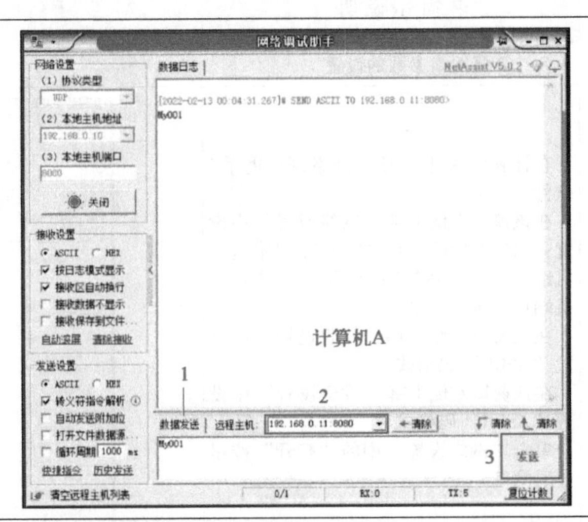
2）	与此同时，交换机上连接计算机B的指示灯也会快闪一下，这表明交换机已经将数据转发至计算机B中。 此时计算机B中“网络调试助手”软件的“数据日志”中会显示出接收到的数据内容“My001”	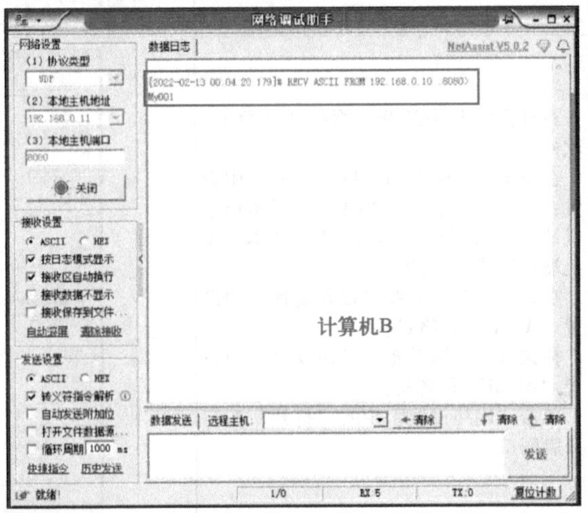

（续）

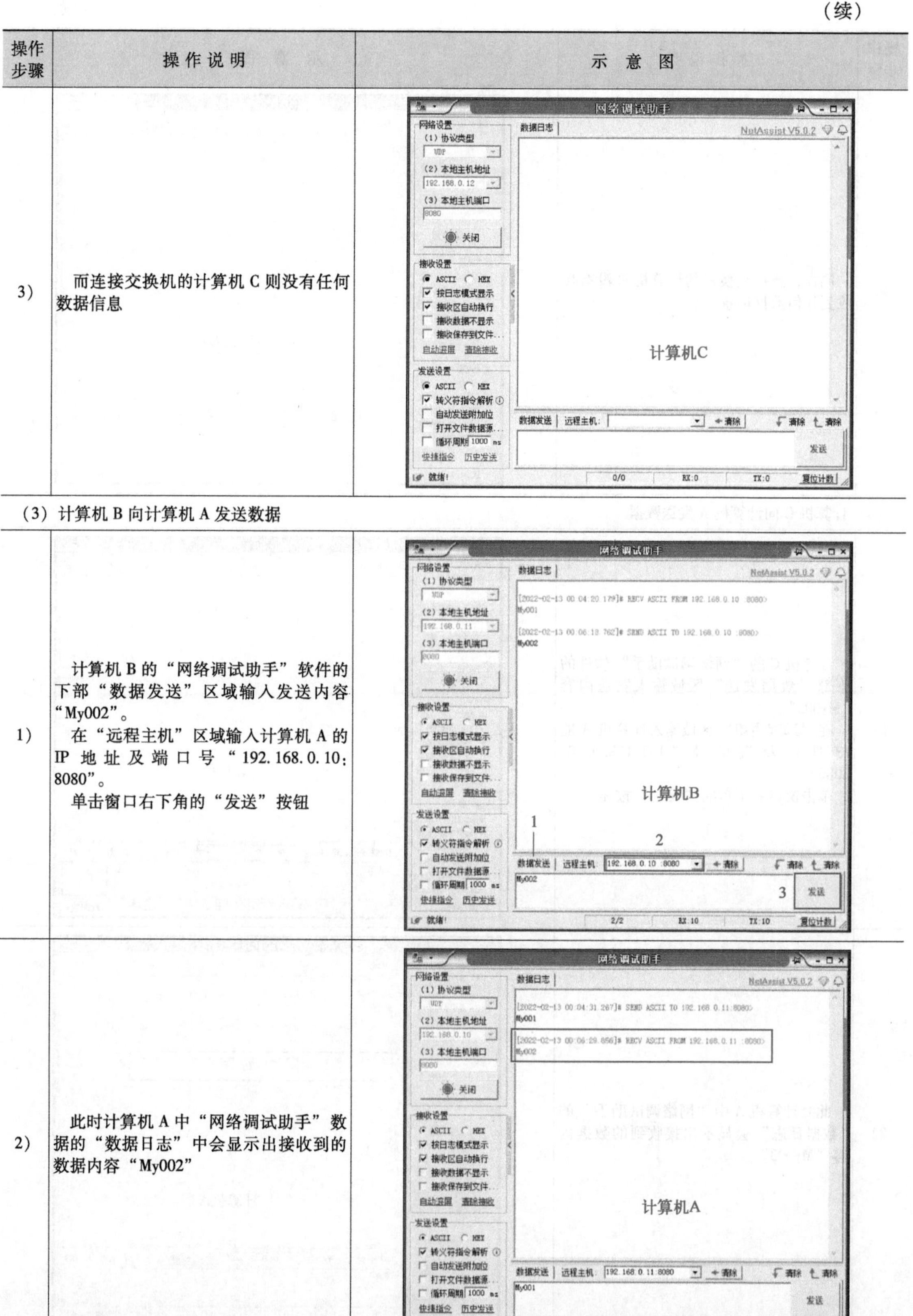

操作步骤	操作说明	示意图
3）	而连接交换机的计算机C则没有任何数据信息	

（3）计算机B向计算机A发送数据

操作步骤	操作说明	示意图
1）	计算机B的“网络调试助手”软件的下部“数据发送”区域输入发送内容“My002”。 在“远程主机”区域输入计算机A的IP地址及端口号“192.168.0.10:8080”。 单击窗口右下角的“发送”按钮	
2）	此时计算机A中“网络调试助手”数据的“数据日志”中会显示出接收到的数据内容“My002”	

（续）

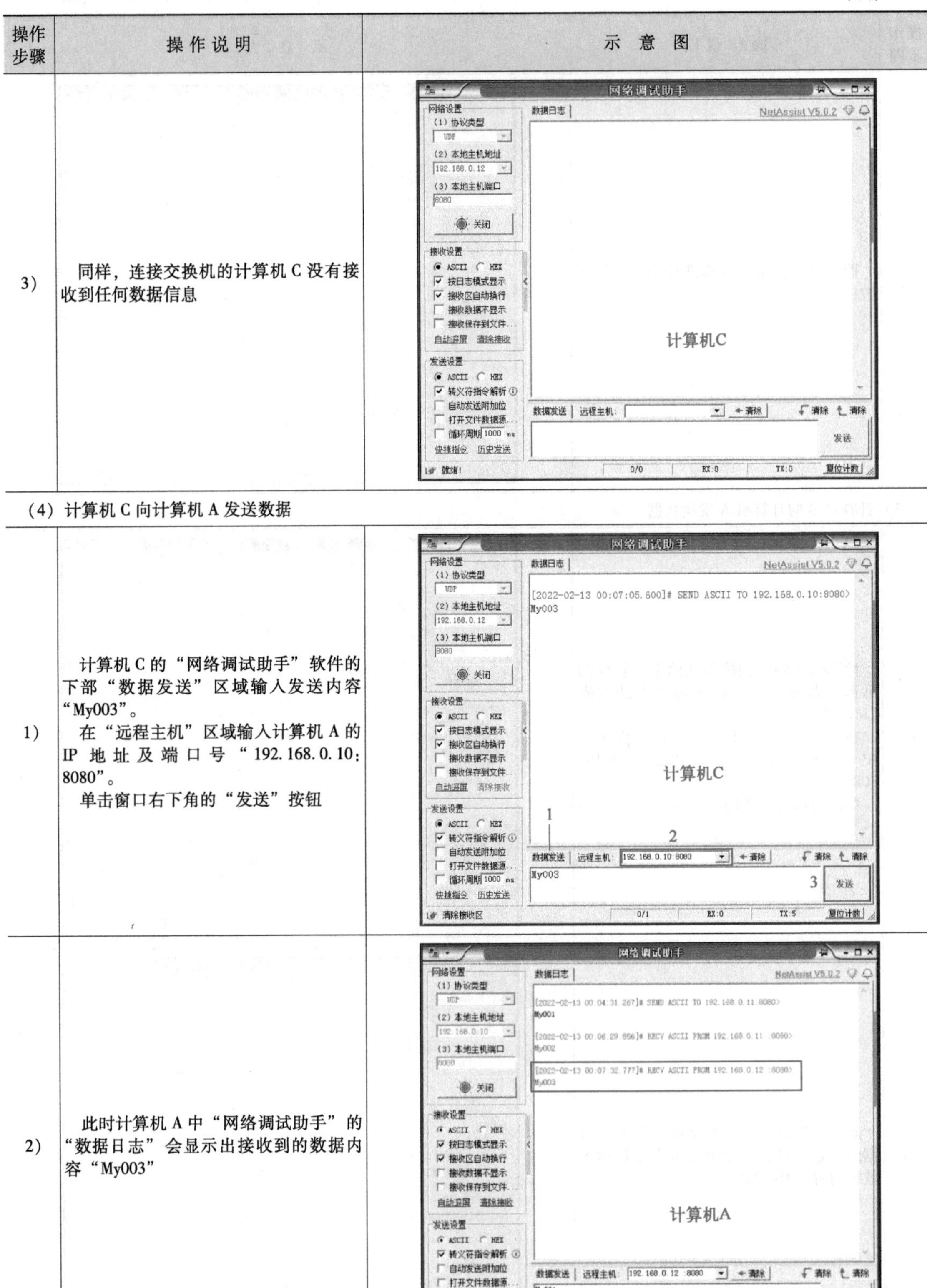

操作步骤	操作说明	示意图
3）	同样，连接交换机的计算机 C 没有接收到任何数据信息	计算机C
（4）计算机 C 向计算机 A 发送数据		
1）	计算机 C 的“网络调试助手”软件的下部“数据发送”区域输入发送内容“My003”。 在“远程主机”区域输入计算机 A 的 IP 地址及端口号“192.168.0.10:8080”。 单击窗口右下角的“发送”按钮	计算机C
2）	此时计算机 A 中“网络调试助手”的“数据日志”会显示出接收到的数据内容“My003”	计算机A

（续）

操作步骤	操作说明	示意图
3）	而连接交换机的计算机 B 则没有任何数据信息	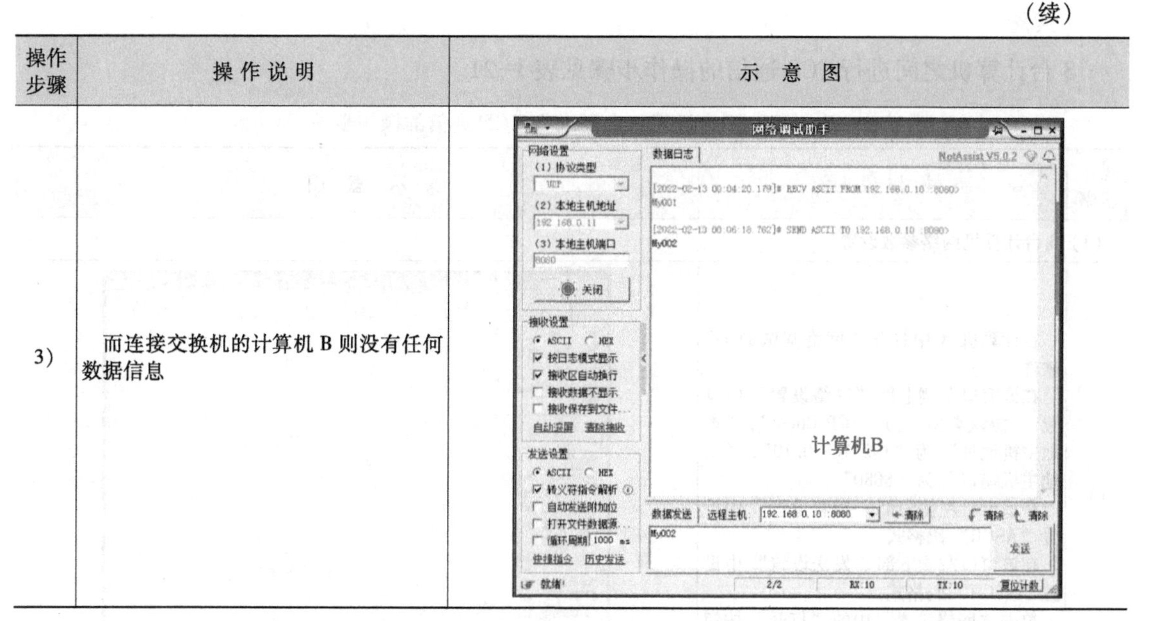

当计算机网线断开后，依然进行数据发送操作。软件依旧可以正常发出数据，没有异常提示，被称为“不可靠链接”。

通过本次实践可以发现：网络调试助手软件选用 UDP 协议，计算机可以进行点对点的通信，而同一网络中的其他计算机设备则接收不到数据。

与之前的 RS-485 总线网络相比，采用 UDP 协议可提高通信的保密性。

1.3.4　3 台计算机 TCP 通信

[目标]

3 台计算机之间通过 TCP 完成数据的收发通信操作。

[描述]

通过 3 台计算机数据收发实验，理解 TCP 的通信过程，以及客户端与服务器之间数据收发的特点。

系统通信架构图如图 1-26 所示。

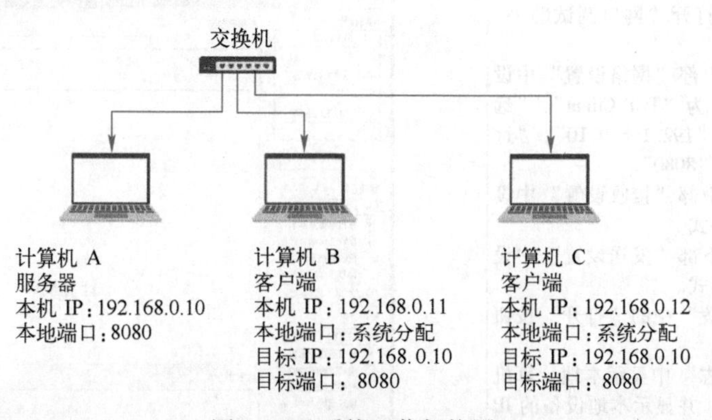

图 1-26　系统通信架构图

［实施］

3 台计算机之间进行 TCP 通信的操作步骤见表 1-21。

表 1-21　3 台计算机之间进行 TCP 通信的操作步骤

操作步骤	操 作 说 明	示 意 图
(1) 3 台计算机网络参数设置		
1)	在计算机 A 中打开“网络调试助手”软件。 在该窗口左侧上部“网络设置”中设置：“协议类型”为“TCP Client”，“本地主机地址”为“192.168.0.10”，“本地主机端口”为“8080”。 在该窗口左侧中部“接收设置”中设置“ASCII”码格式。 在该窗口左侧下部“发送设置”中设置“ASCII”码格式。 单击“网络设置”中的“打开”按钮开启网口	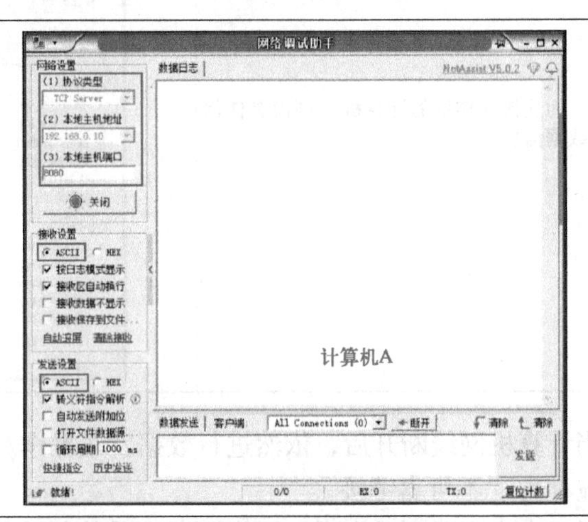
2)	在计算机 B 中打开“网络调试助手”软件。 在该窗口左侧上部“网络设置”中设置：“协议类型”为“TCP Client”，“远程主机地址”为“192.168.0.10”，“远程主机端口”为“8080”。 在该窗口左侧中部“接收设置”中设置“ASCII 码格式”。 在该窗口左侧下部“发送设置”中设置“ASCII 码格式”。 单击“网络设置”中的“打开”按钮开启网口。 此时“数据日志”中显示本地计算机已经连接服务器，并显示本地设备的 IP 以及网络系统自动分配的端口号	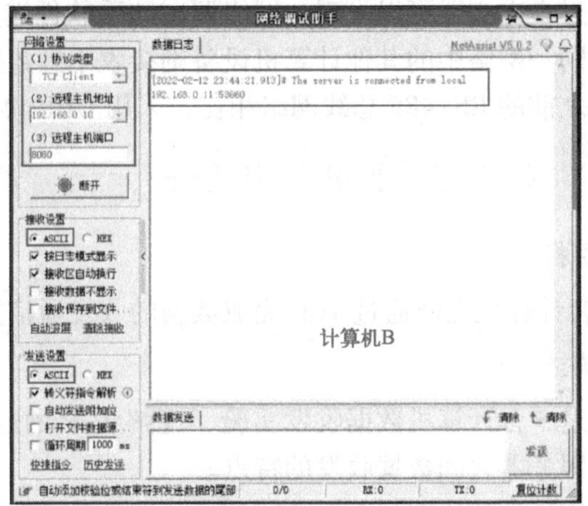
3)	在计算机 C 中打开“网口调试助手”软件。 在该窗口左侧上部“网络设置”中设置：“协议类型”为“TCP Client”，“远程主机地址”为“192.168.0.10”，“远程主机端口”为“8080”。 在该窗口左侧中部“接收设置”中设置“ASCII”码格式。 在该窗口左侧下部“发送设置”中设置“ASCII”码格式。 单击“网络设置”中的“打开”按钮开启网口。 此时“数据日志”中显示本地计算机已经连接服务器，并显示本地设备的 IP 以及网络系统自动分配的端口号	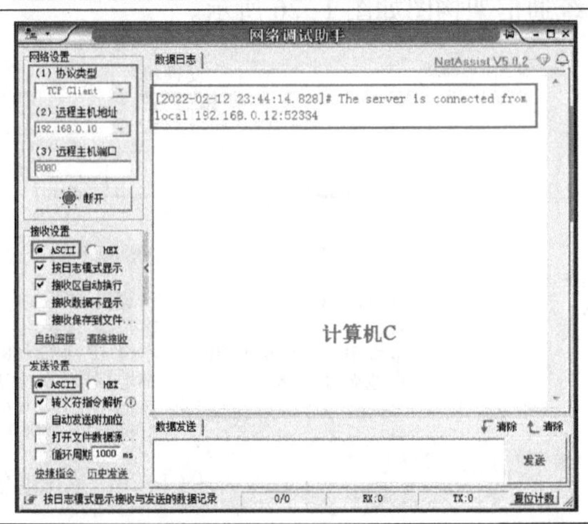

（续）

操作步骤	操作说明	示意图
4）	在计算机B、C完成与服务器计算机A的连接后，在计算机A的“网络调试助手”窗口的“数据日志”中将显示已经连接上计算机B、C。 在“网络调试助手”窗口下方的“客户端”中将显示计算机B、C的IP与端口标识	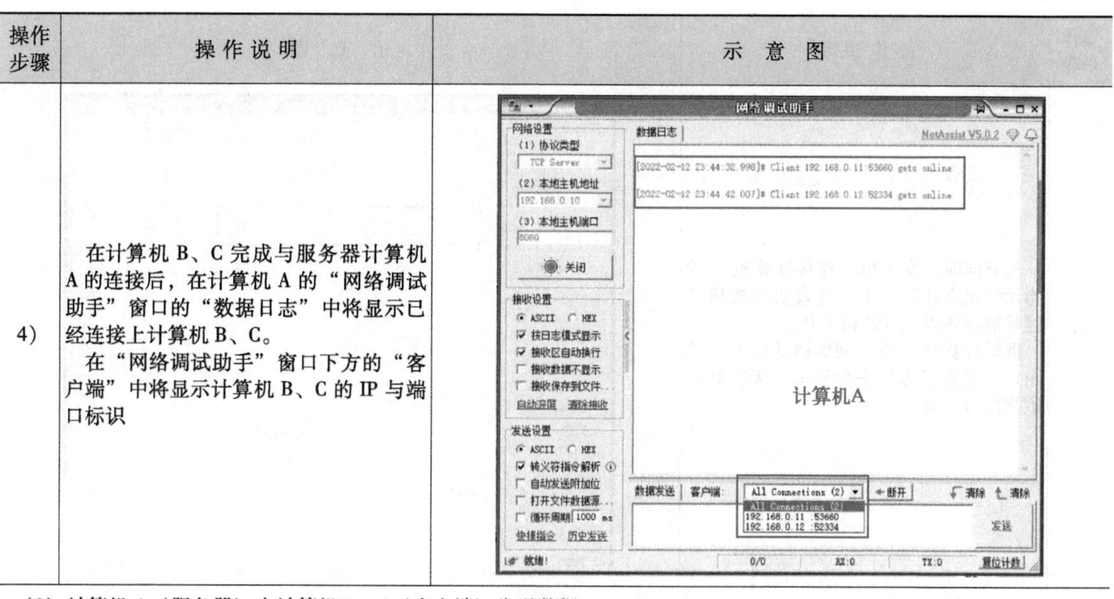
（2）计算机A（服务器）向计算机B、C（客户端）发送数据		
1）	在计算机A的“网络调试助手”窗口下部“数据发送”区域输入发送内容“My001”，在“客户端”区域选择“All Connections”。 单击窗口右下角的“发送”按钮。 当发送数据时，交换机上对应的指示灯会快闪一下，这表明计算机A的数据已经发送至交换机	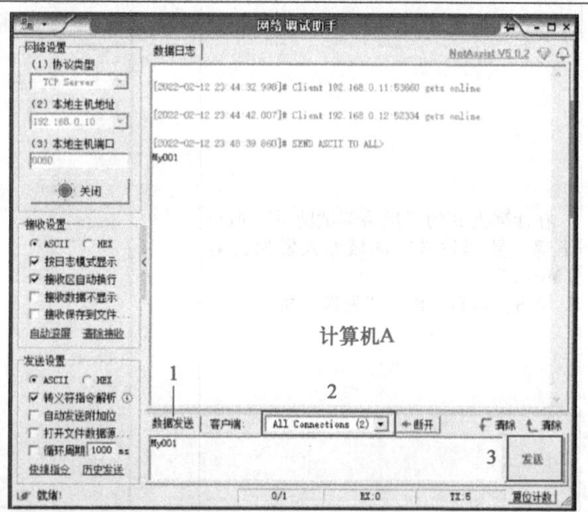
2）	同时交换机上连接计算机B的指示灯也会快闪一下，这表明交换机已经将数据转发至计算机B中。 此时计算机B的“网络调试助手”的“数据日志”中会显示出接收到的数据内容“My001”	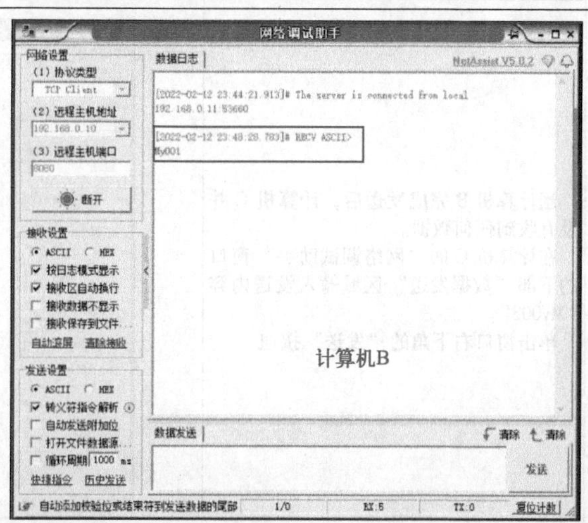

（续）

操作步骤	操作说明	示意图
3）	与此同时，交换机上连接计算机C的指示灯也会快闪一下，这表明交换机已经将数据转发至计算机C中。 此时计算机C的“网络调试助手”的窗口“数据日志”中会显示出接收到的数据内容“My001”	
（3）计算机B、C（客户端）向计算机A（服务器）发送数据		
1）	在计算机B的“网络调试助手”窗口下部“数据发送”区域输入发送内容“My002”。 单击窗口右下角的“发送”按钮	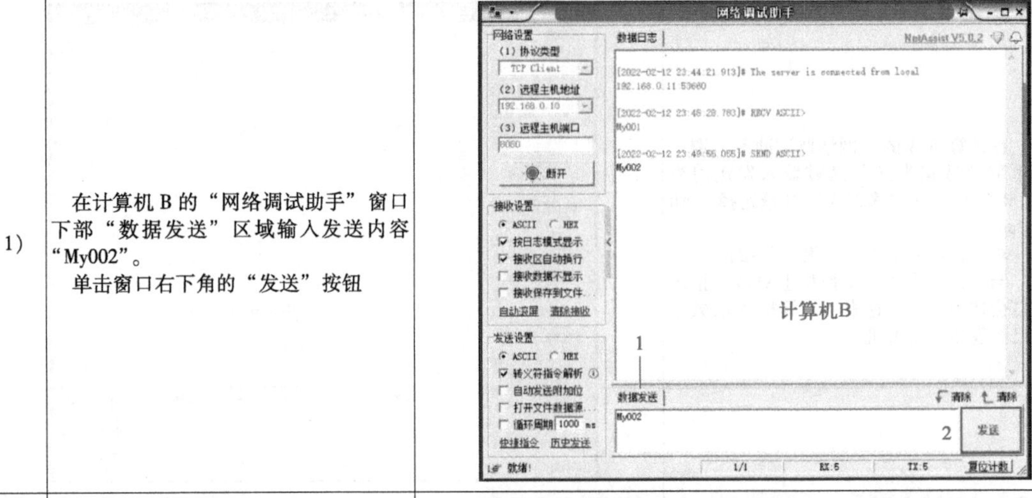
2）	当计算机B完成发送后，计算机C并没有收到任何数据。 在计算机C的“网络调试助手”窗口的下部“数据发送”区域输入发送内容“My003”。 单击窗口右下角的“发送”按钮	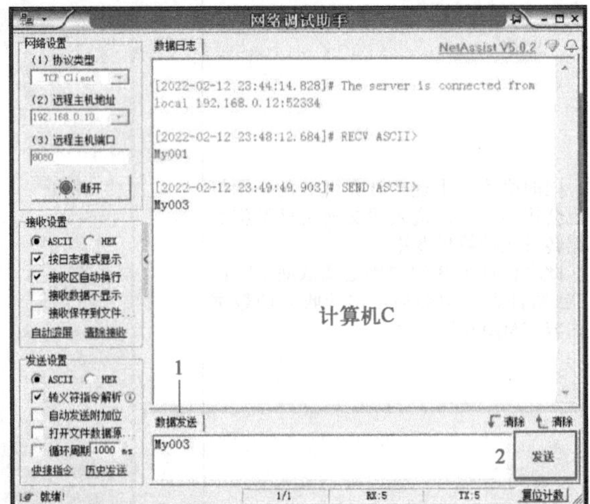

（续）

操作步骤	操作说明	示意图
3）	在计算机A的“网络调试助手”窗口的“数据日志”中，可以看到计算机B、C分别发送过来的数据	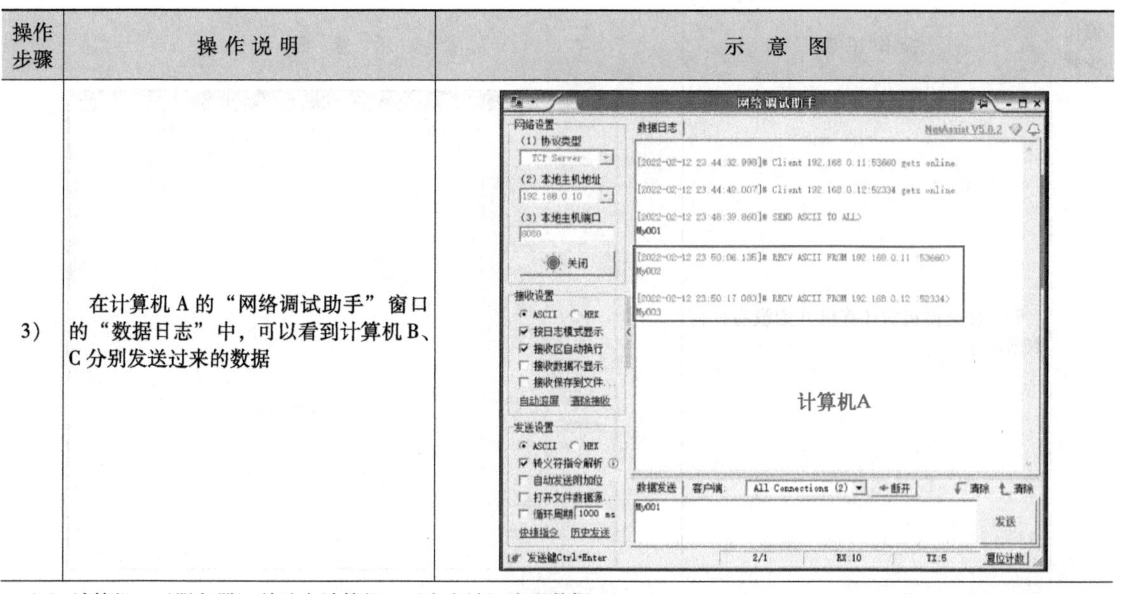
（4）计算机A（服务器）单独向计算机C（客户端）发送数据		
1）	在计算机A的“网络调试助手”窗口的下部“数据发送”区域输入发送内容“ABC003”。 在“客户端”区域输入计算机C的IP地址及端口号“192.168.0.12:52334”。 单击窗口右下角的“发送”按钮。 注意： 端口号52334为系统自动生成，每次不固定	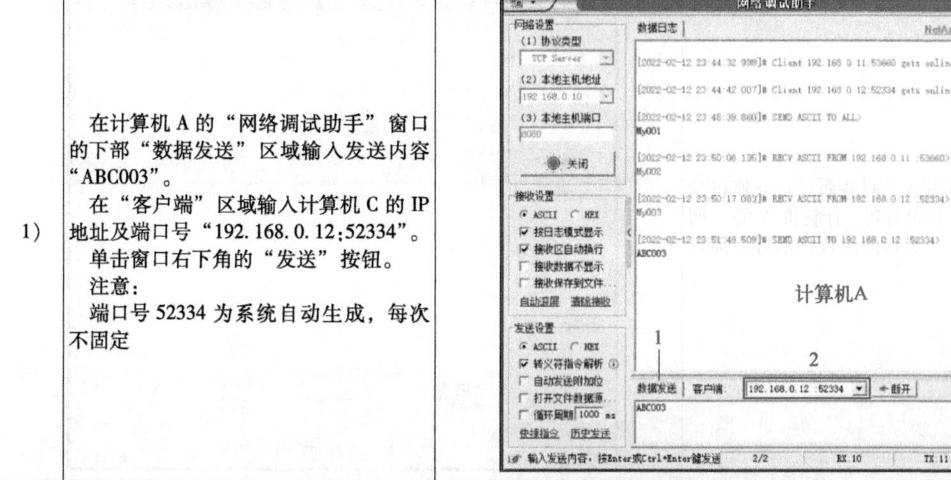
2）	此时计算机C的“网络调试助手”窗口的“数据日志”中会显示出接收到的数据内容“ABC003”	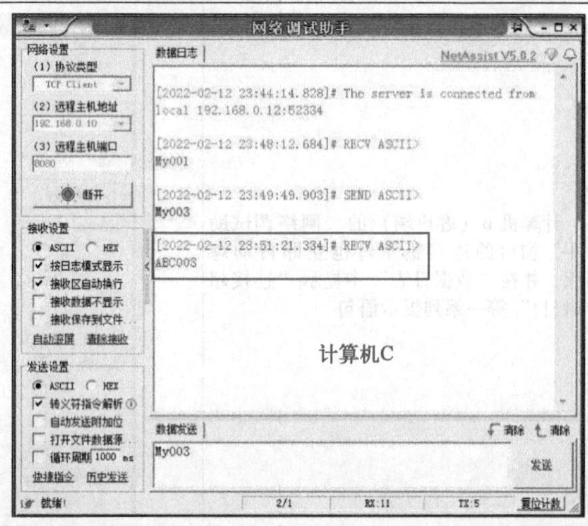

（续）

<table>
<tr><th>操作步骤</th><th>操作说明</th><th>示意图</th></tr>
<tr><td>3）</td><td>而连接交换机的计算机 B 则没有任何数据信息</td><td>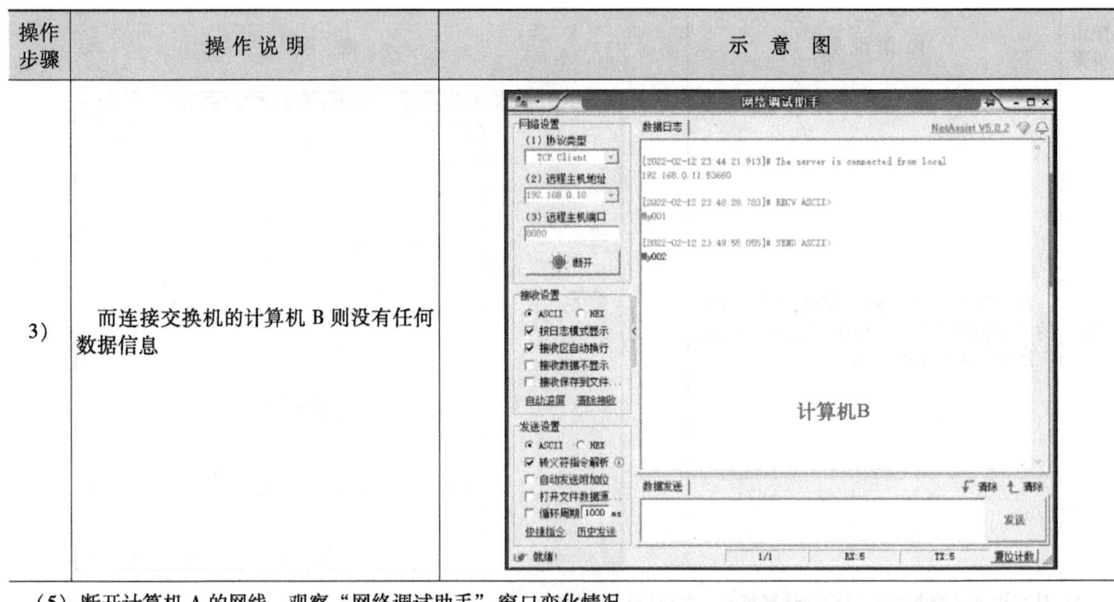</td></tr>
<tr><td colspan="3">（5）断开计算机 A 的网线，观察“网络调试助手”窗口变化情况</td></tr>
<tr><td>1）</td><td>断开计算机 A（服务器）与交换机的网线连接，可以看到，计算机 A 的“网络调试助手”窗口的连接指示灯立即自动熄灭</td><td>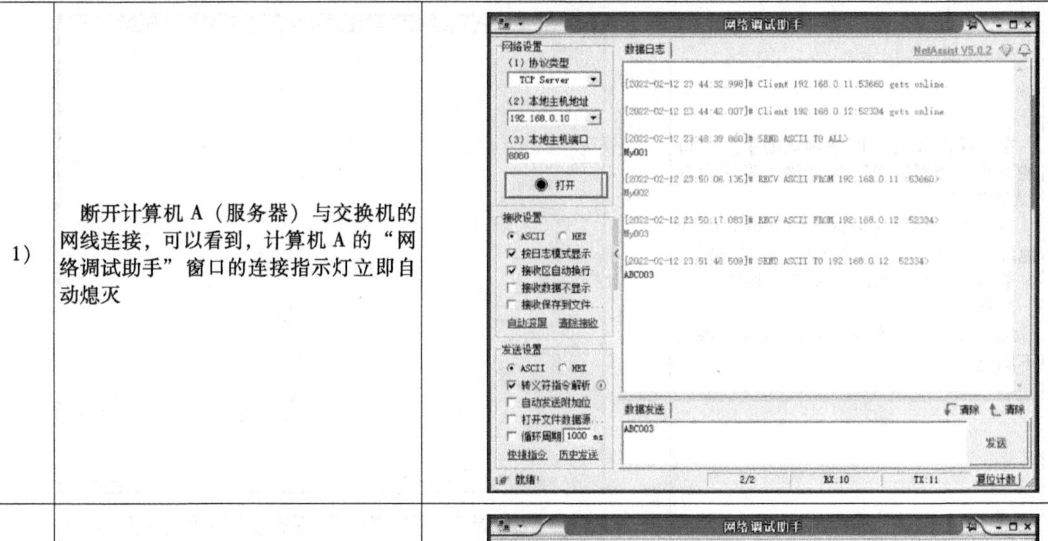</td></tr>
<tr><td>2）</td><td>计算机 B（客户端）的“网络调试助手”窗口的连接指示灯也立即自动熄灭，并在“数据日志”中提示“连接超时!!!”等一系列提示语句</td><td>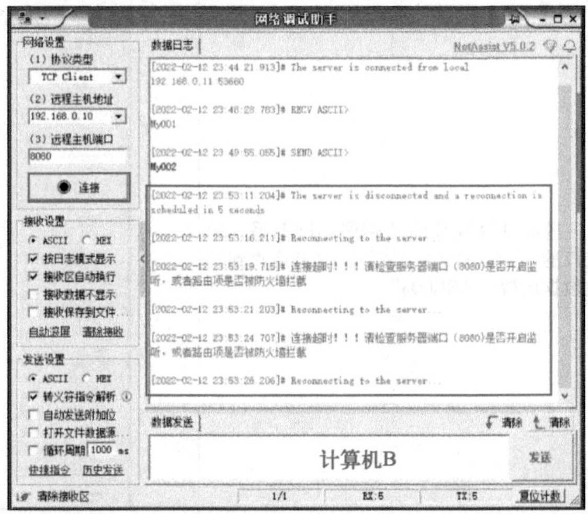</td></tr>
</table>

（续）

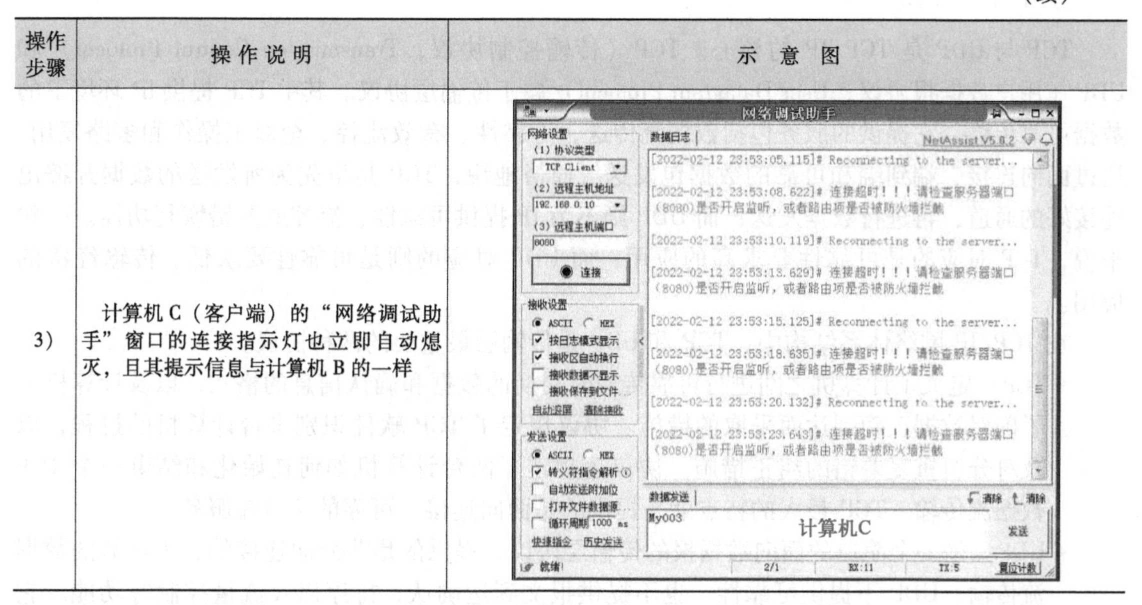

操作步骤	操作说明	示意图
3)	计算机 C（客户端）的“网络调试助手”窗口的连接指示灯也立即自动熄灭，且其提示信息与计算机 B 的一样	

通过实践可以发现，在使用网络调试助手软件在 TCP 通信下，作为服务器的计算机 A，可以通过广播形式给所有的客户端发送数据，也可以单独给其中一个客户端发送数据。而网络中的客户端计算机 B、C 只能和服务器发生数据收发交互，客户端之间无法进行直接通信。

[相关知识]

1. IP 地址

IP 地址（Internet Protocol Address）是指互联网协议地址，又称为网际协议地址。IP 地址是网络通信 IP 中提供的一种统一的地址格式。在网络中，计算机使用 IP 地址来进行唯一标识。目前，IP 地址有 IPv4 和 IPv6 两种类型。

- IPv4 采用十进制或二进制表示形式的“点分十进制”表示，常用的表示形式如 192.168.0.10。
- IPv6 采用十六进制表示形式的“冒分十六进制”表示，常用的表示形式如 ABCD:EF01:2345:6789:ABCD:EF01:2345:6789。

目前，IPv4 最大的问题是网络地址资源不足，这严重制约了互联网的应用和发展。IPv6 的使用，不仅能解决网络地址资源数量的问题，也解决了多种接入设备连入互联网的障碍，为物联网的大范围应用奠定了基础。

2. 端口号

端口号如同门牌号，客户端可以通过 IP 地址找到对应的服务器端，但因服务器端有很多端口，每个应用程序对应一个端口号，通过类似门牌号的端口号，客户端才能真正地访问到该服务器。为了对端口进行区分，对每个端口进行编号，这就是端口号。

逻辑端口是指逻辑意义上用于区分服务的端口，如用于浏览网页服务的 80 端口，用于 FTP 服务的 21 端口等；如 TCP/IP 中的服务端口，其通过不同的逻辑端口来区分不同的服务。一个 IP 地址的端口通过两个字节进行编号，最多可以有 65 536 个端口。端口是通过端口号来标记的，端口号只有整数，范围为 0~65 535。

3. TCP 与 UDP

TCP 与 UDP 是 TCP/IP 的核心。TCP（传输控制协议，Transmission Control Protocol）和 UDP（用户数据报协议，User Datagram Protocol）属于传输层协议。其中 TCP 提供 IP 环境下的数据可靠传输，它提供的服务包括数据流传送、可靠性、有效流控、全双工操作和多路复用，通过面向连接、端到端和可靠的数据包发送。通俗地说，TCP 是事先为所发送的数据开辟出连接好的通道，再进行数据发送；而 UDP 则不为 IP 提供可靠性、流控或差错恢复功能。一般来说，TCP 对应的是可靠性要求高的应用，而 UDP 对应的则是可靠性要求低、传输经济的应用。

在 TCP/IP 网络体系结构中，TCP 和 UDP 是传输层最重要的两种协议。

- TCP：定义了计算机之间进行可靠传输时交换的数据和确认信息的格式，以及计算机为了确保数据正确到达而采取的措施。协议规定了 TCP 软件识别多台计算机的过程，以及对分组重复差错的纠正措施。协议还规定了两台计算机如何初始化和结束一个 TCP 数据流传输。TCP 最大的特点就是提供的是面向连接、可靠的字节流服务。
- UDP：是一个简单的面向数据报的传输层协议，提供的是非面向连接的、不可靠的数据流传输。UDP 不提供可靠性，也不提供报文到达确认、排序以及流量控制等功能。它只是把应用程序传给 IP 层的数据报文发送出去，且不保证它们能到达目的地。因此，报文可能会丢失、重复以及乱序等。但由于 UDP 在传输数据报文前并没有在客户端和服务器之间建立连接，且没有超时重发等机制，故而传输速度很快。

项目 2 PLC 与工业标签采集通信

【项目背景】

条形码通常是指宽度不等的多个黑条和空白，按照一定的编码规则排列组合的图形标识符。条形码可以表示商品的相关信息，如产地、商品名称、生产日期、图书分类、邮件地点、日期等，其在商品流通、图书管理、邮政管理、银行系统等众多领域都得到了广泛的应用。

近年来，随着信息化与工业化的融合，传统工业制造朝着智能制造进行数字化转型。在产业升级的过程中，提高产品质量，实现产品全生命周期管理的理念，正逐步被制造业重视。用于工业领域的条形码被称为工业条码，是用于工厂产品管理的条码，常用于工厂的仓库管理、订单管理、质量管理等方面，是产品内部物流的关键。通过对工业零件或产品进行赋码，可方便、快捷地实现产品后期的追溯管理。

随着商品信息量的不断增加，简单的一维条码的信息容载量已无法满足实际应用的需求，二维码的出现改善了这一现状，也提高了条码的信息承载量。

随着微电子技术的发展，RFID（射频识别技术）以其出色的抗污染能力、耐用性、安全性、穿透性、存储容量大等特点在工业标签领域大展身手。

在信息化管理领域，将条形码、二维码、RFID 射频卡统称为工业标签。在智能制造领域，作为控制核心的 PLC 通过通信接口采集工业标签数据信息的技术正在被广泛应用。

本项目将具体介绍 PLC 通过数据通信接口与二维码扫描枪、RFID 射频卡读卡器通信，采集工业标签信息的具体方法及步骤。

【项目描述】

某高新制造企业有生产高精度零件的车间，根据 PLM（产品生命周期管理）要求，需要对生产的某零件实现追溯管理，并需要对出入该车间的员工实施门禁系统管理。

作为现场工程师的您，需要将二维码、RFID 射频卡等工业标签数据接入 PLC 控制系统，完成基于二维码的零件生产追溯管理与 RFID 门禁系统管理。

【任务分解】

- 计算机通过 RS-232 通信接口，实现二维码扫描枪的数据采集。
- FX_{3U}系列 PLC 通过 RS-232 通信接口，实现二维码扫描枪的数据采集。
- 计算机通过 RS-232 通信接口，实现 RFID 射频卡读卡器的数据采集。
- FX_{5U}系列 PLC 通过 RS-232 通信接口，实现 RFID 射频卡读卡器的数据采集。

【素质目标】

- 通过连接通信线路，培养安全操作、文明操作、规范操作的意识。
- 通过参数设置和 PLC 编程，培养认真、严谨、细致的工作态度。
- 通过使用二维码和 RFID 射频卡，培养较强的法治意识和道德意识。

【知识目标】

- 掌握二维码的生成方法。
- 理解二维码、RFID 射频卡的应用领域。
- 掌握 PLC 自由口通信数据读取指令的应用。
- 掌握工业自由口通信基础知识及现场调试方法。

【技能目标】

- 能够实现计算机的 RS-232 通信接口与二维码扫描枪、RFID 射频卡读卡器通信线路的连接。
- 能够使用串口调试助手软件，采集二维码扫描枪、RFID 射频卡读卡器的数据。
- 能够实现 PLC 的 RS-232 通信接口与二维码扫描枪、RFID 射频卡读卡器通信线路的连接。
- 能够编写 PLC 自由口通信数据采集程序，并能将二维码扫描枪、RFID 射频卡读卡器的数据采集至 PLC。

任务 2.1 FX_{3U}通信采集二维码

【任务导读】

本任务将详细介绍工业二维码扫描枪与 FX_{3U}系列 PLC 通过 RS-232 通信接口，实现二维码数据的接收，并介绍如何将 PLC 采集的数据存储至 PLC 的寄存器中。通过本项目读者将学到二维码的生成方法、FX_{3U}系列 PLC 中 RS 指令数据接收功能的使用，以及如何对 PLC 的数据寄存器进行批量监控。

【任务目标】

使用 FX_{3U}系列 PLC 通过扩展 FX_{3U}-232-BD 通信板，采集二维码扫描枪在扫码后，通过 RS-232 通信接口发送的数据。

【任务准备】

1）任务准备软硬件清单见表 2-1。

表 2-1　任务准备软硬件清单

序号	器件名称	数量	用　途
1	带 USB 口的计算机（或个人笔记本计算机）	1	编写 PLC 程序及监控数据
2	FX_{3U}-32M PLC	1	接收二维码数据
3	FX_{3U}-232-BD 通信扩展模块	1	扩展 RS-232 通信接口
4	天技 T125A USB 转 232&485 模块（T125A 模块）	1	将 USB 接口转换成 RS-232 接口
5	二维码扫描枪	1	采集二维码
6	SC-11 通信线	1	连接 PLC 与 T125A 模块
7	打印机数据线	1	连接计算机 USB 口与 T125A 模块
8	USB 电源插头	1	给扫描枪 USB 电源供电
9	220 V 电源线	1	给 PLC 供电
10	串口调试助手（软件）	1	计算机串口数据收发软件
11	GX Works2（软件）	1	FX_{3U}系列 PLC 编程软件

2）任务关键实物清单图片如图 2-1 所示。

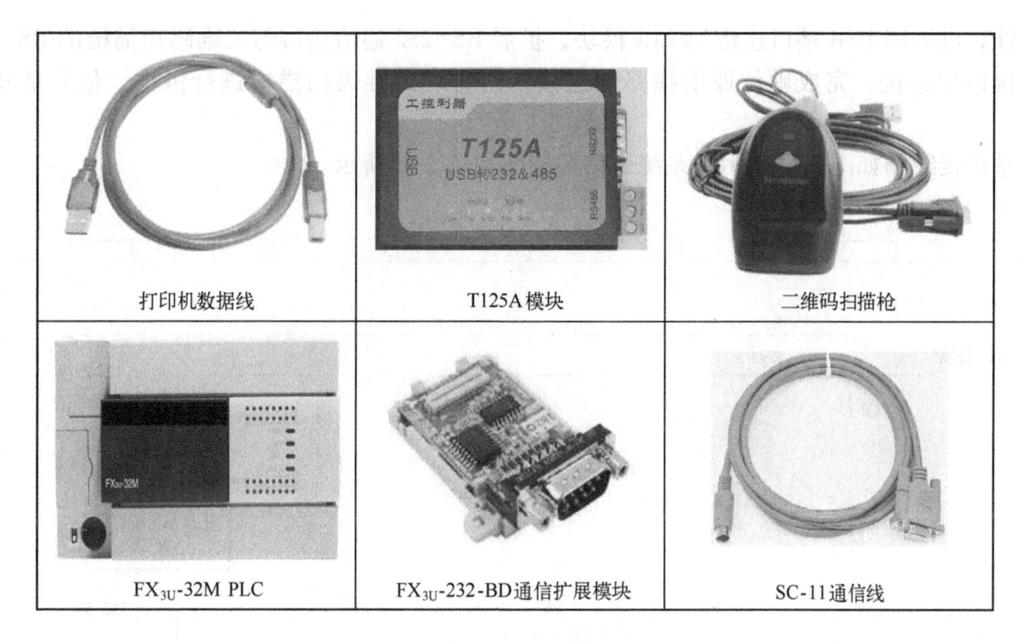

图 2-1　任务关键实物清单图片

【任务实施】

本任务通过 RS-232 通信，实现 FX_{3U}对二维码扫描枪发送的数据进行接收，具体实施步骤可分解为 5 个小任务，如图 2-2 所示。

小任务 1：连接计算机与二维码扫描枪的 RS-232 通信线路。

小任务 2：二维码扫描枪数据接收通信。二维码扫描枪在扫码后发送数据，计算机软件接收并显示数据，同时检查二维码扫描枪数据编码形式及通信格式。

小任务 3：连接 FX_{3U}系列 PLC 与二维码扫描枪的 RS-232 通信线路。

小任务 4：对 FX_{3U}系列 PLC 进行新建工程，并编写无协议通信接收程序。

小任务 5：对 FX_{3U}系列 PLC 与二维码扫描枪进行联机调试，同时检查寄存器中的数据与所扫描的二维码数据是否一致。

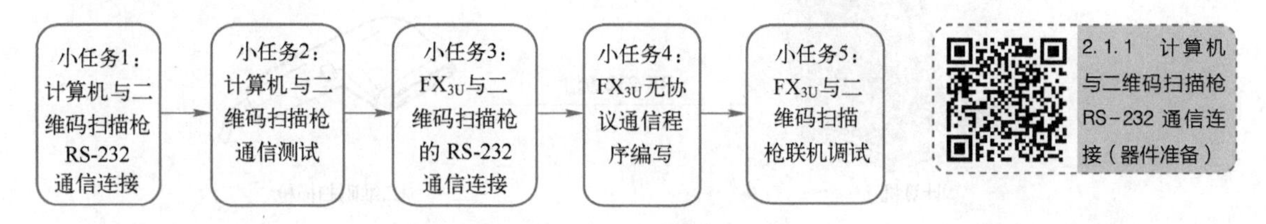

图 2-2　二维码扫描枪与 FX_{3U}系列 PLC 通信的实施步骤

2.1.1　计算机与二维码扫描枪 RS-232 通信连接

2.1.1　计算机与二维码扫描枪 RS-232 通信连接（线路连接）

[目标]

实现计算机与二维码扫描枪 RS-232 接口之间通信线路的连接。

[描述]

计算机采用 USB 接口连接 T125A 模块，扩展 RS-232 通信接口与二维码扫描枪的 RS-232 通信接口相连接。完成硬件通信线路的连接，同时对二维码扫描枪进行供电，使其能正常工作。

系统接线图如图 2-3 所示，系统通信架构图如图 2-4 所示。

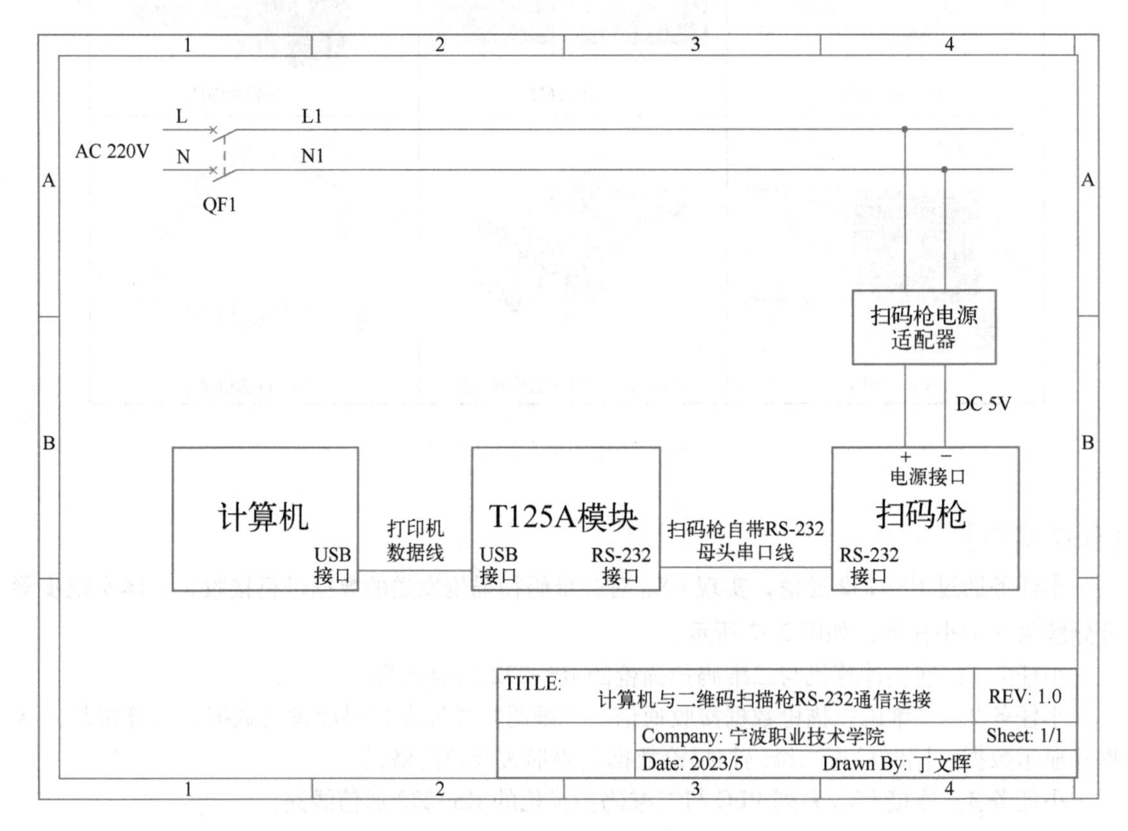

图 2-3 系统接线图

图 2-4 系统通信构架图

[实施]

计算机与二维码扫描枪进行 RS-232 通信连接的操作步骤见表 2-2。

表 2-2　计算机与二维码扫描枪进行 RS-232 通信连接的操作步骤

操作步骤	操作说明	示意图
1)	使用打印机数据线将计算机的 USB 口与 T125A 模块进行连接，打印机数据线的 A 公头接至计算机，B 公头接至 T125A 模块	
2)	将二维码扫描枪的 RS-232 通信线与 T125A 模块的 RS-232 通信接口进行连接。 将二维码扫描枪 USB 口的电源线接入 USB 口的电源适配器中，如右图所示。 当二维码扫描枪正常通电时，会响一声提示音，表示开机正常	

[相关知识]

二维码扫描枪是一种通过光学原理读取并解码条形码或二维码信息的电子设备，其核心工作原理是利用光电转换技术，将条形码和二维码图像转化为可被计算机识别和处理的数字信号，从而实现数据的快速准确录入。

2.1.2　计算机与二维码扫描枪通信测试

[目标]

2.1.2　计算机与二维码扫描枪通信测试

计算机接收二维码扫描枪发送的数据，并确认其通信数据格式及内容。

[描述]

计算机使用串口调试助手软件设置通信串口，并接收二维码扫描枪扫描的二维码图形的数据内容；计算机通过对接收格式 ASCII 与 HEX（十六进制）格式的切换，判断串口调试助手软件中所显示的数据内容，是否与二维码图形所代表的字符内容一致。

[实施]

1. 准备

本实践中，计算机使用 T125A 的 RS-232 通信接口接收二维码扫描枪发出的数据。需要注意，串口调试助手软件的“串口设置”中的参数应与二维码扫描枪的通信格式一致。关于COM口编号的修改，详见本书的1.1.2小节。

2. 实施步骤

计算机接收二维码扫描枪通信数据的操作步骤见表2-3。

表2-3 计算机接收二维码扫描枪通信数据的操作步骤

操作步骤	操作说明	示意图
（1）计算机“串口调试助手”软件的参数设置		
	在计算机中打开“串口调试助手”软件。 在该窗口左侧上部“串口设置”中设置“串口号”为“COM1”，“波特率”为“9600”，“校验位”为“NONE”，“数据位”为“8”，“停止位”为“1”，“流控制”为“NONE”。 在该窗口左侧中部“接收设置”中设置为“ASCII”码格式。 单击“串口设置”中的“打开”按钮开启COM口。在开启COM口后，“串口设置”中的指示灯会变成红色，内部参数将不允许更改	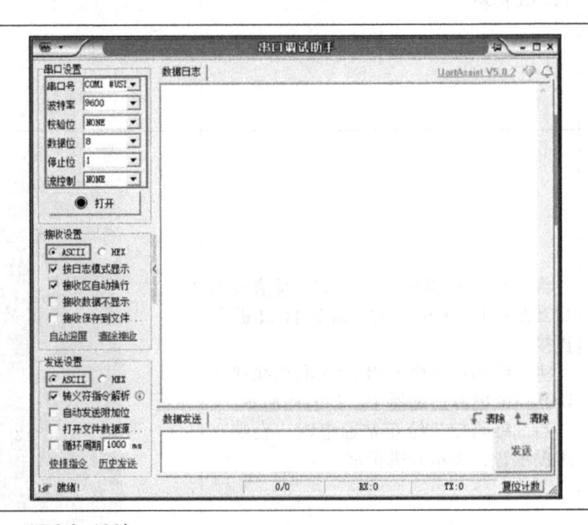
（2）二维码扫描枪扫描二维码图片（二维码内容为：ABCabc123）		
1）	将二维码扫描枪的扫描口对准二维码，按动该扫描枪的扫描按钮。 此时该扫描枪会发出“滴”的声音，表示该码已经正常读取	
2）	当二维码扫描枪发送数据时，计算机所连接的T125A模块的1RXD绿色指示灯会闪一下，这表明数据已经接收。 此时串口调试助手窗口的“数据日志”中会显示出接收到的数据，并以ASCII码格式显示：“ABCabc123”（RECV表示接收）	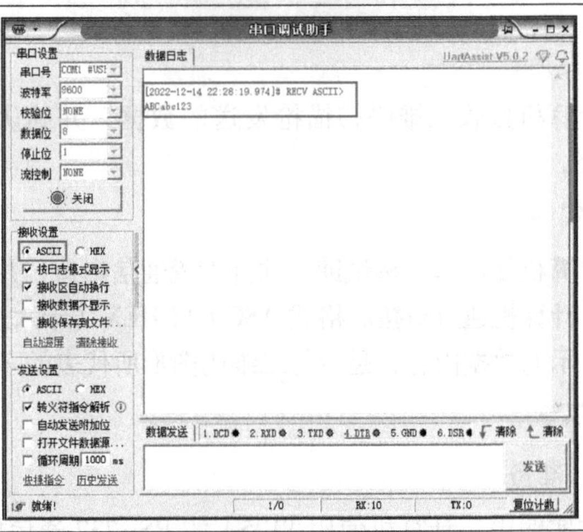

（续）

操作步骤	操作说明	示意图
3）	将串口调试助手窗口的左侧中部“接收设置”中的设置改为“HEX”格式（十六进制），再次扫描二维码图片。 计算机所连接的T125A模块的1RXD绿色指示灯会闪一下，这表明数据已经接收。 此时串口调试助手窗口的“数据日志”会显示出接收到的数据内容，其以HEX（十六进制）格式显示：“41 42 43 61 62 63 31 32 33 0D”	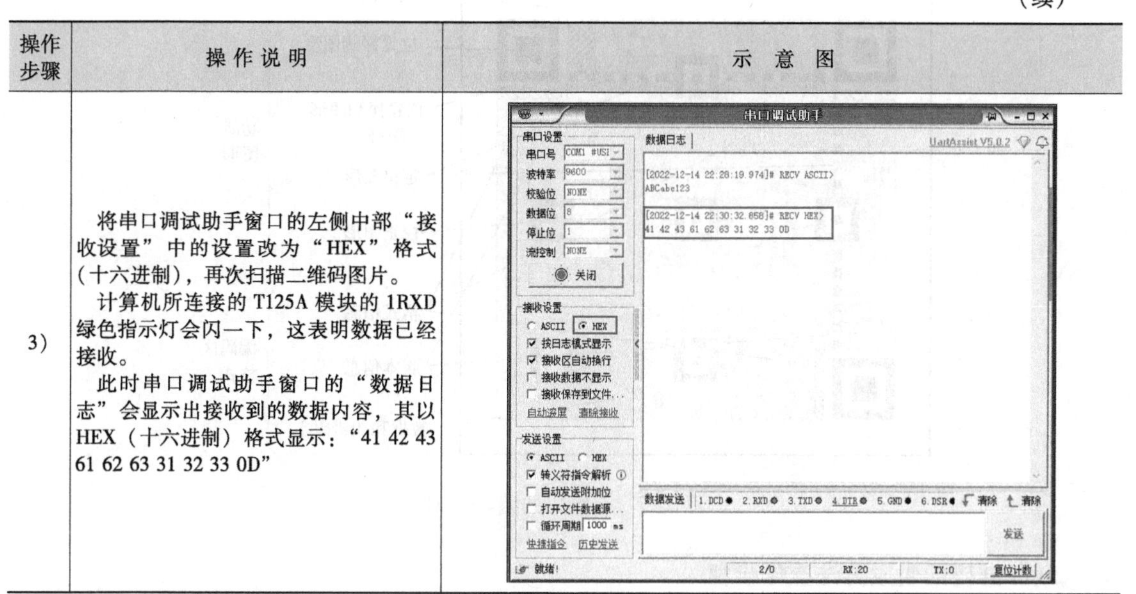

通过二维码扫描枪的扫描，可以将二维码图片转换成数据，并通过RS-232接口发送至计算机设备中。扫描枪是使用ASCII码格式进行字符信息输出。在采用HEX格式（十六进制）进行数据监控时，可根据ASCII表，将HEX格式（十六进制）与ASCII码格式数据进行相互转换。

采用HEX格式（十六进制）监控采集数据时，可以发现数据结尾会出现“0D”，在ASCII表中“0D”表示“回车”，具体可查看本书电子资源中“ASCII码简介”文档。

[相关知识]

1. 条形码与二维码

条形码（一维码）和二维码主要是作为物品的标识来使用的。条形码主要应用在商品标识、防伪、医药监管、超市收银等场合，而二维码可以包含更多的信息，如网址、文字、图片等。一维码中所包含的数据往往偏少，而二维码恰恰弥补了这一缺陷，因此目前二维码的应用逐渐普及。

条形码与二维码都有不同格式的编码规则，图2-5所示是基于EAN-13码的条形码编码规则。

图2-6和图2-7所示是基于ISO国际标准ISO/IEC18004的二维码（也称QR码）存储信息图编码规则。

图2-5 基于EAN-13码的条形码编码规则

图2-6 二维码存储信息图

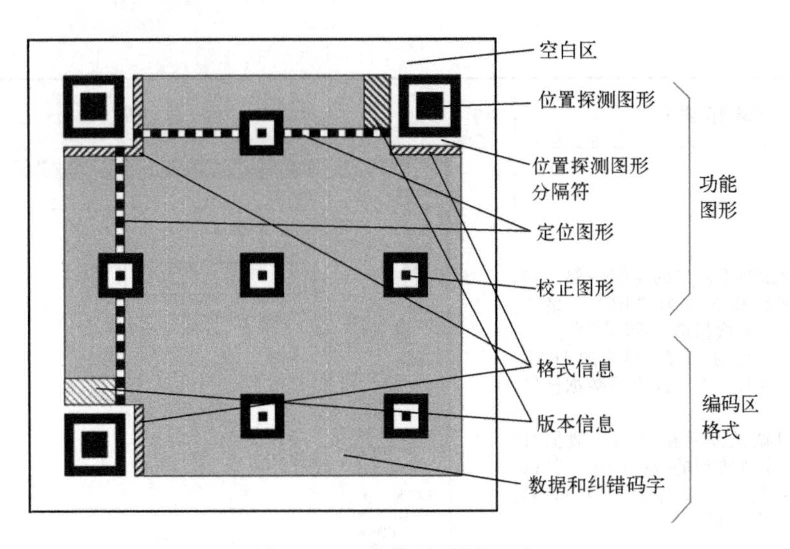

图 2-7　二维码的编码规则

2. 二维码的生成方法操作步骤

二维码的生成方法操作步骤见表 2-4。

表 2-4　二维码的生成方法操作步骤

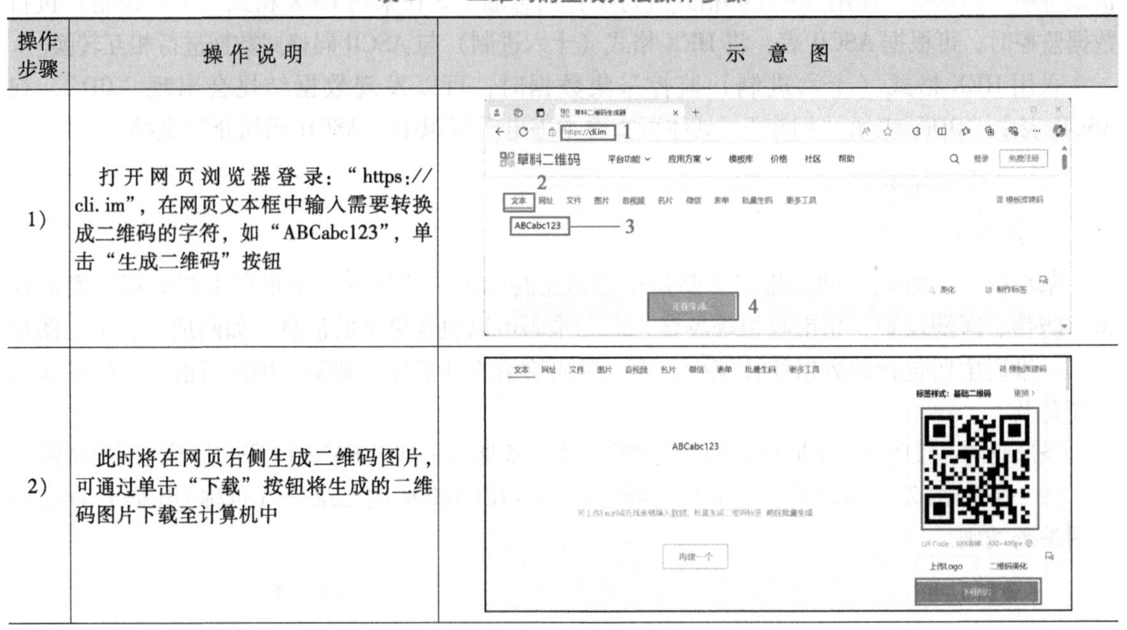

操作步骤	操作说明	示意图
1）	打开网页浏览器登录："https://cli.im"，在网页文本框中输入需要转换成二维码的字符，如"ABCabc123"，单击"生成二维码"按钮	
2）	此时将在网页右侧生成二维码图片，可通过单击"下载"按钮将生成的二维码图片下载至计算机中	

注意：可在百度中输入"二维码在线生成"，查找更多的网站以供选择

3. 实践所用二维码图片

图 2-8 所示为实践所用的二维码图片其内容为 ABCabc123。

4. 二维码扫描枪参数设置

二维码扫描枪通过扫描特定的二维码进行自身参数的设置。图 2-9 所示是常用的二维码参数。扫描时，应保证有且仅有 1 张图片出现在二维码扫描枪的扫描区域内。

图 2-8　实践所用的二维码图片

图 2-9　常用的二维码参数

2.1.3　FX_{3U}与二维码扫描枪 RS-232 通信连接

［目标］

实现 FX_{3U}系列 PLC 与二维码扫描枪 RS-232 接口之间通信线路的连接。

2.1.3　FX_{3U}与二维码扫描枪 RS-232 通信连接（器件准备通信模块安装）

［描述］

FX_{3U}通过安装 FX_{3U}-232-BD 通信板进行 RS-232 通信接口的扩展，从而实现对二维码扫描枪数据的接收。计算机通过 T125A 模块扩展 RS-232 通信接口，通过 SC-11 通信线与 FX_{3U}连接，实现程序下载及程序监控。

2.1.3　FX_{3U}与二维码扫描枪 RS-232 通信连接（电源线路连接）

系统接线图如图 2-10 所示，系统通信架构图如图 2-11 所示。

［实施］

FX_{3U}与二维码扫描枪 RS-232 通信连接操作步骤见表 2-5。

2.1.3　FX_{3U}与二维码扫描枪 RS-232 通信连接（扫描枪与 PLC 连接）

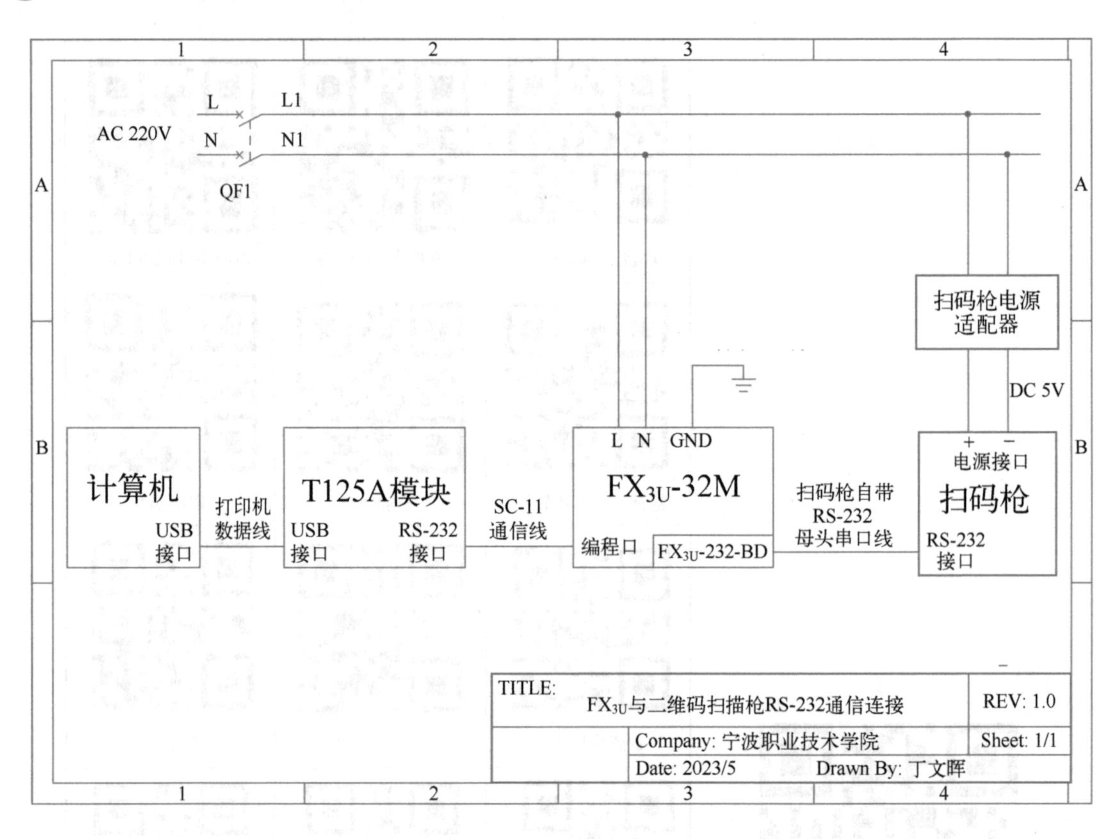

图 2-10 系统接线图

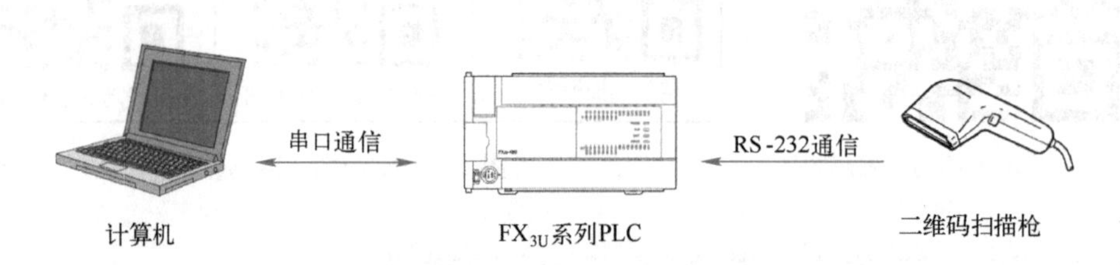

图 2-11 系统通信构架图

表 2-5 FX_{3U}与二维码扫描枪 RS-232 通信连接操作步骤

操作步骤	操 作 说 明	示 意 图
1）	将 FX_{3U}-232-BD 通信扩展板安装至 FX_{3U}系列 PLC 左侧扩展接口处	通信扩展板 FX3U-32M

（续）

操作步骤	操作说明	示意图
2）	将二维码扫描枪的RS-232通信线与FX_{3U}-232-BD通信扩展板的RS-232通信接口进行连接。 将二维码扫描枪USB口的电源线接入USB口的电源适配器中。 当二维码扫描枪正常通电时，会响一声提示音，表示开机正常	
3）	将SC-11通信线通过T125A模块与计算机相连接。 通电后，将FX_{3U}左下角的拨码开关从上往下拨动至“STOP”，此时FX_{3U}右侧的“RUN”灯为熄灭状态	

[相关知识]

1. FX_{3U}-232-BD

FX_{3U}-232-BD是一款支持FX_{3U}系列的通信扩展板，其配备了RS-232C的9针通信接口，可进行PLC与计算机（指定为主站）之间通过专用协议进行数据传输，以及PLC与RS-232C设备的串行通信。通信扩展模块RS-232接口针脚功能排列见表2-6。

表2-6 通信扩展模块RS-232接口针脚功能排列

FX_{3U}-232-BD D-SUB 9针（公头）		信号名称	功能
	1	CD（DCD）	接收载波检测
	2	RD（RXD）	接收数据输入
	3	SD（TXD）	发送数据输出
	4	ER（DTR）	数据端准备好
	5	SG（GND）	信号地
	6	DR（DSR）	数据设定准备好
	—	FG	外壳接地

2. FX_{3U}-232-BD 通信板安装操作步骤

FX_{3U}-232-BD 通信板安装操作步骤见表 2-7。

表 2-7　FX_{3U}-232-BD 通信板安装操作步骤

操作步骤	操作说明	示意图
1)	断开所有连接到 PLC 的电源。 使用一字螺丝刀抬起 FX_{3U}左侧的膨胀板盖（A），沿着垂直方向远离主干线。 务必确保在拆卸过程中不损坏 PLC 内部的电路板或电子部件	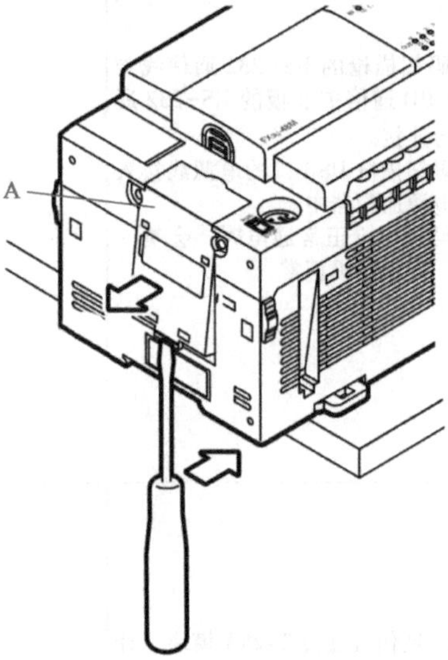
2)	将 FX_{3U}-232-BD 扩展板（B）沿着平行方向插入主机，并连接到 PLC 主机扩展板的连接器上。 使用 M3 自攻螺钉（D）将扩展板（B）固定在主机上	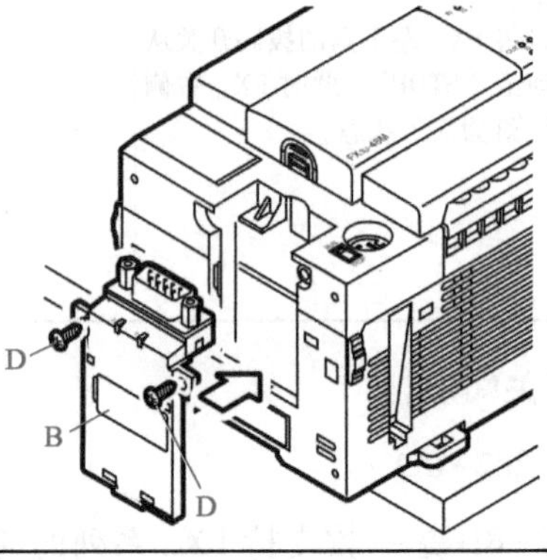

3. FX_{3U}-232-BD 通信参数

FX_{3U}-232-BD 通信参数见表 2-8。

表 2-8　FX_{3U}-232-BD 通信参数

通信参数	数据规格
传输通信接口	符合 RS-232C 标准
最大传输距离	15 m
连接方式	9 针 D-SUB 型（公头）
指示（LED）	RD，SD
通信方法	全双工
通信格式	无协议通信、计算机链路（专用协议格式 1 和 4）以及三菱编程协议
通信波特率	无协议通信及计算机链路：300/600/1 200/2 400/4 800/9 600/19 200 bit/s 三菱协议通信：9 600/19 200/38 400/57 600/115 200 bit/s

2.1.4 FX_{3U}无协议通信程序编写

［目标］

学会使用 GX Works2 软件对 FX_{3U}进行通信程序的编写及下载。

［描述］

使用 GX Works2 软件对 FX_{3U}进行编程及下载；使用 RS 指令，对无协议通信的数据进行接收并存储至程序设定的寄存器中。

［实施］

1. 实施说明

首先完成计算机与 FX_{3U}之间通信线路的连接。任务实施时，应首先对 PLC 进行初始化操作（见本书电子资源的“FX_{3U}系列 PLC 初始化操作说明”文档），通过初始化操作确保后续实验的顺利进行。

2. FX_{3U}无协议通信程序编写的操作步骤

FX_{3U}无协议通信程序编写的操作步骤见表 2-9。

表 2-9 FX_{3U}无协议通信程序编写的操作步骤

操作步骤	操作说明	示意图
（1）FX_{3U}工程的创建		
1）	在计算机中打开“GX Works2”软件，并单击“工程”菜单	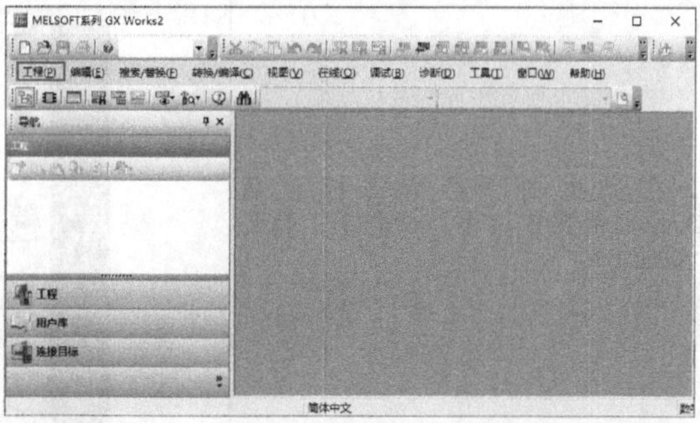
2）	在弹出的菜单中单击“新建”命令	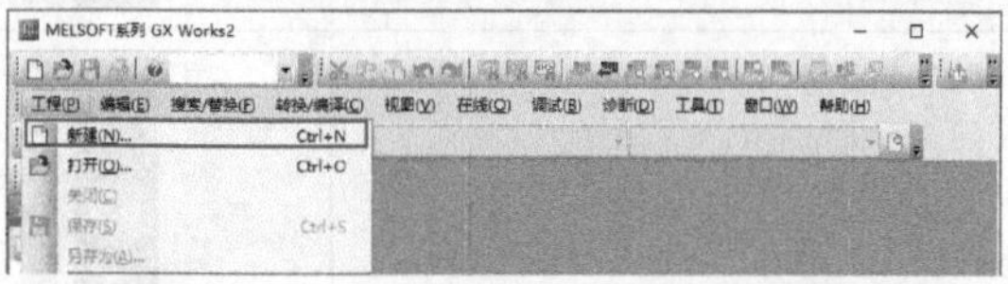
3）	在弹出的“新建”对话框中，将“系列（S）”下拉框设置为“FXCPU”。 将“机型（T）”下拉框设置为“FX3U/FX3UC”。 单击“确定”按钮	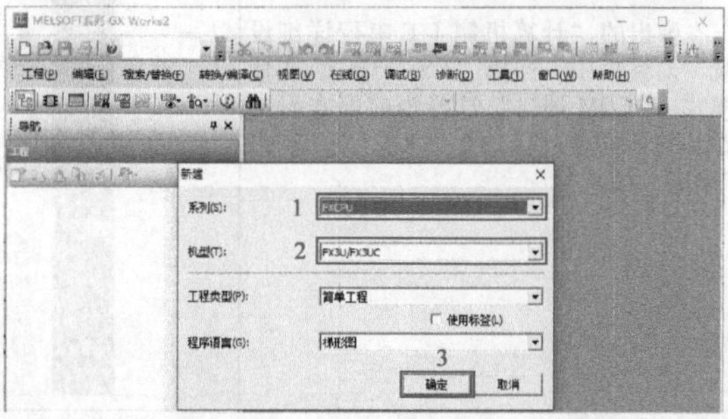

（续）

操作步骤	操作说明	示意图
（2）确认计算机与 FX_{3U} 的通信端口号		
	在“设备管理器”窗口中展开“端口(COM 和 LPT)”，查看“USB-Enhanced-SERIAL-A CH342（COM1）”，括号中 COM 端口编号即为计算机与 PLC 通信的端口号	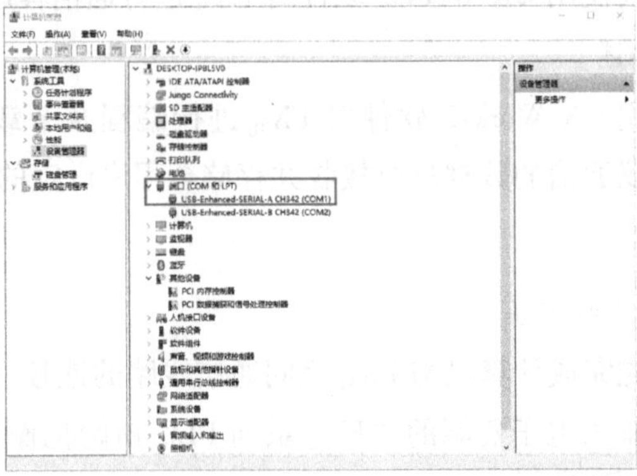 文件(F) 操作(A) 查看(V) 帮助(H) 计算机管理(本地) 系统工具 任务计划程序 事件查看器 共享文件夹 本地用户和组 性能 设备管理器 存储 磁盘管理 服务和应用程序 DESKTOP-IPBL5VD IDE ATA/ATAPI 控制器 Jungo Connectivity SD 主机适配器 处理器 磁盘驱动器 存储控制器 打印队列 电池 端口 (COM 和 LPT) USB-Enhanced-SERIAL-A CH342 (COM1) USB-Enhanced-SERIAL-B CH342 (COM2) 计算机 监视器 键盘 蓝牙 其他设备 PCI 内存控制器 PCI 数据捕获和信号处理控制器 人机接口设备 软件设备 软件组件 声音、视频和游戏控制器 鼠标和其他指针设备 通用串行总线控制器 网络适配器 系统设备 显示适配器 音频输入和输出 照相机 操作 设备管理器 更多操作
（3）设置 GX Works2 软件，建立计算机与 FX_{3U} 的通信		
1)	在“GX Works2”左侧下部单击“连接目标”，可切换至连接目标菜单。 双击右图所示“所有连接目标”下的“Connection1”	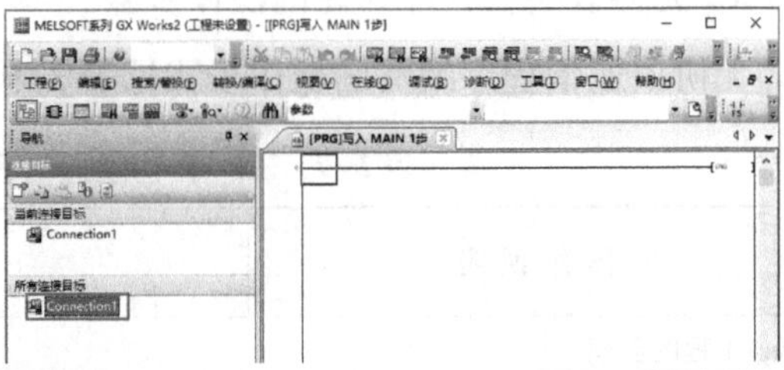 MELSOFT系列 GX Works2 (工程未设置) - [[PRG]写入 MAIN 1步] 工程(P) 编辑(E) 搜索/替换(F) 转换/编译(C) 视图(V) 在线(O) 调试(B) 诊断(D) 工具(T) 窗口(W) 帮助(H) 参数 导航 连接目标 当前连接目标 Connection1 所有连接目标 Connection1 [PRG]写入 MAIN 1步
2)	在弹出的“连接目标设置 Connection1”窗口中，双击左上角的“Serial USB”	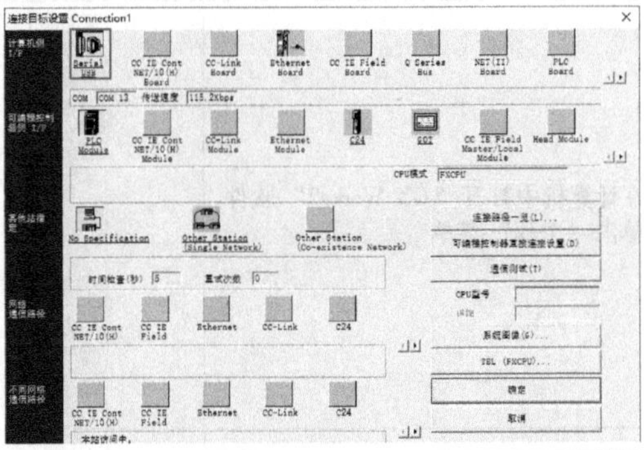 连接目标设置 Connection1 计算机侧 I/F Serial USB　CC IE Cont NET/10(H) Board　CC-Link Board　Ethernet Board　CC IE Field Board　Q Series Bus　NET(II) Board　PLC Board COM　COM 13　传送速度　115.2Kbps 可编程控制器侧 I/F PLC Module　CC IE Cont NET/10(H) Module　CC-Link Module　Ethernet Module　C24　GOT　CC IE Field Master/Local Module　Head Module CPU模式　FXCPU 其他站指定 No Specification　Other Station (Single Network)　Other Station (Co-existence Network) 时间检查(秒)　5　重试次数　0 网络通信路径 CC IE Cont NET/10(H)　CC IE Field　Ethernet　CC-Link　C24 不同网络通信路径 CC IE Cont NET/10(H)　CC IE Field　Ethernet　CC-Link　C24 本站访问中。 连接路径一览(L)... 可编程控制器直接连接设置(D) 通信测试(T) CPU型号 系统图像(G)... TEL (FXCPU)... 确定 取消
3)	在弹出的“计算机侧 I/F 串行详细设置”对话框中，选择“RS-232C”通信模式、“COM 端口”选择为前面查看的设备管理器的端口号“COM1”。单击“确定”按钮	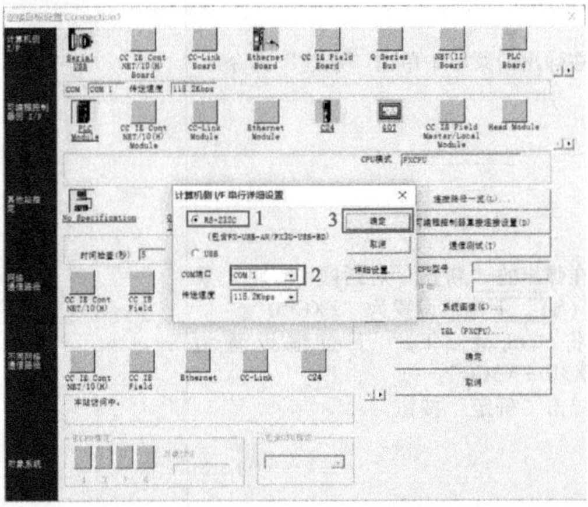 连接目标设置 Connection1 计算机侧 I/F 串行详细设置 RS-232C　1 (包含FX-USB-AW/FX3U-USB-BD) USB COM端口　COM 1　2 传送速度　115.2Kbps 3　确定 取消 详细设置 对象系统

（续）

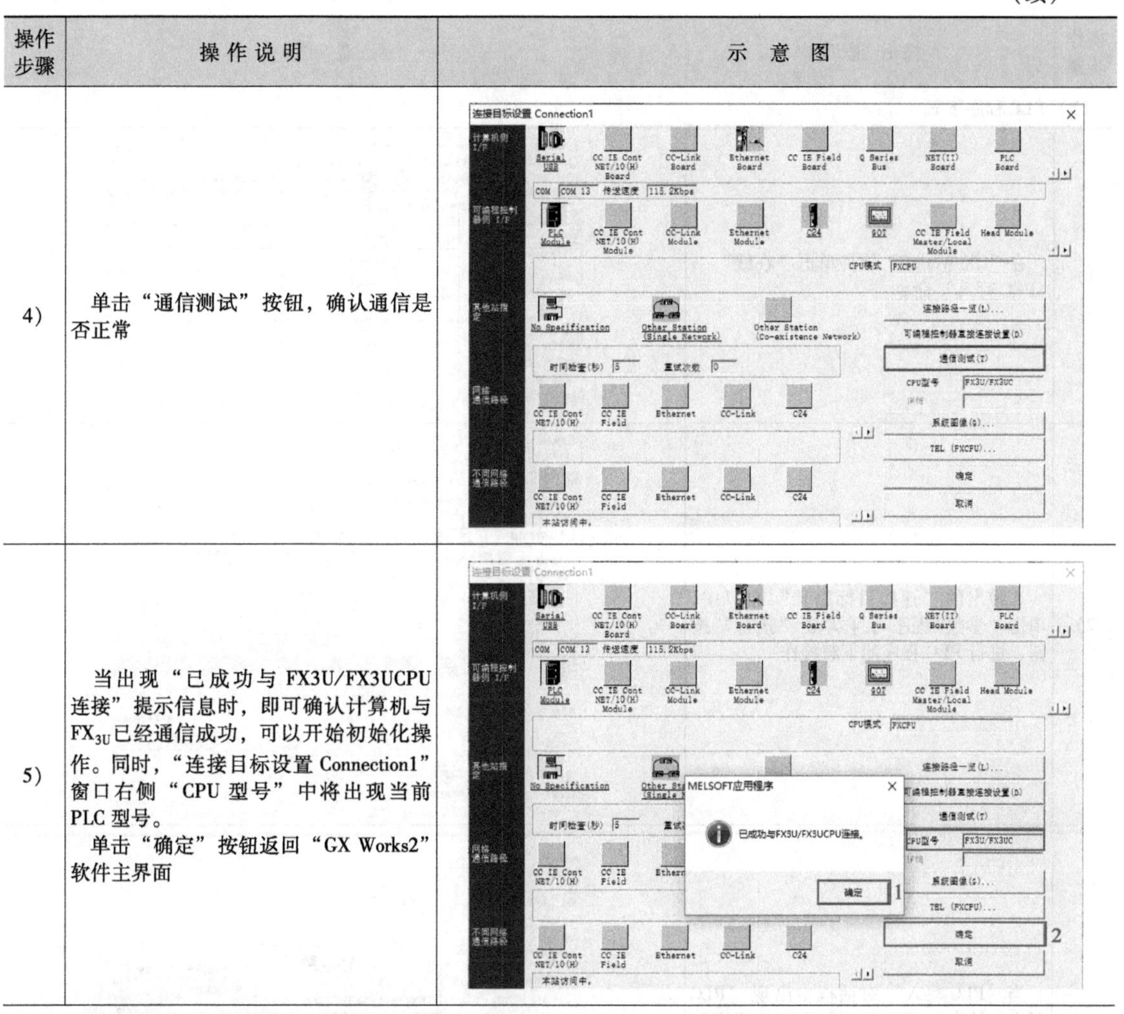

操作步骤	操作说明	示意图
4）	单击“通信测试”按钮，确认通信是否正常	
5）	当出现“已成功与FX3U/FX3UCPU连接”提示信息时，即可确认计算机与FX_{3U}已经通信成功，可以开始初始化操作。同时，“连接目标设置 Connection1”窗口右侧“CPU型号”中将出现当前PLC型号。 单击“确定”按钮返回“GX Works2”软件主界面	

（4）在程序编辑区域，编写PLC程序

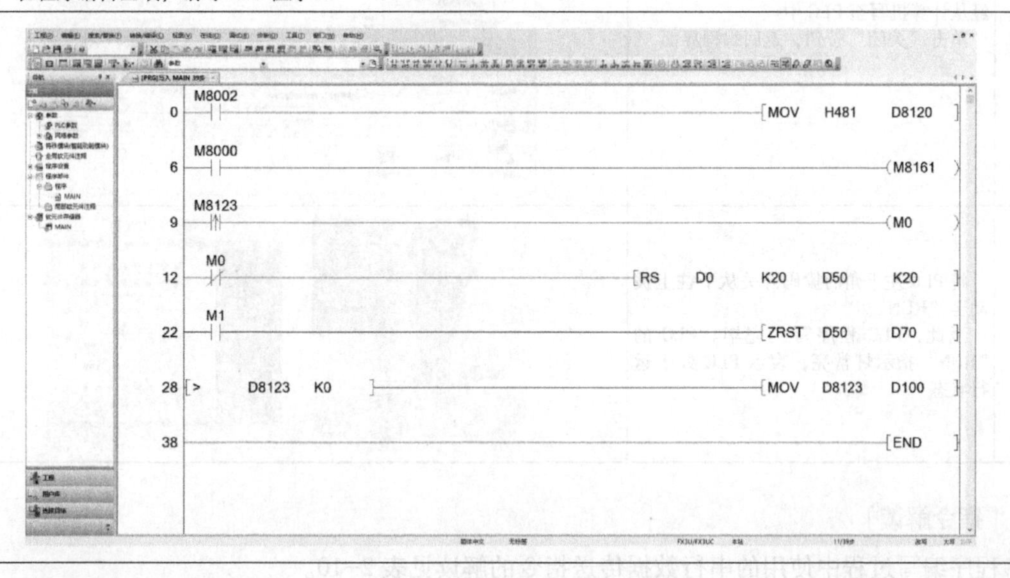

（续）

操作步骤	操作说明	示意图
（5）PLC 程序下载		
1）	在“GX Works2”软件单击“在线”→“PLC 写入”命令	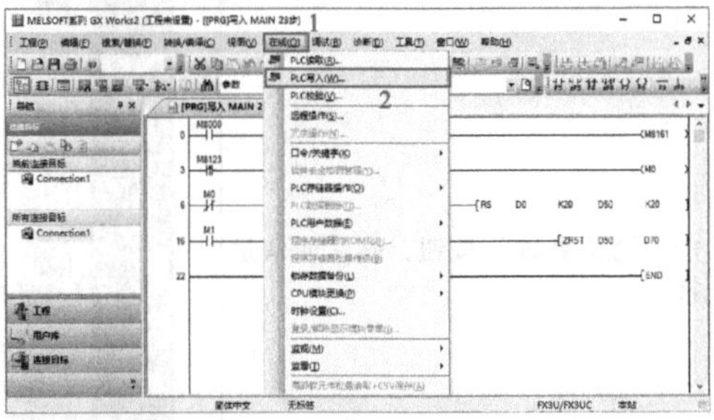
2）	在弹出的“连接目标路径”窗口中，单击“参数+程序”，再单击“执行”按钮，进行 PLC 程序的下载操作	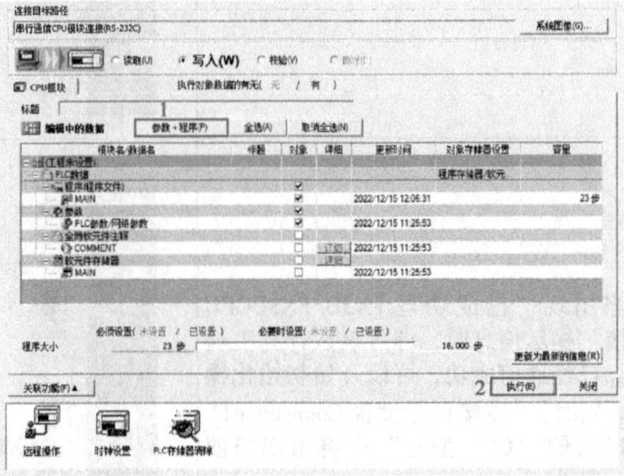
3）	当“PLC 写入”对话框中出现“PLC 写入：结束”信息后，表示 PLC 程序已经从计算机写至 PLC 中。 单击“关闭”按钮，返回编程界面	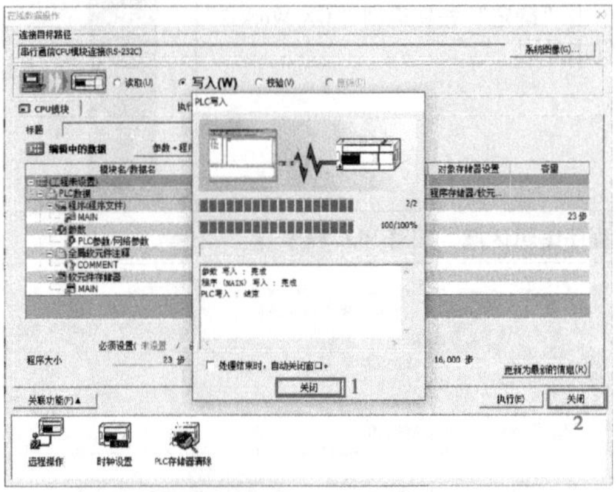
4）	将 PLC 左下角的拨码开关从下往上拨动至“RUN”。 至此，PLC 程序写入完毕。PLC 的“RUN”指示灯常亮，表示 PLC 处于运行状态	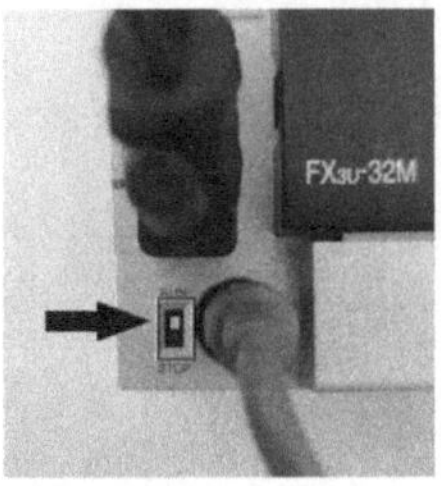 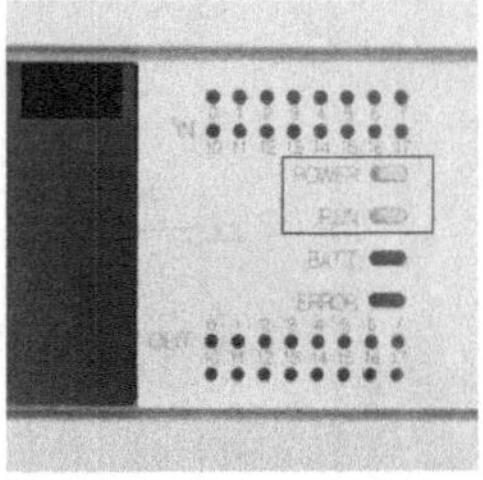

［指令解读］

程序编写过程中使用的串行数据传送指令的解读见表 2-10。

表 2-10　串行数据传送指令的解读

指令名称：串行数据传送	指令助记符：RS

指令说明：
该指令用于通过安装在基本单元上的 RS-232 或 RS-485 串行通信口进行无协议通信，从而执行数据的发送和接收的指令

指令图解：

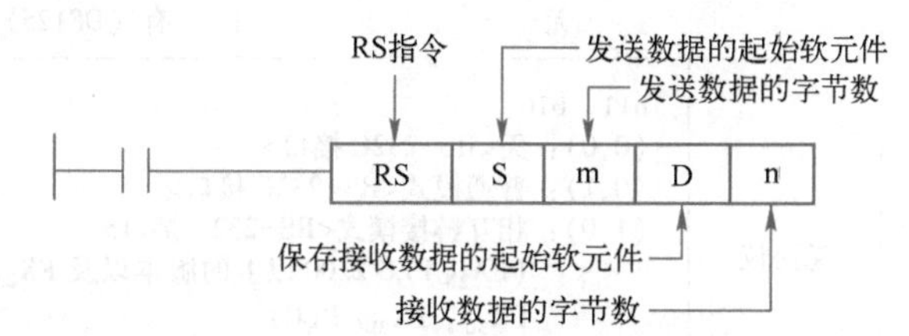

操作数	内容	范围	数据类型
(S)	发送数据的起始软元件	—	BIN16 位/字符串⊖
(m)	发送数据的字节数	0~4096	BIN16 位
(D)	保存接收数据的起始软元件	—	BIN16 位/字符串
(n)	接收数据的字节数	0 ~ 4096	BIN16 位

注意：本指令需要通过安装在主机上的 RS-232C 或 RS-485 串行通信板才可正常实现功能；本指令可以用于通道 1，不能用于通道 0 和通道 2；对同一通信口，勿在同一时刻使用多种通信指令

[程序解读]

根据程序相关功能，对程序内容进行分段解读，见表 2-11。

表 2-11　程序分段解读

程序段 1：

```
   M8002
0 ──┤├──────────────────────────[MOV    H481    D8120 ]
```

程序注释：
M8002：初始化脉冲常开触点，PLC 运行时，仅瞬间（1 个运算周期）为 ON。
D8120：特殊数据寄存器，其各位作用具体见下表：

位编号	名称	内容	
		0（位 OFF）	1（位 ON）
b0	数据长度	7 位	8 位
b1 b2	奇偶校验	b2，b1 (0,0)：无 (0,1)：奇校验（ODD） (1,1)：偶校验（EVEN）	
b3	停止位	1 位	2 位
b4 b5 b6 b7	波特率 (bit/s)	b7，b6，b5，b4 (0,0,1,1)：300 (0,1,0,0)：600 (0,1,0,1)：1200 (0,1,1,0)：2400	b7，b6，b5，b4 (0,1,1,1)：4800 (1,0,0,0)：9600 (1,0,0,1)：19 200 (1,0,1,0)：38 400①

⊖ 参考三菱官方编程手册，表示是 16 位二进制数据或字符串。

（续）

位编号	名称	内容	
		0（位 OFF）	1（位 ON）
b8	报头	无	有（D8124） 初始值：STX(02H)
b9	报尾	无	有（D8125） 初始值：ETX(03H)
b10 b11	控制线	无协议	b11，b10 (0,0)：无<RS-232C 接口> (0,1)：普通模式<RS-232C 接口> (1,0)：相互链接模式<RS-232C 接口> (FX_{2N} PLC 2.00 以上的版本以及 FX_{2NC}、FX_{3S}、FX_{3G}、FX_{3GC}、FX_{3U}、FX_{3UC} PLC) (1,1)：调制解调器模式 <RS-232C 接口，RS-485/RS-422 接口②>
		计算机链接	b11，b10 (0,0)：RS-485/RS-422 接口 (1,0)：RS-232C 接口
b12	不可以使用		
b13③	和校验	不附加	附加
b14③	协议	无协议	专用协议
b15③	控制顺序	协议格式 1	协议格式 4

① 仅 FX_{3S}，FX_{3G}，FX_{3GC}，FX_{3U}，FX_{3UC} PLC 可以设定。
② 使用 RS-485/RS-422 接口的场合，只有 FX_{0N}，FX_{1S}，FX_{1N}，FX_{1NC}，FX_{2N}，FX_{2NC}，FX_{3S}，FX_{3G}，FX_{3GC}，FX_{3U}，FX_{3UC} PLC 可以使用。
③ 使用无协议通信时，务必在“0”中使用。

程序说明：
PLC 开始运行瞬间，将通信通道 1 的串行通信格式的十六进制数据“481”传输至 D8120 中，如下所示：

名称	协议格式 1	协议	和校验	不使用	控制线		报尾	报头	波特率/(bit/s)				停止位	奇偶校验位		数据长度
设置值	0	0	0	不使用	普通模式（RS-232C 接口）		无	无	9600				1 位	无校验		8 位
数据内容	0	0	0	0	0	1	0	0	1	0	0	0	0	0	0	1
bit	15	14	13	12	11	10	9	8	7	6	5	4	3	2	1	0
HEX 格式	0				4				8				1			

程序段 2：

```
    M8000
6 ──┤ ├──────────────────────────────────( M8161 )─
```

程序注释：
M8000：特殊辅助继电器，显示 PLC 的 RUN 运行状态，PLC 执行时始终为 ON。
M8161：特殊辅助继电器，用于 8 位和 16 位数据之间切换发送接收数据。
ON：8 bit 数据模式；OFF：16 bit 数据模式。
程序说明：
通过 M8000 置位 M8161，将串口通信数据设置为 8 bit 数据模式

（续）

程序段 3：

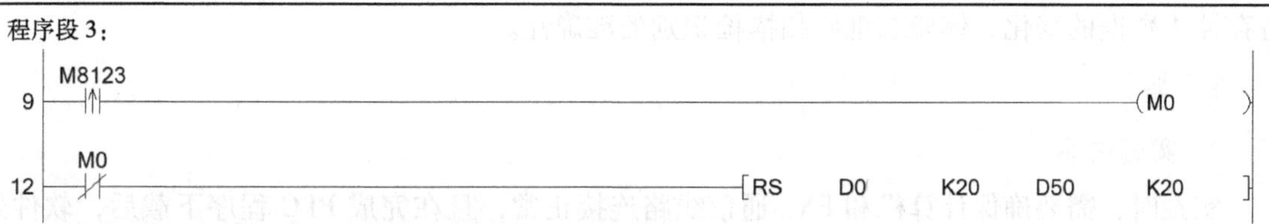

M8123：接收结束标志位。当 PLC 完成数据接收后，该标志位被置位。
D0：发送数据的起始软件元件（与本任务无关）。
K20：发送数据的字节数（与本任务无关）。
D50：保存接收数据的起始软元件。从 D50 开始存储接收到的数据。
K20：接收数据的字节数。接收时，预留 20 个数据寄存器的空间。
程序说明：
当 PLC 运行后，程序自动执行 RS 指令。当 RS 指令完成数据接收后，M8123 由 OFF 转为 ON，M0 输出，同时断开 RS 指令一个扫描周期后继续执行，等待接收下一次数据

程序段 4：

```
     M1
22 ──┤ ├──────────────────────[ZRST   D50    D70   ]
```

程序说明：
PLC 运行后，当 M1＝ON，批量复位 D50～D70 数据寄存器

程序段 5：

```
28 [>    D8123   K0   ]────────[MOV   D8123   D100  ]
```

程序注释：
D8123：保存接收到的数据位数。以 8 bit（1 个 Byte）为单位保存计数值。
程序说明：
当 PLC 接收到外部数据时，D8123 将显示接收到的数据位数，并将其保存至 D100 中。如接收到数据："41 42 43 61 62 63 31 32 33 0D"，则 D8123 显示数值为 10

［相关知识］

在 PLC 项目实施的过程中，当 PLC 与外部其他设备通信时，需要通过扩展通信模块来增加 PLC 的通信接口。而新增的通信模块，根据安装位置的不同，所代表的通道号各不相同，如图 2-12 所示。PLC 自带的编程接口为通道 0，PLC 新增的通信功能扩展板接口为通道 1，PLC 主机左侧增加的通信特殊适配器接口为通道 2。

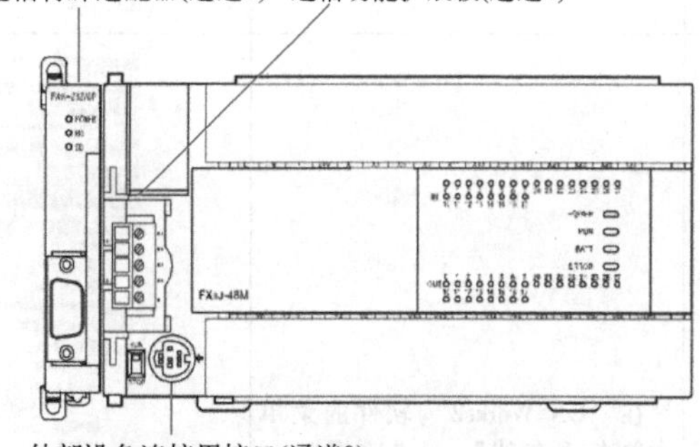

图 2-12　PLC 扩展通信模块图

2.1.5　FX_{3U}与二维码扫描枪联机调试

2.1.5　FX_{3U}与二维码扫描枪联机调试

［目标］

通过 GX Works2 编程软件的监视模式，查看工业二维码扫描枪传送给 FX_{3U}的数据。

［描述］

在完成 FX_{3U}程序下载后，通过 GX Works2 的"软元件/缓冲存储批量监视列表"对 FX_{3U}

接收区域的寄存器进行批量监控；通过 ASCII 码格式与 HEX（十六进制）格式的切换，观察寄存器中数据的变化，体验二维码扫描枪识别的准确性。

［实施］

1. 实施说明

实践时，需要确保计算机和 FX_{3U}通信线路连接正常，且在完成 PLC 程序下载后，软件处于联机状态。

2. 操作步骤

FX_{3U}与二维码扫描枪联机调试操作步骤见表 2-12。

表 2-12 FX_{3U}与二维码扫描枪联机调试操作步骤

操作步骤	操作说明	示意图
（1）GX Works2 进入监视模式		
1)	在“GX Works2”软件的菜单栏中单击“在线”→“监视”→“监视模式”，使软件处于监视模式	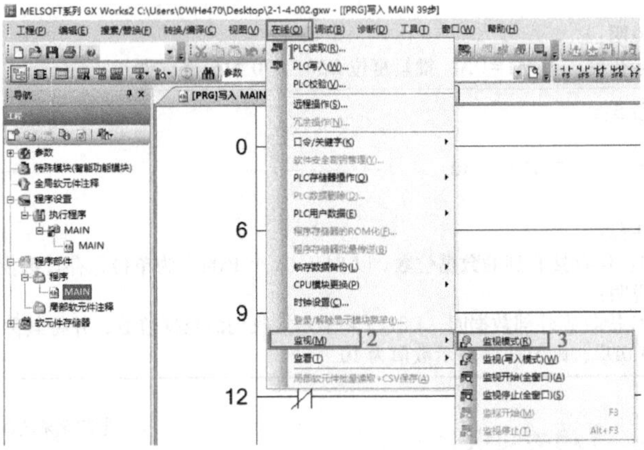
2)	在“GX Works2”软件的菜单中单击“在线”→“监视”→“监视开始”“软元件/缓冲存储器批量监视”，打开“软元件/缓冲存储器批量监视”对话框	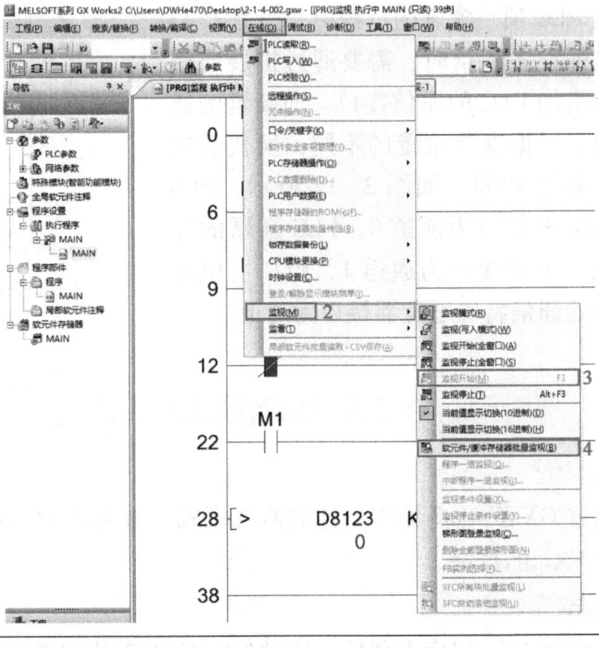

（续）

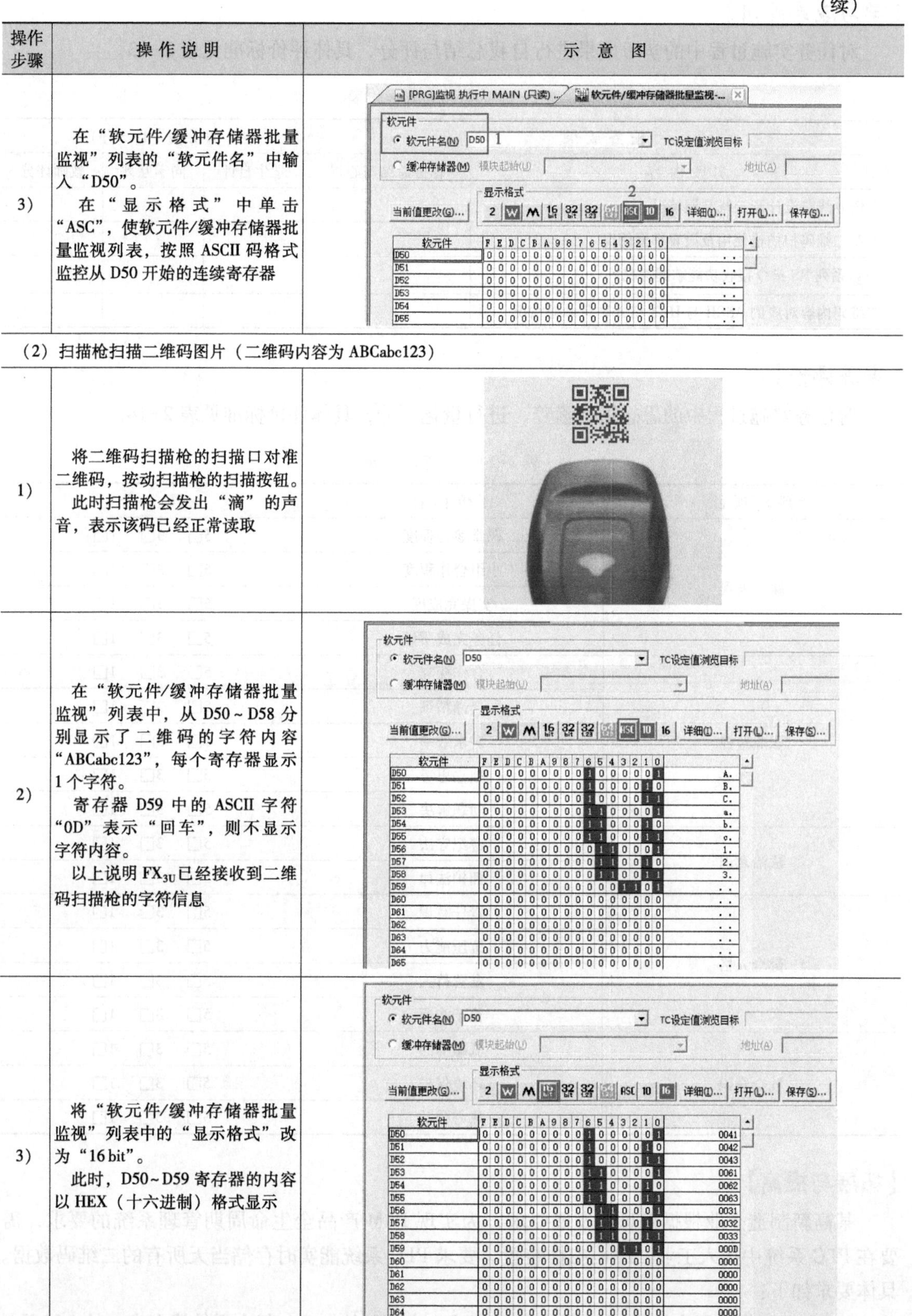

操作步骤	操 作 说 明	示 意 图
3）	在“软元件/缓冲存储器批量监视”列表的“软元件名”中输入“D50”。 在“显示格式”中单击“ASC”，使软元件/缓冲存储器批量监视列表，按照 ASCII 码格式监控从 D50 开始的连续寄存器	
（2）扫描枪扫描二维码图片（二维码内容为 ABCabc123）		
1）	将二维码扫描枪的扫描口对准二维码，按动扫描枪的扫描按钮。 此时扫描枪会发出“滴”的声音，表示该码已经正常读取	
2）	在“软元件/缓冲存储器批量监视”列表中，从 D50 ~ D58 分别显示了二维码的字符内容“ABCabc123”，每个寄存器显示 1 个字符。 寄存器 D59 中的 ASCII 字符“0D”表示“回车”，则不显示字符内容。 以上说明 FX_{3U} 已经接收到二维码扫描枪的字符信息	
3）	将“软元件/缓冲存储器批量监视”列表中的“显示格式”改为“16 bit”。 此时，D50 ~ D59 寄存器的内容以 HEX（十六进制）格式显示	

【学习成果评价】

对任务实施过程中的学习成果进行自我总结与评分，具体评价标准见表 2-13。

表 2-13　学习成果评价表

任务成果		评分表（1~5 分）		
实践内容	任务总结与心得	学生自评	同学互评	教师评分
本任务线路设计及接线掌握情况				
工业二维码扫描枪使用及设置掌握情况				
FX_{3U} 系列 RS 指令接收功能掌握情况				
二维码内容对应的 ASCII 与 HEX 格式转化掌握情况				

【素养评价】

对任务实施过程中的思想道德素养，进行量化评分，具体评价标准见表 2-14。

表 2-14　素养评价表

评价项目	评价内容	得　分
课上表现	课堂参与程度	5□　3□　1□
	小组合作程度	5□　3□　1□
	实操完成度	5□　3□　1□
	任务完成质量	5□　3□　1□
职业精神	合作探究	5□　3□　1□
	严谨精细	5□　3□　1□
	讲求效率	5□　3□　1□
	独立思考	5□　3□　1□
	问题解决	5□　3□　1□
法治意识	遵纪守法	5□　3□　1□
	拥护法律	5□　3□　1□
健全人格	责任意识	5□　3□　1□
	抗压能力	5□　3□　1□
	友善待人	5□　3□　1□
	善于沟通	5□　3□　1□
社会意识	低碳节约	5□　3□　1□
	环境保护	5□　3□　1□
	热心公益	5□　3□　1□

【拓展与提高】

某高新制造企业根据信息化发展要求，为实现 PLM 产品全生命周期管理系统的要求，需要在 PLC 系统中接入工业二维码扫描装置。要求 PLC 系统能实时存储当天所有的二维码数据。具体要求如下：

1）车间工作时间为每天 8 h，每 10 min 完成 1 个零件的加工。每个零件均有唯一的二维码。

2）根据编码规则生成若干二维码。二维码规则如下：二维码由 8 位数据组成，前 6 位数据为年、月、日、时间，后 2 位为当天生产序号，从 01 开始计数。如 23050816，表示 2023 年 5 月 8 日第 16 个加工零件。

3）当二维码扫描枪完成扫描并将数据传输至 PLC 后，PLC 将接收到的数组合并至 1 个 32 位的寄存器中进行存储。进行 PLC 程序设计时，预留 100 个零件二维码数据的存储空间。

本任务需要提交的资料见表 2-15。

表 2-15 任务实施存档资料清单

序号	文 件 名	数量	负责人
1	任务选型依据及定型清单	1	
2	电气原理图	1	
3	电气线路完工照片	1	
4	调试完成的 PLC 程序	1	

任务 2.2 FX_{5U}通信采集 RFID 射频卡

【任务导读】

本任务将详细介绍 RFID 射频卡读卡器与 FX_{5U}系列 PLC 通过 RS-232 通信接口，实现 RFID 射频卡数据的接收通信。通过本任务，读者将学到 RFID 射频卡系统的工作过程，以及 FX_{5U}系列 PLC 中 RS2 指令的数据接收功能，并对 PLC 的数据寄存器进行批量监视。

【任务目标】

FX_{5U}系列 PLC 通过 RS-232 通信接口，采集 RFID 射频卡读卡器在读卡后发送的数据。

【任务准备】

1）任务准备软硬件清单见表 2-16。

表 2-16 任务准备软硬件清单

序号	器件名称	数量	用 途
1	带 USB 口的计算机（或个人笔记本计算机）	1	编写 PLC 程序及监控数据
2	FX_{5U}-32M	1	接收读卡器数据
3	FX_{5U}-232-BD	1	PLC 拓展的 RS-232 通信接口
4	RFID 射频卡读卡器	1	采集 RFID 射频卡的设备
5	RFID 射频卡	1	读取数据
6	USB 电源插头	1	给读卡器 USB 电源供电
7	天技 T125A USB 转 232&485 模块（T125A 模块）	1	将 USB 接口转换成 RS-232 接口
8	打印机数据线	1	计算机 USB 口与 T125A 模块连接
9	220 V 电源线	1	给 PLC 供电
10	网线	1	计算机与 PLC 进行网络通信
11	射频卡电源线	1	给读卡器供电
12	串口调试助手软件	1	计算机串口数据收发软件
13	GX Works3 软件	1	FX_{5U}编程软件

2）任务关键实物清单图片如图 2-13 所示。

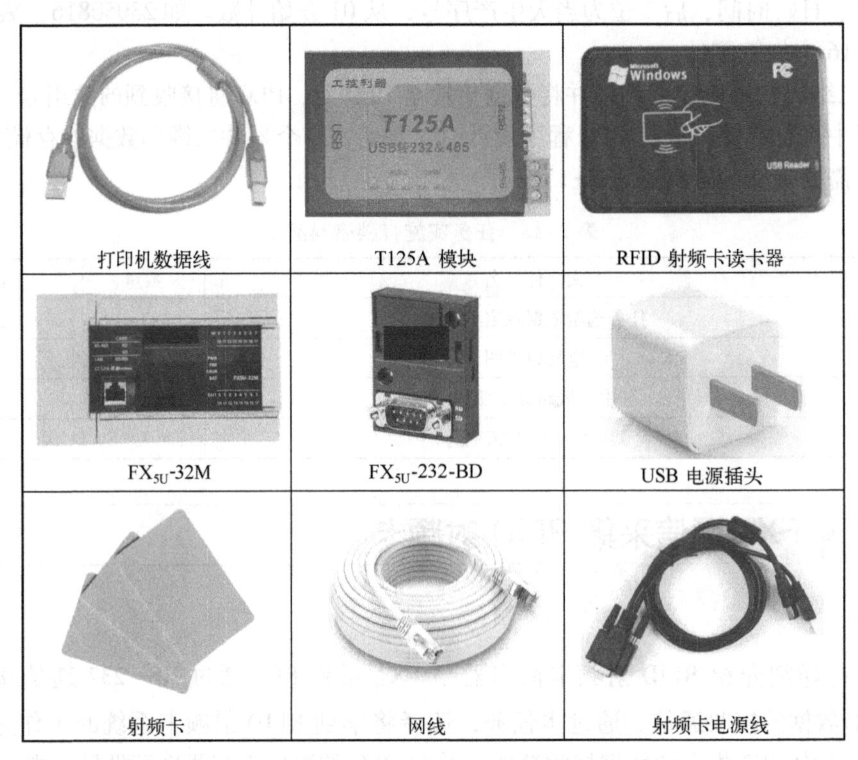

图 2-13　任务关键实物清单

【任务实施】

本任务通过 RS-232 通信连接，实现 FX_{5U} 对 RFID 射频卡读卡器的数据接收，具体实施步骤可分解为 5 个小任务，如图 2-14 所示。

小任务 1：连接计算机与 RFID 射频卡读卡器的 RS-232 通信线路。

小任务 2：RFID 射频卡读卡器数据接收通信。RFID 射频卡读卡器在读卡后发送的数据由计算机软件接收并显示数据，并检查 RFID 射频卡读卡器数据编码形式及通信格式。

小任务 3：连接 FX_{5U} 系列 PLC 与 RFID 射频卡读卡器的 RS-232 通信线路。

小任务 4：对 FX_{5U} 系列 PLC 进行新建工程，并编写无协议通信接收程序。

小任务 5：对 FX_{5U} 系列 PLC 与 RFID 射频卡读卡器进行联机调试，检查 PLC 寄存器中的数据与 RFID 射频卡发送的数据是否一致。

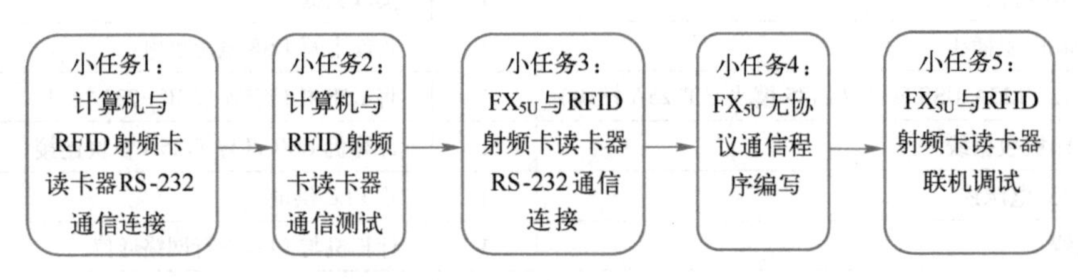

图 2-14　RFID 射频卡读卡器与 FX_{5U} 系列 PLC 通信的实施步骤

2.2.1 计算机与 RFID 射频卡读卡器 RS-232 通信连接

[目标]

完成计算机与 RFID 射频卡读卡器 RS-232 接口之间通信线路的连接。

[描述]

将 RFID 射频卡读卡器通过 RS-232 通信接口与计算机的 RS-232 通信接口相连接，完成硬件通信线路的连接。同时对 RFID 射频卡读卡器进行供电，使其能正常工作。实验中，计算机的 RS-232 接口依然采用 USB 接口扩展 RS-232 的形式。

系统接线图如图 2-15 所示，系统通信架构图如图 2-16 所示。

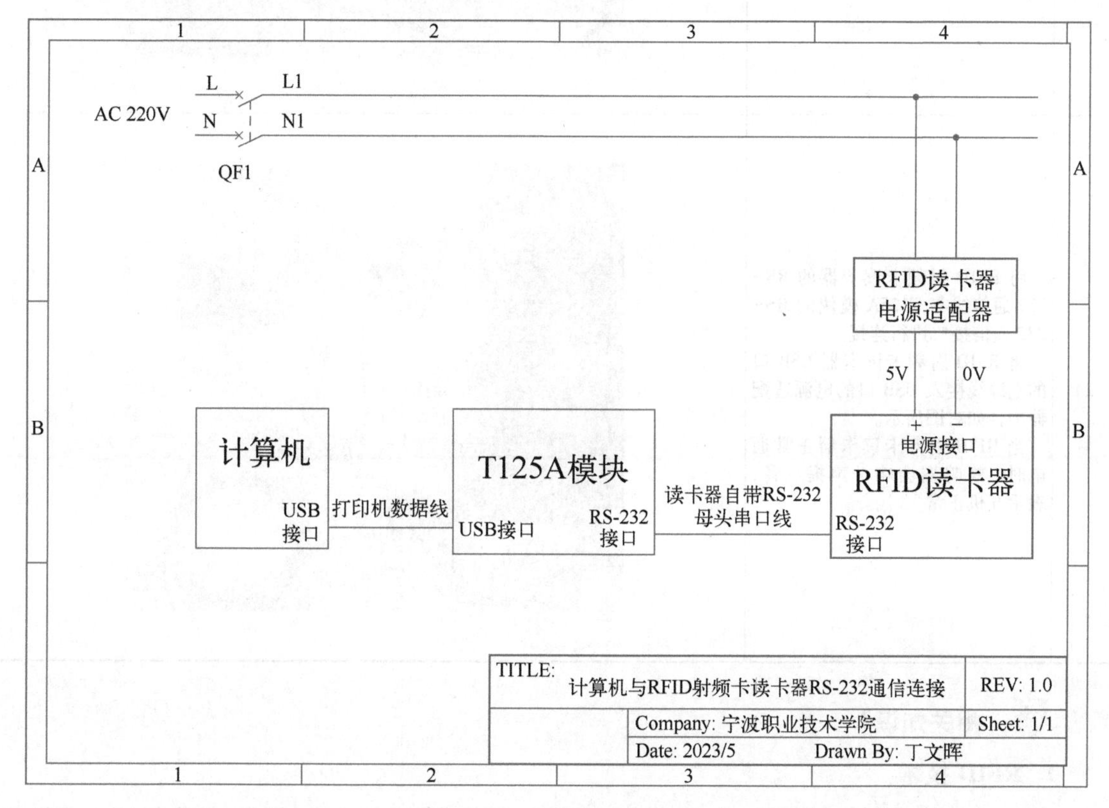

图 2-15 系统接线图

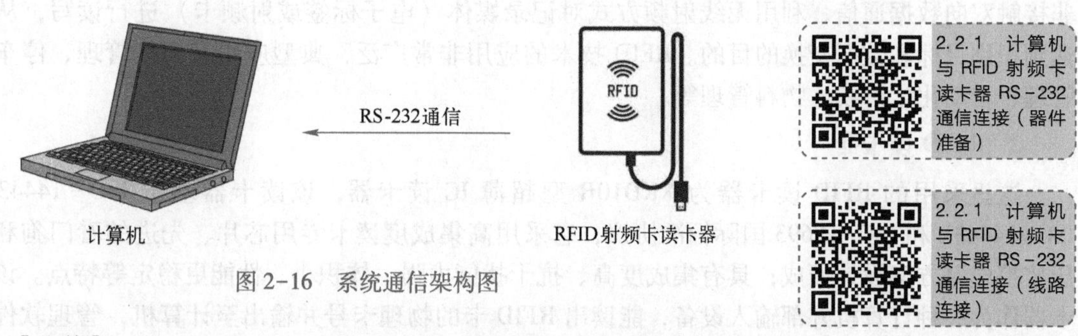

图 2-16 系统通信架构图

[实施]

计算机与 RFID 射频卡读卡器 RS-232 通信连接操作步骤见表 2-17。

表 2-17 计算机与 RFID 射频卡读卡器 RS-232 通信连接操作步骤

操作步骤	操作说明	示意图
1)	使用打印机数据线将计算机USB口与T125A模块进行连接，打印机数据线的A公头接至计算机，B公头接至T125A模块。 计算机A、计算机B都按右图所示进行连接	打印机数据线
2)	将RFID射频卡读卡器的RS-232通信线与T125A模块的RS-232通信接口进行连接。 将RFID射频卡读卡器USB口的电源线接入USB口的电源适配器中，如右图所示。 当RFID射频卡读卡器正常通电时，蜂鸣器会响一声提示音，表示开机正常	电源线 RS-232通信线

 [相关知识]

1. RFID 技术

RFID（无线射频识别即射频识别技术），是自动识别技术的一种。通过无线射频方式进行非接触双向数据通信，利用无线射频方式对记录媒体（电子标签或射频卡）进行读写，从而达到识别目标和数据交换的目的。RFID 技术的应用非常广泛，典型应用有门禁管理、停车场管理、自动化生产线、物料管理等。

2. RFID 读卡器

这里采用的 RFID 读卡器为 XKD10R 型超薄 IC 读卡器，该读卡器基于 ISO-14443A、ISO-14443B 和 ISO-15693 国际标准协议；它采用高集成度读卡专用芯片、先进的看门狗和电压监控电路方案设计而成；具有集成度高、抗干扰能力强、体积小、性能更稳定等特点。该读卡器作为一种计算机外部输入设备，能读出 RFID 卡的物理卡号并输出至计算机，管理软件能用此记录的卡号，派生出更多的管理功能。IC 卡号可以直接在记事本、Word 等文档中显示出来，具体参数见表 2-18。

表 2-18 RFID 读卡器参数

技术指标	内容
支持系统	Windows98 及以上版本
工作频率	13.56 MHz
读卡类型	IC（ISO 14443A、ISO 14443B、ISO 15693 三选一）的物理卡号
通信速度	106 Kbit/s
串口波特率	9 600 Kbit/s
读卡有效距离	100 mm（根据卡片的不同会有变化）
读卡时间	<100 ms
状态指示	2 色 LED 指示：通电时为红色，读卡时为绿色
数据格式	卡内四字节序列号转换为十位十进制形式，回车结束
操作温度	-10~+70℃
存储温度	-20~+80℃
最大工作湿度相对湿度	0~95%
通信接口	USB 接口/RS-232 串口
超薄尺寸	104 mm×68 mm×10 mm
重量	约 180 g

2.2.2 计算机与 RFID 射频卡读卡器通信测试

2.2.2 计算机与 RFID 射频卡读卡器通信测试

[目标]

计算机通过接收 RFID 射频卡读卡器发送的数据，确认其通信数据格式及内容。

[描述]

计算机通过正确设置串口调试助手软件的通信串口参数，将 RFID 射频卡靠近读卡器进行刷卡，并接收 RFID 射频卡读卡器发出的数据内容。通过对接收格式 ASCII 与 HEX（十六进制）格式的切换，判断串口调试助手软件中所显示数据内容，是否与 RFID 射频卡的卡号一致。

[实施]

1. 准备

实践中，计算机使用 T125A 的 RS-232 通信接口接收 RFID 射频卡读卡器发出的数据。应注意，串口调试助手软件的“串口设置”中的参数应与 RFID 射频卡读卡器的通信格式一致。关于 COM 口编号的修改，详见本书任务 1.1.2。

2. 操作步骤

计算机与 RFID 射频卡读卡器通信操作步骤见表 2-19。

表 2-19　计算机与 RFID 射频卡读卡器通信操作步骤

操作步骤	操 作 说 明	示 意 图
（1）计算机串口调试软件的参数设置		
	在计算机中打开“串口调试助手”窗口。 在该窗口左侧上部“串口设置”中设置“串口号”为“COM1”，“波特率”为“9600”，“校验位”为“NONE”，“数据位”为“8”，“停止位”为“1”，“流控制”为“NONE”。 在该窗口左侧中部“接收设置”中设置“ASCII”码格式。 单击“串口设置”中的“打开”按钮开启 COM 口。在开启 COM 口后，“串口设置”中的指示灯会变成红色，内部参数将不允许更改	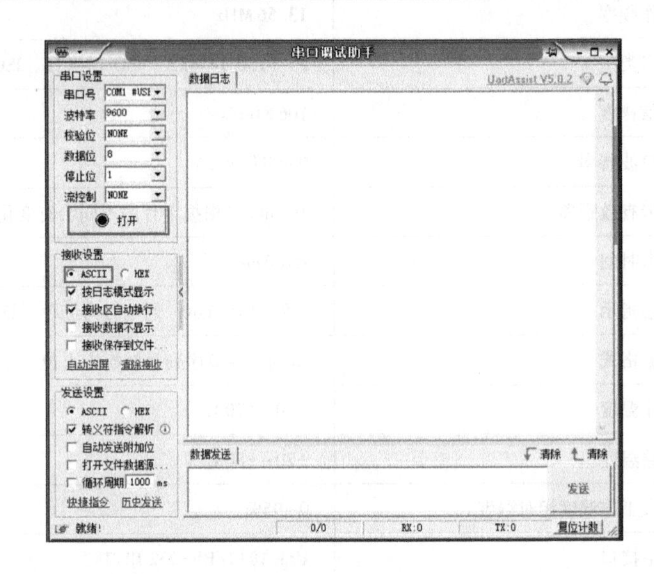
（2）将 RFID 射频卡靠近读卡器（卡号：0001625198）		
1）	将 RFID 射频卡靠近读卡器，进行刷卡。 此时 RFID 射频卡读卡器会发出“滴”的声音，表示 RFID 射频卡的卡号已经正常采集	
2）	读卡器在完成卡号采集后会通过 RS-232 通信接口发送数据。 此时计算机所连接的 T125A 模块的 1RXD 绿色指示灯会闪一下，表明数据已经接收。 此时“数据日志”会显示出接收到的数据，内容以 ASCII 码格式显示：“0001625198”。另外，第二行还会出现一个方框。RECV 表示接收	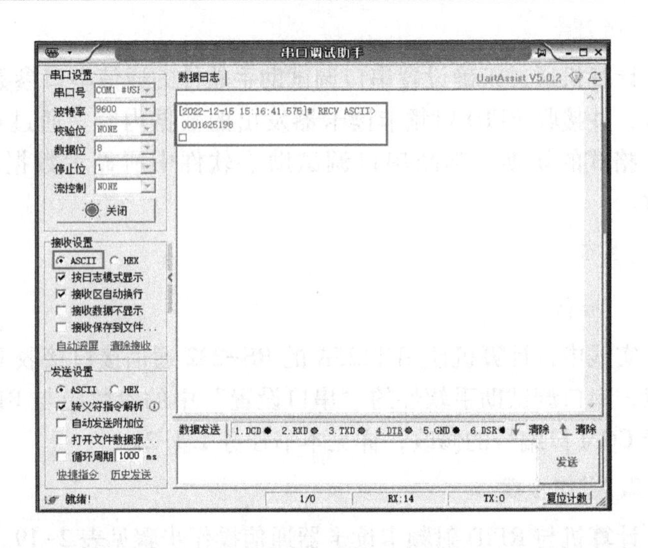

（续）

操作步骤	操 作 说 明	示 意 图
3）	将该窗口左侧中部“接收设置”中的设置改为“HEX”格式（十六进制）。 再次进行刷卡。 计算机所连接的 T125A 模块的 1RXD 绿色指示灯会闪一下，表明数据已经接收。 此时“数据日志”会显示出接收到的数据内容以 HEX（十六进制）格式显示：“02 30 30 30 31 36 32 35 31 39 38 0D 0A 03”	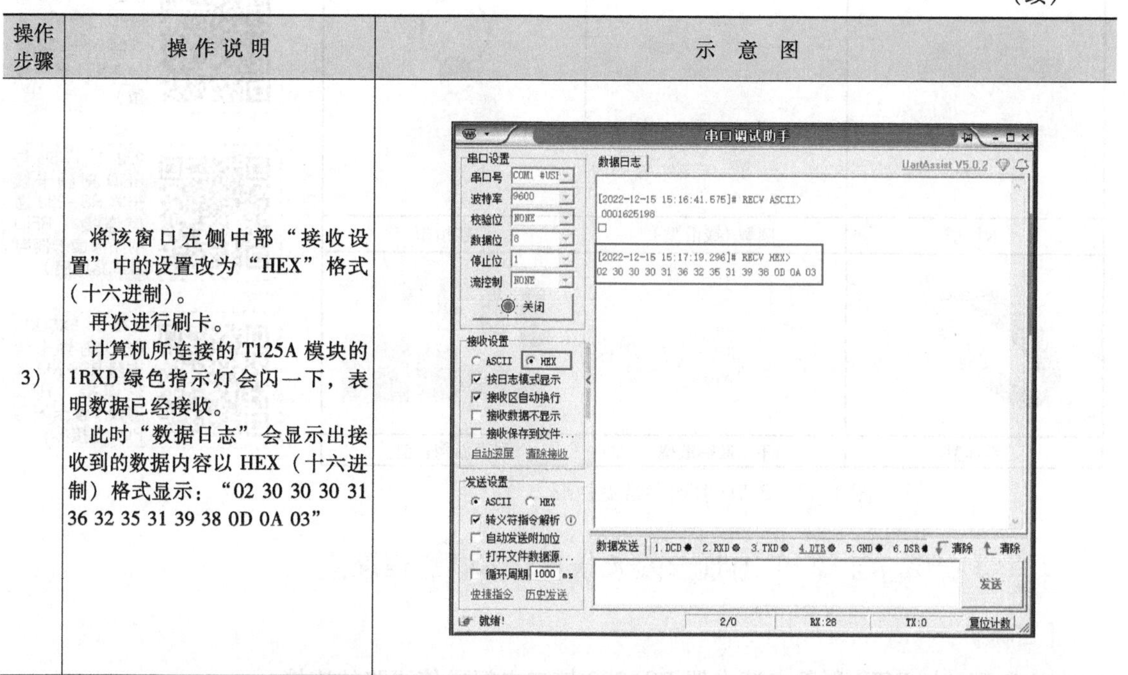

将 RFID 射频卡靠近读卡器进行刷卡，RFID 射频卡读卡器对卡号进行采集并将卡号通过 RS-232 接口发送至计算机设备中。读卡器使用 ASCII 码格式进行字符信息输出。在采用 HEX 格式（十六进制）进行监控数据时，可根据 ASCII 表，将 HEX 格式（十六进制）与 ASCII 码格式数据进行相互转换。

采用 HEX 格式（十六进制）监控采集数据时，可以发现接收到的数据串的开头与结尾会出现“02”“03”，在 ASCII 表中表示正文开始、正文结束；数据串的卡号数据后部“0D”“0A”分别表示“回车”“换行”。具体可查看本书电子资源的“ASCII 码简介”文档。

[相关知识]

1. RFID 射频卡系统工作过程

RFID 射频卡系统的具体工作过程如下：

1）RFID 射频卡读卡器通过发射天线发送一定频率的射频信号，形成一个电磁场区域。

2）当 RFID 射频卡进入发射天线的磁场区域后，受空间耦合作用影响将产生感应电流，RFID 射频卡的微芯片电路获得能量并被激活；当激活后，其将自身编码等数据信息调制到载波上然后通过其内置发射天线发送出去。

3）RFID 射频卡读卡器接收天线接收到 RFID 射频卡发送来的载波信号后，数据处理电路对接收的含有数据信息的信号进行解调和解码。

4）RFID 射频卡读卡器确认当前 RFID 射频卡信息是否异常。如果异常，则对数据进行丢弃处理；如果正常，则将采集到的数据通过 RS-232 或其他通信接口发送出去。

2. RFID 射频卡常见外形

RFID 射频卡常见外形如图 2-17 所示。

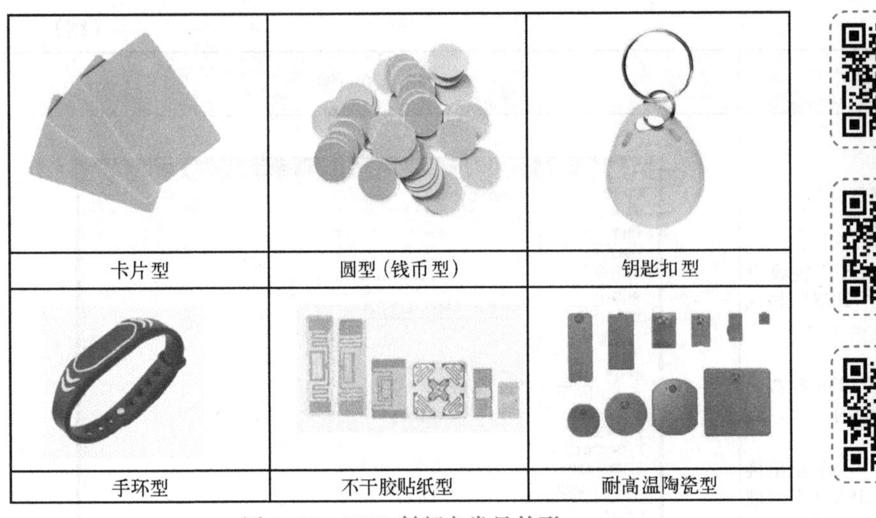

图 2-17　RFID 射频卡常见外形

2.2.3　FX_{5U}与 RFID 射频卡读卡器 RS-232 通信连接

[目标]

完成 FX_{5U}与 RFID 射频卡读卡器 RS-232 接口之间通信线路的连接。

[描述]

FX_{5U}通过安装 FX_{5U}-232-BD 通信板进行 RS-232 通信接口的扩展，从而实现 RFID 射频卡读卡器数据的接收。计算机通过网线连接 FX_{5U} 以太网通信接口，实现程序下载及程序监控通信。

系统接线图如图 2-18 所示，系统通信架构图如图 2-19 所示。

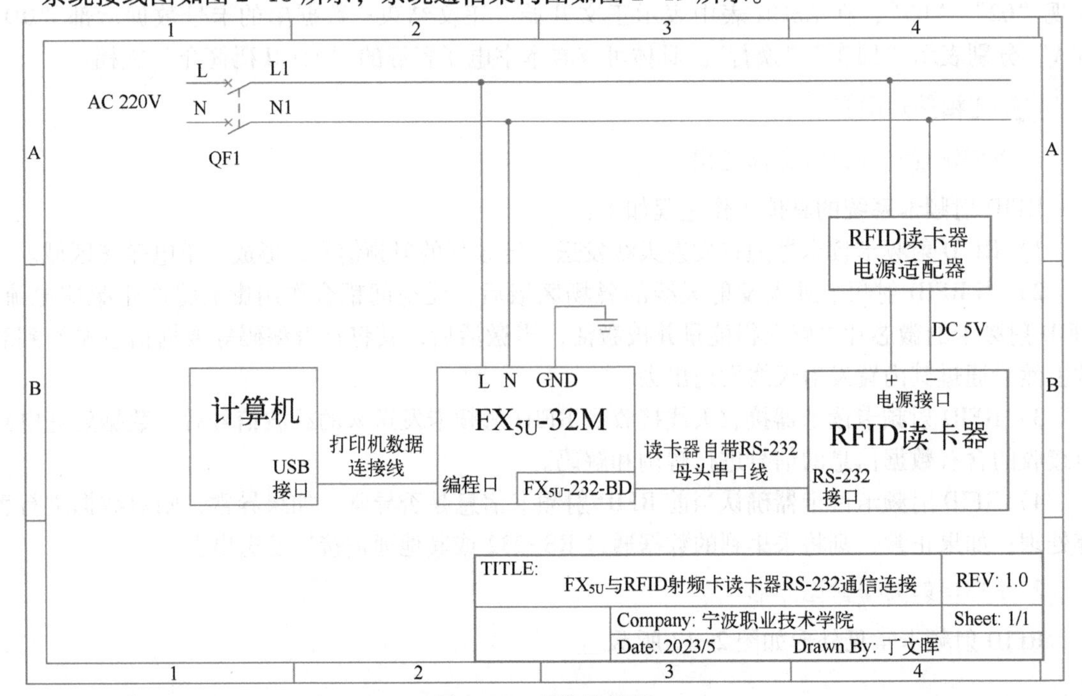

图 2-18　系统接线图

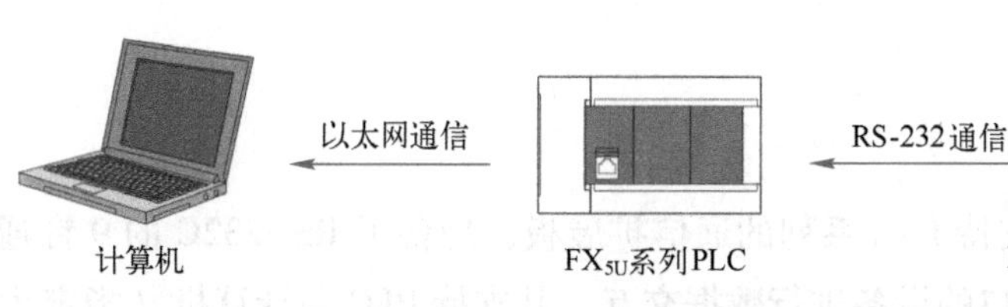

图 2-19 系统通信架构图

[实施]

FX_{5U}与 RFID 射频卡读卡器 RS-232 通信连接操作步骤见表 2-20。

表 2-20 FX_{5U}与 RFID 射频卡读卡器 RS-232 通信连接操作步骤

操作步骤	操作说明	示意图
1)	将 FX5-232-BD 通信扩展板安装至 FX_{5U} 系列 PLC 正面扩展接口处	
2)	将 RFID 射频卡读卡器的 RS-232 通信线与 FX5-232-BD 通信扩展板的 RS-232 通信接口进行连接。 将 RFID 射频卡读卡器 USB 口的电源线接入 USB 口的电源适配器中，如右图所示。 当 RFID 射频卡读卡器正常通电时，蜂鸣器会响一声提示音，表示开机正常	电源线 RS-232通信线
3)	对 FX_{5U}进行电源线路接线，确保“PWR”电源指示灯点亮。 通过网线将 FX_{5U} 与计算机连接。 将 FX_{5U} 左侧拨码调至“STOP”，确保右侧“P. RUN”指示灯熄灭	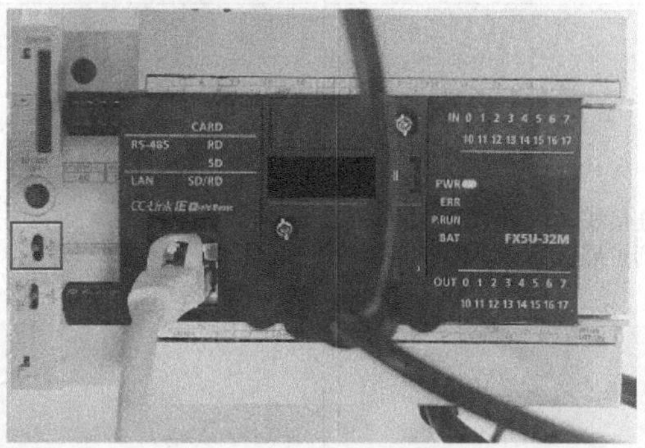

[相关知识]

1. FX5-232-BD

FX5-232-BD 是一款支持 FX_{5U} 系列的通信扩展板，配备了 RS-232C 的 9 针通信接口，能与同样是 RS-232C 通信接口的设备进行数据交互。其支持 PLC 与计算机（指定为主站）之间通过专用协议进行数据传输，以及 PLC 与 RS-232C 设备的串行通信。图 2-20 所示为通信扩展模块 RS-232 接口引脚功能排列图。

引脚编号	信号	名称
1	CD(DCD)	接收载波检测
2	RD(RXD)	接收数据输入
3	SD(TXD)	发送数据输出
4	ER(DTR)	发送请求
5	SG(GND)	信号地
6	DR(DSR)	数据设置准备好
7、8、9		不使用

图 2-20 通信扩展模块 RS-232 接口引脚功能排列图

2. 操作步骤

FX_{5U} 系列通信扩展板安装操作步骤见表 2-21。

表 2-21 FX_{5U} 系列通信扩展板安装操作步骤

操作步骤	操作说明	示意图
1)	拆除位于 CPU 模块正面的连接扩展板用的连接器盖板	连接扩展板用的连接器盖板 1
2)	将连接扩展板用的连接器（C）连接到扩展板上	C 2

（续）

操作步骤	操作说明	示意图
3)	使用附带的M3自攻螺丝（D）将扩展板（E）固定在CPU模块上	

注：FX5-232-BD作为FX_{5U}系列的通信扩展板，其安装方法与此操作步骤一致

3. 通信参数说明

FX5-232-BD通信参数说明见表2-22。

表2-22 FX5-232-BD通信参数

通信参数	规格数据
传输通信接口	符合RS-232C标准
最大传输距离	15 m
连接方式	D-Sub 9针（公头）
指示（LED）	RD，SD
通信方式	半双工双向/全双工双向
通信速度	300/600/1 200/2 400/4 800/9 600/19 200/38 400/57 600/115 200 bit/s

注：通信方式、通信速度根据通信种类而有所不同

2.2.4 FX_{5U}无协议通信程序编写

［目标］

2.2.4 FX_{5U}无协议通信程序编写

计算机使用GX Works3对FX_{5U}进行通信程序编写及下载。

［描述］

计算机使用GX Works3软件对FX_{5U}进行编程及下载。程序中主要使用RS2指令，对无协议通信的数据进行接收并存储至程序设定的寄存器中。

［实施］

1. 实施说明

首先完成计算机与FX_{5U}之间通信线路的连接。应对PLC进行初始化操作（见本书电子资源的“FX_{5U}系列PLC初始化操作说明”文档），通过初始化操作确保后续的实验顺利进行。

2. 操作步骤

FX_{5U}无协议通信程序编写操作步骤见表2-23。

表 2-23　FX_{5U}无协议通信程序编写操作步骤

操作步骤	操作说明	示意图
(1) FX_{5U}工程的创建		
1)	在计算机中打开“GX Works3”窗口。 在菜单栏中单击“工程”	MELSOFT GX Works3 工程(P) 编辑(E) 搜索/替换(F) 转换(C) 视图(V) 在线(O) 调试(B) 记录(R) 诊断(D) 工具(T) 窗口(W) 帮助(H) 导航 全部 部件选择 (部件搜索) 部... 收... 履... 模... 库
2)	在弹出的菜单中单击“新建”	MELSOFT GX Works3 工程(P) 编辑(E) 搜索/替换(F) 转换(C) 视图(V) 在线(O) 调试(B) 记录(R) 诊断(D) 工具(T) 窗口(W) 帮助(H) 新建(N)... Ctrl+N 打开(O)... Ctrl+O 关闭(C) 保存(S) Ctrl+S 另存为(A)... 删除(D)... 工程校验(V)... 工程更改履历(J) 机型/运行模式更改(H)... 部件选择 (部件搜索) 部... 收... 履... 模... 库
3)	在弹出的“新建”对话框中，在“系列”下拉框中选择“FX5CPU”，在“机型”下拉框中选择“FX5U”，单击“确定”按钮	MELSOFT GX Works3 工程(P) 编辑(E) 搜索/替换(F) 转换(C) 视图(V) 在线(O) 调试(B) 记录(R) 诊断(D) 工具(T) 窗口(W) 帮助(H) 导航 全部 新建 系列(S) FX5CPU 机型(T) FX5U 运行模式(M) 程序语言(G) 梯形图 确定 取消 部件选择 (部件搜索) 搜索与替换 (全工程)
4)	当出现“添加模块”提示对话框时，单击“确定”按钮即可	MELSOFT GX Works3 添加模块。 [模块型号] FX5UCPU [安装位置号] - 设置模块 设置更改 模块标签：不使用 样本注释：使用 不再显示该对话框(D) 确定
(2) 计算机与FX_{5U}的以太网通信		
1)	在“GX Works3”窗口菜单栏中单击“在线”→“当前连接目标”	MELSOFT GX Works3 (工程未设置) - [ProgPou [PRG] [LD] 1步] 工程(P) 编辑(E) 搜索/替换(F) 转换(C) 视图(V) 在线(O) 调试(B) 记录(R) 诊断(D) 工具(T) 窗口(W) 帮助(H) 当前连接目标(N)... 从可编程控制器读取(R)... 写入至可编程控制器(W)... 与可编程控制器校验(V)... 远程操作(S)... 安全可编程控制器操作(F) 冗余可编程控制器操作(G) CPU存储器操作(O)... 删除可编程控制器的数据(D)... 用户数据(E) 导航 全部 工程 模块配置图 程序 初始 扫描 写入 1 7 部件选择 (部件搜索) 部... 收... 履... 模... 库

（续）

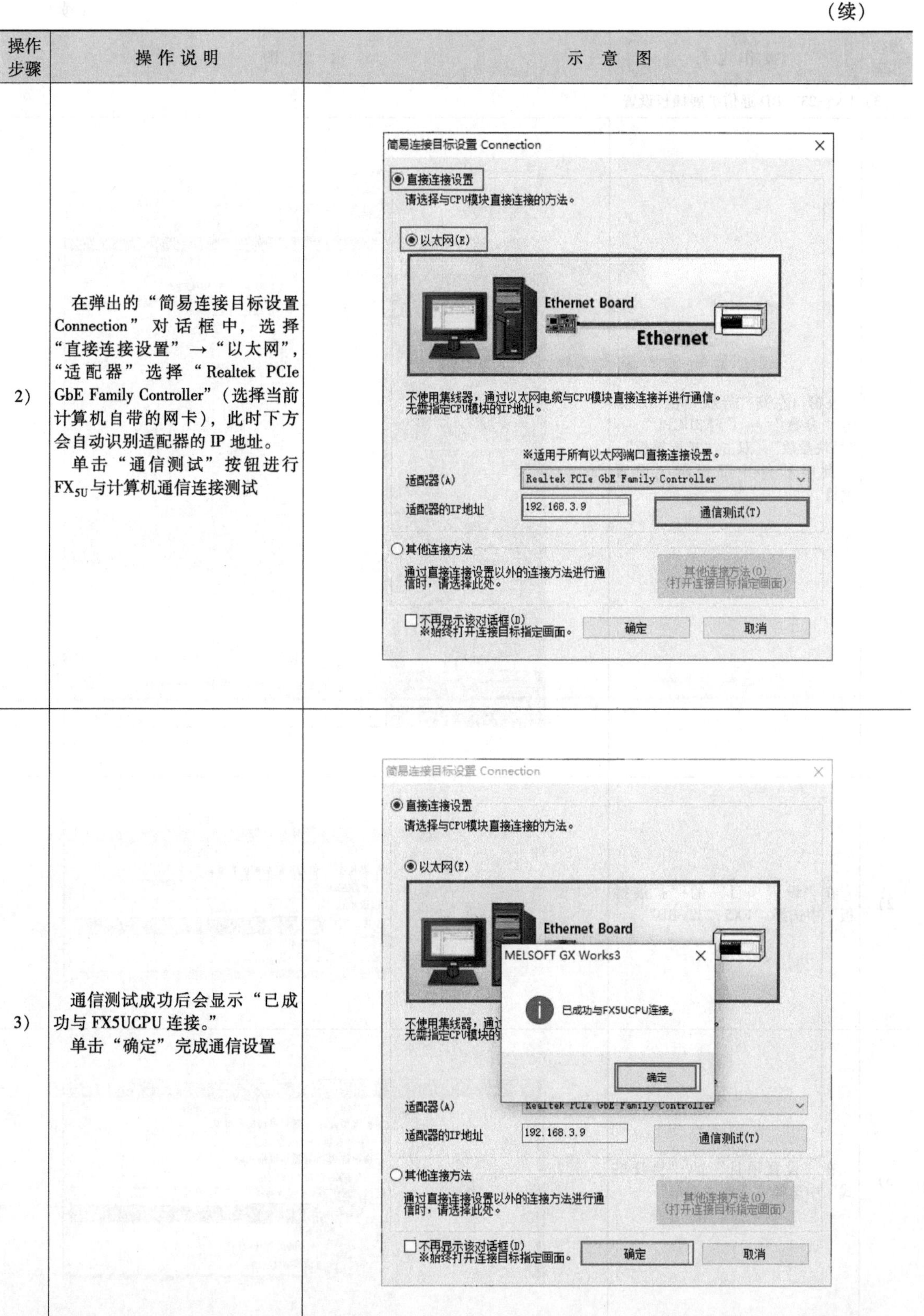

操作步骤	操作说明	示意图
2）	在弹出的“简易连接目标设置Connection”对话框中，选择“直接连接设置”→“以太网”，“适配器”选择“Realtek PCIe GbE Family Controller”（选择当前计算机自带的网卡），此时下方会自动识别适配器的IP地址。 单击“通信测试”按钮进行FX_{5U}与计算机通信连接测试	
3）	通信测试成功后会显示“已成功与FX5UCPU连接。” 单击“确定”完成通信设置	

（续）

操作步骤	操 作 说 明	示 意 图
（3）FX5-232-BD 通信扩展插板设置		
1）	在窗口左侧“导航”栏中，单击“参数”→“FX5UCPU”→“模块参数”，双击“扩展插板” 此时软件中部显示“设置项目”	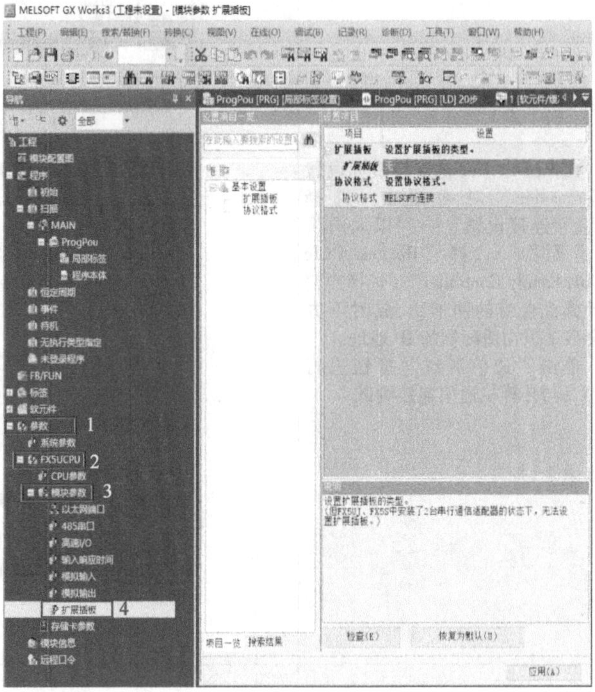
2）	在“设置项目”的“扩展插板”中选择“FX5-232-BD”	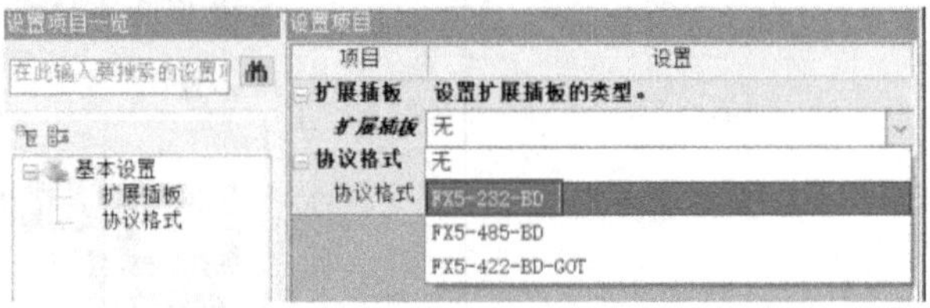
3）	在“设置项目”的“协议格式”中选择“无顺序通信”	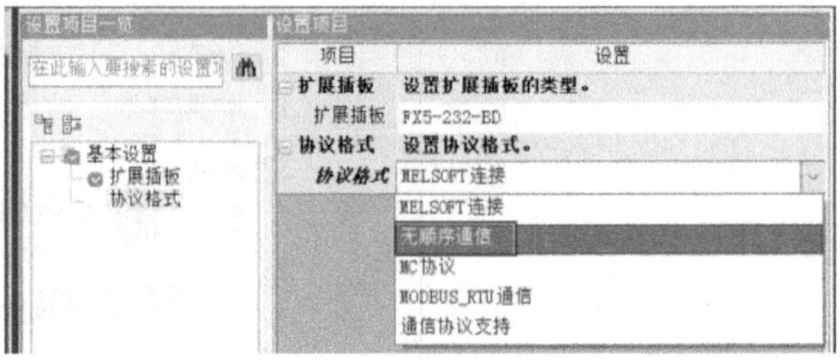

（续）

操作步骤	操作说明	示意图
4）	在“MELSOFT GX Works3”的提示对话框中，单击“是”按钮进行通信参数设置	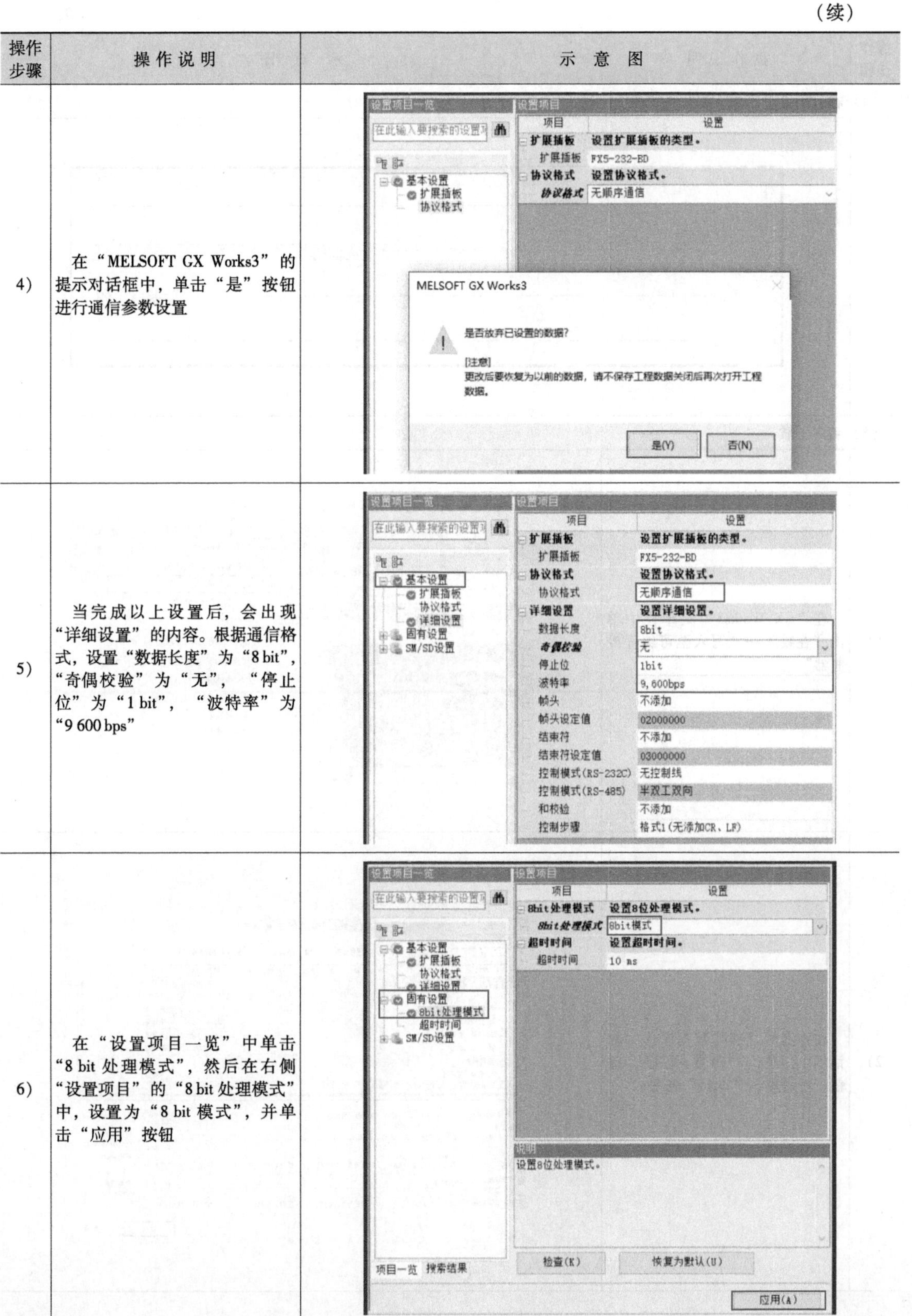
5）	当完成以上设置后，会出现“详细设置”的内容。根据通信格式，设置“数据长度”为“8 bit”，“奇偶校验”为“无”，“停止位”为“1 bit”，“波特率”为“9 600 bps”	
6）	在“设置项目一览”中单击“8 bit处理模式”，然后在右侧“设置项目”的“8 bit处理模式”中，设置为“8 bit模式”，并单击“应用”按钮	

（续）

<table>
<tr><th>操作步骤</th><th>操作说明</th><th>示意图</th></tr>
<tr><td colspan="3">（4）在程序编辑区域，编写 PLC 程序</td></tr>
<tr><td></td><td colspan="2">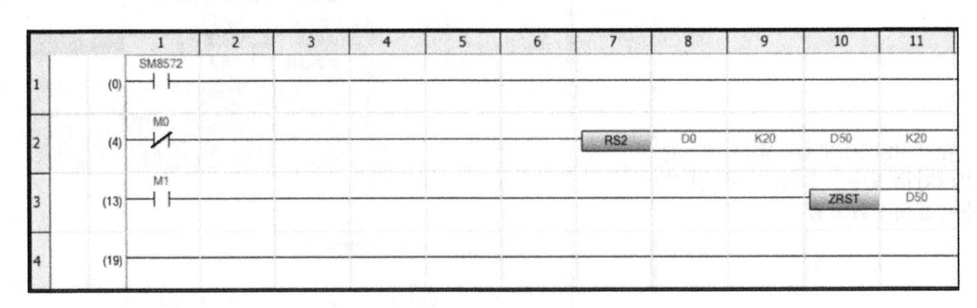
</td></tr>
<tr><td colspan="3">（5）程序下载</td></tr>
<tr><td>1）</td><td>在“GX Works3”菜单栏中单击“在线”→“写入至可编程控制器”</td><td>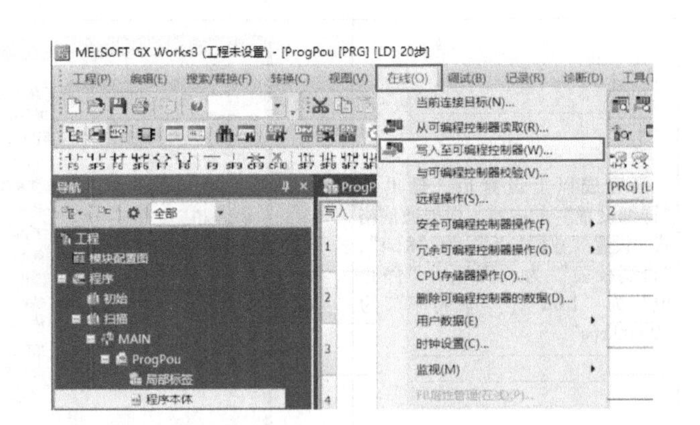
</td></tr>
<tr><td>2）</td><td>在弹出的“在线数据操作”对话框中，单击“参数+程序”按钮，然后单击“执行”按钮</td><td>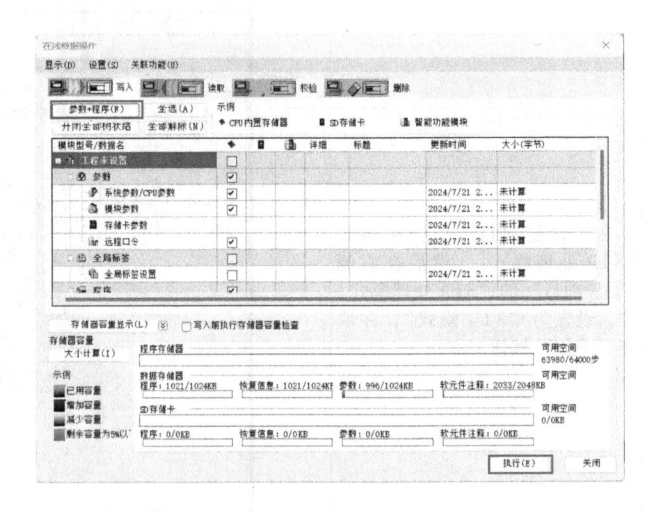
</td></tr>
</table>

（续）

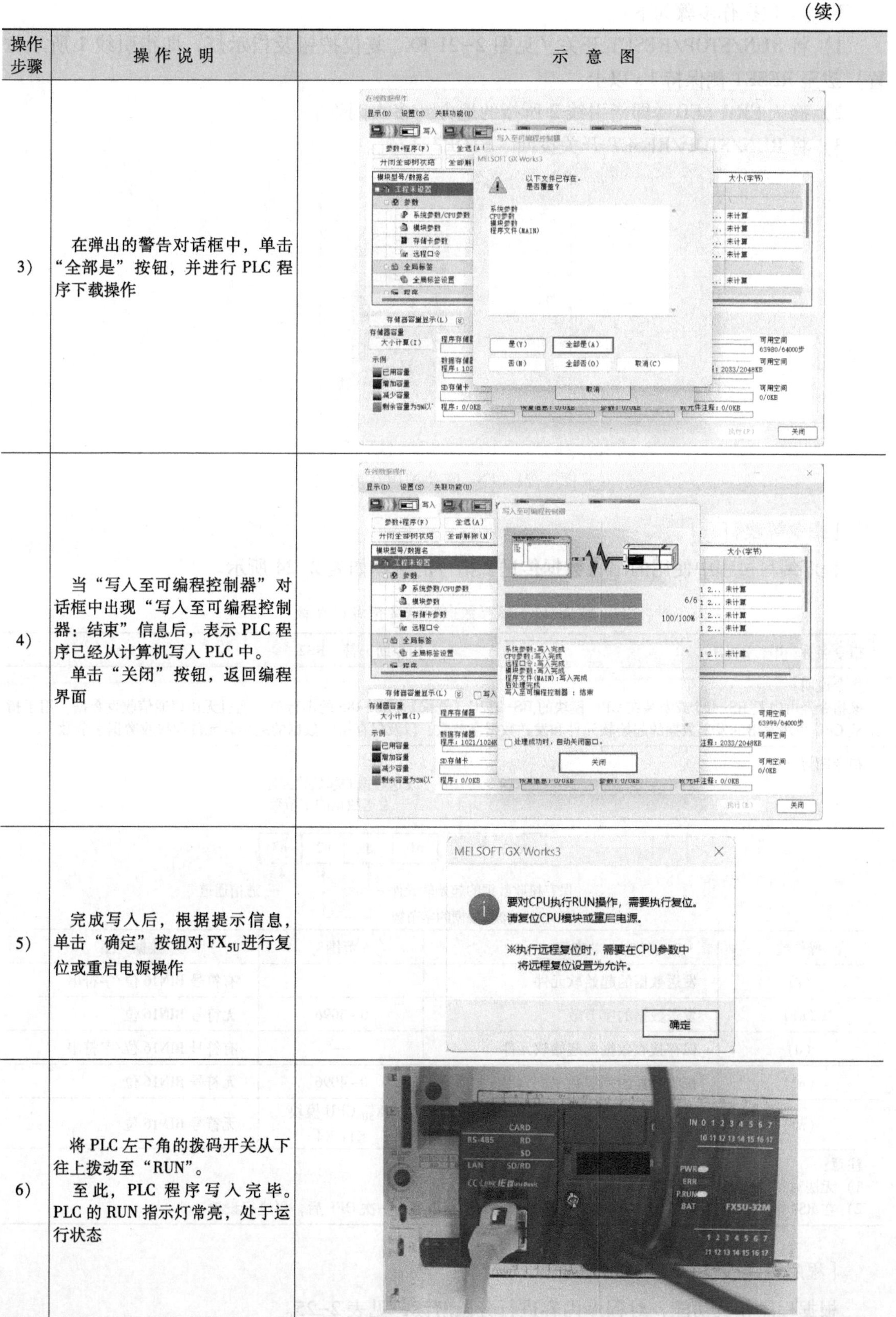

操作步骤	操作说明	示意图
3）	在弹出的警告对话框中，单击“全部是”按钮，并进行 PLC 程序下载操作	
4）	当“写入至可编程控制器”对话框中出现“写入至可编程控制器：结束”信息后，表示 PLC 程序已经从计算机写入 PLC 中。 单击“关闭”按钮，返回编程界面	
5）	完成写入后，根据提示信息，单击“确定”按钮对 FX_{5U} 进行复位或重启电源操作	
6）	将 PLC 左下角的拨码开关从下往上拨动至“RUN”。 至此，PLC 程序写入完毕。PLC 的 RUN 指示灯常亮，处于运行状态	

FX_{5U}复位操作步骤如下：

1）将 RUN/STOP/RESET 开关（见图 2-21 FX_{5U}复位按钮及指示灯，即指引线 1 所示位置）拨至 RESET 侧保持 1 s 以上。

2）确认 ERR LED（即指引线 2 所指的地方）多次闪烁。

3）将 RUN/STOP/RESET 开关拨回“STOP”位置。

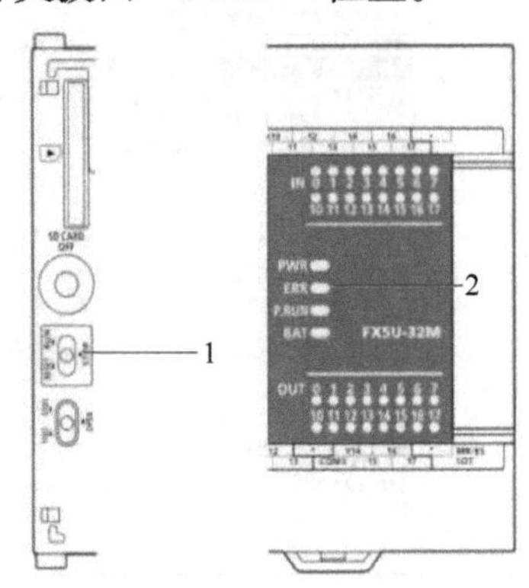

图 2-21　FX_{5U}复位按钮及指示灯

［指令解读］

程序编写过程中使用的串行数据传送 2 指令的解读如表 2-24 所示。

表 2-24　串行数据传送 2 指令的解读

指令名称：串行数据传送 2	指令助记符：RS2

指令说明：

该指令经由内置 RS-485 或安装在 CPU 模块的 RS-232C（选配）、RS-485 的串行口，通过无协议通信收发数据，用于指定从 CPU 模块发出的发送数据的起始软元件和发送数据字节数，以及保存接收数据的起始软元件和接收数据字节数

指令图解：

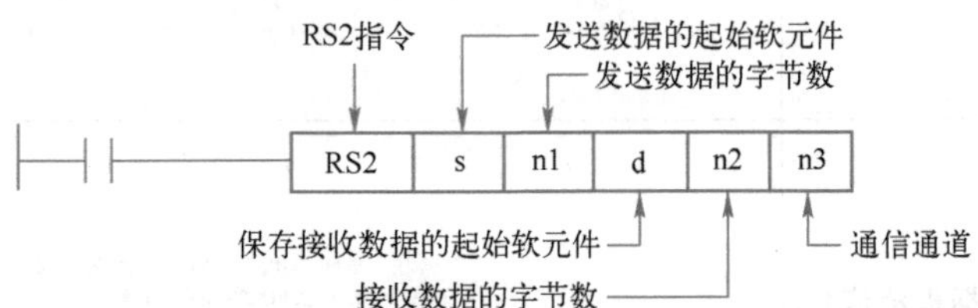

操作数	内容	范围	数据类型
(s)	发送数据的起始软元件	—	有符号 BIN16 位/字符串
(n1)	发送数据的字节数	0~4096	无符号 BIN16 位
(d)	保存接收数据的起始软元件	—	有符号 BIN16 位/字符串
(n2)	接收数据的字节数	0~4096	无符号 BIN16 位
(n3)	通信通道	FX_{5U} CPU 模块 K1~K4	无符号 BIN16 位

注意：

1）无法对同一端口使用外部设备通信指令。

2）在 RS2 指令驱动过程中，无法更改通信格式。将 RS2 指令置为一次 OFF 后，再进行设置

［程序解读］

根据程序相关功能，对程序内容进行分段解读，见表 2-25。

表 2-25　程序分段解读

程序段 1：

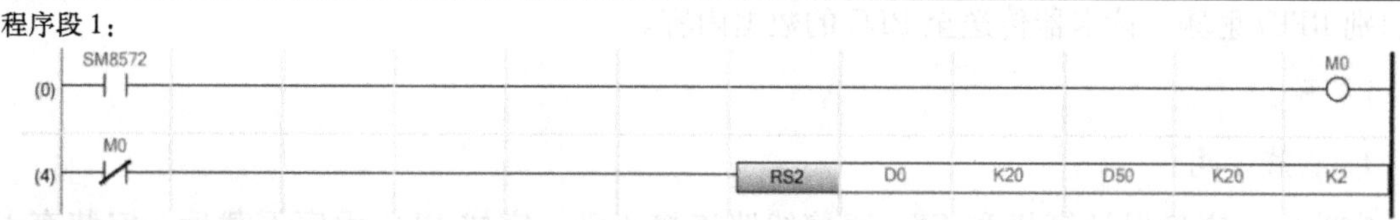

程序注释：
SM8572：通道 2 接收结束标志位，当 PLC 完成数据接收时，该标志位置为 ON。
D0：发送数据的起始软元件（与本任务无关）。
K20：发送数据的字节数（与本任务无关）。
D50：保存接收数据的起始软元件，从 D50 开始存储接收到的数据。
K20：接收数据的字节数，接收时，预留 20 个数据寄存器空间。
K2：使用 2 号通信通道。
程序说明：
当 PLC 运行后，程序自动执行 RS2 指令。当 RS2 指令完成数据接收后，SM8572 由 OFF 转为 ON，M0 输出，同时断开 RS 指令一个扫描周期后继续执行，等待接收下一次数据

程序段 2：

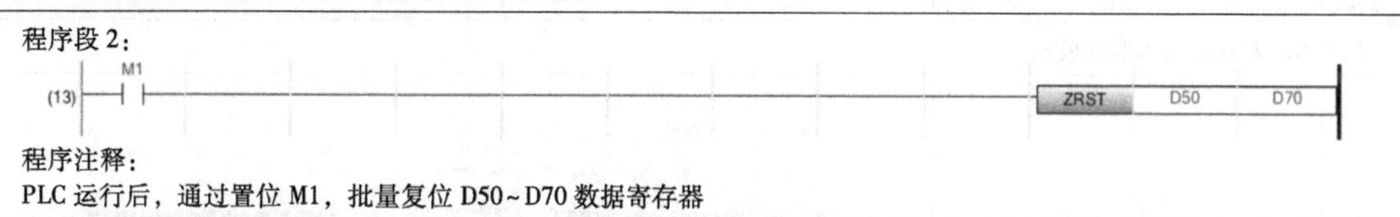

程序注释：
PLC 运行后，通过置位 M1，批量复位 D50~D70 数据寄存器

[相关知识]

FX_{5U}系列 CPU 模块可以使用内置 RS-485 端口、通信板、通信适配器，连接最多 4 通道的串行端口。需要注意的是，通信通道的分配不受系统构成的影响，为固定状态。

- 通道 1：内置于 CPU 模块中，不需要扩展设备。
- 通道 2：可以内置在 CPU 模块中，且安装面积不变，为集成型。
- 通道 3、通道 4：用于在 CPU 模块的左侧安装通信适配器，如图 2-22 所示。

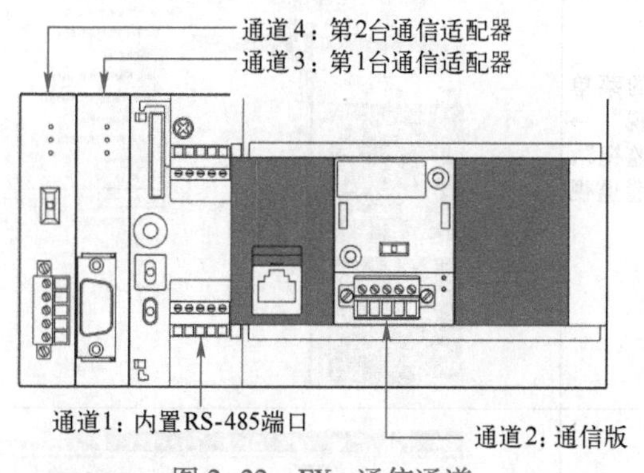

图 2-22　FX_{5U}通信通道

2.2.5　FX_{5U}与 RFID 射频卡读卡器联机调试

2.2.5　FX_{5U}与 RFID 射频卡读卡器联机调试

[目标]

通过 GX Works3 编程软件的监视模式，查看 RFID 射频卡读卡器传送给 FX_{5U}的数据。

[描述]

在完成 FX_{5U}程序的下载后，通过 GX Works3 的“软元件/缓冲存储批量监视”功能对

FX_{5U}接收区域的寄存器进行批量监控；通过寄存器数据显示区域，观察寄存器中数据的变化，并识别 RFID 射频卡读卡器传送至 PLC 的数据内容。

［实施］

1. 实施说明

实践中，应确保计算机和 FX_{5U} 通信线路连接正常，完成 PLC 程序下载后，安装有 GX Works3 的计算机与 PLC 处于联机状态。

2. 操作步骤

FX_{5U}与 RFID 射频卡读卡器联机调试操作步骤见表 2-26。

表 2-26　FX_{5U}与 RFID 射频卡读卡器联机调试操作步骤

操作步骤	操作说明	示意图
（1）GX Works3 进入监视模式		
1）	在“GX Works3”窗口的菜单栏中单击“在线”→“监视”→“监视模式”，使软件处于监视模式	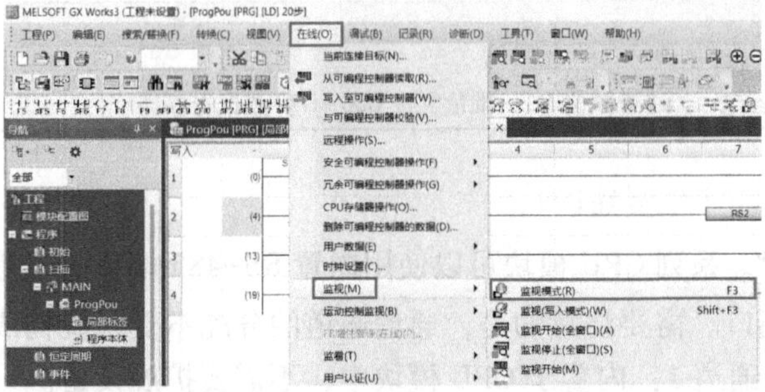
2）	在“GX Works3”软件的菜单栏中单击“在线”→“监视”→“软元件/缓冲存储器批量监视”，开启软元件/缓冲存储器批量监视列表	
3）	在软元件/缓冲存储器批量监视列表的“软元件名”中输入“D50”，用软元件/缓冲存储器批量监视列表，监控从 D50 开始的连续寄存器	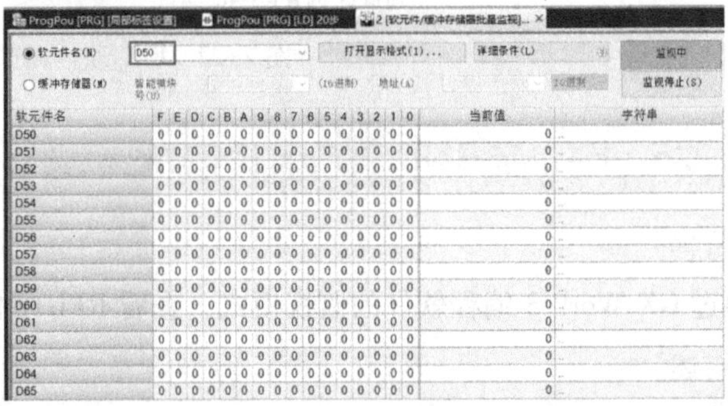

（续）

<table>
<tr><th>操作步骤</th><th>操作说明</th><th>示意图</th></tr>
<tr><td colspan="3">（2）将RFID射频卡靠近读卡器（卡号：0001625198）</td></tr>
<tr><td>1)</td><td>将RFID射频卡靠近读卡器，进行刷卡。
此时RFID射频卡读卡器会发出“滴”的声音，表示RFID射频卡的卡号已经正常采集</td><td>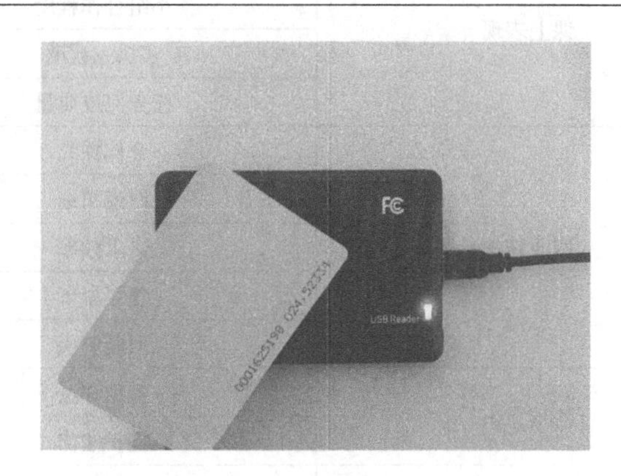
</td></tr>
<tr><td>2)</td><td>在软元件/缓冲存储器批量监视列表中D51～D60的“字符串”显示区域显示卡号的字符内容“0001625198”，每个寄存器显示1个字符。
而“当前值”中则以HEX（十六进制）格式显示接收到的数据。
寄存器D50、D63中的HEX（十六进制）格式内容“02”“03”在ASCII表中，表示正文开始、正文结束。
寄存器D61、D62中的HEX（十六进制）格式内容“13”“10”在ASCII表中，表示回车、换行</td><td>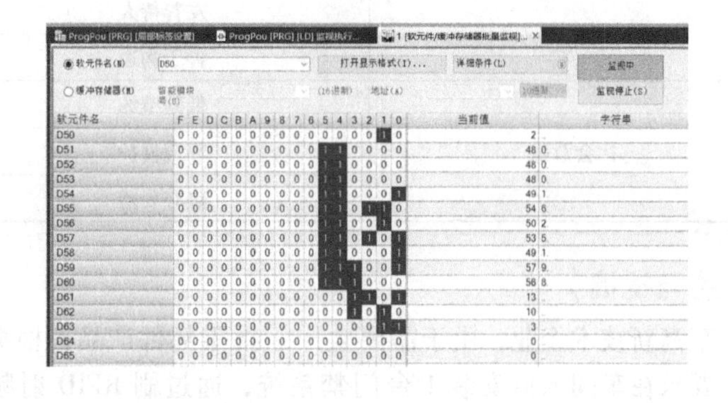
</td></tr>
</table>

【学习成果评价】

对任务实施过程中的学习成果进行自我总结与评分，具体评价标准见表2-27。

表2-27　学习成果评价表

任务成果		评分表（1～5分）		
实践内容	任务总结与心得	学生自评	同学互评	教师评分
本任务线路设计及接线掌握情况				
RFID射频卡扫描枪使用及设置掌握情况				
FX_{5U}系列RS指令接收功能掌握情况				
二维码内容对应的ASCII与HEX格式识别掌握情况				

【素养评价】

对任务实施过程中的思想道德素养进行量化评分，具体评价标准见表2-28。

表 2-28　素养评价表

评价项目	评价内容	得　分
课上表现	课堂参与程度	5□　3□　1□
	小组合作程度	5□　3□　1□
	实操完成度	5□　3□　1□
	任务完成质量	5□　3□　1□
职业精神	合作探究	5□　3□　1□
	严谨精细	5□　3□　1□
	讲求效率	5□　3□　1□
	独立思考	5□　3□　1□
	问题解决	5□　3□　1□
法治意识	遵纪守法	5□　3□　1□
	拥护法律	5□　3□　1□
健全人格	责任意识	5□　3□　1□
	抗压能力	5□　3□　1□
	友善待人	5□　3□　1□
	善于沟通	5□　3□　1□
社会意识	低碳节约	5□　3□　1□
	环境保护	5□　3□　1□
	热心公益	5□　3□　1□

【拓展与提高】

某高新技术企业，由于需要生产一批零部件产品，根据相关规定需要对车间进行安保升级。要求在车间入口安装 1 台门禁系统，通过刷 RFID 射频卡实现门禁功能。系统计划使用 PLC 与 RFID 射频卡读卡器通信实现对电磁锁的控制。具体要求如下：

1）车间刷卡开门，只有一张 RFID 射频卡有效，其余均为无效卡。设计时，将正确的 RFID 射频卡的编号输入 PLC 程序中。

2）当读卡器刷到正确的卡时，系统立即开启电磁锁，电磁锁开启 15 s 后自动关闭。

3）当读卡器刷到无效的卡时，系统立即报警，控制蜂鸣器输出。待刷卡正确的后，才能解除此报警。报警期间，电磁锁无动作。

任务需要提交的资料见表 2-29。

表 2-29　任务实施存档资料清单

序号	文　件　名	数量	负责人
1	任务选型依据及定型清单	1	
2	电气原理图	1	
3	电气线路完工照片	1	
4	调试完成的 PLC 程序	1	

项目 3　PLC 与变频器通信

【项目背景】

电动机是将电能转换成机械能的一种设备。日常生活中，小到电动牙刷、电吹风，大到地铁、高铁，人们的生活都离不开电动机。工厂中大多数设备都是用电动机带动的，电动机应用于工业生产的各个领域，世界各国电动机消耗电能占工业用电的 60%~70%，电动机的高效运行对节能减排、提前实现碳中和意义重大。

20 世纪 80 年代随着发达国家变频技术的实用化，三相异步电动机对应的变频器由于其节能、控制方式简单高效等优点逐步被市场接受。进入 21 世纪，我国国产变频器迅猛崛起，已逐渐抢占高端市场。目前的工业控制中，常采用变频器对三相异步电动机进行调速控制。

在工业控制中，早期采用 PLC 的开关量对变频器进行控制，通过变频器输出不同的固定频率来实现电动机的调速，但无法对电动机进行无级调速。

之后，PLC 采用模拟量（电压或电流）对变频器进行控制，实现电动机的无级调速。但随着工业系统需求的提升，控制系统中往往用到大量电动机（如纺织行业中往往一套系统需要 100 多台变频电动机）。而采用 PLC 模拟量输出控制的方式，存在着容易受干扰、频率波动大、PLC 无法获取变频器实时运行频率及状态等问题，无法满足现场要求。

近几年，工业控制领域采用数据通信控制变频器，实现对电动机的调速。该方式具有控制调速精准、数据通信量大、控制方案成本低等优点。

本项目将介绍 PLC 通过数据通信控制变频器调速的具体方法及步骤。

【项目描述】

高新制造企业，为实现节能减排、绿色生产，需要对企业中使用大功率三相异步电动机的设备，如搅拌设备、输送带、水泵、通风设备等，进行控制系统改造，将原有的继电器线路控制改为变频控制方式，且需要实现数字化、网络化控制。

作为现场工程师的您，需要根据 PLC 控制系统及相应变频器，选择合适的通信接口及协议，完成项目控制要求。

【任务分解】

- 三菱 FX_{3U}、FX_{5U} 系列 PLC 通过 RS-485 通信接口，采用 Modbus-RTU 通信协议，实现变频器控制命令写入与变频器状态数据读取。
- 三菱 FX_{3U} 系列 PLC 通过 RS-485 通信接口，采用三菱通信协议，实现变频器控制命令写入与变频器状态数据读取。
- 三菱 Q 系列 PLC 通过扩展 CC-Link 模块，采用 CC-Link 通信协议，实现变频器控制命令写入与变频器状态数据读取。

【素质目标】

- 通过连接通信线路，培养安全操作、文明操作、规范操作的意识。

- 通过按照国家安全标准操作变频器，养成安全用电的习惯。
- 通过参数设置和 PLC 编程，培养认真、严谨、细致的工作态度。
- 培养对新技术的自我学习和应用能力。

【知识目标】

- 理解工业通信控制变频器的优势及特点。
- 了解 Modbus-RTU 通信协议报文结构和 Modbus 通信地址定义。
- 掌握三菱 PLC 使用 Modbus-RTU 通信协议指令控制变频器的方法。
- 掌握三菱 PLC 使用三菱通信协议和 CC-Link 通信协议控制变频器的方法。

【技能目标】

- 能够连接 PLC 的 RS-485 通信接口与变频器的通信线路。
- 能够根据 Modbus-RTU 通信协议、三菱通信协议、CC-Link 通信协议，设置变频器的参数。
- 能够编写 PLC 的 Modbus-RTU 通信协议程序，实现变频器的运行控制及状态读取。
- 能够编写 PLC 的三菱通信协议程序，实现变频器的运行控制及状态读取。
- 能够编写 PLC 的 CC-Link 通信协议程序，实现变频器的运行控制及状态读取。

任务 3.1 FX_{3U}基于 Modbus-RTU 协议控制变频器

3.1.1 FX_{3U}与三菱 E700 系列变频器 RS-485 通信连接（器件准备）

【任务导读】

本任务将详细介绍 FX_{3U}系列 PLC 的扩展 Modbus 通信模块与三菱 E 系列变频器通过 Modbus-RTU 协议进行数据通信，以实现对三菱 E 系列变频器的起停、调速等控制，并对变频器的运行数据进行监控。通过本任务，读者将学到三菱 E 系列变频器 Modbus-RTU 通信协议的参数设置方法、FX_{3U}系列 PLC 使用 Modbus-RTU 通信时 ADPRW 指令的使用方法，以及 Modbus-RTU 通信报文的解析。

3.1.1 FX_{3U}与三菱 E700 系列变频器 RS-485 通信连接（模块安装）

【任务目标】

FX_{3U}系列 PLC 的 FX_{3U}-485ADP-MB 通信模块，通过 RS-485 通信线路与三菱 E700 系列变频器（简称为 E700 变频器）进行通信连接，通过 Modbus-RTU 协议进行数据交互，实现控制变频器的目标。

3.1.1 FX_{3U}与三菱 E700 系列变频器 RS-485 通信连接（PLC 电源接线）

【任务准备】

1）任务准备软硬件清单见表 3-1。

3.1.1 FX_{3U}与三菱 E700 系列变频器 RS-485 通信连接（变频器及电机接线）

表 3-1 任务准备软硬件清单

序号	器件名称	数量	用途
1	带 USB 口的计算机（或个人笔记本计算机）	1	编写 PLC 程序及监控数据
2	FX_{3U}-32M	1	与 E 系列变频器进行数据交互
3	FX_{3U}-232-BD	1	PLC 扩展的 RS-232 通信接口
4	FX_{3U}-485ADP-MB	1	扩展 RS-485 的通信接口
5	FR-E700 变频器	1	对电动机进行变频控制

3.1.1 FX_{3U}与三菱 E700 系列变频器 RS-485 通信连接（系统通信线路连接）

（续）

序号	器件名称	数量	用　途
6	0.12 kW 三相异步电动机	1	变频器的控制对象
7	天技 T125A USB 转 232&485 模块（T125A 模块）	1	将 USB 接口转换成 RS-232 接口
8	打印机数据线	1	连接计算机 USB 口与 T125A 模块
9	网线（485 通信）	1	连接 PLC 与变频器
10	SC-11 通信线	1	连接 T125A 模块和 PLC
11	220 V 电源线	1	给 PLC 供电
12	三相四线制 380 V 电源线	1	给变频器供电
13	串口调试助手（软件）	1	计算机串口数据收发软件
14	GX Works2（软件）	1	FX_{3U} 编程软件

2）任务关键实物清单图片如图 3-1 所示。

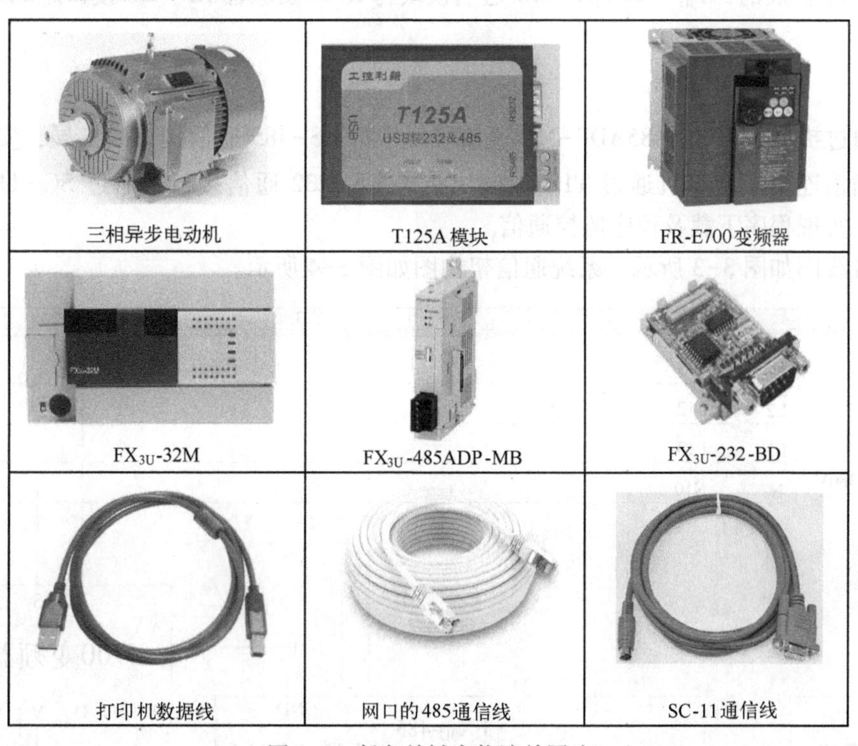

图 3-1　任务关键实物清单图片

【任务实施】

本任务通过 RS-485 通信，实现 FX_{3U} 系列 PLC 与 E700 变频器的数据交互，进而实现 PLC 对变频器的控制。具体实施步骤可分解为 5 个小任务，如图 3-2 所示。

小任务 1：连接 FX_{3U} 系列 PLC 与变频器的 RS-485 通信线路。

小任务 2：对 E700 变频器进行初始化操作，并设置 Modbus-RTU 协议通信参数。

小任务 3：根据变频器 Modbus-RTU 协议通信地址的定义，编写 PLC 的 Modbus-RTU 通信程序。

小任务 4：对 FX_{3U} 系列 PLC 与变频器进行联机调试，通过通信实现 PLC 对变频器的控制。

小任务 5：通过计算机扩展 RS-485 通信接口对 RS-485 总线通信网络进行监听，对报文进行解析。

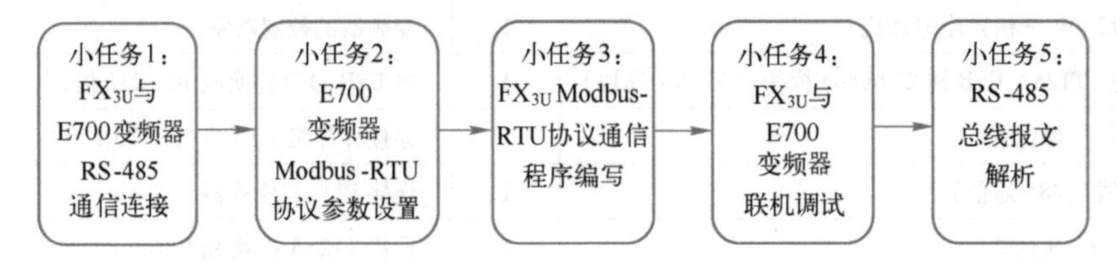

图 3-2 E700 变频器与 FX_{3U} 系列 PLC 基于 Modbus-RTU 协议通信的实施步骤

3.1.1 FX_{3U}与 E700 变频器 RS-485 通信连接

[目标]

完成 FX_{3U}扩展的 FX_{3U}-485ADP-MB 通信模块与 E700 变频器 RS-485 接口之间通信线路的连接。

[描述]

FX_{3U}通过扩展的 FX_{3U}-485ADP-MB 通信模块进行 RS-485 通信接口的扩展，实现与 E700 变频器的通信连接。计算机通过 T125A 模块扩展 RS-232 通信接口，通过 SC-11 通信线与 FX_{3U}连接，实现程序下载及程序监控通信。

系统接线图如图 3-3 所示，系统通信架构图如图 3-4 所示。

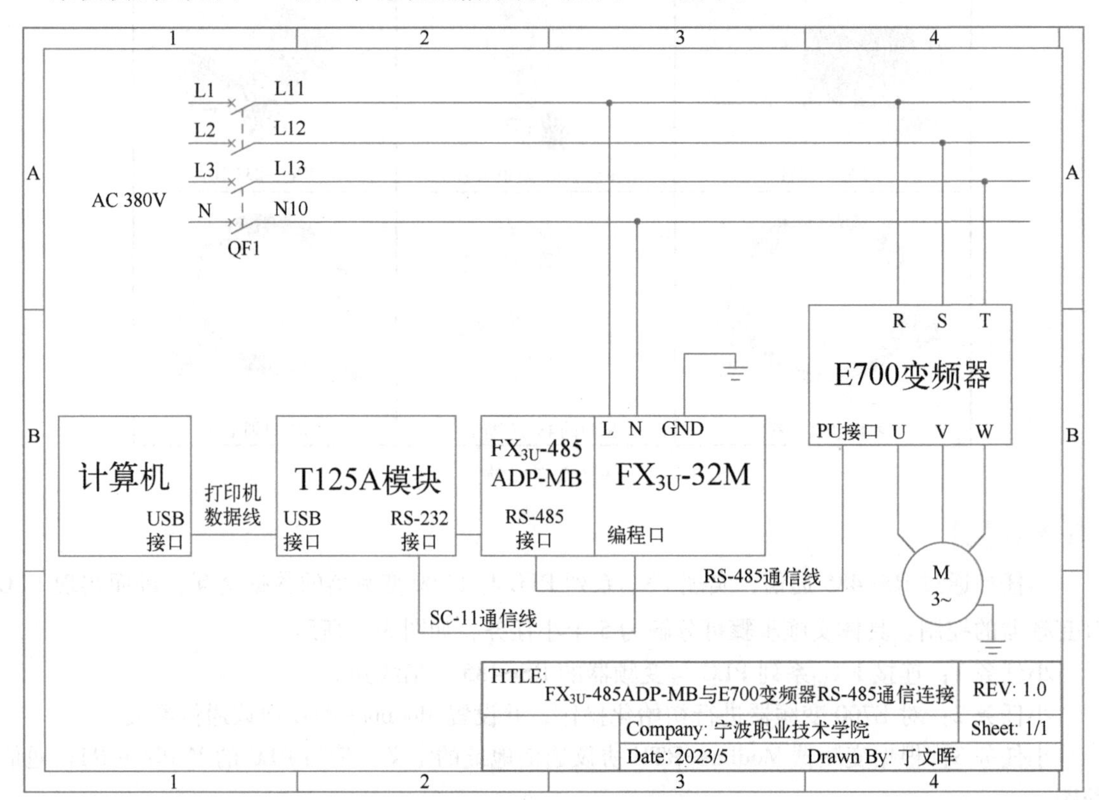

图 3-3 系统接线图

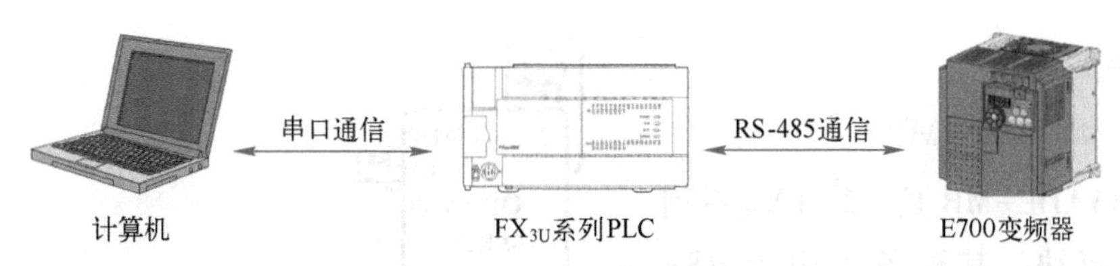

图 3-4 系统通信架构图

[实施]

FX_{3U}-485ADP-MB 与 E700 变频器 RS-485 通信连接的操作步骤见表 3-2。

表 3-2 FX_{3U}-485ADP-MB 与 E700 变频器 RS-485 通信连接的操作步骤

操作步骤	操作说明	示意图
1)	根据图 3-3 进行线路的连接。断路器输出接入 E700 变频器主电路电源输入端，E700 变频器输出接至三相异步电动机。 通过网线将变频器的 PU 口与 FX_{3U} 系列 PLC 所扩展的 FX_{3U}-485ADP-MB 通信模块相连接，从而实现通信线路的连接	
2)	将网线水晶头接入变频器 PU 口。右侧图的①~⑧为网线线序。 注意： 由于通信线路距离较短，所以可以忽略终端电阻的问题	变频器本体 （插座侧） 从正面看 顺序为①~⑧
3)	将 PLC 编程线通过 T125A 模块与计算机相连接。 PLC 通电后，将 FX_{3U} 左下角的拨码开关从上往下拨动至“STOP”，此时 FX_{3U}“RUN”灯为熄灭状态。 注意： FX_{3U}-485ADP-MB 模块使用网线接线时，网线颜色从上至下依次为： RDA 蓝白； RDB 蓝； SDA 绿白； SDB 绿； SG 橙白、棕白	

 [相关知识]

1. FX_{3U}-485ADP-MB

FX_{3U}-485ADP-MB 是一款 FX_{3U} 系列的通信扩展模块，其配备了用于 RS-485 的欧式端子座的通信接口，能与同样是 RS-485 通信接口的设备进行数据交互；可进行 PLC 与计算机（指定为主站）之间 RS-485 串行数据通信，且具备 RS-485 设备隔离信号交换的功能；它通过专用协议或 Modbus 协议进行数据传输。图 3-5 为该通信扩展模块引脚功能排列图。

2. FX_{3U}-485ADP-MB 通信模块安装步骤

FX_{3U}-485ADP-MB 通信模块安装步骤见表 3-3。

3. FX_{3U}-485ADP-MB 通信参数说明

FX_{3U}-485ADP-MB 通信参数见表 3-4。

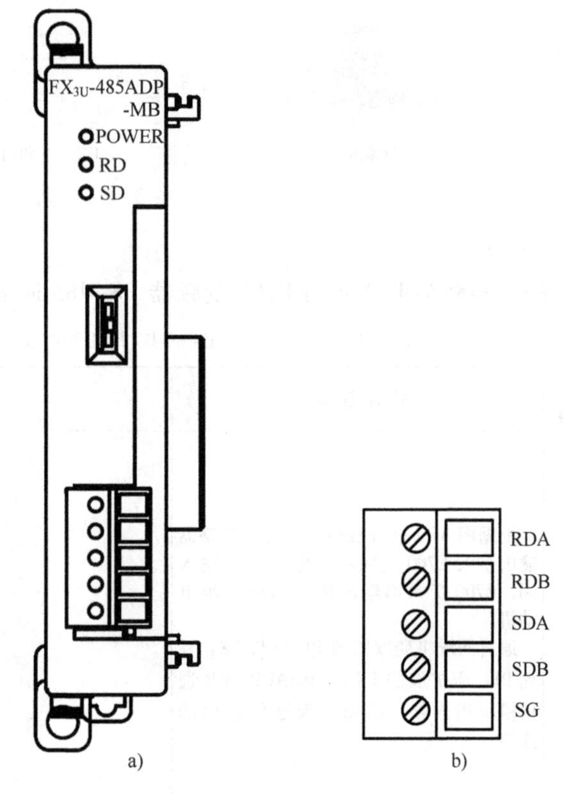

图 3-5 FX_{3U}-485ADP-MB 通信扩展模块引脚功能排列

表 3-3 FX_{3U}-485ADP-MB 通信模块安装步骤

操作步骤	操作说明	示意图
1)	① 断开连接到 PLC 主机和专用适配器的所有电缆。 ② FX_{3U} 主机需要安装主控板。 ③ 拆下在扩展板上的专用适配器接头盖（右图 A）。 ④ 滑动 FX_{3U} 主机的专用适配器滑动锁（右图 B） 注意： 务必确保在拆卸过程中不损坏 PLC 内部的电路板或电子部件	

（续）

操作步骤	操作说明	示意图
2）	① 将 FX_{3U}-485ADP-BM 通信扩展模块（C）沿着虚线方向插入 FX_{3U}主机。 ② 向下推动特殊的适配器滑动锁（B）	C B B

表 3-4 FX_{3U}-485ADP-MB 通信参数

通信参数	规格数据
传输通信接口	符合 RS-485/RS-422
最大传输距离/m	500
连接方式	欧式端子排
指示（LED）	RD，SD
通信方法	半双工
通信格式	无协议通信、计算机链路（专用协议格式 1 和 4）、并行链路和 N∶N 网络通信、Modbus（RTU，ASCII）
通信波特率/(bit/s)	300/600/1 200/2 400/4 800/9 600/19 200

4. 变频器通信线说明

变频器 PU 接口定义见表 3-5，通信时采用的网线颜色为 T568B 标准。PLC 作为主站，变频器作为从站，采用 4 线制进行通信，如图 3-6 所示。

表 3-5 变频器 PU 接口定义

名称	内容
SG	接地（与端子 5 导通）
—	参数单元电源
RDA	变频器接收+
SDB	变频器发送-
SDA	变频器发送+
RDB	变频器接收-
SG	接地（与端子 5 导通）
—	参数单元电源

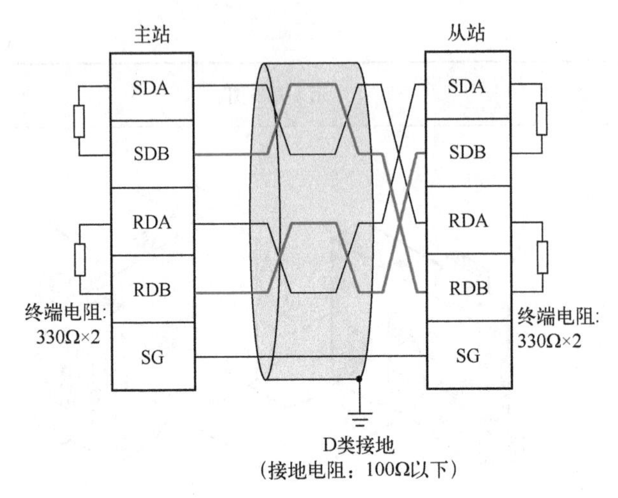

图 3-6　FX_{3U}与变频器通信接线图

3. 1. 2　E700 系列变频器 Modbus-RTU 协议参数设置（第 1 部分）

3. 1. 2　E700 系列变频器 Modbus-RTU 协议参数设置（第 2 部分）

3. 1. 2　E700 系列变频器 Modbus-RTU 协议参数设置（第 3 部分）

3. 1. 2　E700 系列变频器 Modbus-RTU 协议参数设置（第 4 部分）

3. 1. 2　E700 变频器 Modbus-RTU 协议参数设置

[目标]

完成 E700 变频器系统参数和 Modbus-RTU 协议通信参数的设置。

[描述]

根据 E700 变频器的 Modbus-RTU 协议参数设置步骤，首先设置系统参数，使变频器进入 PU 模式；其次进行相关通信参数的设置；再次设置系统参数，进入网络模式；最后将变频进行断电重启。

[实施]

1. 实施说明

实践中，在变频器通电后首先完成变频器的初始化操作（见本书电子资源中“E700 变频器初始化操作说明”文档），确保变频器在参数设置时能正常进行。

2. E700 变频器 Modbus-RTU 协议设置步骤

E700 变频器 Modbus-RTU 协议设置步骤见表 3-6。

表 3-6　E700 变频器 Modbus-RTU 协议设置步骤

操作步骤	操作说明	示意图
1)	变频器上电后，按“MODE”键，进入参数设定模式	MODE → P. 0 PU PRM
2)	通过面板旋钮，调整至 Pr. 79⊖（运行模式选择），按“SET”键进入查看数据	→ P. 79 → SET

⊖ 由于变频器面板上数码管显示的位数有限，所以统一将 Pr. 显示为 P。

（续）

操作步骤	操作说明	示意图
3)	变频器初始化后，默认数据为“0”，通过面板旋钮，将其设为“1”，按住“SET”键进行数据写入。当出现参数与设定值闪烁时，表示参数写入完成。之后按“SET”键返回上一层	0 → 1 → SET
4)	通过面板旋钮，调整至Pr. 117（通信站号），按“SET”键进入查看数据	P.117 → SET
5)	通过面板旋钮，将其设为“1”，按住“SET”键进行数据写入。当出现参数与设定值闪烁时，表示参数写入完成。之后按“SET”键返回上一层	1 → SET
6)	通过面板旋钮，调整至Pr. 118（通信速率），按“SET”键进入查看数据	P.118 → SET
7)	通过面板旋钮，将其设为“96”，按住“SET”键进行数据写入。当出现参数与设定值闪烁时，表示参数写入完成。之后按“SET”键返回上一层	96 → SET
8)	通过面板旋钮，调整至Pr. 119（通信停止位、数据位长度），按“SET”键进入查看数据	P.119 → SET
9)	通过面板旋钮，将其设为“0”，按住“SET”键进行数据写入。当出现参数与设定值闪烁时，表示参数写入完成。之后按“SET”键返回上一层	0 → SET
10)	通过面板旋钮，调整至Pr. 120（通信奇偶校验），按“SET”键进入查看数据	P.120 → SET
11)	通过面板旋钮，将其设为“2”，按住“SET”键进行数据写入。当出现参数与设定值闪烁时，表示参数写入完成。之后按“SET”键返回上一层	2 → SET
12)	通过面板旋钮，调整至Pr. 121（通信再试次数），按“SET”键进入查看数据	P.121 → SET
13)	通过面板旋钮，将其设为“9999”，按住“SET”键进行数据写入。当出现参数与设定值闪烁时，表示参数写入完成。之后按“SET”键返回上一层	9999 → SET
14)	通过面板旋钮，调整至Pr. 122（通信校验时间间隔），按“SET”键进入查看数据	P.122 → SET

（续）

操作步骤	操作说明	示意图
15）	通过面板旋钮，将其设为“9999”，按住“SET”键进行数据写入。当出现参数与设定值闪烁时，表示参数写入完成。之后按“SET”键返回上一层	9999 SET
16）	通过面板旋钮，调整至 Pr. 123（等待时间设定），按“SET”键进入查看数据	P.123 SET
17）	通过面板旋钮，将其设为“9999”，按住“SET”键进行数据写入。当出现参数与设定值闪烁时，表示参数写入完成。之后按“SET”键返回上一层	9999 SET
18）	通过面板旋钮，调整至 Pr. 124（通信有无 CR/LF 选择），按“SET”键进入查看数据	P.124 SET
19）	通过面板旋钮，将其设为“1”，按住“SET”键进行数据写入。当出现参数与设定值闪烁时，表示参数写入完成。之后按“SET”键返回上一层	1 SET
20）	通过面板旋钮，调整至 Pr. 340（电源接通时运行模式），按“SET”键进入查看数据	P.340 SET
21）	通过面板旋钮，将其设为“1”，按住“SET”键进行数据写入。当出现参数与设定值闪烁时，表示参数写入完成。之后按“SET”键返回上一层	1 SET
22）	通过面板旋钮，调整至 Pr. 549（电源接通时运行模式），按“SET”键进入查看数据	P.549 SET
23）	通过面板旋钮，将其设为“1”，按住“SET”键进行数据写入。当出现参数与设定值闪烁时，表示参数写入完成。之后按“SET”键返回上一层	1 SET
24）	通过面板旋钮，调整至 Pr. 79（运行模式选择），按“SET”键进入查看数据	P. 79 SET
25）	通过面板旋钮，将其设为“0”，按住“SET”键进行数据写入。当出现参数与设定值闪烁时，表示参数写入完成。之后按“SET”键返回上一层	0 SET
注意：完成变频器的具体参数设置后，需要对变频器断电重启		

3.1.3 FX_{3U} Modbus-RTU 协议通信程序编写

3.1.3 FX_{3U} Modbus-RTU 协议通信程序编写

[目标]

会使用 GX Works2 对 FX_{3U} 进行通信参数设置、程序编写及下载。

［描述］

使用 GX Works2 软件对 FX_{3U}进行通信参数设置、程序编程及下载，程序主要使用 ADPRW 指令实现 Modbus 的读出及写入；在 E700 变频器采用通信的方式下，进行起停控制、速度控制及状态读取。

［实施］

1. 实施说明

实践时，首先对 PLC 进行初始化操作（见本书电子资源的“FX_{3U}系列 PLC 初始化操作说明”文档），通过初始化操作确保后续的工作顺利进行。初始化后，完成计算机与 FX_{3U}之间的通信线路连接。当完成程序写入后，需要将 FX_{3U}左下角的拨码开关从下往上拨动至“RUN”，使 PLC 处于执行状态。

2. FX_{3U}通信程序编写步骤

FX_{3U}通信程序编写操作步骤见表 3-7。

表 3-7　FX_{3U}通信程序编写操作步骤

操作步骤	操作说明	示意图
1）进行 FX_{3U}工程的创建（详见本书的 2.1.4 小节）		
2）确认计算机与 FX_{3U}的通信端口号（详见本书的 2.1.4 小节）		
3）设置 GX Works2 软件，建立计算机与 FX_{3U}的通信（详见本书的 2.1.4 小节）		
4）在程序编辑区域，编写 PLC 程序		

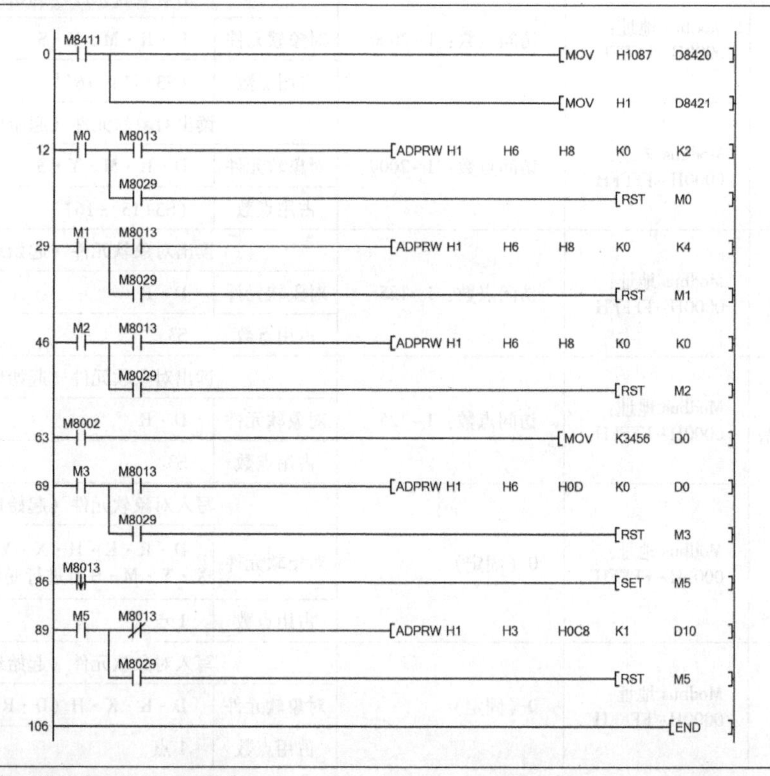

操作步骤	操作说明	示意图
5）下载 FX_{3U}程序（详见本书的 2.1.4 小节）		

[指令解读]

程序编写过程中使用的 ADPRW 指令的解读见表 3-8。

表 3-8 ADPRW 指令的解读

指令名称：Modbus 读出/写入	指令助记符：ADPRW

指令说明：

该指令通过安装在 CPU 主机的 RS-485 的串行口，实现 PLC 收发数据通信。该指令用于和 Modbus 主站所对应从站进行通信（数据的读出/写入）

指令图解：

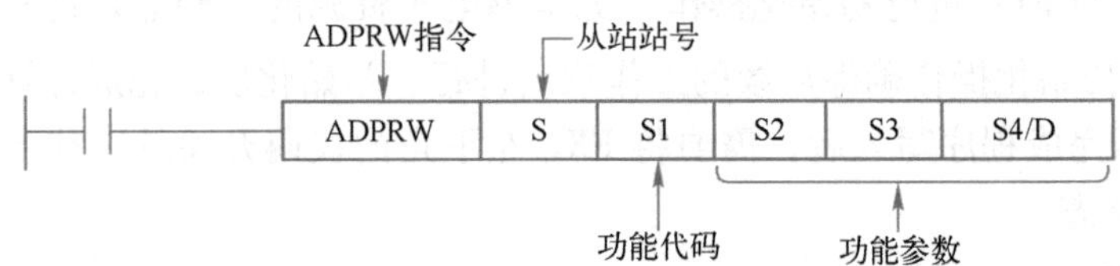

操作数	内容	范围	数据类型
(S)	本站、从站站号	0~32	BIN16 位
(S1)	功能代码	详见“各功能代码所需的功能参数”	BIN16 位
(S2)	与功能代码对应的功能参数	详见“各功能代码所需的功能参数”	BIN16 位
(S3)	与功能代码对应的功能参数	详见“各功能代码所需的功能参数”	BIN16 位
(S4/D)	与功能代码对应的功能参数	详见“各功能代码所需的功能参数”	位/BIN16 位

各功能代码所需的功能参数：

<table>
<tr><th>S1</th><th>S2</th><th>S3</th><th colspan="2">S4/D</th></tr>
<tr><td rowspan="3">1H
线圈读出</td><td rowspan="3">Modbus 地址：
0000H~FFFFH</td><td rowspan="3">访问点数：1~2000</td><td colspan="2">读出对象软元件（起始地址）</td></tr>
<tr><td>对象软元件</td><td>D·R·M·Y·S</td></tr>
<tr><td>占用点数</td><td>(S3+15)÷16*1</td></tr>
<tr><td rowspan="3">2H
输入读出</td><td rowspan="3">Modbus 地址：
0000H~FFFFH</td><td rowspan="3">访问点数：1~2000</td><td colspan="2">读出对象软元件（起始地址）</td></tr>
<tr><td>对象软元件</td><td>D·R·M·Y·S</td></tr>
<tr><td>占用点数</td><td>(S3+15)÷16*1</td></tr>
<tr><td rowspan="3">3H
保持寄存器读出</td><td rowspan="3">Modbus 地址：
0000H~FFFFH</td><td rowspan="3">访问点数：1~125</td><td colspan="2">读出对象软元件（起始地址）</td></tr>
<tr><td>对象软元件</td><td>D·R</td></tr>
<tr><td>占用点数</td><td>S3</td></tr>
<tr><td rowspan="3">4H
输入寄存器读出</td><td rowspan="3">Modbus 地址：
0000H~FFFFH</td><td rowspan="3">访问点数：1~125</td><td colspan="2">读出对象软元件（起始地址）</td></tr>
<tr><td>对象软元件</td><td>D·R</td></tr>
<tr><td>占用点数</td><td>S3</td></tr>
<tr><td rowspan="3">5H
1 线圈写入</td><td rowspan="3">Modbus 地址：
0000H~FFFFH</td><td rowspan="3">0（固定）</td><td colspan="2">写入对象软元件（起始地址）</td></tr>
<tr><td>对象软元件</td><td>D·R·K·H·X·Y·M·S（D·R·X·Y·M·S 可进行变址修饰）</td></tr>
<tr><td>占用点数</td><td>1 点</td></tr>
<tr><td rowspan="3">6H
1 寄存器写入</td><td rowspan="3">Modbus 地址：
0000H~FFFFH</td><td rowspan="3">0（固定）</td><td colspan="2">写入对象软元件（起始地址）</td></tr>
<tr><td>对象软元件</td><td>D·R·K·H（D·R 可进行变址修饰）</td></tr>
<tr><td>占用点数</td><td>1 点</td></tr>
</table>

[程序解读]

根据程序相关功能，对程序内容进行分段解读，见表3-9。

表3-9　程序分段解读

程序段1：

```
   M8411
0 ─┤ ├──┬──────────────────────[MOV   H1087   D8420 ]
        │
        └──────────────────────[MOV   H1      D8421 ]
```

程序注释：

M8411：设定Modbus通信参数的标志位，是Modbus通信设定时专用的特殊辅助继电器。

D8420：通道2，通信格式设定。具体见下表：

位	名　称	内　容	
		0（OFF）	1（ON）
b0	数据长度	7位	8位
b1 b2	奇偶性	b2，b1 (0,0)：无 (0,1)：奇数 (1,1)：偶数	
b3	停止位	1位	2位
b4 b5 b6 b7	波特率 (bit/s)	b7，b6，b5，b4 (0,0,1,1)：300 (0,1,0,0)：600 (0,1,0,1)：1200 (0,1,1,0)：2400 (0,1,1,1)：4800 (1,0,0,0)：9600	b7，b6，b5，b4 (1,0,0,1)：19 200 (1,0,1,0)：38 400 (1,0,1,1)：57 600 (1,1,0,0)：不可以使用 (1,1,0,1)：115 200
b8～b11	不可以使用	—	—
b12	H/W类型	RS-232C	RS-485
b13～b15	不可以使用	—	—

D8421：通道2，协议模式设定。具体见下表：

位	名　称	内　容	
		0（OFF）	1（ON）
b0	选择协议	其他通信协议	Modbus协议
b1～b3	不可以使用		
b4	主站/从站设定	Modbus主站	Modbus从站
b5～b7	不可以使用		
b8	RTU/ASCII模式设定	RTU	ASCII
b9～b15	不可以使用		

程序说明：

在程序第0步，编写M8411表示开启Modbus-RTU通信模式，并进行相关通信参数设定。

PLC开始运行瞬间，将通信通道2的串行通信格式设定为十六进制数据“1087”并传输至D8420中，将通信通道2的协议模式设定为十六进制数据“1”并传输至D8421中

（续）

程序段 2：

```
12  M0    M8013
   ─┤├──┬─┤├──────────────[ADPRW H1   H6   H8   K0   K2 ]
        │ M8029
        └─┤├──────────────────────────────[RST   M0 ]
29  M1    M8013
   ─┤├──┬─┤├──────────────[ADPRW H1   H6   H8   K0   K4 ]
        │ M8029
        └─┤├──────────────────────────────[RST   M1 ]
46  M2    M8013
   ─┤├──┬─┤├──────────────[ADPRW H1   H6   H8   K0   K0 ]
        │ M8029
        └─┤├──────────────────────────────[RST   M2 ]
```

程序注释：

M8013：特殊辅助继电器，1 s 周期的闪烁触点（ON：0.5 s，OFF：0.5 s）。

M0：普通辅助继电器，用于触发 PLC 执行变频器正转命令。

M1：普通辅助继电器，用于触发 PLC 执行变频器反转命令。

M2：普通辅助继电器，用于触发 PLC 执行变频器停止命令。

M8029：特殊辅助继电器，指令执行结束信号。

程序说明：

当 M8013 由 OFF 变为 ON 时，置位 M0，通信程序对变频器（从站 1）进行单个写入（功能码 06H），从站 Modbus 地址为 0008H，写入数据点数固定为 0，将数据 K2（正转运行）进行写入。当通信程序执行结束后，M8029 被置为 ON，对 M0 进行复位，自动结束该程序段的运行。

当 M8013 由 OFF 变为 ON 时，置位 M1，通信程序对变频器（从站 1）进行单个写入（功能码 06H），从站 Modbus 地址为 0008H，写入数据点数固定为 0，将数据 K4（反转运行）进行写入。当通信程序执行结束后，M8029 被置为 ON，对 M1 进行复位，自动结束该程序段的运行。

当 M8013 由 OFF 变为 ON 时，置位 M2，通信程序对变频器（从站 1）进行单个写入（功能码 06H），从站 Modbus 地址为 0008H，写入数据点数固定为 0，将数据 K0（停止运行）进行写入。当通信程序执行结束后，M8029 被置为 ON，对 M2 进行复位，自动结束该程序段的运行

程序段 3：

```
63  M8002
   ─┤├────────────────────────────────[MOV   K3456   D0 ]
69  M3    M8013
   ─┤├──┬─┤├──────────────[ADPRW H1   H6   H0D   K0   D0 ]
        │ M8029
        └─┤├──────────────────────────────[RST   M3 ]
```

程序注释：

M8002：特殊辅助继电器，初始化脉冲（PLC 从 OFF 状态变为 ON 状态，接通一个扫描周期）。

M8013：特殊辅助继电器，1 s 周期的闪烁触点（ON：0.5 s，OFF：0.5 s）。

D0：普通数据寄存器，用于存储变频器的运行速度。

M3：普通辅助继电器，用于触发 PLC 执行变频器速度写入。

M8029：特殊辅助继电器，指令执行结束信号。

程序说明：

PLC 从 OFF 状态变为 ON 状态时，将数据 3456 传送至数据寄存器 D0 中。

当 M8013 由 OFF 变为 ON 时，置位 M3，通信程序对变频器（从站 1）进行单个写入（功能码 06H），从站 Modbus 地址为 000DH，写入数据点数固定为 0，将数据寄存器中的 D0（运行速度值）进行写入。当通信程序执行结束后，M8029 被置为 ON，对 M3 进行复位，自动结束该程序段的运行

程序段 4：

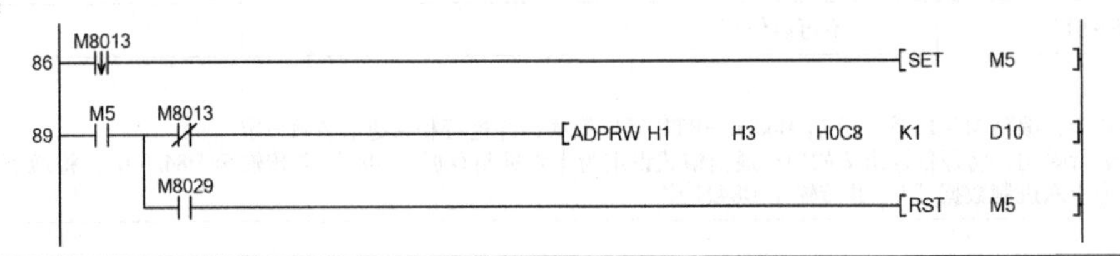

（续）

程序说明： M8013：特殊辅助继电器，1s周期的闪烁触点（ON：0.5s，OFF：0.5s）。 M5：普通辅助继电器，用于触发PLC执行变频器实时速度读取。 D10：普通数据寄存器，用于存储PLC从变频器中读取的实时运行速度。 M8029：特殊辅助继电器，指令执行结束信号。 程序说明： 当M8013由ON变为OFF时，程序自动置位M5，通信程序对变频器（从站1）进行读取（功能码03H），从站Modbus地址为00C8H，读取数据点数长度为1，将读取的数据存放至数据寄存器D10（实时运行速度）。当通信程序执行结束后，M8029被置为ON，对M5进行复位，自动结束该程序段的运行

3.1.4　FX_{3U}与E700变频器联机调试

3.1.4　FX_{3U}与变频器联机调试（起动及正转运行）

［目标］

通过GX Works2编程软件的监视模式，完成对E700变频器的正反转控制、调速控制及实时频率监控。

3.1.4　FX_{3U}与变频器联机调试（调试测试及停止）

［描述］

在完成FX_{3U}程序的下载后，通过GX Works2的监视模式对程序中的辅助继电器进行设置，实现变频器控制电动机正反转、调速运行；同时通过“软元件/缓冲存储器批量监视”列表对FX_{3U}的寄存器进行写入与监控，通过改变变频器运行频率实现电动机调速，并对变频器实时频率进行监控。

［实施］

1. 实施说明

实践中，需要确保计算机和FX_{3U}通信线路连接正常，以及在完成PLC程序下载后，GX Works2软件处于联机状态。

2. FX_{3U}与变频器联机调试操作步骤

FX_{3U}与变频器联机调试操作步骤见表3-10。

表3-10　FX_{3U}与变频器联机调试操作步骤

操作步骤	操作说明	示意图
（1）GX Works2进入监视模式		
	在GX Works2软件的菜单栏中单击“在线”→“监视”→“监视模式”命令，使软件处于监视模式	

（续）

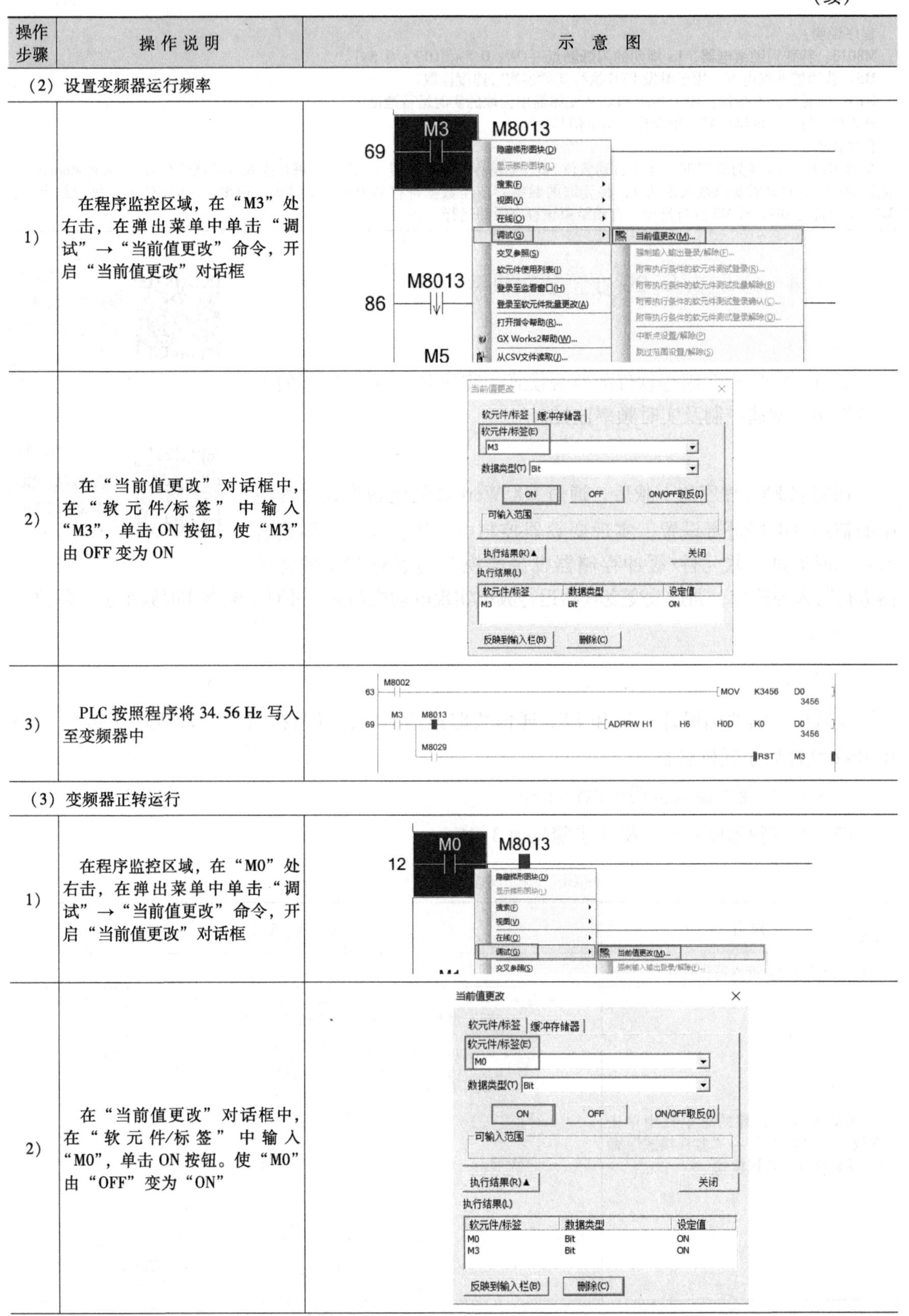

操作步骤	操 作 说 明	示 意 图
（2）设置变频器运行频率		
1）	在程序监控区域，在“M3”处右击，在弹出菜单中单击“调试”→“当前值更改”命令，开启“当前值更改”对话框	
2）	在“当前值更改”对话框中，在“软元件/标签”中输入“M3”，单击 ON 按钮，使“M3”由 OFF 变为 ON	
3）	PLC 按照程序将 34.56 Hz 写入至变频器中	
（3）变频器正转运行		
1）	在程序监控区域，在“M0”处右击，在弹出菜单中单击“调试”→“当前值更改”命令，开启“当前值更改”对话框	
2）	在“当前值更改”对话框中，在“软元件/标签”中输入“M0”，单击 ON 按钮。使“M0”由“OFF”变为“ON”	

（续）

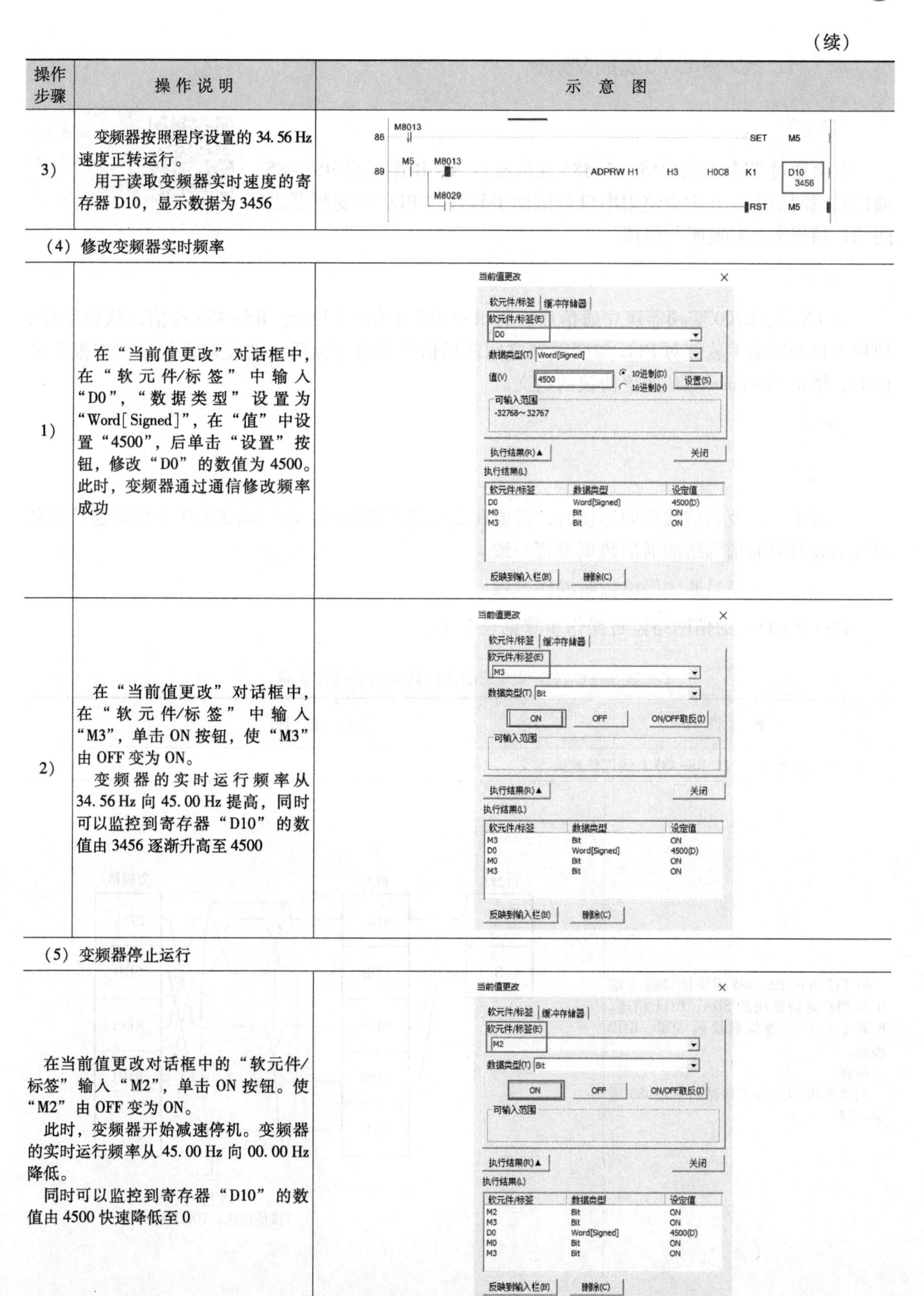

操作步骤	操 作 说 明	示 意 图
3）	变频器按照程序设置的 34.56 Hz 速度正转运行。 用于读取变频器实时速度的寄存器 D10，显示数据为 3456	
（4）修改变频器实时频率		
1）	在“当前值更改”对话框中，在“软元件/标签”中输入“D0”，“数据类型”设置为“Word[Signed]”，在“值”中设置“4500”，后单击“设置”按钮，修改“D0”的数值为 4500。此时，变频器通过通信修改频率成功	
2）	在“当前值更改”对话框中，在“软元件/标签”中输入“M3”，单击 ON 按钮，使“M3”由 OFF 变为 ON。 变频器的实时运行频率从 34.56 Hz 向 45.00 Hz 提高，同时可以监控到寄存器“D10”的数值由 3456 逐渐升高至 4500	
（5）变频器停止运行		
在当前值更改对话框中的“软元件/标签”输入“M2”，单击 ON 按钮。使“M2”由 OFF 变为 ON。 此时，变频器开始减速停机。变频器的实时运行频率从 45.00 Hz 向 00.00 Hz 降低。 同时可以监控到寄存器“D10”的数值由 4500 快速降低至 0		

3.1.5 RS-485 总线报文解析

[目标]

学会通过 T125A 模块将 RS-485 通信接口 A、B 连接至 RS-485 通信总线网络中，并学会使用串口调试助手软件对 PLC 与变频器之间的通信报文进行监听与解读。

[描述]

在 FX_{3U}与 E700 变频器建立通信后，将 RS-485 通信接口接至 RS-485 通信总线网络中，使用串口调试助手软件对 PLC 与变频器之间的通信报文进行监听。通过对通信过程中报文的读取，解析 Modbus-RTU 通信协议的定义。

[实施]

1. 实施说明

实践中，涉及通信线路的连接时，需要在断电情况下进行。串口调试助手软件的通信参数设置需要与原通信网络的通信数据设置一致。

2. RS-485 总线通信网络监听操作步骤

RS-485 总线通信网络监听操作步骤见表 3-11。

表 3-11　RS-485 总线通信网络监听操作步骤

操作步骤	操作说明	示意图
(1) T125A 模块与 PLC RS-485 总线通信连接		
	将 T125A 的 RS-485 模块接口的 A 端子与 PLC 通信模块的 SDA、RDA 相连，B 端子与 PLC 通信模块的 SDB、RDB 相连。 注意： 无须连接 PLC 与变频器的 RS-485 通信线路	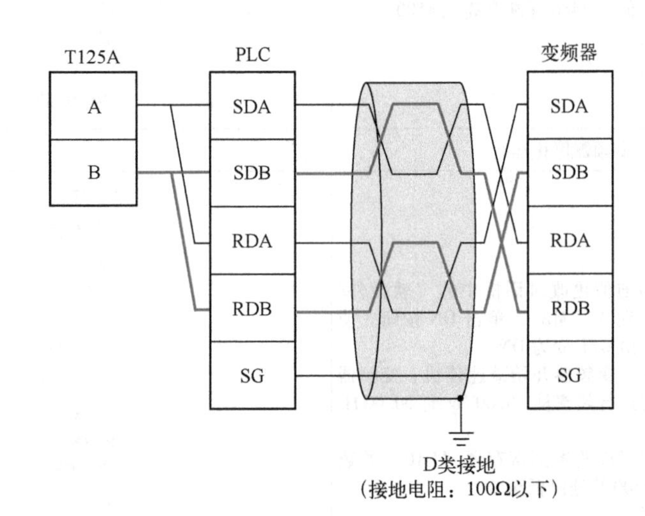

（续）

操作步骤	操作说明	示意图
（2）对PLC发出的报文进行监听		
1)	在计算机中打开“串口调试助手”软件。 在该窗口左侧上部“串口设置”中设置“串口号”为“COM2”，“波特率”为“9600”，“校验位”为“EVEN”（偶校验），“数据位”为“8”，“停止位”为“1”，“流控制”为“NONE”。 在该窗口左侧中部“接收设置”中设置为“HEX”格式（十六进制格式）	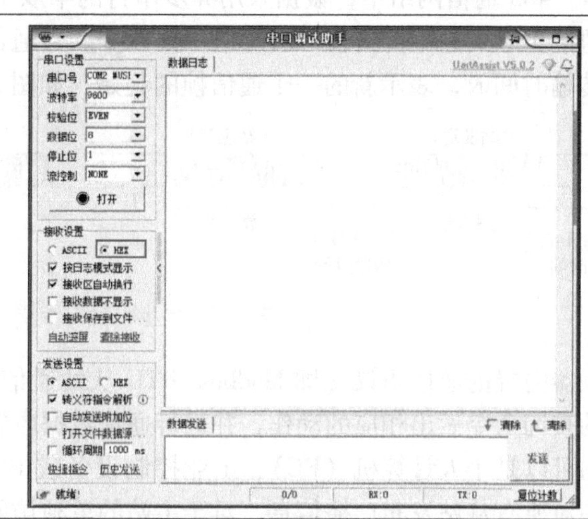
2)	单击“串口设置”中的“打开”按钮开启COM口。 当PLC正常运行时，在“数据日志”区域会自动显示PLC通信模块发出的报文信息：“01 03 00 C8 00 01 05 F4”	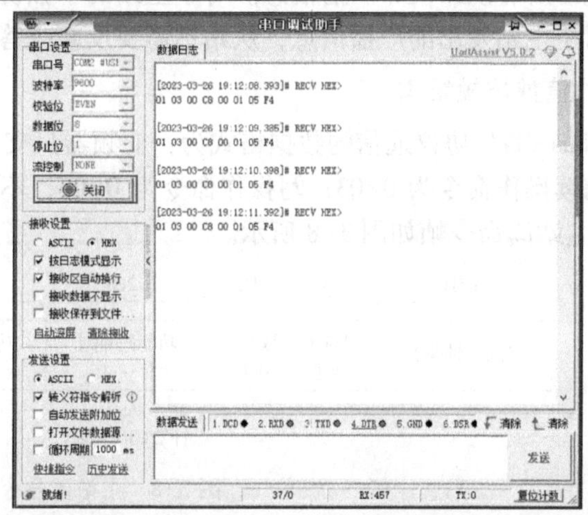
（3）对PLC与变频器相互通信的报文进行监听		
	连接PLC与变频器的RS-485通信线路。 当PLC与变频器正常通信时，在“数据日志”区域会自动显示PLC与变频器通信时发出的报文信息：“01 03 00 C8 00 01 05 F4 01 03 02 00 00 B8 44”	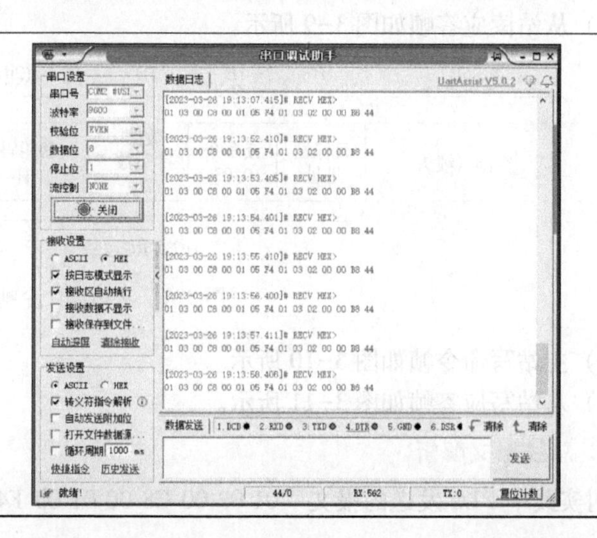

1. 通信传输方式

在 RS-485 通信网络中，数据采用异步串行的半双工传输方式。数据以 Modbus-RTU 协议中约定的报文形式进行传输，一次发送一帧数据。当通信数据线上的空闲时间大于 3.5 B（字节）的传输时间时，表示新的一个通信帧的起始，如图 3-7 所示。

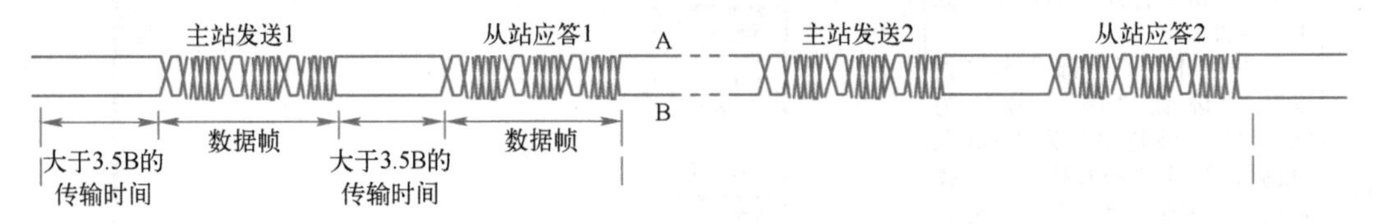

图 3-7 异步串行的半双工传输

变频器内置的通信协议（即 Modbus-RTU 从站通信协议）可响应主站的查询命令，或根据主站的查询命令做出相应的动作，并进行通信数据应答。

主站可以是个人计算机（PC）、工业控制设备或 PLC 等，主站能对某个从站单独进行通信，也能对所有从站发布广播信息。对于主站的单独访问查询命令，被访问从站要返回一个应答帧；对于主站发出的广播信息，从站不需要反馈应答给主站。

2. 通信数据帧结构

Modbus-RTU 协议通信的数据格式为：变频器只支持 Word 型（16 bit）参数的读或写，对应的通信读操作命令为 0×03；写操作命令为 0×06，不支持字节或位的读写操作。

1）主站读命令帧如图 3-8 所示。

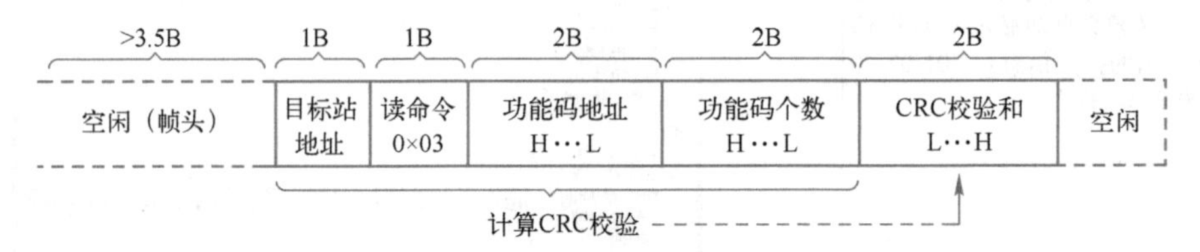

图 3-8 主站读命令帧

2）从站读应答帧如图 3-9 所示。

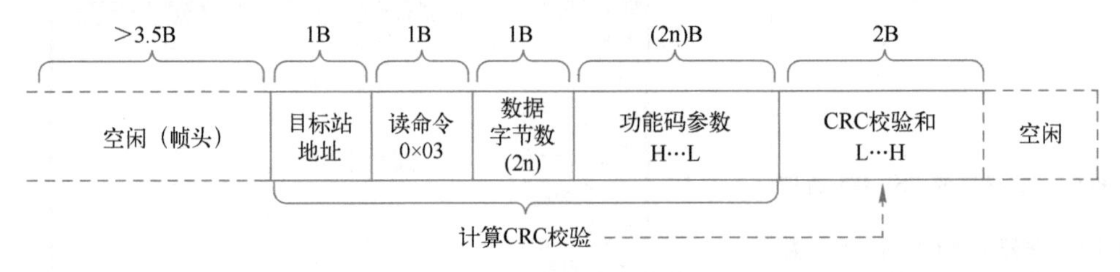

图 3-9 从站读命令帧

3）主站写命令帧如图 3-10 所示。

4）从站写应答帧如图 3-11 所示。

3. 总线报文解析

对实践中 PLC 发送的报文“01 03 00 C8 00 01 05 F4”进行解析，具体见表 3-12。

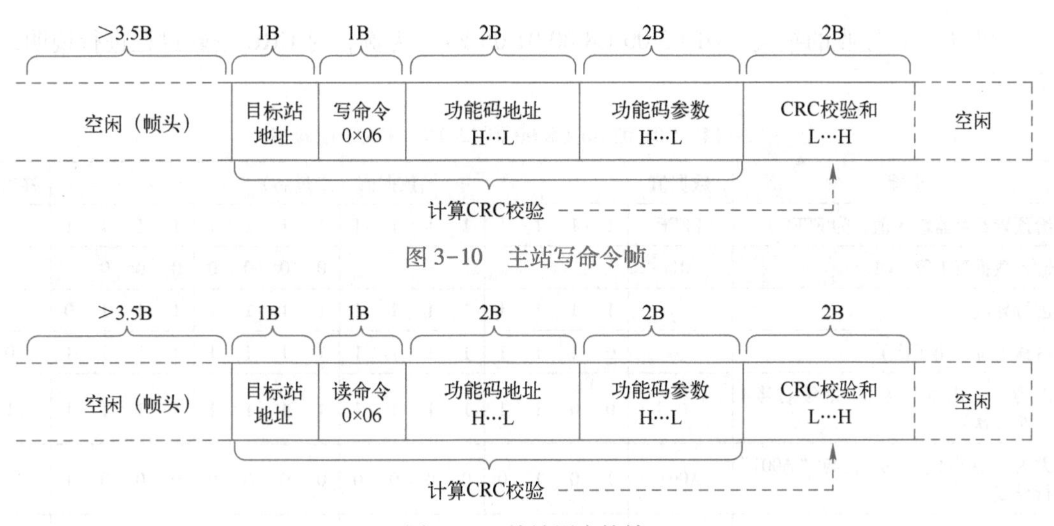

图 3-10　主站写命令帧

图 3-11　从站写应答帧

表 3-12　“01 03 00 C8 00 01 05 F4”报文解析

监听报文	01	03	00	C8	00	01	05	F4
定义	目标站地址	命令码	功能码地址		功能码个数		CRC 校验和	
详细说明	01：报文目标为1号站	03：该报文为读取	00C8：读取数据的变频器地址（该地址为变频器实时运行频率值）		0001：功能码读取的个数为1个		05F4：对报文之前所有数据的 CRC 校验和结果值	

对实践中 PLC 接收的报文“01 03 02 00 00 B8 44”进行解析，具体见表 3-13。

表 3-13　“01 03 02 00 00 B8 44”报文解析

监听报文	01	03	02	00	00	B8	44
定义	目标站地址	命令码	数据字节数	功能码参数		CRC 校验和	
详细说明	01：报文目标为1号站	03：该报文为读取	02：有2个字节的数据	0000：读取的数据内容为0（即当前变频器为0 Hz）		B844：对报文之前所有数据的 CRC 校验和结果值	

4. CRC 校验方式

CRC（循环冗余校验，Cyclical Redundancy Check）使用 RTU 帧格式，而 Modbus 消息包括了基于 CRC 方法的错误检测域（CRC 域）。CRC 域检测了整个消息的内容。CRC 域是两个字节，包含 16 位的二进制值，它由传输设备计算后加入消息中。接收设备重新计算收到消息的 CRC，并与接收到的 CRC 域中的值比较，如果两个 CRC 值不相等，则说明传输有错误。

CRC 是先存入 0xFFFF，然后调用一个过程将消息中连续的 8 位与当前寄存器中的值进行处理。仅每个字符中的 8 位数据对 CRC 有效，起始位和停止位以及奇偶校验位均无效。

CRC 域产生过程中，每个 8 位字符都单独与寄存器的内容相异或（XOR），结果向最低有效位方向移动，最高有效位以 0 填充。LSB（最低有效位）被提取出来检测，如果 LSB 为 1，则寄存器单独和预置的值相异或；如果 LSB 为 0，则不进行。整个过程要重复 8 次。在最后一位（第 8 位）完成后，下一个 8 位又单独和寄存器的当前值相异或。最终寄存器中的值，是消息中所有的字节都执行之后的 CRC 值。CRC 添加到消息中时，低字节先加入，然后加入高字节。

这里以 PLC 接收的报文“01 03 00 C8 00 01 05 F4”为例，对 CRC 校验过程进行说明，见表 3-14。

表 3-14 “01 03 00 C8 00 01 05 F4”CRC 校验表

步骤	数据值	数据值（二进制）																移出位
给预置寄存器输入值，为 FFFFH	FFFF	1	1	1	1	1	1	1	1	1	1	1	1	1	1	1	1	
输入数据第 1 段：01	01									0	0	0	0	0	0	0	1	
进行异或		1	1	1	1	1	1	1	1	1	1	1	1	1	1	1	0	
右移 1 位（第 1 次）		0	1	1	1	1	1	1	1	1	1	1	1	1	1	1	1	0
因为“移出位”为 0，继续右移 1 位（第 2 次）		0	0	1	1	1	1	1	1	1	1	1	1	1	1	1	1	1
因为“移出位”为 1，与“A001”进行异或	A001	1	0	1	0	0	0	0	0	0	0	0	0	0	0	0	1	
异或结果		1	0	0	1	1	1	1	1	1	1	1	1	1	1	1	0	
右移 1 位（第 3 次）		0	1	0	0	1	1	1	1	1	1	1	1	1	1	1	1	0
因为“移出位”为 0，继续右移 1 位（第 4 次）		0	0	1	0	0	1	1	1	1	1	1	1	1	1	1	1	1
因为“移出位”为 1，与“A001”进行异或	A001	1	0	1	0	0	0	0	0	0	0	0	0	0	0	0	1	
异或结果		1	0	0	0	0	1	1	1	1	1	1	1	1	1	1	0	
右移 1 位（第 5 次）		0	1	0	0	0	0	1	1	1	1	1	1	1	1	1	1	0
因为“移出位”为 0，继续右移 1 位（第 6 次）		0	0	1	0	0	0	0	1	1	1	1	1	1	1	1	1	1
因为“移出位”为 1，与“A001”进行异或	A001	1	0	1	0	0	0	0	0	0	0	0	0	0	0	0	1	
异或结果		1	0	0	0	0	0	0	1	1	1	1	1	1	1	1	0	
右移 1 位（第 7 次）		0	1	0	0	0	0	0	0	1	1	1	1	1	1	1	1	0
因为“移出位”为 0，继续右移 1 位（第 8 次）		0	0	1	0	0	0	0	0	0	1	1	1	1	1	1	1	1
因为“移出位”为 1，与“A001”进行异或	A001	1	0	1	0	0	0	0	0	0	0	0	0	0	0	0	1	
异或结果		1	0	0	0	0	0	0	0	0	1	1	1	1	1	1	0	
输入数据第 2 段：03	03									0	0	0	0	0	0	1	1	
进行异或		1	0	0	0	0	0	0	0	0	1	1	1	1	1	0	1	
右移 1 位（第 1 次）		0	1	0	0	0	0	0	0	0	0	1	1	1	1	1	0	1
因为“移出位”为 1，与“A001”进行异或	A001	1	0	1	0	0	0	0	0	0	0	0	0	0	0	0	1	
异或结果		1	1	1	0	0	0	0	0	0	0	1	1	1	1	1	1	
右移 1 位（第 2 次）		0	1	1	1	0	0	0	0	0	0	0	1	1	1	1	1	1
因为“移出位”为 1，与“A001”进行异或	A001	1	0	1	0	0	0	0	0	0	0	0	0	0	0	0	1	
异或结果		1	1	0	1	0	0	0	0	0	0	0	1	1	1	1	0	
右移 1 位（第 3 次）		0	1	1	0	1	0	0	0	0	0	0	0	1	1	1	1	0

（续）

步骤	数据值	数据值（二进制）																移出位
因为“移出位”为0，继续右移1位（第4次）		0	0	1	1	0	1	0	0	0	0	0	0	0	1	1	1	1
因为“移出位”为1，与“A001”进行异或	A001	1	0	1	0	0	0	0	0	0	0	0	0	0	0	0	1	
异或结果		1	0	0	1	0	1	0	0	0	0	0	0	0	1	1	0	
右移1位（第5次）		0	1	0	0	1	0	1	0	0	0	0	0	0	0	1	1	0
右移1位（第6次）		0	0	1	0	0	1	0	1	0	0	0	0	0	0	0	1	1
因为“移出位”为1，与“A001”进行异或	A001	1	0	1	0	0	0	0	0	0	0	0	0	0	0	0	1	
异或结果		1	0	0	0	0	1	0	1	0	0	0	0	0	0	0	0	
右移1位（第7次）		0	1	0	0	0	0	1	0	1	0	0	0	0	0	0	0	0
右移1位（第8次）		0	0	1	0	0	0	0	1	0	1	0	0	0	0	0	0	0
输入数据第3段：00	00									0	0	0	0	0	0	0	0	
异或结果		0	0	1	0	0	0	0	1	0	1	0	0	0	0	0	0	
右移1位（第1次）		0	0	0	1	0	0	0	0	1	0	1	0	0	0	0	0	0
右移1位（第2次）		0	0	0	0	1	0	0	0	0	1	0	1	0	0	0	0	0
右移1位（第3次）		0	0	0	0	0	1	0	0	0	0	1	0	1	0	0	0	0
右移1位（第4次）		0	0	0	0	0	0	1	0	0	0	0	1	0	1	0	0	0
右移1位（第5次）		0	0	0	0	0	0	0	1	0	0	0	0	1	0	1	0	0
右移1位（第6次）		0	0	0	0	0	0	0	0	1	0	0	0	0	1	0	1	0
右移1位（第7次）		0	0	0	0	0	0	0	0	0	1	0	0	0	0	1	0	1
因为“移出位”为1，与“A001”进行异或	A001	1	0	1	0	0	0	0	0	0	0	0	0	0	0	0	1	
异或结果		1	0	1	0	0	0	0	0	0	1	0	0	0	0	1	1	
右移1位（第8次）		0	1	0	1	0	0	0	0	0	0	1	0	0	0	0	1	1
因为“移出位”为1，与“A001”进行异或	A001	1	0	1	0	0	0	0	0	0	0	0	0	0	0	0	1	
异或结果		1	1	1	1	0	0	0	0	0	0	1	0	0	0	0	0	
输入数据第4段：C8	C8									1	1	0	0	1	0	0	0	
异或结果		1	1	1	1	0	0	0	0	1	1	1	0	1	0	0	0	
右移1位（第1次）		0	1	1	1	1	0	0	0	0	1	1	1	0	1	0	0	0
右移1位（第2次）		0	0	1	1	1	1	0	0	0	0	1	1	1	0	1	0	0
右移1位（第3次）		0	0	0	1	1	1	1	0	0	0	0	1	1	1	0	1	0
右移1位（第4次）		0	0	0	0	1	1	1	1	0	0	0	0	1	1	1	0	1
因为“移出位”为1，与“A001”进行异或	A001	1	0	1	0	0	0	0	0	0	0	0	0	0	0	0	1	
异或结果		1	0	1	0	1	1	1	1	0	0	0	0	1	1	1	1	
右移1位（第5次）		0	1	0	1	0	1	1	1	1	0	0	0	0	1	1	1	1
因为“移出位”为1，与“A001”进行异或	A001	1	0	1	0	0	0	0	0	0	0	0	0	0	0	0	1	

（续）

步骤	数据值	数据值（二进制）																移出位
异或结果		1	1	1	1	0	1	1	1	1	0	0	0	0	1	1	0	
右移1位（第6次）		0	1	1	1	1	0	1	1	1	1	0	0	0	0	1	1	0
右移1位（第7次）		0	0	1	1	1	1	0	1	1	1	1	0	0	0	0	1	1
因为“移出位”为1，与“A001”进行异或	A001	1	0	1	0	0	0	0	0	0	0	0	0	0	0	0	1	
异或结果		1	0	0	1	1	1	0	1	1	1	1	0	0	0	0	0	
右移1位（第8次）		0	1	0	0	1	1	1	0	1	1	1	1	0	0	0	0	0
输入数据第5段：00	00									0	0	0	0	0	0	0	0	
异或结果		0	1	0	0	1	1	1	0	1	1	1	1	0	0	0	0	
右移1位（第1次）		0	0	1	0	0	1	1	1	0	1	1	1	1	0	0	0	0
右移1位（第2次）		0	0	0	1	0	0	1	1	1	0	1	1	1	1	0	0	0
右移1位（第3次）		0	0	0	0	1	0	0	1	1	1	0	1	1	1	1	0	0
右移1位（第4次）		0	0	0	0	0	1	0	0	1	1	1	0	1	1	1	1	0
右移1位（第5次）		0	0	0	0	0	0	1	0	0	1	1	1	0	1	1	1	1
因为“移出位”为1，与“A001”进行异或	A001	1	0	1	0	0	0	0	0	0	0	0	0	0	0	0	1	
异或结果		1	0	1	0	0	0	1	0	0	1	1	1	0	1	1	0	
右移1位（第6次）		0	1	0	1	0	0	0	1	0	0	1	1	1	0	1	1	0
右移1位（第7次）		0	0	1	0	1	0	0	0	1	0	0	1	1	1	0	1	1
因为“移出位”为1，与“A001”进行异或	A001	1	0	1	0	0	0	0	0	0	0	0	0	0	0	0	1	
异或结果		1	0	0	0	1	0	0	0	1	0	0	1	1	1	0	0	
右移1位（第8次）		0	1	0	0	0	1	0	0	0	1	0	0	1	1	1	0	0
输入数据第6段：01	01									0	0	0	0	0	0	0	1	
异或结果		0	1	0	0	0	1	0	0	0	1	0	0	1	1	1	1	
右移1位（第1次）		0	0	1	0	0	0	1	0	0	0	1	0	0	1	1	1	1
因为“移出位”为1，与“A001”进行异或	A001	1	0	1	0	0	0	0	0	0	0	0	0	0	0	0	1	
异或结果		1	0	0	0	0	0	1	0	0	0	1	0	0	1	1	0	
右移1位（第2次）		0	1	0	0	0	0	0	1	0	0	0	1	0	0	1	1	0
右移1位（第3次）		0	0	1	0	0	0	0	0	1	0	0	0	1	0	0	1	1
因为“移出位”为1，与“A001”进行异或	A001	1	0	1	0	0	0	0	0	0	0	0	0	0	0	0	1	
异或结果		1	0	0	0	0	0	0	0	1	0	0	0	1	0	0	0	
右移1位（第4次）		0	1	0	0	0	0	0	0	0	1	0	0	0	1	0	0	0
右移1位（第5次）		0	0	1	0	0	0	0	0	0	0	1	0	0	0	1	0	0
右移1位（第6次）		0	0	0	1	0	0	0	0	0	0	0	1	0	0	0	1	0
右移1位（第7次）		0	0	0	0	1	0	0	0	0	0	0	0	1	0	0	0	1
因为“移出位”为1，与“A001”进行异或	A001	1	0	1	0	0	0	0	0	0	0	0	0	0	0	0	1	

（续）

步骤	数据值	数据值（二进制）				移出位
异或结果		1 0 1 0	1 0 0 0	0 0 0 0	1 0 0 1	
右移1位（第8次）		0 1 0 1	0 1 0 0	0 0 0 0	0 1 0 0	1
因为“移出位”为1，与“A001”进行异或	A001	1 0 1 0	0 0 0 0	0 0 0 0	0 0 0 1	
异或结果		1 1 1 1	0 1 0 0	0 0 0 0	0 1 0 1	
CRC校验结果：高位H为F4；低位L为05		F	4	0	5	

【学习成果评价】

对任务实施过程中的学习成果进行自我总结与评分，具体评价标准见表3-15。

表3-15 学习成果评价表

任务成果		评分（1~5分）		
实践内容	任务总结与心得	学生自评	同学互评	教师评分
本任务线路设计及接线掌握情况				
变频器Modbus-RTU协议参数设置掌握情况				
FX_{3U}系列ADPRW指令功能掌握情况				
变频器联机调试掌握情况				

【素养评价】

对任务实施过程中的思想道德素养进行量化评分，具体评价标准见表3-16。

表3-16 素养评价表

评价项目	评价内容	得　分
课上表现	课堂参与程度	5□ 3□ 1□
	小组合作程度	5□ 3□ 1□
	实操完成度	5□ 3□ 1□
	任务完成质量	5□ 3□ 1□
职业精神	合作探究	5□ 3□ 1□
	严谨精细	5□ 3□ 1□
	讲求效率	5□ 3□ 1□
	独立思考	5□ 3□ 1□
	问题解决	5□ 3□ 1□
法治意识	遵纪守法	5□ 3□ 1□
	拥护法律	5□ 3□ 1□
健全人格	责任意识	5□ 3□ 1□
	抗压能力	5□ 3□ 1□
	友善待人	5□ 3□ 1□
	善于沟通	5□ 3□ 1□

（续）

评价项目	评价内容	得　分
社会意识	低碳节约	5□　3□　1□
	环境保护	5□　3□　1□
	热心公益	5□　3□　1□

【拓展与提高】

某搅拌设备使用三相异步电动机作为主要动力。由于工艺升级，要求采用变频器对其进行调速控制，实现电动机运行速度可稳定调节及速度控制准确的要求。具体要求如下：

1）系统根据不同的工艺要求，可设置一个基准运行频率，设备起动时先根据基准频率运行。

2）系统可设置一个高速运行频率、一个低速运行频率。设置时，高速运行频率需要高于基准运行频率，低速运行频率需要低于基准运行频率。

3）当自动运行时，先执行基准运行频率 1 min；之后按照每秒 0.05 Hz 的速率，将频率增加至高速运行频率，到达高速运行频率后，运行 3 min；之后按照每秒 0.02 Hz 的速率，将频率降低至低速运行频率，到达低速运行频率后，运行 3 min；然后自动停止运行流程。

任务需要提交的资料见表 3-17。

表 3-17　任务需要提交的资料

序号	文　件　名	数量	负责人
1	项目选型依据及定型清单	1	
2	电气原理图	1	
3	电气线路完工照片	1	
4	调试完成的 PLC 程序	1	

任务 3.2　FX_{5U}基于 Modbus-RTU 协议控制变频器

【任务导读】

本任务将详细介绍 FX_{5U}系列 PLC 与 E700 变频器，通过 Modbus-RTU 协议进行数据通信，实现 PLC 对三菱 E 系列变频器的起停、调速等控制。通过本任务，读者将学到 FX_{5U}系列 PLC 使用 Modbus-RTU 通信时 ADPRW 指令的使用方法，以及 Modbus-RTU 通信表格的设置方法。

【任务目标】

FX_{5U}系列 PLC 通过 RS-485 通信线路与三菱 E 系列变频器进行通信连接，通过 Modbus-RTU 协议进行数据交互，实现通信控制变频器的目标。

【任务准备】

任务准备软硬件清单见表 3-18。

任务关键实物清单图片如图 3-12 所示。

表 3-18 任务准备软硬件清单

序号	器件名称	数量	用途
1	带网口的计算机（或个人笔记本计算机）	1	编写 PLC 程序及监控数据
2	网线	1	连接计算机与 PLC
3	网线（RS-485 通信）	1	连接 PLC 与变频器
4	FR-E740 变频器	1	通过 PLC 对电动机进行变速控制
5	FX_{5U}-32M	1	接收二维码数据
6	功率为 0.12 kW 的三相异步电动机	1	变频器的实际使用对象
7	220 V 电源线	1	给 PLC 供电
8	三相四线制 380 V 电源线	1	给变频器供电
9	GX Works3（软件）	1	FX_{5U}编程软件

图 3-12 任务关键实物清单图片

【任务实施】

本任务通过 RS-485 通信连接，实现 FX_{5U}系列 PLC 与 E700 变频器数据交互，进而实现 PLC 对变频器的控制。具体实施步骤可分解为 4 个小任务，如图 3-13 所示。

小任务 1：连接 FX_{5U}系列 PLC 与变频器的 RS-485 通信线路。

小任务 2：对 E700 变频器进行初始化操作，并设置 Modbus-RTU 协议通信参数。

小任务 3：根据变频器 Modbus-RTU 协议通信地址的定义，编写 PLC 的 Modbus-RTU 通信程序。

小任务 4：对 FX_{5U}系列 PLC 与变频器进行联机调试，通过通信实现 PLC 对变频器的控制。

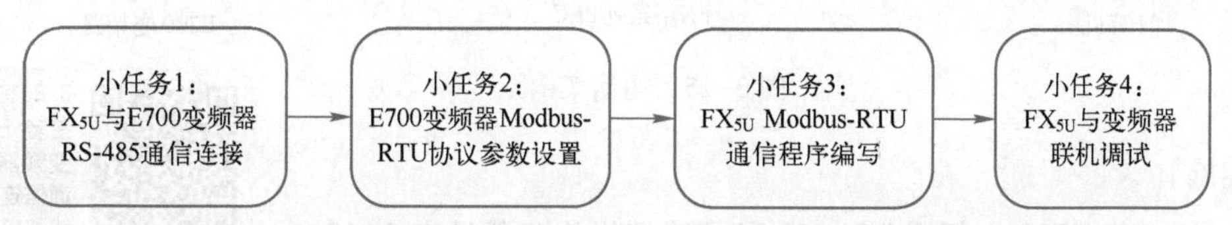

图 3-13 E700 变频器与 FX_{5U}系列 PLC 基于 Modbus-RTU 协议通信的实施步骤

3.2.1 FX_{5U}与E700变频器RS-485通信连接

[目标]

完成FX_{5U}内置RS-485通信接口与三菱E700变频器RS-485接口之间通信线路的连接。

[描述]

FX_{5U}内置RS-485通信接口实现与E700变频器通信连接。计算机通过网线连接FX_{5U}以太网通信接口，实现程序下载及程序监控通信。

系统接线图如图3-14所示，通信架构图如图3-15所示。

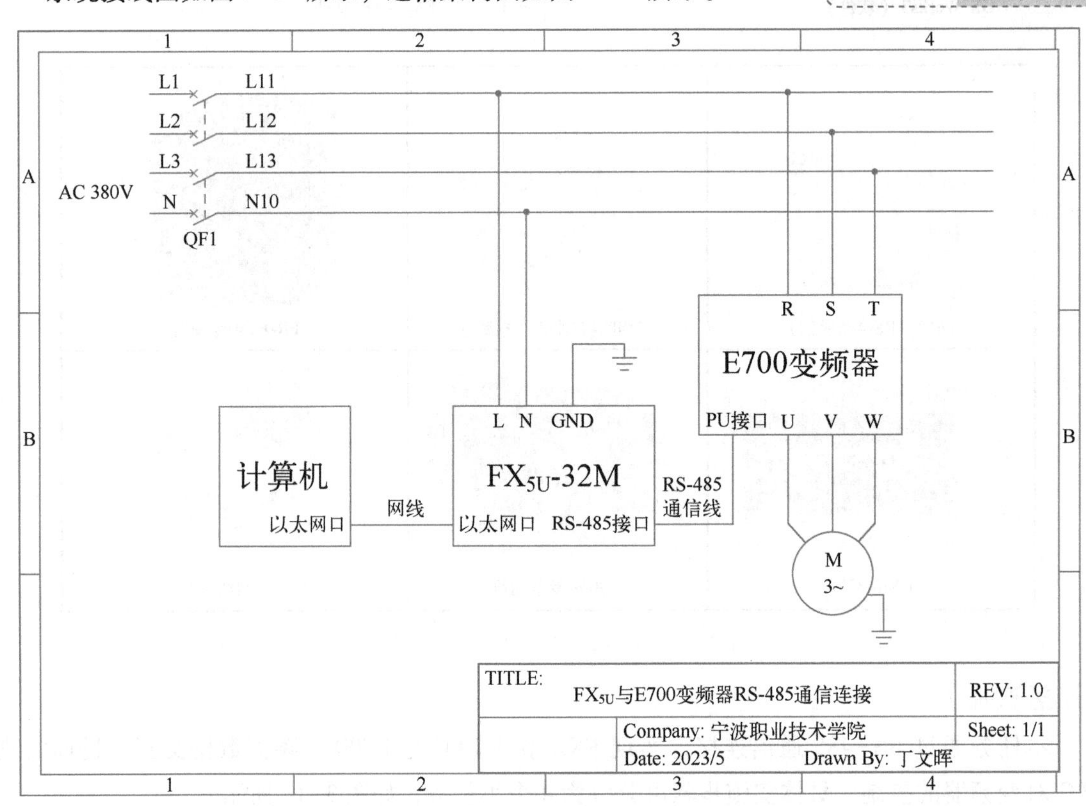

图3-14 系统接线图

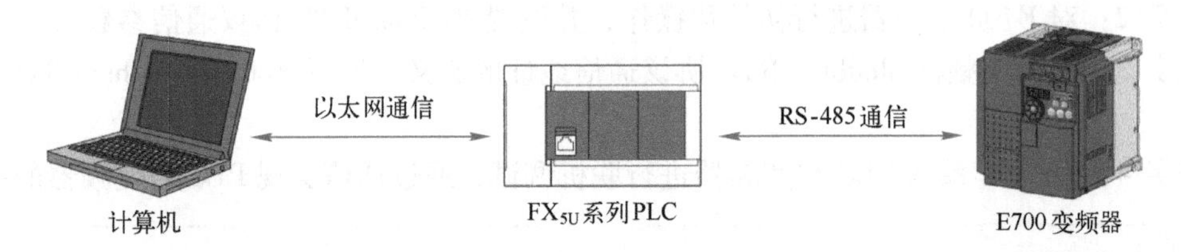

图3-15 通信架构图

[实施]

FX_{5U}与三菱E700变频器RS-485通信连接操作步骤见表3-19。

表3-19 FX_{5U}与三菱E700变频器RS-485通信连接操作步骤

操作步骤	操作说明	示意图
1)	根据图3-14进行线路的连接。断路器输出连接E700变频器主电路电源输入端，变频器输出接至三相异步电动机。 通过网线将变频器的PU口与FX_{5U}系列PLC内置的RS-485通信接口相连接，从而实现通信线路的连接	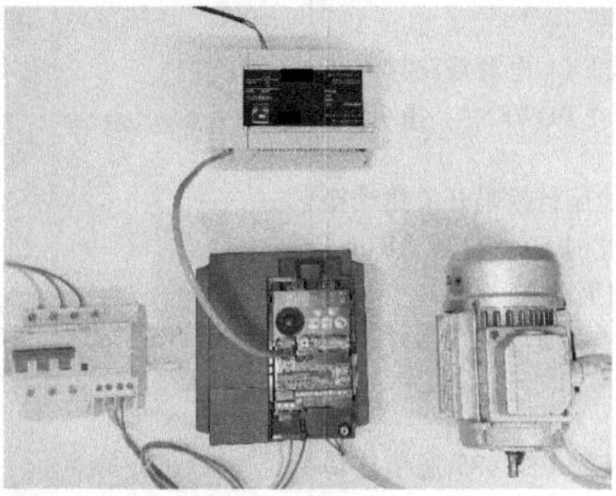
2)	应变频器PU口的接口定义。 通信时，采用T568B标准进行网线连接。 通信时，PLC作为主站，变频器作为从站，采用4线制进行通信。 注意： 由于通信线路距离较短，所以可以忽略终端电阻的问题	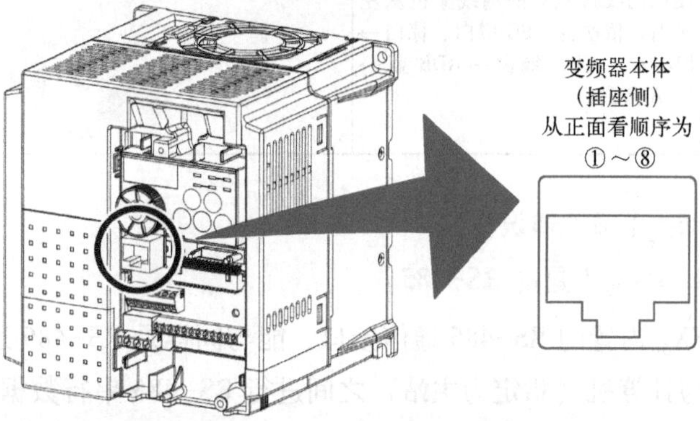

变频器本体
（插座侧）
从正面看顺序为
①～⑧

插针编号	名称	内容
①	SG	接地 （与端子5导通）
②	—	参数单元电源
③	RDA	变频器接收+
④	SDB	变频器发送-
⑤	SDA	变频器发送+
⑥	RDB	变频器接收-
⑦	SG	接地 （与端子5导通）
⑧	—	参数单元电源

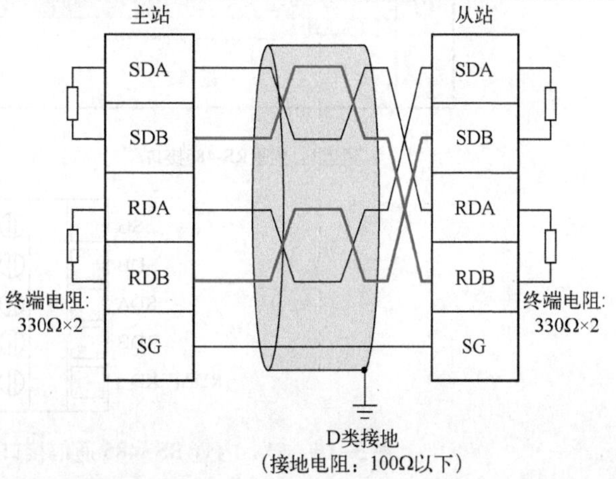

主站
SDA
SDB
RDA
RDB
SG
终端电阻：
330Ω×2

从站
SDA
SDB
RDA
RDB
SG
终端电阻：
330Ω×2

D类接地
（接地电阻：100Ω以下）

（续）

操作步骤	操作说明	示意图
3)	首先确认 FX_{5U}电源线路接线正常，确保“POWER”指示灯点亮。 将 FX_{5U}的运行拨码开关拨动至“STOP”，此时 FX_{5U}右侧“RUN”指示灯为熄灭状态。 将 FX_{5U}网口通过网线与计算机相连接。 注意： FX_{5U}内置的 RS-485 通信接口使用网线接线时的网线颜色从左至右，依次为：SG 橙白、棕白→SDB 绿→SDA 绿白→RDB 蓝→RDA 蓝白	

[相关知识]

1. FX_{5U}内置的 RS-485

FX_{5U}内置的 RS-485 通信接口，能与同样是 RS-485 通信接口的设备进行数据交互，可使 PLC 与计算机（指定为主站）之间进行 RS-485 串行数据通信，通过专用协议或 Modbus 协议进行数据传输。图 3-16 所示为 FX_{5U}内置 RS-485 通信接口针脚功能排列图。

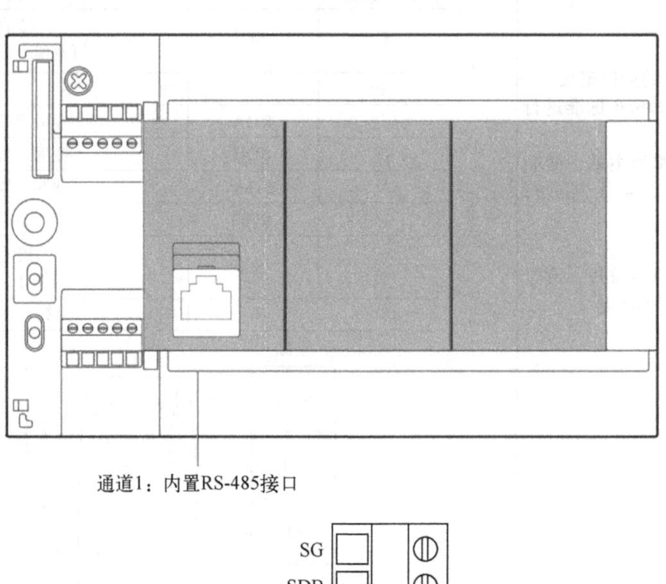

图 3-16　FX_{5U}内置 RS-485 通信接口针脚功能排列图

2. FX_{5U}内置RS-485通信接口参数说明

FX_{5U}内置RS-485通信接口参数说明见表3-20。

表3-20 FX_{5U}内置RS-485通信接口参数说明

通信参数	规格数据
传输通信接口	符合RS-485/RS-422
最大传输距离	50 m
连接方式	欧式端子排
通信方法	全双工/半双工
通信格式	MELSOFT连接、无顺序通信、MC协议（1C/3C/4C帧）、Modbus-RTU通信、通信协议支持、变频器通信、简易PLC间链接、并列链接
通信波特率	最大115.2 Kbit/s

3.2.2 E700变频器Modbus-RTU协议参数设置

[目标]

3.2.3 FX_{5U} Modbus-RTU通信程序编写

完成E700变频器系统参数和Modbus-RTU协议通信参数的设置。

[描述]

E700变频器的Modbus-RTU协议参数设置时，首先设置系统参数，使变频器进入PU模式，之后进行相关通信参数的设置。其次设置系统参数，进入网络模式，最后将变频进行断电重启。

[实施]

1. 实施说明

实践中，在变频器通电后首先完成变频器的初始化操作（见本书电子资源的“E700系列变频器初始化操作说明”文档），从而确保变频器在参数设置时能正常进行。

2. 实施步骤

E700变频器基于Modbus-RTU协议的参数设置详见本书的3.1.2小节。

3.2.3 FX_{5U} Modbus-RTU通信程序编写

[目标]

计算机使用GX Works3对FX_{5U}进行通信参数设置、程序编写及下载。

[描述]

计算机使用GX Works3软件对FX_{5U}进行通信参数设置、程序编写及下载。程序主要使用ADPRW指令实现Modbus的读出与写入；对E700变频器所采用的通信方式，进行起停控制、速度控制及状态读取。

[实施]

1. 实施说明

实践中，首先完成计算机与FX_{5U}之间通信线路的连接，并对PLC进行初始化操作（见本书电子资源的“FX_{5U}系列 PLC 初始化操作说明”文档)，通过初始化操作确保后续的实验顺利进行。

当完成程序写入后，需要将 FX_{5U}左下角的拨码开关从下往上拨动至“RUN”，使 PLC 处于执行状态。

2. 操作步骤

FX_{5U} Modbus-RTU 通信程序编写操作步骤见表 3-21。

表 3-21　FX_{5U} Modbus-RTU 通信程序编写操作步骤

操作步骤	操作说明	示意图
(1) 进行 FX_{5U}工程的创建(详见本书的 2.2.4 小节)		
(2) 确认计算机与 FX_{5U}的以太网通信(详见本书的 2.2.4 小节)		
(3) 进行 FX_{5U}内置 RS-485 通信接口参数设置		
1)	在软件左侧“导航”栏中，单击“参数”→“FX5UCPU”→“模块参数”，双击“485 串口”	
2)	在“设置项目一览”中单击“基本设置”。 在“设置项目”的“协议格式”中选择“MODBUS_RTU 通信”。 在“详细设置”中，“奇偶校验”为“偶数”；“停止位”为“1 bit”；“波特率”为“9600 bps”。 完成此处设置后，单击“应用”按钮	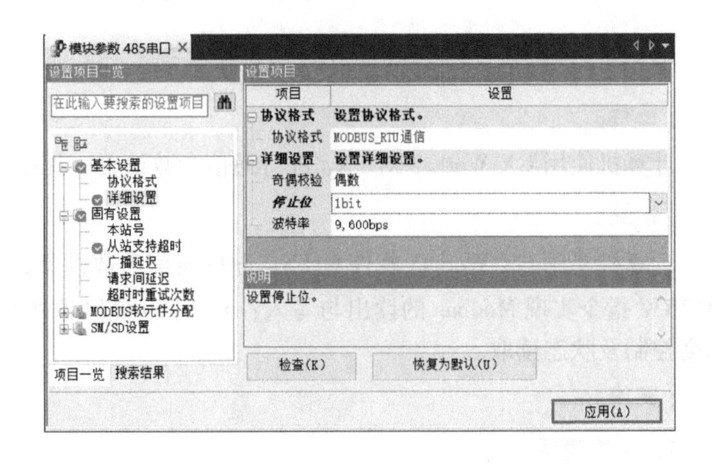

（续）

操作步骤	操 作 说 明	示 意 图
3）	在“设置项目一览”中单击“固有设置”。 在“设置项目”的“本站号”中选择“0”。 “从站支持超时”为“1000 ms”；“广播延迟”为“400 ms”；“请求间延迟”为“1 ms”；“重试次数”为“5次”。 完成此处设置后，单击“应用”按钮	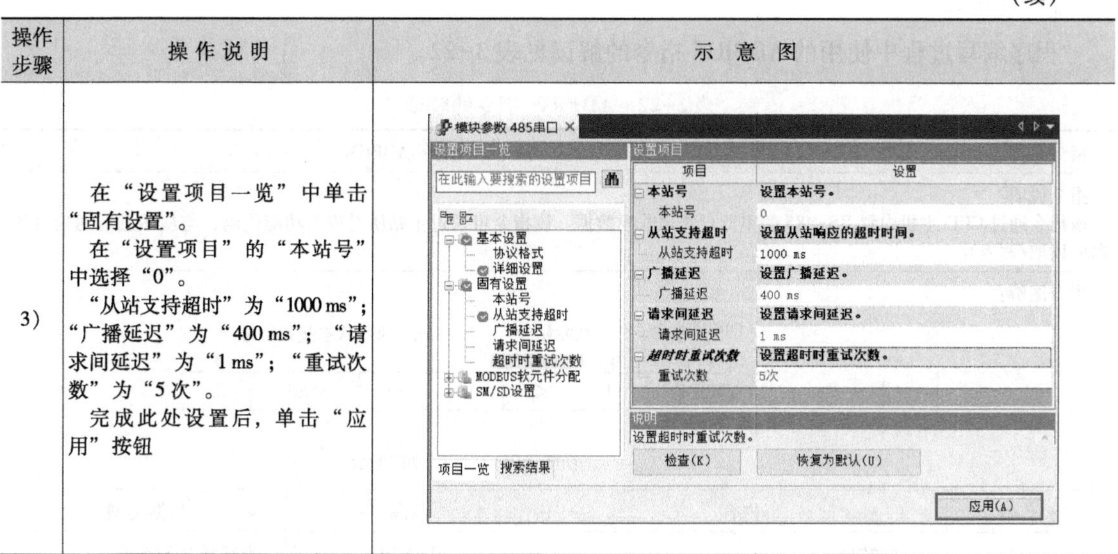

（4）在程序编辑区域，编写PLC程序

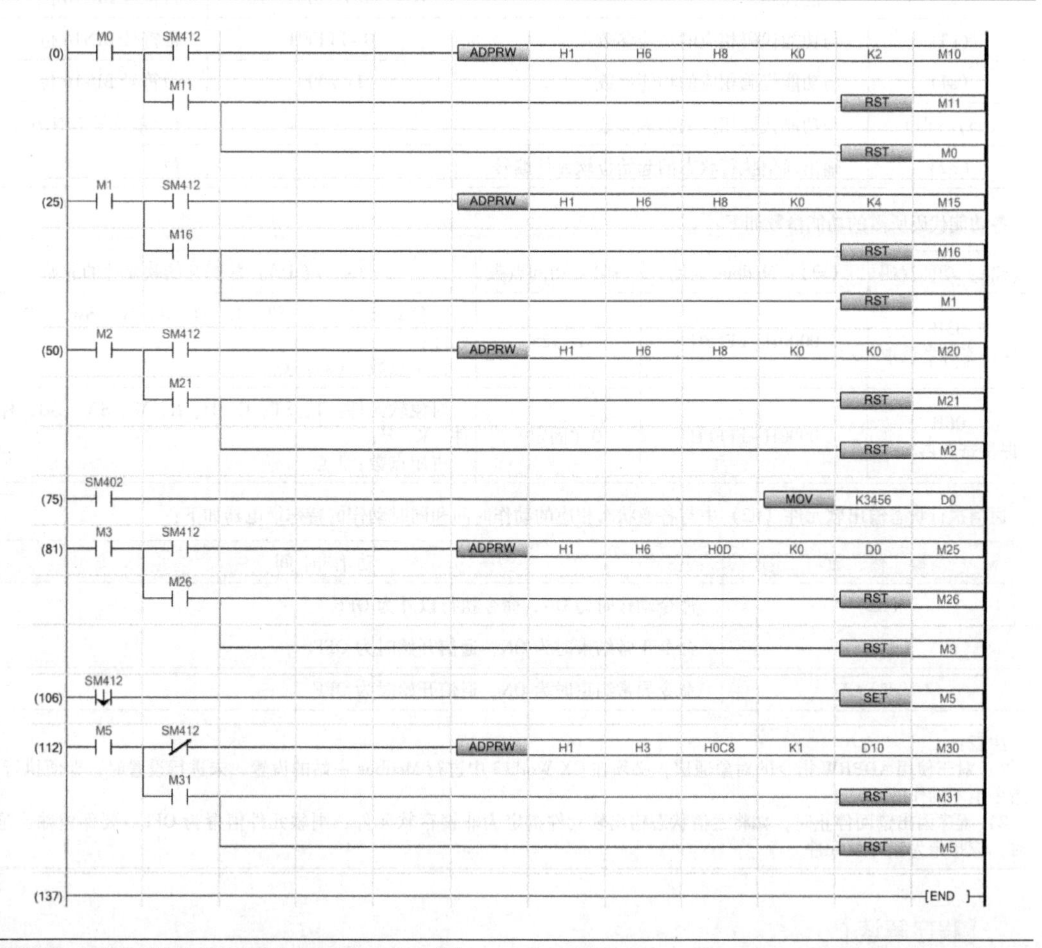

（5）进行FX_{5U}程序下载及运行（详见本书的2.2.4小节）

[指令解读]

程序编写过程中使用的 ADPRW 指令的解读见表 3-22。

表 3-22 ADPRW 指令的解读

指令名称：Modbus 读出・写入	指令助记符：ADPRW

指令说明：

该指令通过 CPU 主机内置 RS-485 的串行口实现收发数据。该指令可通过主站所对应的功能代码，与从站进行通信（数据的读取/写入）

指令图解：

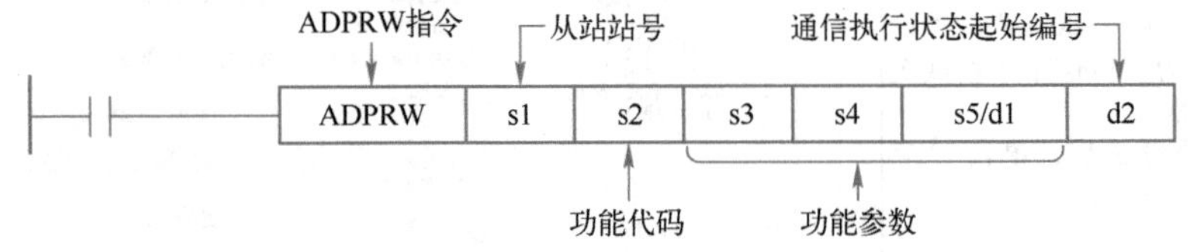

操作数	内容	范围	数据类型
(s1)	从站站号	0~F7H	带符号 BIN16 位
(s2)	功能代码	01H~06H、0FH、10H	带符号 BIN16 位
(s3)	与功能代码相应的功能参数	0~FFFFH	带符号 BIN16 位
(s4)	与功能代码相应的功能参数	1~2000	带符号 BIN16 位
(s5)/(d1)	与功能代码相应的功能参数	—	位/带符号 BIN16 位
(d2)	输出通信执行状态的起始位软元件编号	—	位

各功能代码所需的功能参数如下：

(s2)：功能代码	(s3)：Modbus 地址	(s4)：访问点数	(s5)/(d1)：数据存储软元件的起始
03H 保持寄存器读取	0000H~FFFFH	1~125	对象软元件：T、ST、C、D、R、W、SW、SD、标签软元件； 占用点数：(s4) 点
06H 保持寄存器写入	0000H~FFFFH	0（固定）	对象软元件：T、ST、C、D、R、W、SW、SD、标签软元件、K、H； 占用点数：1 点

通信执行状态输出软元件（d2）中与各通状态相应的动作时间和同时动作的特殊继电器如下：

操 作 数	动 作 时 间
(d2)	命令动作时为 ON，命令执行以外为 OFF
(d2)+1	命令正常结束时为 ON，通信开始时为 OFF
(d2)+2	命令异常结束时为 ON，通信开始时为 OFF

注意：

1）对于使用 ADPRW 指令的对象通道，必须在 GX Works3 中进行 Modbus 主站的设置，未进行设置时，即便执行 ADPRW 指令也不动作。

2）程序因出错而停止时，如将通信状态输出软元件指定为非锁存软元件，则软元件值置为 OFF。要保留输出通信状态时，应指定为锁存软元件

[程序解读]

根据程序相关功能，对程序内容进行分段解读，见表 3-23。

表 3-23 程序分段解读

程序段 1：

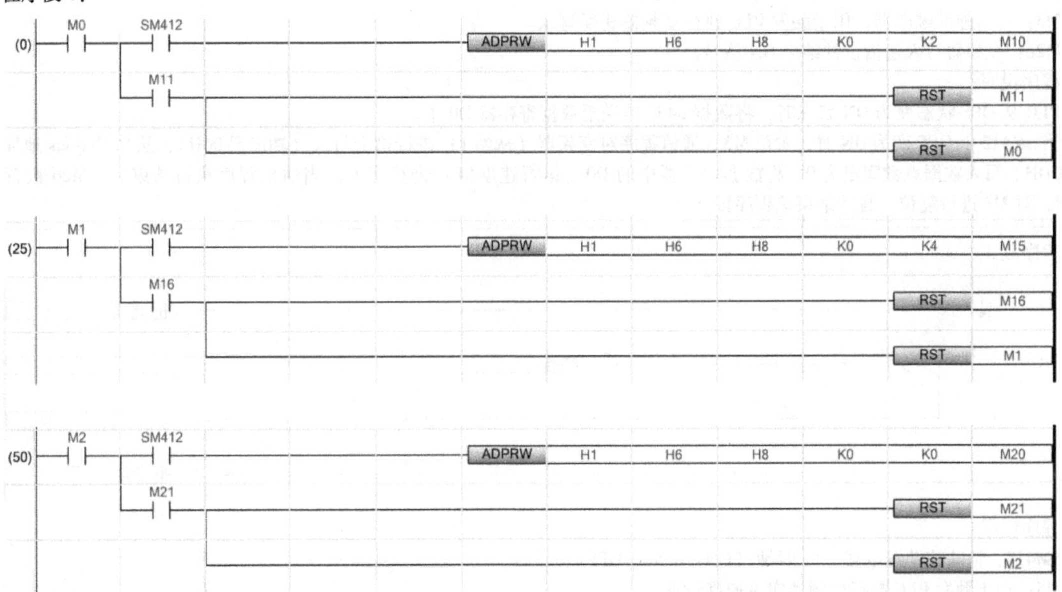

程序注释：

SM412：特殊辅助继电器，1 s 时钟（ON：0.5 s；OFF：0.5 s）。

M0：用于触发 PLC 执行变频器正转命令。

M11：变频器正转通信正常结束 ON 信号。

M1：普通辅助继电器，用于触发 PLC 执行变频器反转命令。

M16：变频器反转通信正常结束 ON 信号。

M2：普通辅助继电器，用于触发 PLC 执行变频器停止命令。

M21：变频器停止通信正常结束 ON 信号。

程序说明：

当 SM412 由 OFF 变为 ON 时，置位 M0，通信程序对变频器（从站 1）进行单个写入（功能码 06H），从站 Modbus 地址为 0008H，写入数据点数固定为 0，将数据 K2（正转运行）进行写入。当通信程序执行正常结束后，M11 被置为 ON，对 M0 进行复位，自动结束该程序段运行。

当 SM412 由 OFF 变为 ON 时，置位 M1，通信程序对变频器（从站 1）进行单个写入（功能码 06H），从站 Modbus 地址为 0008H，写入数据点数固定为 0，将数据 K4（反转运行）进行写入。当通信程序执行正常结束后，M16 被置为 ON，对 M1 进行复位，自动结束该程序段运行。

当 SM412 由 OFF 变为 ON 时，置位 M2，通信程序对变频器（从站 1）进行单个写入（功能码 06H），从站 Modbus 地址为 0008H，写入数据点数固定为 0，将数据 K0（停止运行）进行写入。当通信程序执行正常结束后，M21 被置为 ON，对 M2 进行复位，自动结束该程序段运行

程序段 2：

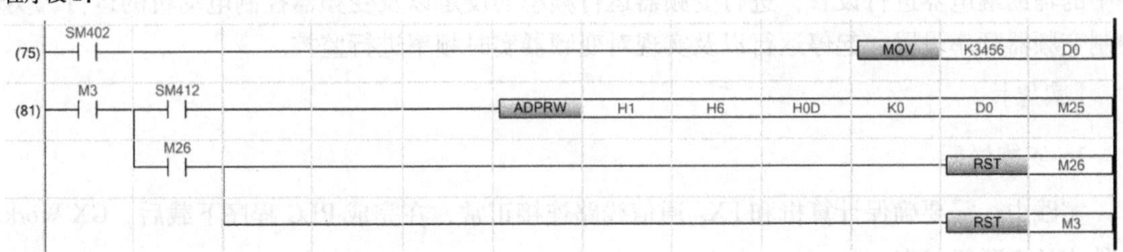

程序注释：

SM402：特殊辅助继电器，初始化脉冲（PLC 从 OFF 状态变为 ON 状态，接通一个扫描周期）。

SM412：特殊辅助继电器，1 s 时钟（ON：0.5 s；OFF：0.5 s）。

（续）

D0：普通数据寄存器，用于存储变频器运行速度。
M3：普通辅助继电器，用于触发 PLC 执行变频器速度写入。
M26：变频器写入通信正常结束 ON 信号。
程序说明：
PLC 从 OFF 状态变为 ON 状态时，将数据 3456 传送至数据寄存器 D0 中。
当 SM412 由 OFF 变为 ON 时，置位 M3，通信程序对变频器（从站 1）进行单个写入（功能码 06H），从站 Modbus 地址为 000DH，写入数据点数固定为 0，将数据寄存器中的 D0（运行速度值）进行写入。当通信程序执行结束后，M26 被置为 ON，对 M3 进行复位，自动结束该程序段运行

程序段 3：

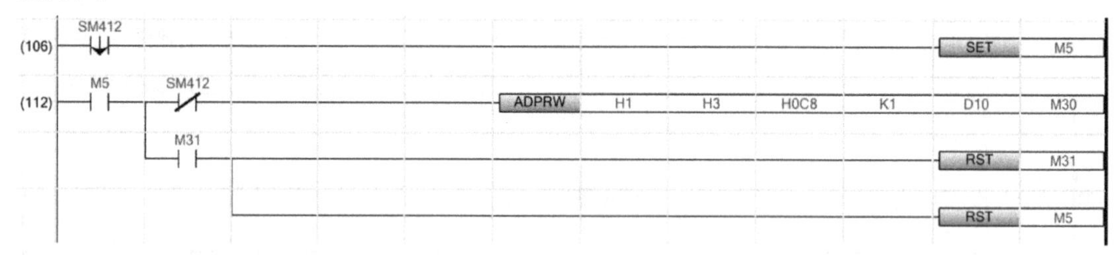

程序注释：
SM412：特殊辅助继电器，1 s 时钟（ON：0.5 s；OFF：0.5 s）。
M5：用于触发 PLC 执行变频器实时速度读取。
D10：用于存储 PLC 从变频器中读取的实时运行速度。
M31：变频器读取通信正常结束 ON 信号。
程序说明：
当 SM412 由 ON 变为 OFF 时，程序自动置位 M5，通信程序对变频器（从站 1）进行读取（功能码 03H），从站 Modbus 地址为 00C8H，读取数据点数长度为 1，将读取的数据存放至数据寄存器 D10（实时运行速度）。当通信程序执行结束后，M31 被置为 ON，对 M5 进行复位。自动结束该程序段运行

3.2.4 FX_{5U}与变频器联机调试

3.2.4 FX_{5U}与变频器联机调试 1

3.2.4 FX_{5U}与变频器联机调试 2

［目标］

通过 GX Works3 编程软件监视模式，对 E700 变频器进行正反转控制、调速控制及实时频率监控。

［描述］

在完成 FX_{5U}程序下载后，通过 GX Works3 的“监视模式”对程序中的辅助继电器进行设置，进行变频器运行频率的设定以及变频器控制电动机的运行，实现控制变频器频率设置、起停运行以及实现对变频器实时频率进行监控。

［实施］

1. 实施说明

实践中，需要确保计算机和 FX_{5U}通信线路连接正常，在完成 PLC 程序下载后，GX Works3 软件应处于联机状态。

2. 操作步骤

FX_{5U}与变频器联机调试操作步骤见表 3-24。

表 3-24 FX_{5U} 与变频器联机调试操作步骤

操作步骤	操作说明	示意图
（1）GX Works3 进入监视模式		
	在“GX Works3”软件的菜单栏中单击“在线”→“监视”→“监视模式”，使软件处于监视模式	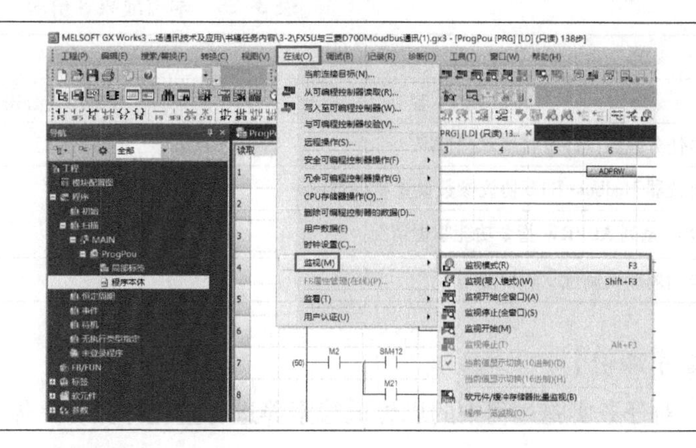
（2）设置变频器的运行频率		
	在程序中，找到辅助继电器“M3”，选中 M3 后右击，在弹出的菜单栏中单击“调试”→“当前值更改”。 此时 M3 被强制接通，PLC 数据发送程序执行，将运行频率写入变频器中。 如需要进行频率调整，修改数据寄存器 D0 中的数据，再次接通辅助继电器 M3	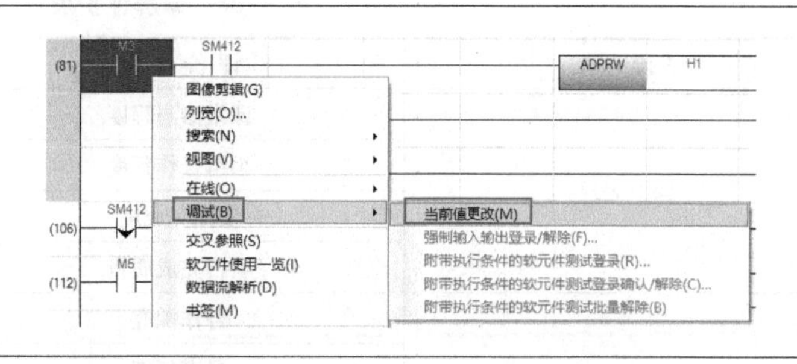
（3）进行正转运行		
1)	在程序中，找到辅助继电器“M0”，选中 M0 后右击，在弹出的菜单栏中单击“调试”→“当前值更改”。 此时 M2 被强制接通，PLC 数据发送程序执行	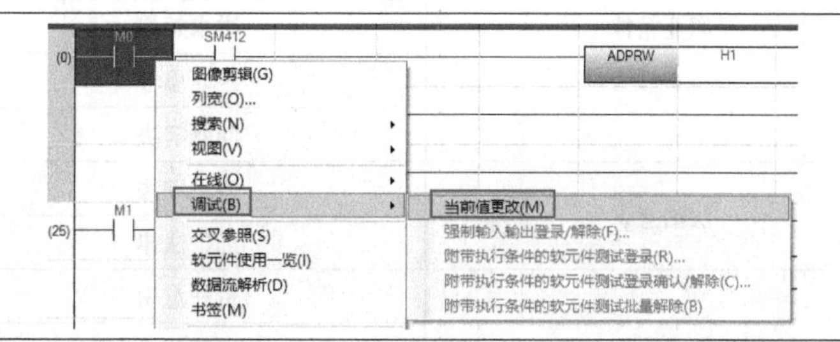
2)	此时，变频器按照程序设置的 34.56 Hz 速度正转运行。 用于读取变频器实时速度的寄存器 D10，显示数据为 3456	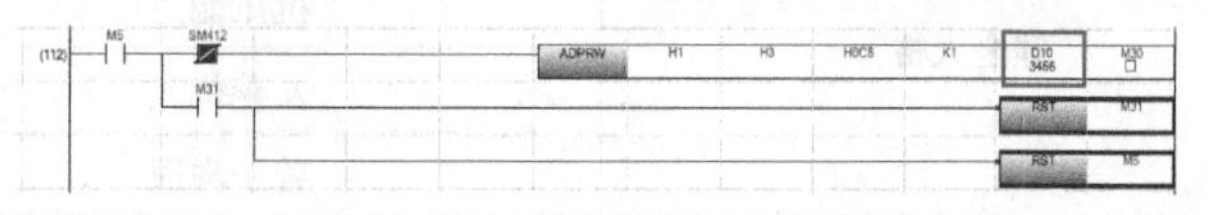
（4）变频器停止运行		
	在程序中，找到辅助继电器 M2，选中 M2 后右击，在弹出的菜单栏中单击“调试”→“当前值更改”。 此时 M2 被强制接通，PLC 数据发送程序执行。 此时，变频器开始减速停机。变频器的实时运行频率向 00.00 Hz 方向降低。 同时，可以监控到寄存器 D10 的数值快速降低至 0	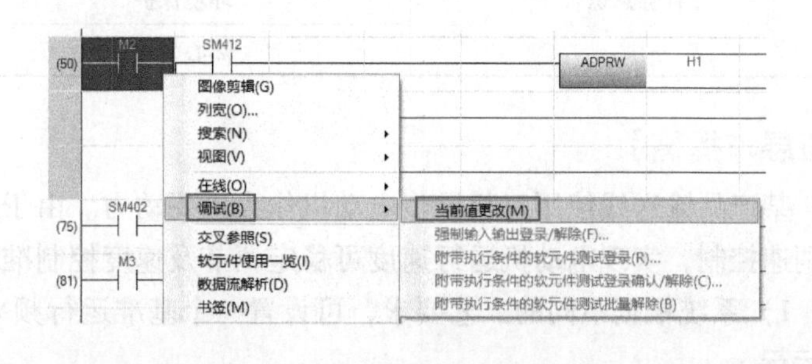

【学习成果评价】

对任务实施过程中的学习成果进行自我总结与评分，具体评价标准见表 3-25。

表 3-25　学习成果评价表

任务成果		评分表（1~5 分）		
实践内容	任务总结与心得	学生自评	同学互评	教师评分
本任务线路设计及接线掌握情况				
变频器 Modbus-RTU 协议参数设置掌握情况				
FX_{5U}系列 ADPRW 指令功能掌握情况				
变频器联机调试掌握情况				

【素养评价】

对任务实施过程中的思想道德素养进行量化评分，具体评价标准见表 3-26。

表 3-26　素养评价表

评价项目	评价内容	得　分
课上表现	课堂参与程度	5□　3□　1□
	小组合作程度	5□　3□　1□
	实操完成度	5□　3□　1□
	项目完成质量	5□　3□　1□
职业精神	合作探究	5□　3□　1□
	严谨精细	5□　3□　1□
	讲求效率	5□　3□　1□
	独立思考	5□　3□　1□
	问题解决	5□　3□　1□
法治意识	遵纪守法	5□　3□　1□
	拥护法律	5□　3□　1□
健全人格	责任意识	5□　3□　1□
	抗压能力	5□　3□　1□
	友善待人	5□　3□　1□
	善于沟通	5□　3□　1□
社会意识	低碳节约	5□　3□　1□
	环境保护	5□　3□　1□
	热心公益	5□　3□　1□

【拓展与提高】

某产品输送线使用三相异步电动机作为主要动力。由于工艺升级，要求采用变频器对其进行调速控制，实现电动机运行速度可稳定调节及速度控制准确的要求。具体要求如下：

1）系统根据不同的工艺要求，可设置一个基准运行频率，设备起动时先根据基准频率进行运行。

2）系统可设置一个高速运行频率、一个低速运行频率。设置时，高速运行频率需要高于基准运行频率，低速运行频率需要低于运行基准频率。

3）自动运行时，当输送线上输送的产品每分钟小于30个时，按照低速频率运行；当输送线上输送的产品每分钟大于120个时，按照高速频率运行；输送的产品数量在每分钟30～120个之间时，按照线性比例，将变频器的运行频率控制在低速运行频率与高速运行频率之间。

任务需要提交的资料见表3-27。

表3-27 任务需要提交的资料

序号	文件名	数量	负责人
1	项目选型依据及定型清单	1	
2	电气原理图	1	
3	电气线路完工照片	1	
4	调试完成的PLC程序	1	

任务3.3 FX_{3U}基于三菱协议控制变频器

【任务导读】

本任务将详细介绍通过FX_{3U}系列PLC的扩展RS-485通信板，基于三菱变频器通信协议，对E700变频器进行起停、调速等控制以及对变频器运行数据进行监控。通过本任务，读者将学到E700变频器采用三菱变频器通信协议的参数设置方法，以及FX_{3U}系列PLC在使用三菱变频器通信协议时，IVDR、IVCK指令的使用方法。

【任务目标】

FX_{3U}系列PLC的扩展RS-485通信专用板——FX_{3U}-485-BD通信模块，通过RS-485通信线路，采用三菱变频器通信协议与E700变频器进行数据交互，实现PLC对变频器的通信控制。

【任务准备】

1）任务准备软硬件清单见表3-28。

表3-28 任务准备软硬件清单

序号	器件名称	数量	用途
1	带USB口的计算机（或个人笔记本计算机）	1	编写PLC程序及监控数据
2	FX_{3U}-32M	1	与E系列变频器进行数据交互
3	FX_{3U}-485-BD	1	PLC扩展的RS-485通信接口
4	FR-E700变频器	1	对电动机进行变频控制
5	功率为0.12kW的三相异步电动机	1	变频器的控制对象
6	网线（RS-485通信）	1	连接PLC与变频器
7	天技T125A USB转232&485模块（T125A模块）	1	将USB接口转换成RS-232接口
8	打印机数据线	1	连接计算机USB口与T125A模块
9	SC-11通信线	1	连接T125A模块和PLC
10	220V电源线	1	给PLC供电

（续）

序号	器件名称	数量	用途
11	三相四线制 380 V 电源线	1	给变频器供电
12	GX Works2 软件	1	FX_{3U} 编程软件

2）任务关键实物清单图片如图 3-17 所示。

图 3-17 任务关键实物清单

【任务实施】

本任务通过 RS-485 通信连接，实现 FX_{3U} 与 E700 系列变频器的通信数据交互，进而实现 PLC 对变频器的通信控制。具体实施步骤可分解为 4 个小任务，如图 3-18 所示。

小任务 1：FX_{3U} 系列 PLC 与变频器的 RS-485 通信线路连接。

小任务 2：对变频器进行初始化操作，并设置三菱变频器通信协议参数。

小任务 3：根据三菱变频器通信协议中通信地址定义，编写 FX_{3U} 通信程序。

小任务 4：FX_{3U} 与变频器进行联机调试，通过通信实现对变频器的控制。

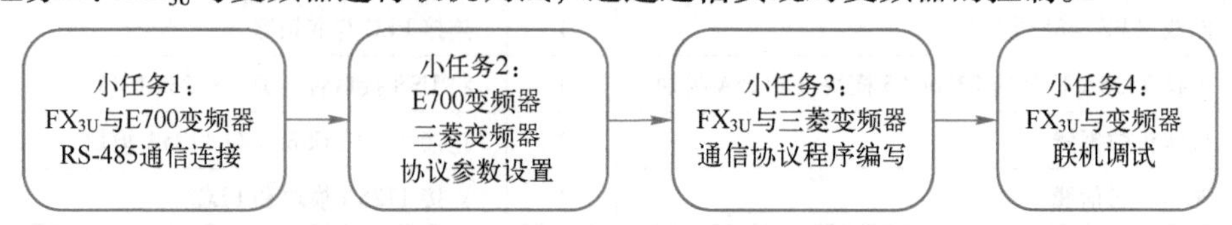

图 3-18 E700 变频器与 FX_{3U} 基于三菱协议通信的实施步骤

3.3.1　FX_{3U}与 E700 变频器 RS-485 通信连接

[目标]

完成 FX_{3U}与 E700 变频器 RS-485 接口之间通信线路的连接。

3.3.1　FX_{3U} 与 E700 变频器 RS-485 通信连接（PLC 电源线路连接及模块安装）

3.3.1　FX_{3U} 与 E700 变频器 RS-485 通信连接（电机及通信线路连接）

[描述]

FX_{3U}通过安装 FX_{3U}-485-BD 通信板进行 RS-485 通信接口的扩展，实现与 E700 变频器的通信连接。计算机通过 T125A 模块扩展 RS-232 通信接口，通过 SC-11 通信线与 FX_{3U}连接，实现程序下载及程序监控通信。

系统接线图如图 3-19 所示，系统通信架构图如图 3-20 所示。

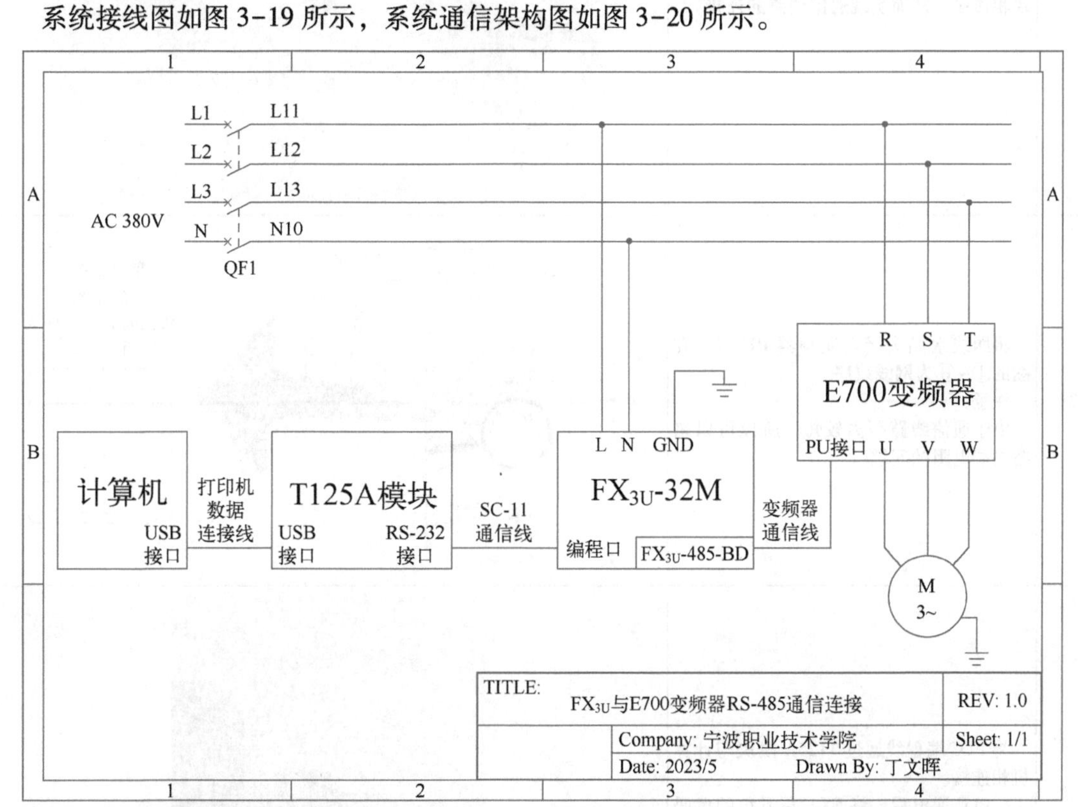

图 3-19　系统接线图

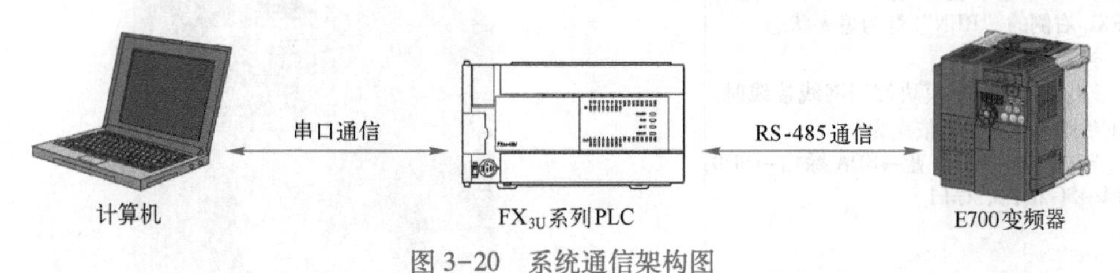

图 3-20　系统通信架构图

[实施]

FX_{3U}与 E700 变频器 RS-485 通信连接操作步骤见表 3-29。

表 3-29　FX_{3U}与 E700 变频器 RS-485 通信连接操作步骤

操作步骤	操作说明	示意图
1）	根据图 3-19 进行线路的连接。断路器输出连接 E700 变频器主电路电源输入端，变频器输出接至三相异步电动机。 通过网线将变频器的 PU 口与 FX_{3U} 系列 PLC 所扩展的 FX_{3U}-485-BD 通信模块相连接，从而实现通信线路的连接	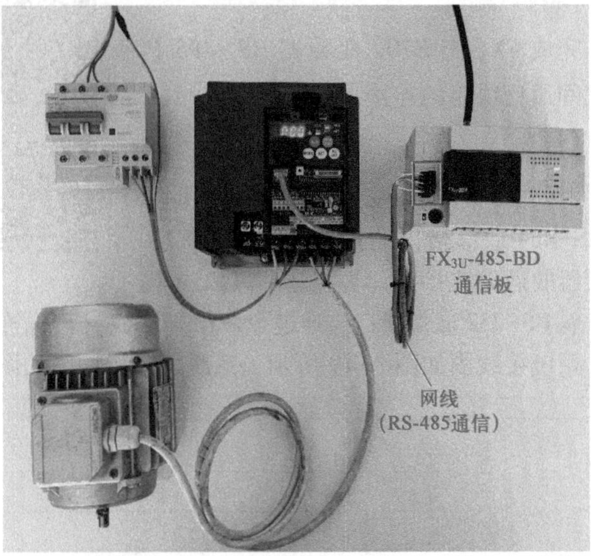
2）	将网线水晶头接入变频器 PU 口。右图的①~⑧为网线线序。 注意： 由于通信线路距离较短，所以可以忽略终端电阻的问题	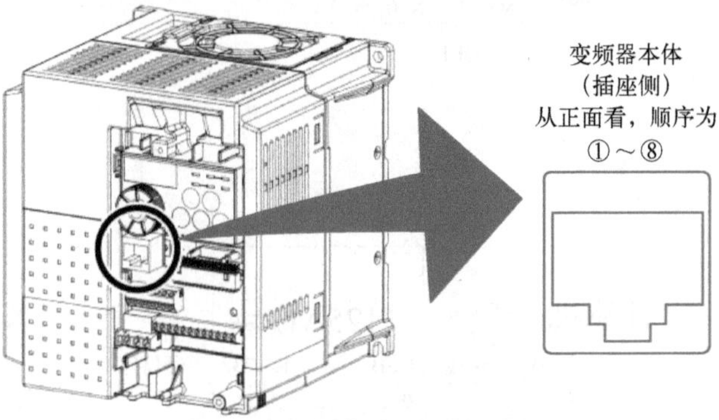
3）	将 PLC 编程线通过 T125A 模块与计算机相连接。 PLC 通电后，将 FX_{3U}左下角的拨码开关从上往下拨动至"STOP"，此时 FX_{3U}右侧的"RUN"灯为熄灭状态。 注意： FX_{3U}-485-BD 模块使用网线接线时，网线颜色从上至下依次为： RDA 蓝白→RDB 蓝→SDA 绿白→SDB 绿→SG 橙白、棕白	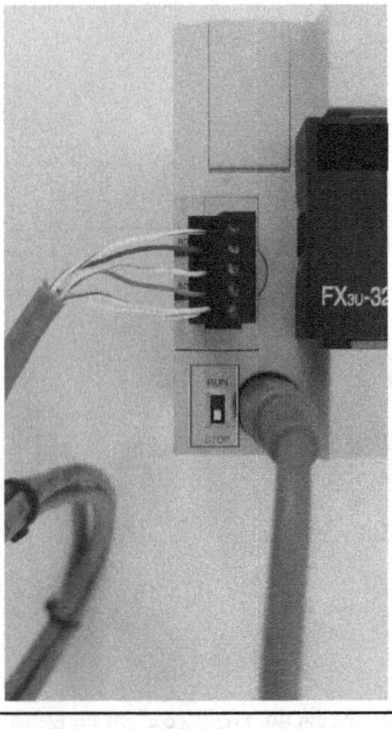

［相关知识］

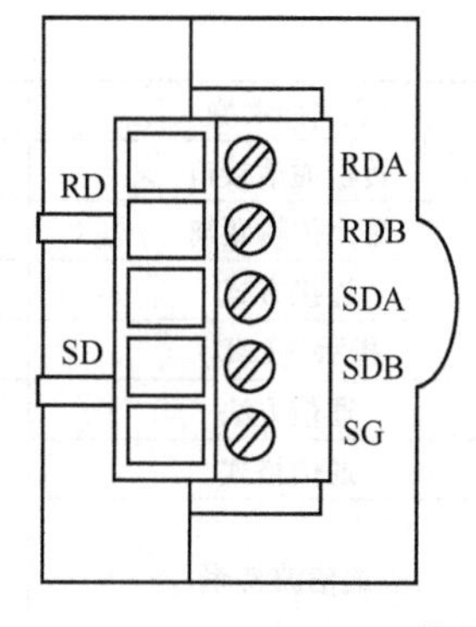

图 3-21 FX_{3U}-485-BD 通信扩展模块 RS-485 接口针脚功能排列图

1. FX_{3U}-485-BD

FX_{3U}-485-BD 是一款支持 FX_{3U} 系列的通信扩展板，配备了用于 RS-485 的欧式端子座的通信接口，能与同样是 RS-485 通信接口的设备进行数据交互；可使 PLC 与计算机（指定为主站）之间通过专用协议进行数据传输，还可使 PLC 与 RS-485 设备之间进行串行通信。图 3-21 所示为 FX_{3U}-485-BD 通信扩展模块 RS-485 接口针脚功能排列图。

2. 操作步骤

FX_{3U}-485-BD 通信扩展模块安装操作步骤见表 3-30。

表 3-30 FX_{3U}-485-BD 通信扩展模块安装操作步骤

操作步骤	操作说明	示意图
1）	断开所有连接到 PLC 的电源线路。 使用一字螺丝刀抬起 FX_{3U} 左侧膨胀板盖（A），沿着垂直方向远离主干线。 务必确保在拆卸过程中不损坏 PLC 内部的电路板或电子部件	
2）	FX_{3U}-485-BD 扩展板（B）沿着平行方向插入主机，并连接到 PLC 主机扩展板的连接器上。 将扩展板（B），使用 M3 攻螺钉（D）固定在主机上	

3. FX_{3U}-485-BD 通信参数说明

FX_{3U}-485-BD 通信参数说明见表 3-31。

表 3-31 FX_{3U}-485-BD 通信参数说明

通信参数	规格数据
传输通信接口	符合 RS-485/RS-422
最大传输距离	50 m
连接方式	欧式端子排
指示（LED）	RD，SD
通信方法	半双工
通信格式	无协议通信，计算机链路（专用协议格式 1 和 4）、并行链路和 N:N 网络通信
通信波特率	非协议通信，计算机链路：300/600/1200/2400/4800/9600/19 200 bit/s； 并行链路：115 200 bit/s； N:N 网络通信：38 400 bit/s

3.3.2 E700 变频器和三菱变频器通信协议参数设置

[目标]

完成 E700 变频器系统参数和三菱变频器通信协议参数的设置。

[描述]

E700 变频器三菱变频器系统参数和通信协议参数设置时，首先设置系统参数，使变频器进入 PU 模式，之后进行相关通信参数的设置；其次设置系统参数，进入网络模式；最后将变频器进行断电重起。

[实施]

1. 实施说明

实践中，在变频器通电后首先完成变频器的初始化操作（见本书电子资源的“E700 系列变频器初始化操作说明”文档），从而确保变频器在参数设置时能正常进行。

2. 设置步骤

E700 变频器系统参数和三菱变频器通信协议参数设置步骤见表 3-32。

表 3-32 E700 变频器系统参数和三菱变频器通信协议参数设置步骤

操作步骤	操作说明	示意图
1)	变频器上电后，按“MODE”键，进入“参数设定模式”	MODE → P. 0 PU PRM
2)	通过面板旋钮，调整至 Pr. 79（运行模式选择），按“SET”键查看数据	→ P. 79 → SET
3)	变频器初始化后，默认数据为“0”，通过面板旋转旋钮，将其设为“1”，按住“SET”键进行数据写入。当出现参数与设定值闪烁时，表示参数写入完成。之后，按“SET”键返回上一层（设定为 PU 运行模式）	0 → 1 → SET

（续）

操作步骤	操作说明	示意图
4）	通过面板旋钮，调整至Pr. 117（通信站号），按“SET”键查看数据	P.117 SET
5）	通过面板旋钮，将其设为“1”，按住“SET”键进行数据写入。当出现参数与设定值闪烁时，表示参数写入完成。之后，按“SET”键返回上一层（通信站号：1）	1 SET
6）	通过面板旋钮，调整至Pr. 118（通信速率），按“SET”键查看数据	P.118 SET
7）	通过面板旋钮，将其设为“96”，按住“SET”键进行数据写入。当出现参数与设定值闪烁时，表示参数写入完成。之后，按“SET”键返回上一层（波特率：9600 bit/s）	96 SET
8）	通过面板旋钮，调整至Pr. 119（通信停止位、数据位长度），按“SET”键查看数据	P.119 SET
9）	通过面板旋钮，将其设为“0”，按住“SET”键进行数据写入。当出现参数与设定值闪烁时，表示参数写入完成。之后，按“SET”键返回上一层（数据位8 bit，停止位1 bit）	0 SET
10）	通过面板旋钮，调整至Pr. 120（通信奇偶校验），按“SET”键查看数据	P.120 SET
11）	通过面板旋钮，将其设为“2”，按住“SET”键进行数据写入。当出现参数与设定值闪烁时，表示参数写入完成。之后，按“SET”键返回上一层（偶校验）	2 SET
12）	通过面板旋钮，调整至Pr. 121（通信再试次数），按“SET”键查看数据	P.121 SET
13）	通过面板旋钮，将其设为“9999”，按住“SET”键进行数据写入。当出现参数与设定值闪烁时，表示参数写入完成。之后，按“SET”键返回上一层（即使发生通信错误，变频器也不会跳闸）	9999 SET
14）	通过面板旋钮，调整至Pr. 122（通信校验时间间隔），按“SET”键查看数据	P.122 SET

（续）

操作步骤	操作说明	示意图
15）	通过面板旋钮，将其设为“9999”，按住“SET”键进行数据写入。当出现参数与设定值闪烁时，表示参数写入完成。之后，按“SET”键返回上一层（不进行断线检测）	 9999 SET
16）	通过面板旋钮，调整至 Pr. 123（等待时间设定），按“SET”键查看数据	 P.123 SET
17）	通过面板旋钮，将其设为“9999”，按住“SET”键进行数据写入。当出现参数与设定值闪烁时，表示参数写入完成。之后，按“SET”键返回上一层（用通信数据进行设定）	 9999 SET
18）	通过面板旋钮，调整至 Pr. 124（通信有无 CR/LF 选择），按“SET”键查看数据	 P.124 SET
19）	通过面板旋钮，将其设为“1”，按住“SET”键进行数据写入。当出现参数与设定值闪烁时，表示参数写入完成。之后，按“SET”键返回上一层（有 CR）	1 SET
20）	通过面板旋钮，调整至 Pr. 340（电源接通时运行模式），按“SET”键查看数据	 P.340 SET
21）	通过面板旋钮，将其设为“1”，按住“SET”键进行数据写入。当出现参数与设定值闪烁时，表示参数写入完成。之后将自动返回上一层（设定为网络运行模式）	1 SET
22）	通过面板旋钮，调整至 Pr. 79（运行模式选择），按“SET”键查看数据	 P. 79 SET
23）	通过面板旋钮，将其设为“0”，按住“SET”键进行数据写入。当出现参数与设定值闪烁时，表示参数写入完成。之后，按“SET”键返回上一层（设定为网络运行模式）	 0 SET

注意：
1）完成以上具体参数设置后，需要对变频器进行断电重起。
2）变频器初始化操作后，Pr. 549 参数默认为“0”（通信协议：三菱协议），则此参数的相关设置不在以上操作步骤内

3.3.3 FX_{3U}与三菱变频器通信协议程序编写

［目标］

计算机使用 GX Works2 对 FX_{3U}进行通信参数设置、程序编写及下载。

［描述］

计算机使用 GX Works2 软件对 FX_{3U}进行通信参数设置、程序编写及下载。程序主要使用 IVDR、IVCK 三菱变频器控制指令，对采用该通信的方式的 E700 变频器进行起停控制、速度控制及状态读取。

［实施］

1. 实施说明

任务实施时，首先对 PLC 进行初始化操作（见本书电子资源的“FX_{3U}系列 PLC 初始化操作说明”文档），通过初始化操作确保后续的实验顺利进行。同时，完成计算机与 FX_{3U}之间的通信线路连接。当完成程序写入后，需要将 FX_{3U}左下角的拨码开关从下往上拨动至“RUN”，使 PLC 处于执行状态。

2. 操作步骤

FX_{3U}与三菱变频器通信协议程序编写操作步骤见表 3-33。

表 3-33 FX_{3U}与三菱变频器通信协议程序编写操作步骤

操作步骤	操作说明	示意图
（1）进行 FX_{3U}工程的创建（详见本书的 2.1.4 小节）		
（2）确认计算机与 FX_{3U}的通信端口号（详见本书的 2.1.4 小节）		
（3）设置 GX Works2 软件，建立计算机与 FX_{3U}的通信（详见本书的 2.1.4 小节）		
（4）通过 GX Works2 软件，设置 PLC 的通信参数		
1)	在窗口左侧“导航”中，单击“参数”→“PLC 参数”，此时窗口中部显示“FX 参数设置”对话框（见下一步骤）	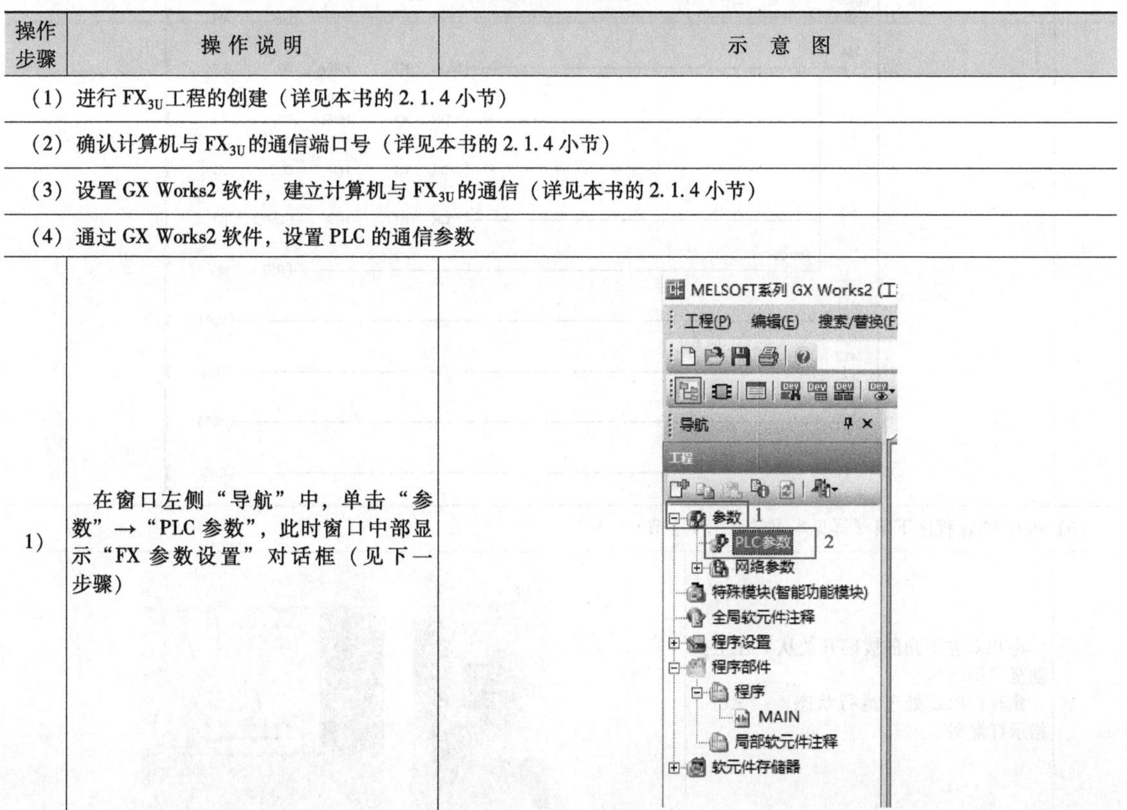

（续）

<table>
<tr><th>操作步骤</th><th>操 作 说 明</th><th>示 意 图</th></tr>
<tr><td>2）</td><td>在“FX 参数设置”对话框中，选择“PLC 系统设置（2）”，按照右图进行参数设置。
选择“CH1”，选中“进行通信设置”复选框。
“协议”为“无顺序通信”。
“数据长度”为“8 bit”。
“奇偶校验”为“偶数”。
“停止位”为“1 bit”。
“传送速度”为“9600”。
“H/W 类型”为“RS-485”。
“传送控制步骤”为“格式 1(无 CR, LF)”。
完成通信参数设置后，单击“设置结束”按钮</td><td>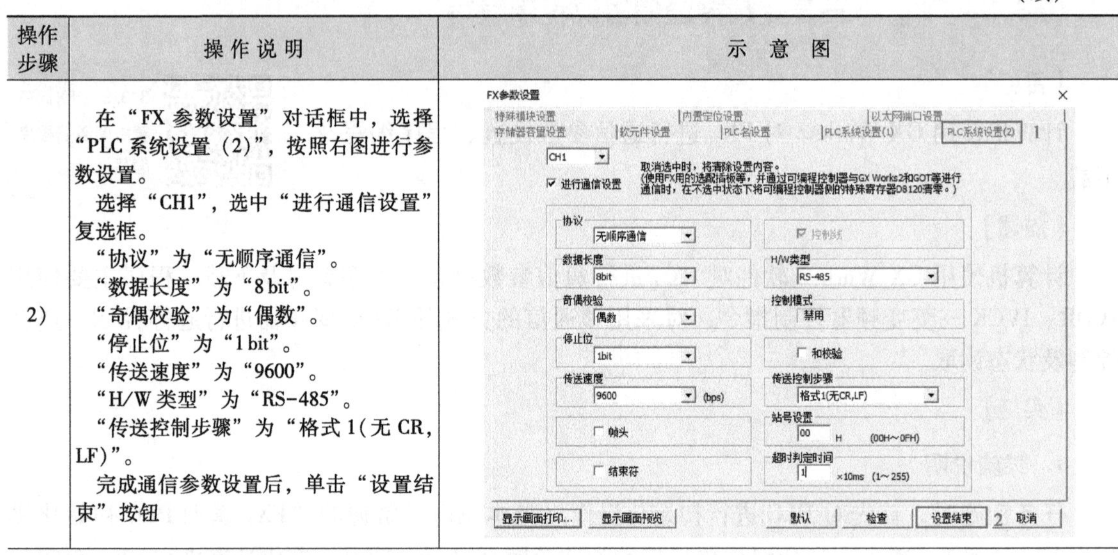
</td></tr>
<tr><td colspan="3">（5）在程序编辑区域，编写 PLC 程序</td></tr>
<tr><td></td><td colspan="2">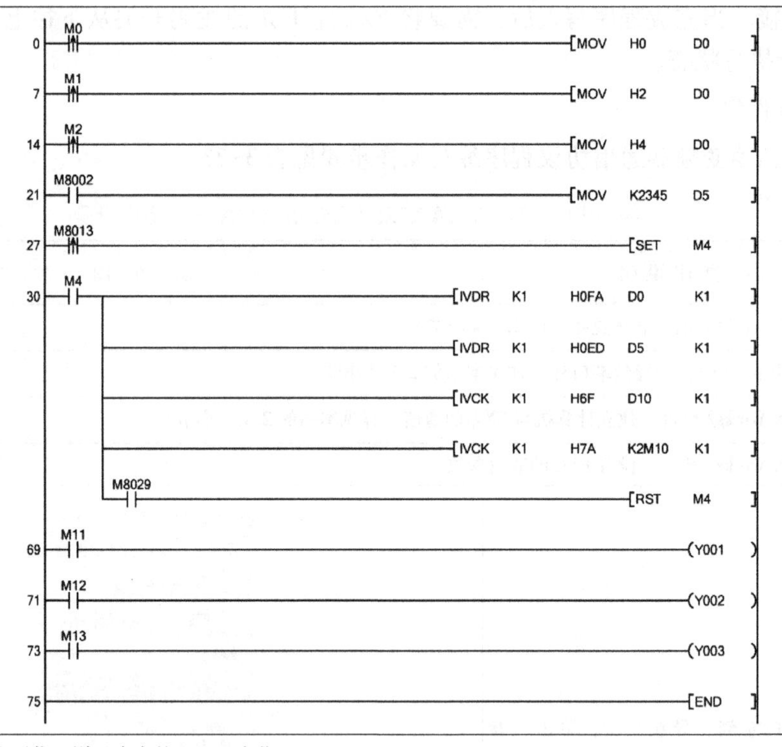
</td></tr>
<tr><td colspan="3">（6）进行 FX_{3U} 程序下载（详见本书的 2. 1. 4 小节）</td></tr>
<tr><td></td><td>将 PLC 左下角的拨码开关从下往上拨动至“RUN”。
此时，PLC 处于运行状态，“RUN”指示灯常亮</td><td> 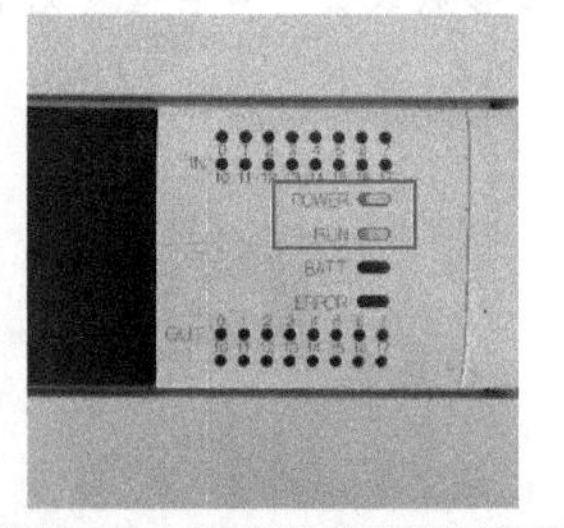
</td></tr>
</table>

［指令解读］

程序编写过程中使用的IVDR指令的解读见表3-34。

表3-34 IVDR指令的解读

指令名称：变频器运行控制指令　　　　指令助记符：IVDR

指令说明：

该指令通过安装在CPU模块的RS-485的串行口，实现PLC收发数据的通信。它是将变频器运行所需的控制值写入变频器

指令图解：

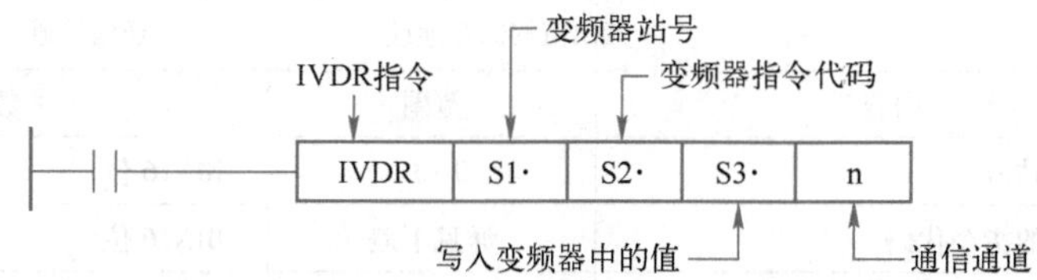

操作数	内容	范围	数据类型
(S1·)	变频器站号	0~31	BIN16位
(S2·)	变频器的指令代码	详见下表	BIN16位
(S3·)	写入变频器中的值	—	BIN16位/字符串
(n)	通信通道	K1~K2	BIN16位

S2变频器指令代码的具体内容如下：

(S2·)中指定的变频器的指令代码（十六进制数）	写入的内容	适用的变频器			
		F700，EJ700，A700，E700，D700，IS70，F800，A800	V500	F500，A500	E500，S500
HFB	运行模式	○	○	○	○
HF3	特殊监控的选择号	○	○	○	—
HF9	运行指令（扩展）	○	—	—	—
HFA	运行指令	○	○	○	○
HEE	写入设定频率（EEPROM）	○	○③	○	○
HED	写入设定频率（RAM）	○	○③	○	○
HFD①	变频器复位②	○	○	○	○
HF4	故障内容的成批清除	○	—	○	○
HFC	参数的全部清除	○	○	○	○
HFC	用户清除	○	—	○	—
HFF	链接参数的扩展设定	○	○	○	○

① 由于变频器不会对指令代码HFD（变频器复位）给出响应，所以即使对没有连接变频器的站号执行变频器复位，也不会报错。此外，变频器的复位到指令执行结束需要约2.2s。

② 进行变频器复位时，应在IVDR指令的操作数中指定H9696，不要使用H9966。

③ 进行频率读出时，应在执行IVDR指令前向指令代码HFF（链接参数的扩展设定）中写入“0”。没有写入“0”时，频率可能无法正常读出。

程序编写过程中使用的IVCK指令的解读见表3-35。

表 3-35 IVCK 指令的解读

指令名称：变频器的运行监视指令	指令助记符：IVCK

指令说明：
该指令通过安装在 CPU 模块的 RS-485 的串行口，实现 PLC 收发数据的通信。它是将变频器运行状态读出

指令图解：

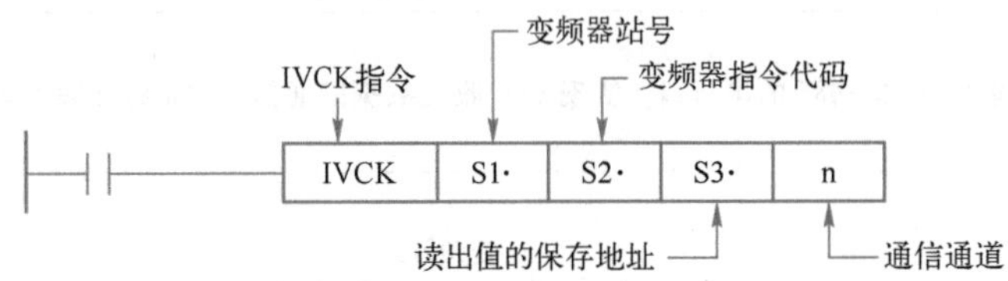

操作数	内容	范围	数据类型
(S1·)	变频器站号	0~31	BIN16 位
(S2·)	变频器的指令代码	详见下表	BIN16 位
(S3·)	读出值的保存地址	—	BIN16 位/字符串
(n)	通信通道	K1~K2	BIN16 位

S2 变频器指令代码的具体内容如下：

(S2·) 变频器指令代码 (十六进制数)	读出内容	对应变频器				
		F800，A800，F700，EJ700，A700，E700，D700，IS70	V500	F500，A500	E500	S500
H7B	运行模式	○	○	○	○	○
H6F	输出频率［旋转数］	○	○①	○	○	○
H70	输出电流	○	○	○	○	○
H71	输出电压	○	○	○	○	—
H72	特殊监控	○	○	○	—	—
H73	特殊监控的选择编号	○	○	○	—	—
H74	异常内容	○	○	○	○	○
H75	异常内容	○	○	○	○	○
H76	异常内容	○	○	○	○	—
H77	异常内容	○	○	○	○	—
H79	变频器状态监控（扩展）	○	—	—	—	—
H7A	变频器状态监控	○	○	○	○	○
H6E	读出设定频率（EEPROM）	○	○①	○	○	○
H6D	读出设定频率（RAM）	○	○①	○	○	○
H7F	链接参数的扩展设定	在本指令中，不能用(S2·)给出指令。 在 IVRD 指令中，通过指定［第 2 参数指定代码］会自动处理				
H6C	第 2 参数的切换					

① 进行频率读出时，应在执行 IVCK 指令前向指令代码 HFF（链接参数的扩展设定）中写入“0”。没有写入“0”时，频率可能无法正常读出。

［程序解读］

根据程序相关功能，对程序内容进行分段解读，见表 3-36。

表 3-36 程序分段解读

程序段 1：

程序注释：
D0：控制运行指令的软元件。
D5：写入设定频率的软元件。
M8002：初始化脉冲常开触点，PLC运行时，仅瞬间（1个运算周期）为ON。
程序说明：
通过M0的上升沿指令使变频器停止运行；
通过M1的上升沿指令使变频器正转运行；
通过M2的上升沿指令使变频器反转运行；
在PLC初始运行瞬间，将数据K2345传送至寄存器D5中，即设定频率为23.45 Hz

程序段 2：

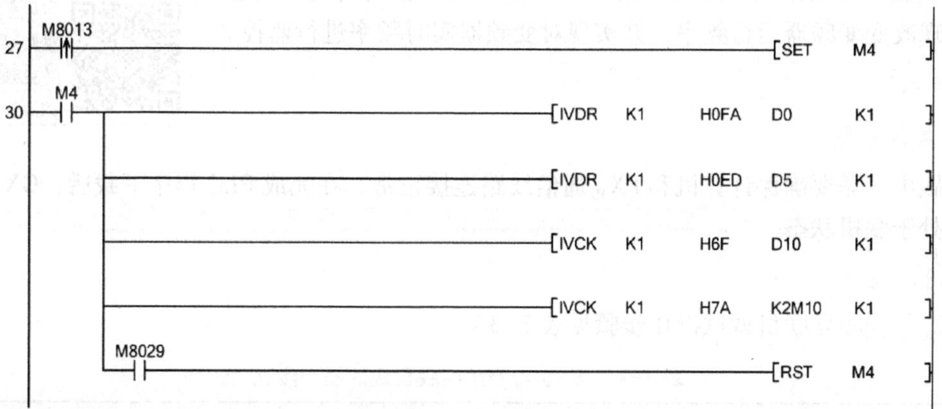

程序注释：
M8013：特殊辅助继电器，触点1 s为周期进行闪烁（ON：0.5 s；OFF：0.5 s）。
M4：普通辅助继电器，用于触发PLC，使它执行与变频器的通信程序。
D10：用于保存读取的变频器实时频率值。
K2M10：位软元件，表示M10~M17的8 bit数据。
M8029：特殊辅助继电器，指令执行结束信号。
程序说明：
当M8013由OFF变为ON时，置位M4，通信程序的指令通过通信通道1，对1号站变频器进行通信数据交互。
通过IVDR指令：将数据寄存器D0中的数据写入变频器的运行状态中；将数据寄存器D5中的数据写入变频器的运行频率中。
通过IVCK指令：将变频器的实时运行频率数据，读取至寄存器D10中；将变频器的实时运行状态，读取至M10~M17中。
当通信程序运行结束后，M8029被置为ON，对M4进行复位，并等待下一秒通信程序运行

程序段 3：

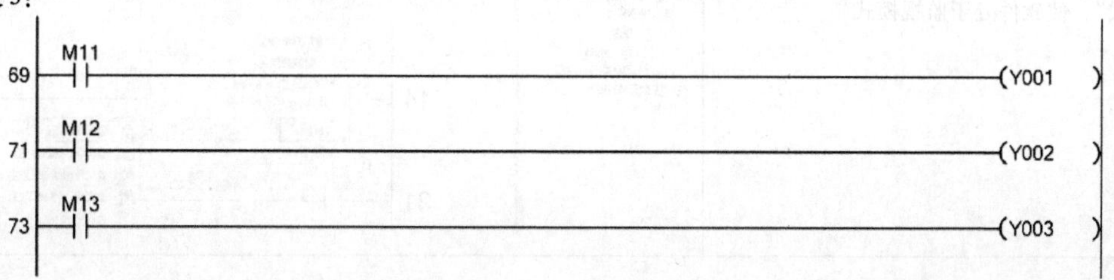

（续）

程序说明： 变频器运行后，PLC 对变频器的运行状态进行实时读取，并通过 M11、M12、M13 进行显示，变频器正转时 M11 为 ON，Y1 输出；变频器反转时 M12 为 ON，Y2 输出；变频器到达设定频率时 M13 为 ON，Y3 输出。 通过观察 PLC 中 Y1～Y3 的输出，可直观查看变频器的运行状态

3.3.4 FX_{3U}与变频器联机调试

3.3.4 FX_{3U} 与变频器联机调试（变频器起动操作）

3.3.4 FX_{3U} 与变频器联机调试（变频器正转频率设置）

［目标］

通过 GX Works2 编程软件的监视模式，对 E700 变频器进行正反转控制、调速控制及实时频率监控。

［描述］

在完成 FX_{3U}程序下载后，通过 GX Works2 的“监视模式”对程序中的辅助继电器进行设置，使变频器控制电动机运行；同时通过“软元件/缓冲存储器批量监视”列表对 FX_{3U}的寄存器进行写入与监控，实现改变变频器运行频率，并实现对变频器实时频率进行监控。

［实施］

1. 实施说明

实践中，需要确保计算机和 FX_{3U}通信线路连接正常，在完成 PLC 程序下载后，GX Works2 软件应处于联机状态。

2. 操作步骤

FX_{3U}与变频器联机调试操作步骤见表 3-37。

表 3-37　FX_{3U}与变频器联机调试操作步骤

操作步骤	操 作 说 明	示 意 图
（1）GX Works2 进入监视模式		
	在“GX Works2”窗口的菜单栏中单击“在线”→“监视”→“监视模式”，使软件处于监视模式	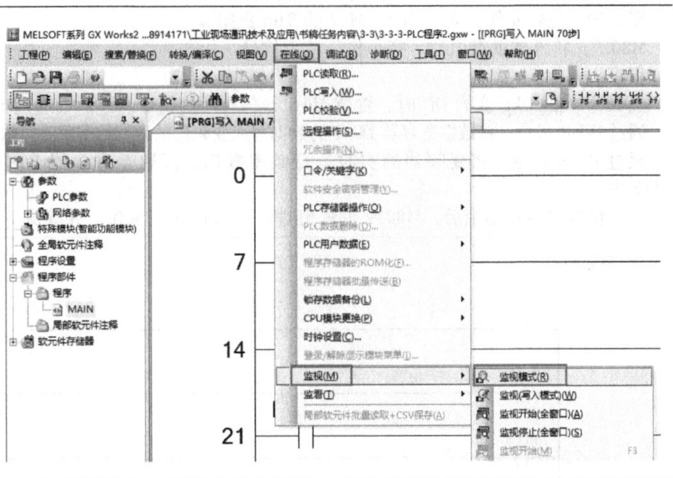

（续）

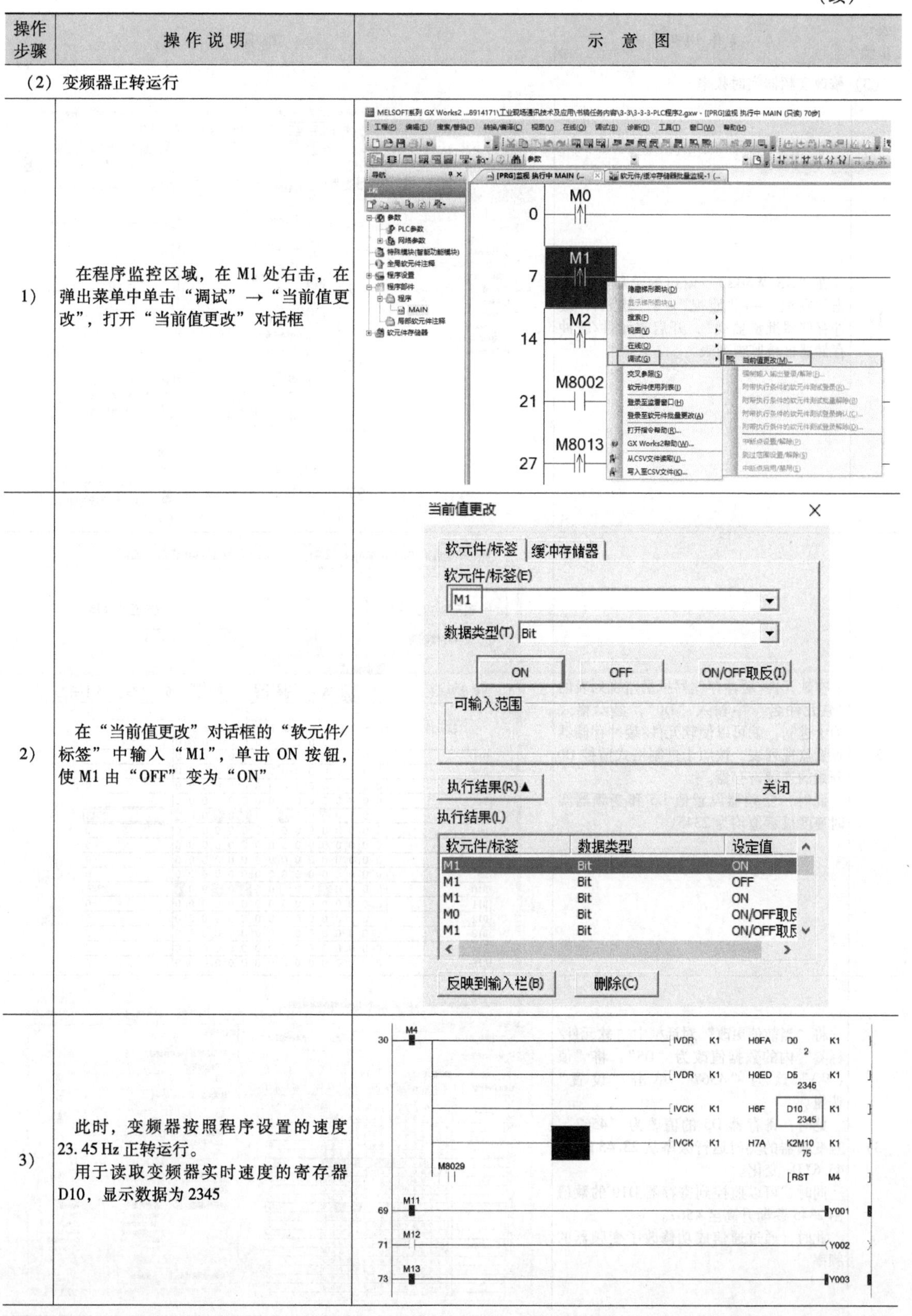

操作步骤	操作说明	示意图
（2）变频器正转运行		
1）	在程序监控区域，在M1处右击，在弹出菜单中单击“调试”→“当前值更改”，打开“当前值更改”对话框	
2）	在“当前值更改”对话框的“软元件/标签”中输入“M1”，单击ON按钮，使M1由“OFF”变为“ON”	
3）	此时，变频器按照程序设置的速度23.45 Hz正转运行。 用于读取变频器实时速度的寄存器D10，显示数据为2345	

（续）

操作步骤	操 作 说 明	示 意 图
（3）修改变频器实时频率		
1）	在“GX Works2”窗口的菜单栏中单击“在线”→“监视”→“软元件/缓冲存储器批量监视”，开启软元件/缓冲存储器批量监视列表	见下图1）
2）	在软元件/缓冲存储器批量监视列表的“软元件名”中输入“D0”，显示格式为十进制，就可以使软元件/缓冲存储器批量监视列表，按照十进制格式监控D0开始的连续寄存器。 此时，变频器设置值D5和变频器实时速度显示值均为2345	见下图2）
3）	将“当前值更改”对话框中“软元件/标签”内的数据值改为“D5”，将“值（V）”改为“4567”单击“设置”按钮。 此时，寄存器D5的值改为“4567”，且变频器的实时运行频率从23.45 Hz向45.67 Hz变化。 同时，可以监控到寄存器D10的数值由2345逐渐升高至4567。 此时，通过通信成功修改了变频器的频率	见下图3）

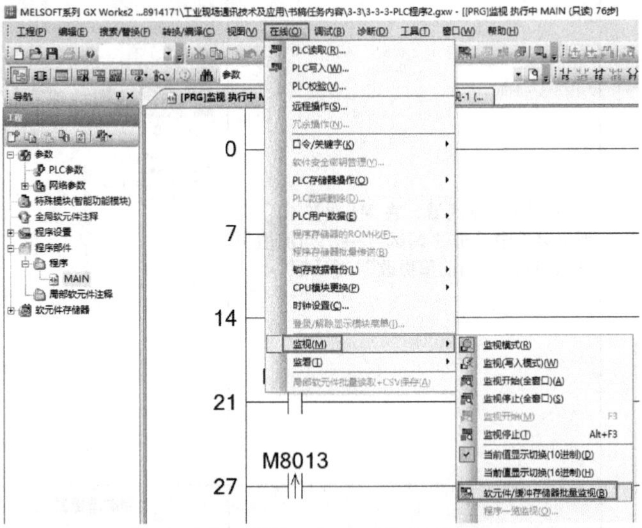

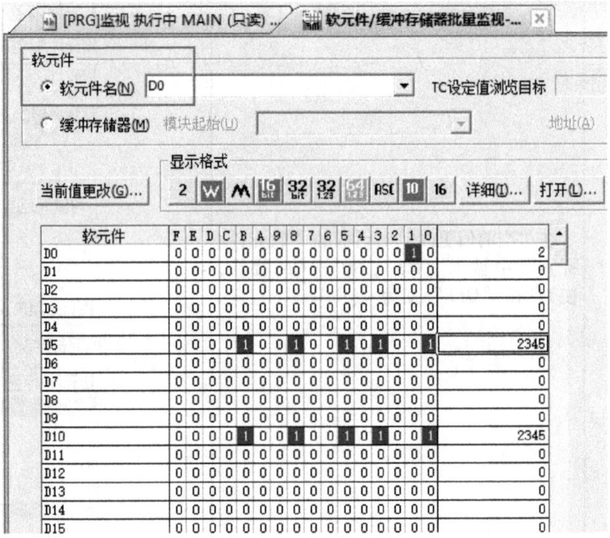

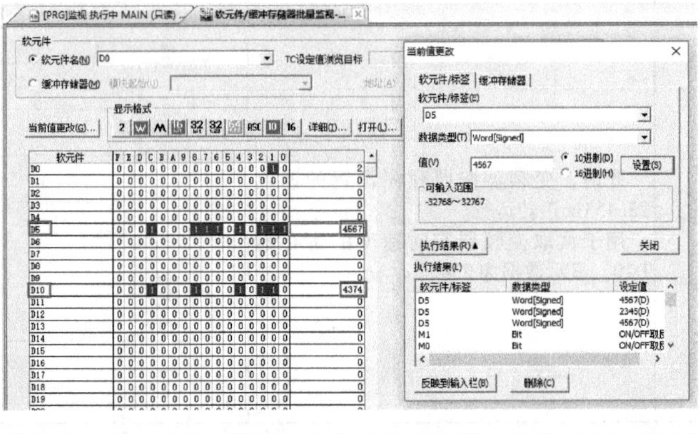

MELSOFT系列 GX Works2 ...8914171\工业现场通讯技术及应用\书稿任务内容\3-3\3-3-3-PLC程序2.gxw - [[PRG]监视 执行中 MAIN (只读) 76步]

工程(P) 编辑(E) 搜索/替换(F) 转换/编译(C) 视图(V) 在线(O) 调试(B) 诊断(D) 工具(T) 窗口(W) 帮助(H)

导航 / 工程 / 参数 / PLC参数 / 网络参数 / 特殊模块(智能功能模块) / 全局软元件注释 / 程序设置 / 程序部件 / 程序 / MAIN / 局部软元件注释 / 软元件存储器

在线菜单：PLC读取(R)... / PLC写入(W)... / PLC校验(V)... / 远程操作(S)... / 冗余操作(N)... / 口令/关键字(K) / 软件安全密钥管理(Y)... / PLC存储器操作(O) / PLC数据删除(D)... / PLC用户数据(E) / 程序存储器的ROM化(F)... / 程序存储器批量传送(B) / 锁存数据备份(L) / CPU模块更换(P) / 时钟设置(C)... / 登录/解除显示模块菜单(I)... / 监视(M) / 监看(I) / 局部软元件批量读取+CSV保存(A)

监视子菜单：监视模式(R) / 监视(写入模式)(W) / 监视开始(全窗口)(A) / 监视停止(全窗口)(S) / 监视开始(M) F3 / 监视停止(T) Alt+F3 / 当前值显示切换(10进制)(D) / 当前值显示切换(16进制)(H) / 软元件/缓冲存储器批量监视(B) / 程序一览监视(Q)...

0　7　14　21　M8013　27

[PRG]监视 执行中 MAIN (只读) ... 软元件/缓冲存储器批量监视-...

软元件　软元件名(N) D0　TC设定值浏览目标　缓冲存储器(M) 模块起始(U) 地址(A)

显示格式　当前值更改(G)...　2 W M 16bit 32bit 32 64 ASC 10 16 详细(I)... 打开(L)...

软元件	F	E	D	C	B	A	9	8	7	6	5	4	3	2	1	0	
D0	0	0	0	0	0	0	0	0	0	0	0	0	0	0	1	0	2
D1	0	0	0	0	0	0	0	0	0	0	0	0	0	0	0	0	0
D2	0	0	0	0	0	0	0	0	0	0	0	0	0	0	0	0	0
D3	0	0	0	0	0	0	0	0	0	0	0	0	0	0	0	0	0
D4	0	0	0	0	0	0	0	0	0	0	0	0	0	0	0	0	0
D5	0	0	0	0	1	0	0	1	0	0	1	0	1	0	0	1	2345
D6	0	0	0	0	0	0	0	0	0	0	0	0	0	0	0	0	0
D7	0	0	0	0	0	0	0	0	0	0	0	0	0	0	0	0	0
D8	0	0	0	0	0	0	0	0	0	0	0	0	0	0	0	0	0
D9	0	0	0	0	0	0	0	0	0	0	0	0	0	0	0	0	0
D10	0	0	0	0	1	0	0	1	0	0	1	0	1	0	0	1	2345
D11	0	0	0	0	0	0	0	0	0	0	0	0	0	0	0	0	0
D12	0	0	0	0	0	0	0	0	0	0	0	0	0	0	0	0	0
D13	0	0	0	0	0	0	0	0	0	0	0	0	0	0	0	0	0
D14	0	0	0	0	0	0	0	0	0	0	0	0	0	0	0	0	0
D15	0	0	0	0	0	0	0	0	0	0	0	0	0	0	0	0	0

[PRG]监视 执行中 MAIN (只读) ... 软元件/缓冲存储器批量监视-...

软元件　软元件名(N) D0　TC设定值浏览目标　缓冲存储器(M) 模块起始(U) 地址(A)

显示格式　当前值更改(G)...　2 W M 16bit 32bit 32 64 ASC 10 16 详细(I)... 打开(L)...

软元件	F	E	D	C	B	A	9	8	7	6	5	4	3	2	1	0	
D0	0	0	0	0	0	0	0	0	0	0	0	0	0	0	1	0	2
D1	0	0	0	0	0	0	0	0	0	0	0	0	0	0	0	0	0
D2	0	0	0	0	0	0	0	0	0	0	0	0	0	0	0	0	0
D3	0	0	0	0	0	0	0	0	0	0	0	0	0	0	0	0	0
D4	0	0	0	0	0	0	0	0	0	0	0	0	0	0	0	0	0
D5	0	0	0	1	0	0	0	1	1	1	0	1	0	1	1	1	4567
D6	0	0	0	0	0	0	0	0	0	0	0	0	0	0	0	0	0
D7	0	0	0	0	0	0	0	0	0	0	0	0	0	0	0	0	0
D8	0	0	0	0	0	0	0	0	0	0	0	0	0	0	0	0	0
D9	0	0	0	0	0	0	0	0	0	0	0	0	0	0	0	0	0
D10	0	0	0	1	0	0	0	1	0	0	0	1	0	1	1	0	4374
D11	0	0	0	0	0	0	0	0	0	0	0	0	0	0	0	0	0
D12	0	0	0	0	0	0	0	0	0	0	0	0	0	0	0	0	0
D13	0	0	0	0	0	0	0	0	0	0	0	0	0	0	0	0	0
D14	0	0	0	0	0	0	0	0	0	0	0	0	0	0	0	0	0
D15	0	0	0	0	0	0	0	0	0	0	0	0	0	0	0	0	0
D16	0	0	0	0	0	0	0	0	0	0	0	0	0	0	0	0	0
D17	0	0	0	0	0	0	0	0	0	0	0	0	0	0	0	0	0
D18	0	0	0	0	0	0	0	0	0	0	0	0	0	0	0	0	0
D19	0	0	0	0	0	0	0	0	0	0	0	0	0	0	0	0	0

当前值更改

软元件/标签 | 缓冲存储器

软元件/标签(E) D5

数据类型(T) Word[Signed]

值(V) 4567　10进制(D)　16进制(H)　设置(S)

可输入范围 -32768～32767

执行结果(R)▲　关闭

执行结果(L)

软元件/标签	数据类型	设定值
D5	Word[Signed]	4567(D)
D5	Word[Signed]	2345(D)
D5	Word[Signed]	4567(D)
M1	Bit	ON/OFF取反
M0	Bit	ON/OFF取反

反映到输入栏(B)　删除(C)

【学习成果评价】

对任务实施过程中的学习成果进行自我总结与评分，具体评价标准见表3-38。

表3-38 学习成果评价表

任务成果		评分表（1~5分）		
实践内容	任务总结与心得	学生自评	同学互评	教师评分
本任务线路设计及接线掌握情况				
变频器三菱协议参数设置掌握情况				
FX_{3U}系列IVDR、IVCK指令功能掌握情况				
变频器联机调试掌握情况				

【素养评价】

对任务实施过程中的思想道德素养进行量化评分，具体评价标准见表3-39。

表3-39 素养评价表

评价项目	评价内容	得分
课上表现	课堂参与程度	5□ 3□ 1□
	小组合作程度	5□ 3□ 1□
	实操完成度	5□ 3□ 1□
	任务完成质量	5□ 3□ 1□
职业精神	合作探究	5□ 3□ 1□
	严谨精细	5□ 3□ 1□
	讲求效率	5□ 3□ 1□
	独立思考	5□ 3□ 1□
	问题解决	5□ 3□ 1□
法治意识	遵纪守法	5□ 3□ 1□
	拥护法律	5□ 3□ 1□
健全人格	责任意识	5□ 3□ 1□
	抗压能力	5□ 3□ 1□
	友善待人	5□ 3□ 1□
	善于沟通	5□ 3□ 1□
社会意识	低碳节约	5□ 3□ 1□
	环境保护	5□ 3□ 1□
	热心公益	5□ 3□ 1□

【拓展与提高】

某水冷装置的水泵，使用三相异步电动机作为主要动力。由于工艺升级，要求采用变频器对其进行调速控制，实现电动机运行速度可稳定调节、速度控制准确的要求。具体要求如下：

在不同时段，系统以不同的速度运行，且具有手动和自动两种模式。

1）手动模式：可实现变频器点动运行，且运行速度可以在0~50 Hz范围内任意设定。

2）自动模式：可设置任意时间段，根据实际需求在0~50 Hz范围内任意频率输出，见

表 3-40。任务需要提交的资料见表 3-41。

表 3-40　自动模式运行要求

启动时间	结束时间	水泵状态	水泵频率/Hz
6:00	11:00	开启	35.00
13:00	17:00	开启	45.00
18:30	21:00	开启	40.00

表 3-41　任务需要提交的资料

序　号	文　件　名	数　量	负　责　人
1	项目选型依据及定型清单	1	
2	电气原理图	1	
3	电气线路完工照片	1	
4	调试完成的 PLC 程序	1	

任务 3.4　Q 系列基于 CC-Link 协议控制变频器

【任务导读】

本任务将详细介绍 Q 系列 PLC 的扩展 CC-Link 通信模块，通过 CC-Link 通信协议，对 E800 变频器进行起停、调速等控制以及对变频器运行数据进行监控。通过本任务，读者将学到 Q 系列 PLC 使用 CC-Link 协议进行通信及通信寄存器的设置方法。

【任务目标】

使用 Q 系列 PLC 通过扩展 CC-Link 通信模块，通过 CC-Link 协议与 E800 变频器进行数据交互，实现通信控制变频器的目标。

【任务准备】

1）任务准备软硬件清单见表 3-42。

表 3-42　任务准备软硬件清单

序号	器件名称	数量	用　途
1	带 USB 口的计算机（或个人笔记本计算机）	1	编写 PLC 程序及监控数据
2	FR-E840 变频器	1	对电动机进行变频控制
3	变频器 CC-Link 通信模块 FR-A8NC EKIT	1	与 PLC 进行 CC-Link 通信
4	Q00UCPU（Q35B Q61P Q00UCPU QX40 QY10 QJ61BT11N）	1	与变频器进行 CC-Link 通信
5	Mini USB 通信线（USB-Q06UDEH）	1	用于计算机与 PLC 通信
6	功率为 0.12 kW 的三相异步电动机	1	变频器的控制对象
7	屏蔽线（三芯 0.5 mm^2）	1	用于 CC-Link 通信线
8	三相四线制 380 V 电源线	1	给变频器供电
9	220 V 电源线	1	给 PLC 供电
10	GX Works2 软件	1	FX_{3U} 编程软件

2）任务关键实物清单图片如图3-22所示。

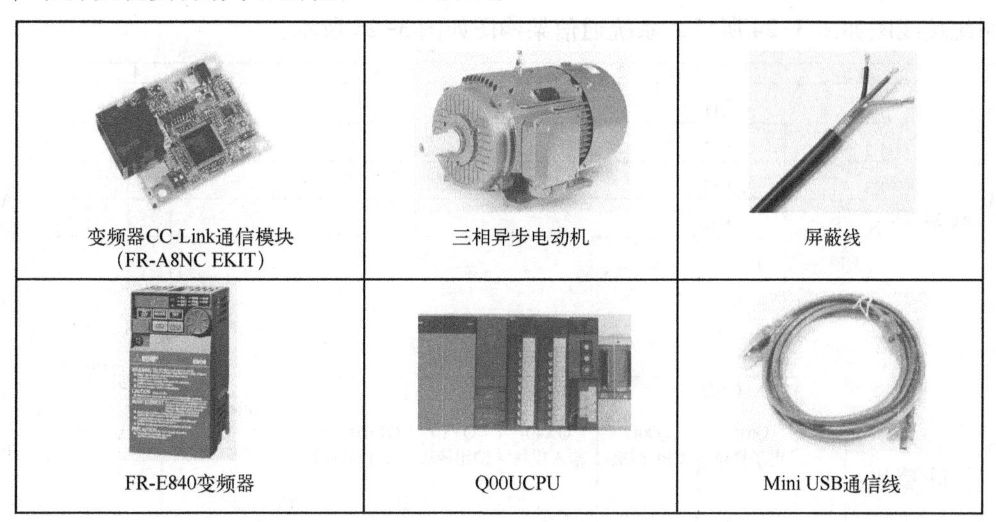

图3-22　任务关键实物清单

【任务实施】

本任务通过RS-485通信连接，实现Q系列PLC与E800变频器的通信数据交互，进而实现PLC对变频器的通信控制。具体实施步骤可分解为4个小任务，如图3-23所示。

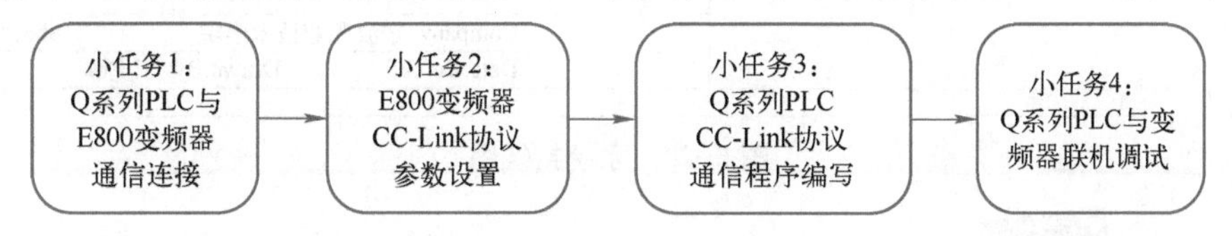

图3-23　E800变频器与Q系列PLC基于CC-Link通信的实施步骤

小任务1：连接Q系列PLC与变频器的RS-485通信线路。

小任务2：对E800变频器进行初始化操作，并设置CC-Link协议通信参数。

小任务3：对Q系列PLC，根据变频器CC-Link通信协议地址的定义，编写通信程序。

小任务4：对Q系列PLC与变频器进行联机调试，通过通信实现PLC对变频器的控制。

3.4.1　Q系列与E800变频器通信连接

［目标］

完成Q系列与E800变频器CC-Link接口之间通信线路的连接。

［描述］

Q系列主机通过安装QJ61BT11N模块进行CC-Link通信接口的扩展，E800变频器通过安装FR-A8NC-EKIT模块进行CC-Link通信接口的扩展。通过对通信接口的连接，实现两者的连接。计算机通过Mini USB数据线与Q00U主机连接，实现

程序下载及程序监控通信。

系统接线图如图 3-24 所示，系统通信架构图如图 3-25 所示。

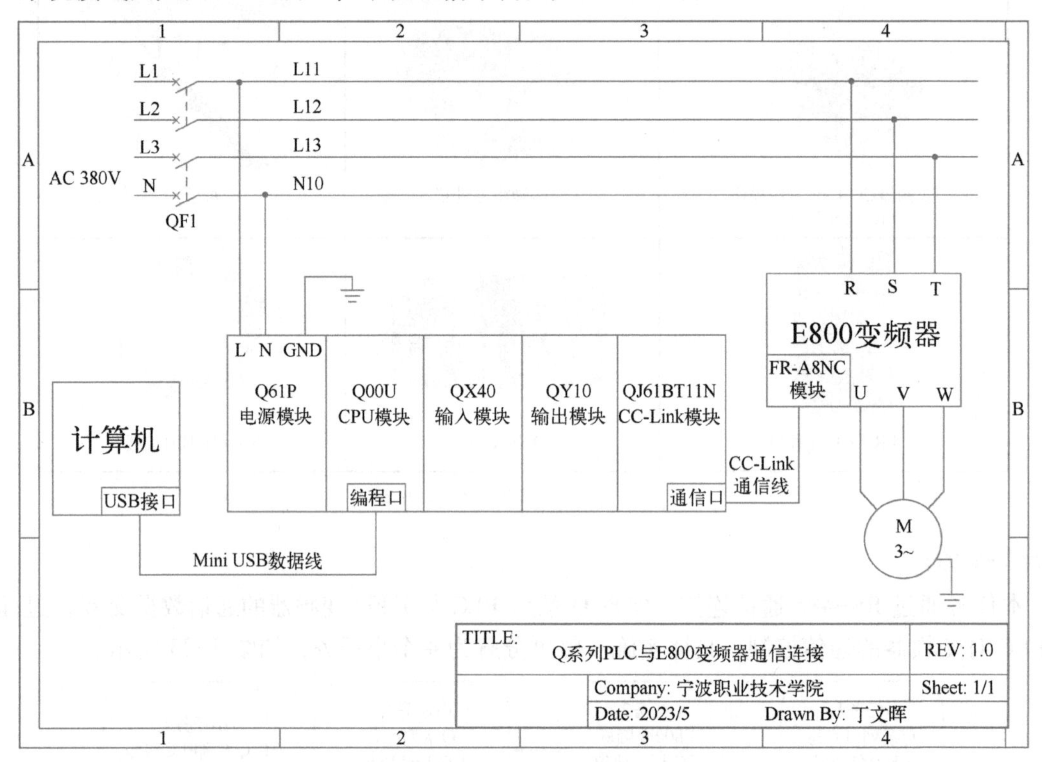

图 3-24 系统接线图

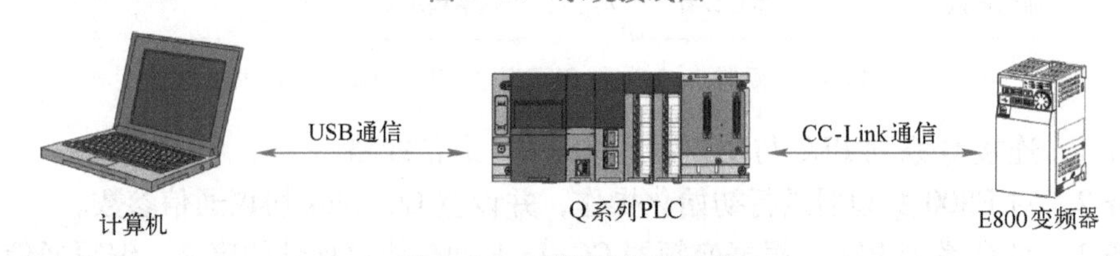

图 3-25 系统通信架构图

［实施］

Q 系列 PLC 与 E800 变频器通信连接操作步骤见表 3-43。

表 3-43 Q 系列 PLC 与 E800 变频器通信连接操作步骤

操作步骤	操作说明	示意图
1)	根据图 3-24 电气图纸进行线路的连接，使用断路器控制 E800 变频器的三相 380 V 交流电源，变频器输出至三相异步电动机。 通过 CC-Link 专用电缆将变频器扩展 CC-Link 接口与 Q 系列 PLC 的 QJ61BT11N 通信模块相连接，从而实现通信线路的连接	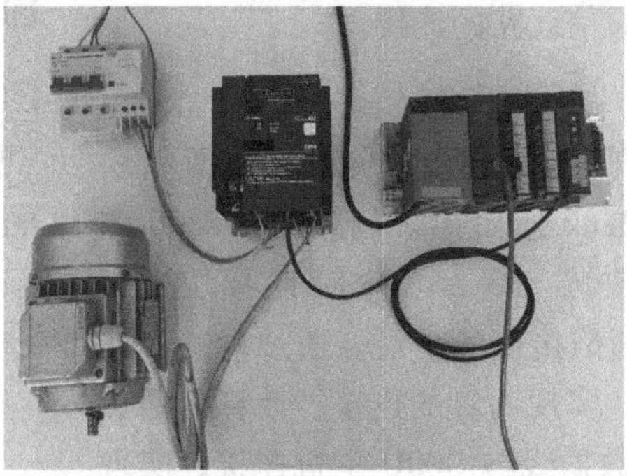

（续）

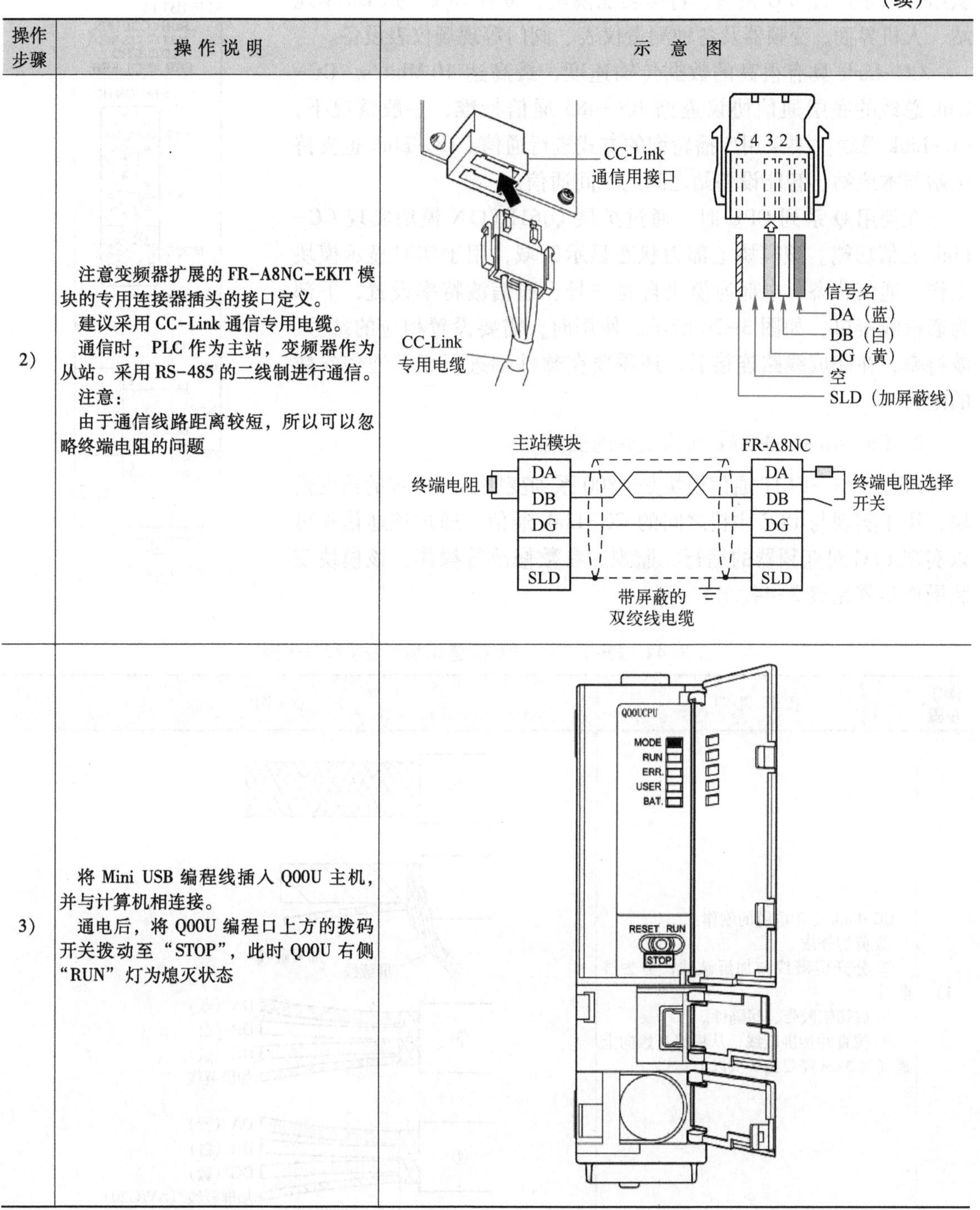

操作步骤	操作说明	示意图
2）	注意变频器扩展的FR-A8NC-EKIT模块的专用连接器插头的接口定义。 建议采用CC-Link通信专用电缆。 通信时，PLC作为主站，变频器作为从站。采用RS-485的二线制进行通信。 注意： 由于通信线路距离较短，所以可以忽略终端电阻的问题	
3）	将Mini USB编程线插入Q00U主机，并与计算机相连接。 通电后，将Q00U编程口上方的拨码开关拨动至“STOP”，此时Q00U右侧“RUN”灯为熄灭状态	

［相关知识］

1. QJ61BT11N模块

CC-Link总线是三菱电机推出的开放式现场总线，其数据容量大、通信速度多级可选择，而且是一个以设备层为主的网络，同时也可覆盖较高层次的控制层和较低层次的传感层。一般情况下，CC-Link总线整个一层网络可由1个主站和64个从站组成。网络中PLC作为主站，从站可以是远程 I/O 模块、特殊功能模块、带有 CPU 的 PLC 本地站、人机界面、变频器及各种测量仪表、阀门等现场仪表设备。

CC-Link 具有很高的数据传输速度，最高达 10 Mbit/s。CC-Link 总线的底层通信协议遵循 RS-485 通信标准，一般情况下，CC-Link 总线主要采用广播轮询的方式进行通信。CC-Link 也支持主站与本地站、智能设备站之间的瞬间通信。

在使用 Q 系列 CPU 时，通过扩展 QJ61BT11N 模块实现 CC-Link 通信功能。该模块上部为状态显示区域，用于实时显示模块工作、通信状态；中部为模块自身站号、通信波特率设置；下部为通信线接口，如图 3-26 所示。使用时，需要设置相应的站号、波特率，在完成线路连接后，还需要在软件端进行相关通信参数的配置。

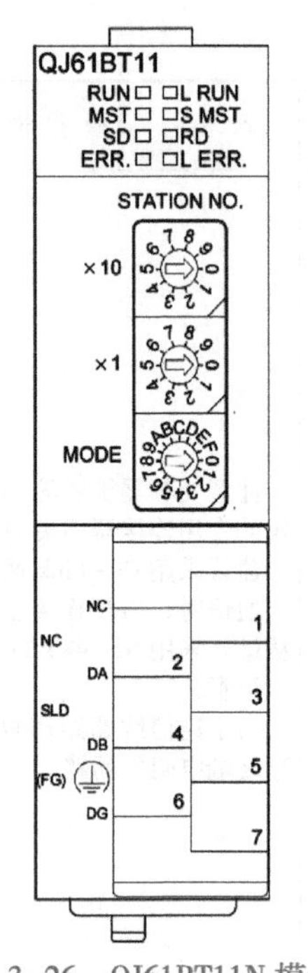

图 3-26　QJ61BT11N 模块

2. FR-A8NC-EKIT 通信模块的安装

FR-A8NC-EKIT 通信模块是 E800 系列变频器可内置的选配模块，用于实现与 PLC 主机之间的 CC-Link 通信。通过该通信板可以实现 PLC 对变频器的运行、监视、参数修改等操作，该模块安装操作步骤见表 3-44。

表 3-44　FR-A8NC-EKIT 通信模块安装操作步骤

操作步骤	操作说明	示意图
1)	CC-Link 专用电缆的制作： ① 剪切外皮。 ② 分开屏蔽线与加屏蔽线，剪去屏蔽线。 ③ 剪切铝胶带、间隔件。 ④ 拉直并加屏蔽线，从根部开始向上搓（每 3 cm 需要搓 7 次以上）	① ② 屏蔽线 加屏蔽线 ③ DA（蓝） DB（白） DG（黄） 加屏蔽线 ④ DA（蓝） DB（白） DG（黄） 加屏蔽线（AWG20） 3cm
2)	① 确认 CC-Link 通信用连接器插头的插头盖板是否已装入插头本体。插入电缆前勿将插头盖板按入插头本体。压接过的插头，无法再次使用。	插头本体 插头盖板

（续）

操作步骤	操作说明	示意图
2)	② 手持插头盖板的后部，插入电缆直至碰到插头本体为止。各信号用的电缆如右图所示插入 CC-Link 通信用连接器插头中。插入电缆时，应将电缆插至深处。如电缆未插至深处，会导致压接不良。电缆有可能从盖板前部突出。此时，应往回拉以确保电缆的前端收在插头盖板中。	
	③ 用钳子等将插头盖板按入压接至插头本体。压接后，如右图所示确认插头盖板已牢固嵌入且不会从插头本体脱落	
3)	将 CC-Link 专用电缆连接至 CC-Link 通信用接口。安装了内置选件的状态下，对变频器本体的 RS-485 端子接线时，为防止因噪声导致误动作，应避免接线与选件基板或变频器本体的基板接触	终端 连接器

3.4.2 E800 变频器 CC-Link 协议参数设置

3.4.2 E800 变频器 CC-Link 协议参数设置（第 1 部分）

3.4.2 E800 变频器 CC-Link 协议参数设置（第 2 部分）

[目标]

完成 E800 变频器 CC-Link 协议通信参数的设置。

[描述]

E800 变频器 CC-Link 协议参数的设置时，首先设置变频器通信模式，使变频器通电后立即进入通信模式，之后进行相关通信参数的设置；其次设置变频器系统参数，进入网络模式后；再将变频进行断电重起。

[实施]

1. 实施说明

实践中，在变频器通电后首先完成变频器的初始化操作（见本书电子资源的“E700 变频器初始化操作说明”文档），从而确保变频器在参数设置时能正常进行。

2. 操作步骤

E800 变频器 CC-Link 协议参数设置操作步骤见表 3-45。

表 3-45　E800 变频器 CC-Link 协议参数设置操作步骤

操作步骤	操作说明	示意图
1)	变频器上电后，按“MODE”键，进入参数设定模式	MODE → P. 0（PU、EXT、NET、MON、PRM、P.RUN、RUN、PM）
2)	通过面板旋钮，调整至 Pr. 340（电源接通时的运行模式），按“SET”键查看数据	→ P.340 → SET
3)	通过面板旋钮，将其设为“1”，按住“SET”键进行数据写入。当出现参数与设定值闪烁时，表示参数写入完成。之后，按住“SET”键返回上一层（设为网络运行模式）	0 → 1 → SET
4)	通过面板旋钮，调整至 Pr. 542（CC-Link 通信站号），按“SET”键查看数据	→ P.542 → SET
5)	通过面板旋钮，将其设为“1”，按住“SET”键进行数据写入。当出现参数与设定值闪烁时，表示参数写入完成。之后，按住“SET”键返回上一层（CC-Link 站号：1）	→ 1 → SET
6)	通过面板旋钮，调整至 Pr. 543（CC-Link 波特率选择），按“SET”键查看数据	→ P.543 → SET
7)	通过面板旋钮，将其设为“0”，按住“SET”键进行数据写入。当出现参数与设定值闪烁时，表示参数写入完成。之后，按住“SET”键返回上一层（CC-Link 波特率为 125 Kbit/s）	→ 0 → SET
8)	通过面板旋钮，调整至 Pr. 79（运行模式选择），按“SET”键查看数据	→ P. 79 → SET
9)	通过面板旋钮，将其设为“6”，按住“SET”键进行数据写入。当出现参数与设定值闪烁时，表示参数写入完成。之后，按住“SET”键返回上一层（设为网络运行模式）	→ 6 → SET

注意：
1）完成变频器协议具体参数的设置后，需要对变频器断电重起。变频器断电时，需要等待所有信号灯熄灭后再进行上电操作。
2）变频器通信时，需要观察其面板 NET 信号灯是否常亮黄灯，常亮黄灯表示为写入成功

3.4.3　Q 系列 CC-Link 协议通信程序编写

3.4.3　Q 系列 CC-Link 协议通信程序编写

[目标]

计算机使用 GX Works2 软件对 Q 系列的 Q00U 主机进行通信参

数设置、程序编写及下载。

[描述]

计算机使用GX Works2软件对Q00U主机进行通信参数设置、程序编写及下载。主要通过对远程站地址的设置，使E800变频器采用CC-Link通信的方式进行数据交互，实现变频器的起停控制、速度控制及实时速度读取。

[实施]

1. 实施说明

实践中，首先完成计算机与Q00UCPU主机之间通信线路的连接。任务实施时，对PLC进行初始化操作（见本书电子资源的“Q系列PLC初始化操作说明”文档），通过初始化操作确保后续的实验顺利进行。当完成程序写入后，需要将Q00UCPU主机中间的拨码开关向右拨动至“RUN”，使PLC处于执行状态。

2. 操作步骤

Q系列CC-Link协议通信程序编写操作步骤见表3-46。

表3-46　Q系列CC-Link协议通信程序编写操作步骤

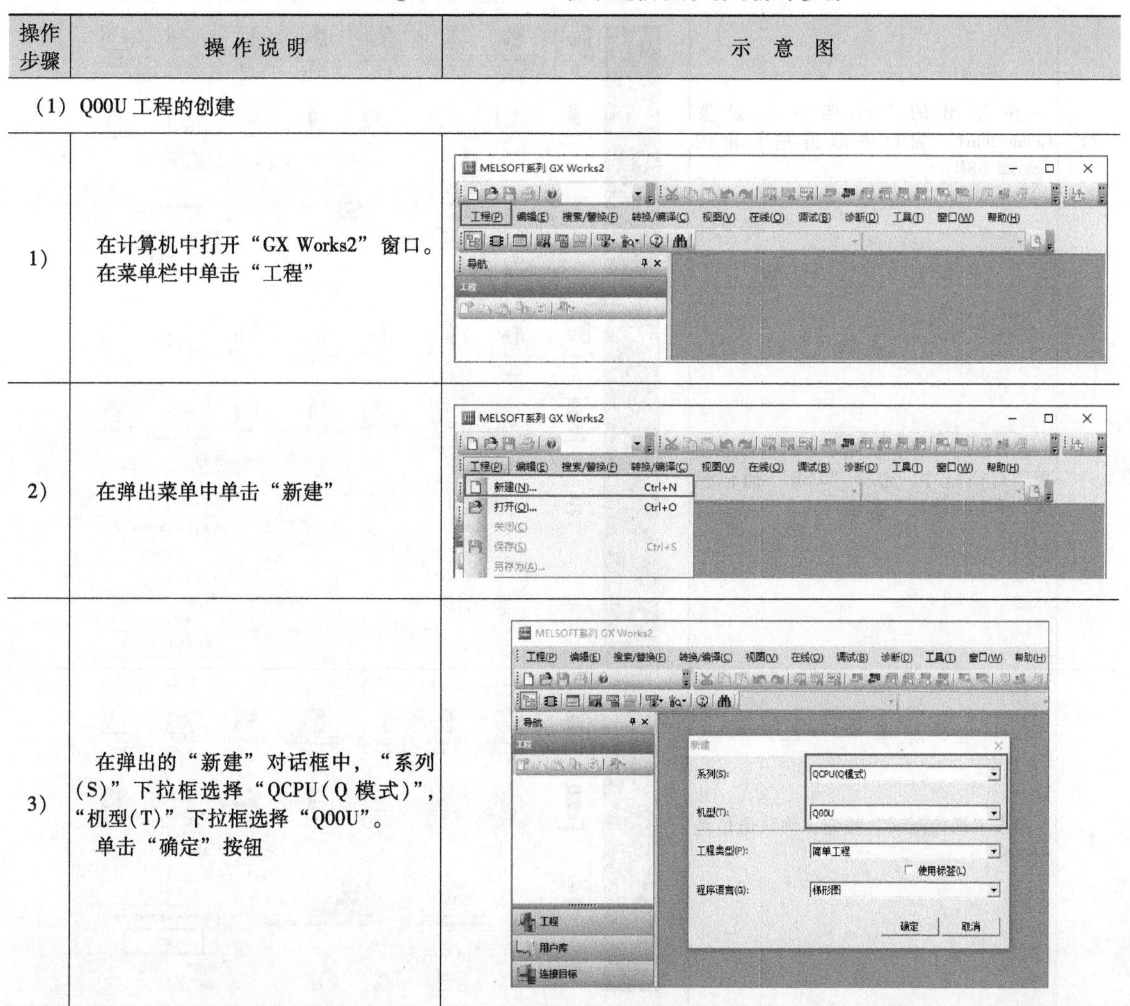

操作步骤	操作说明	示意图
(1) Q00U工程的创建		
1)	在计算机中打开“GX Works2”窗口。在菜单栏中单击“工程”	
2)	在弹出菜单中单击“新建”	
3)	在弹出的“新建”对话框中，“系列(S)”下拉框选择“QCPU(Q模式)”，“机型(T)”下拉框选择“Q00U”。单击“确定”按钮	

（续）

操作步骤	操作说明	示意图
（2）设置 GX Works2 软件，建立计算机与 Q00U 的通信		
1）	在“GX Works2”窗口左侧下部单击“连接目标”，就会切换至连接目标菜单。 双击右图“所有连接目标”下的“Connection1”	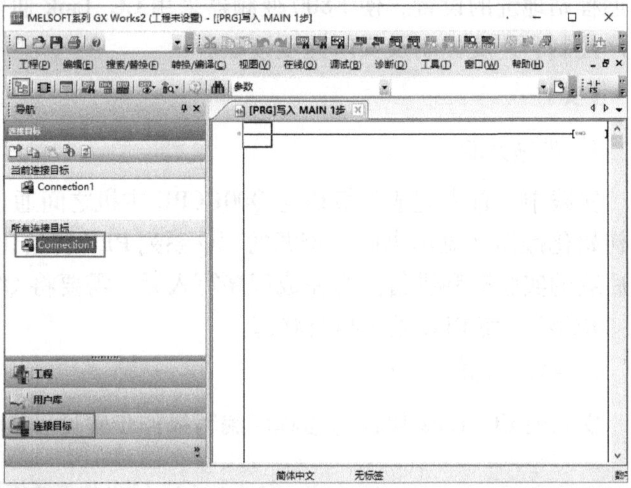
2）	在弹出的“连接目标设置 Connection1”窗口中双击左上角的“Serial USB”	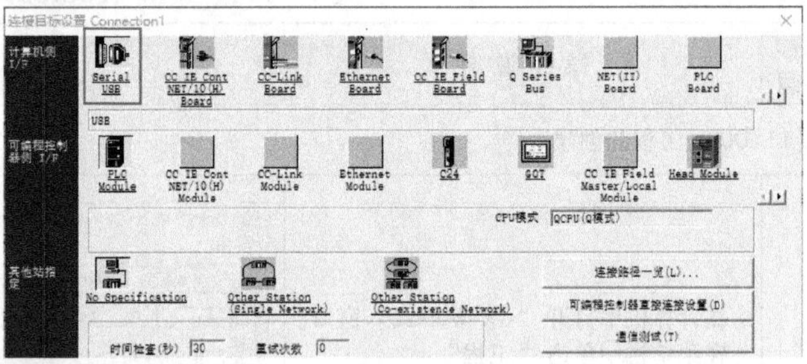
3）	在弹出的“计算机侧 I/F 串行详细设置”对话框中，选择“USB”通信模式，单击“确定”按钮	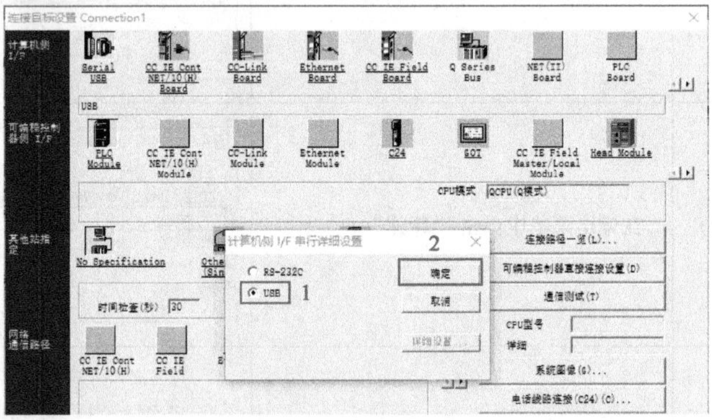
4）	单击“通信测试”按钮，确认通信是否正常	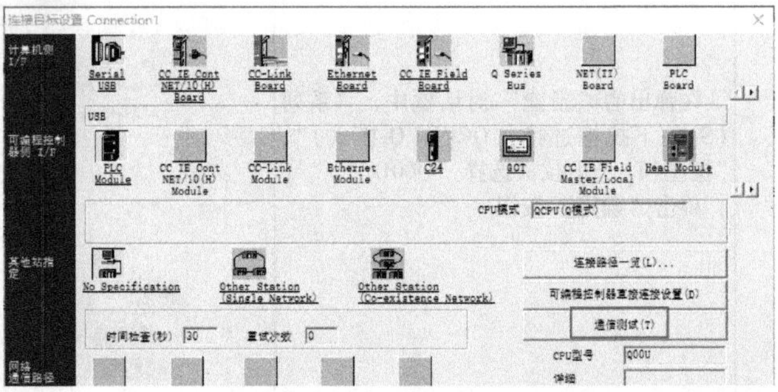

（续）

操作步骤	操作说明	示意图
5）	当出现“已成功与Q00UCPU连接”提示对话框时，即可确认计算机与Q00U已经通信成功，可以开始初始化操作。同时，右侧CPU型号也被自动识别出来。 单击“确定”按钮返回“GX Works2”窗口	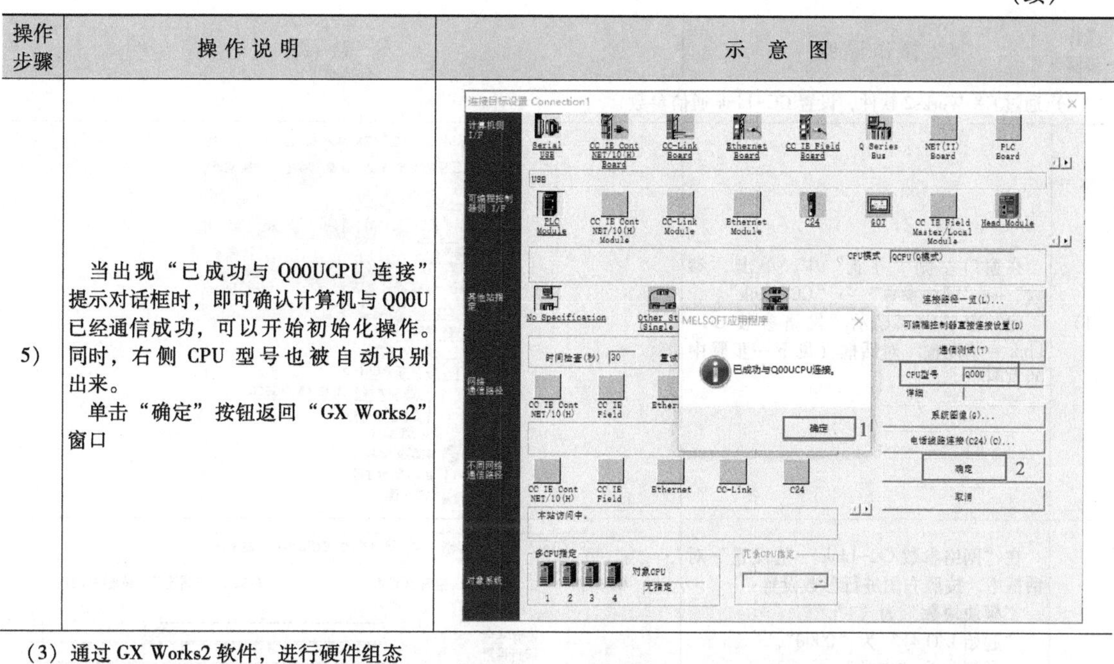
（3）通过GX Works2软件，进行硬件组态		
1）	在窗口左侧的“导航”中，单击“参数”→“PLC参数”。 此时，软件中部显示“Q参数设置”对话框	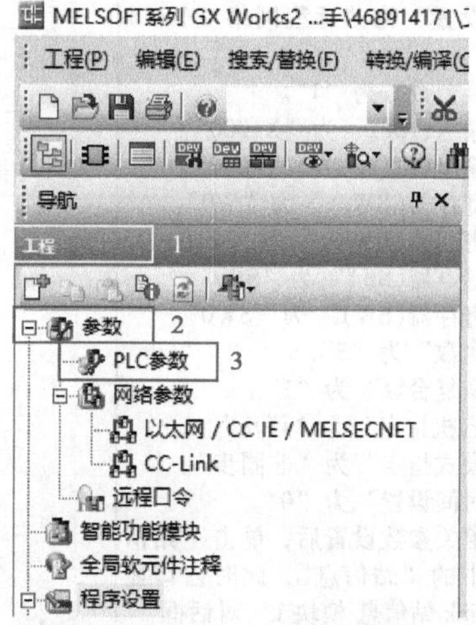
2）	在“Q参数设置”对话框中，选择“I/O分配设置”。按照右图进行参数设置： CPU插槽，“型号”为“Q00U”。 0号插槽输入，“型号”为“QX40”，“点数”为“16点”，“起始XY”为“0020”。 1号插槽输出，“型号”为“QY10”，“点数”为“16点”，“起始XY”为“0030”。 2号插槽智能，“型号”为“QJ61BT11N”，“点数”为“32点”，“起始XY”为“0000”。 “插槽数”为“3”。 完成I/O参数设置后，单击“设置结束”按钮	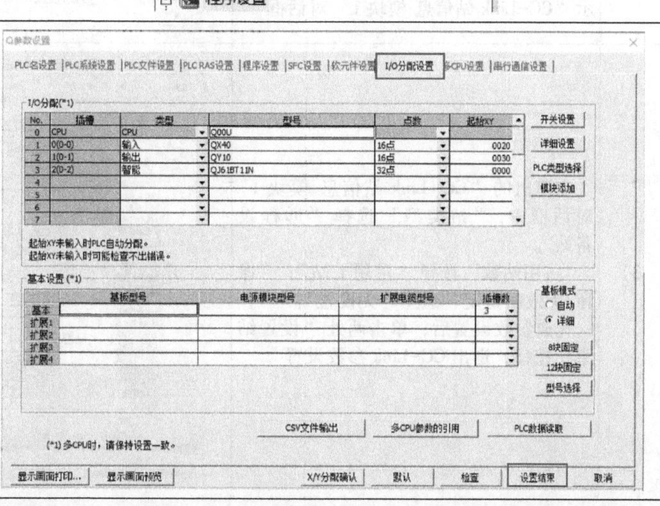

（续）

操作步骤	操作说明	示意图
（4）通过 GX Works2 软件，设置 CC-Link 通信参数		
1）	在窗口左侧“导航”中，单击“参数”→“网络参数”→“CC-Link”。 此时窗口中部显示“网络参数 CC-Link 一览设置”对话框（见下一步骤中的右图）	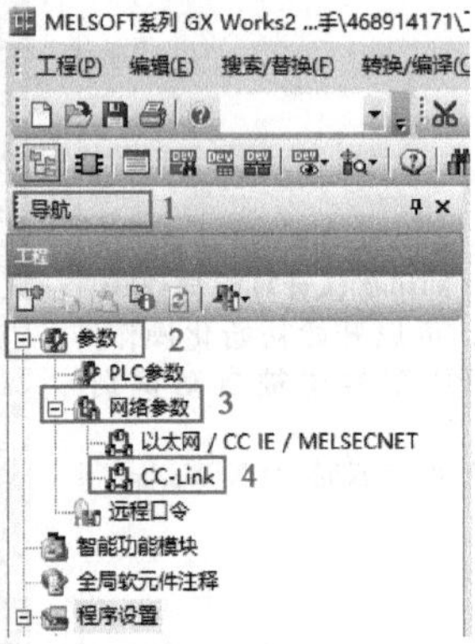
2）	在“网络参数 CC-Link 一览设置”对话框中，按照右图进行参数设置： “模块块数”为“1”。 “起始 I/O 号”为“0000”。 “类型”为“主站”。 “模式设置”为“远程网络（Ver. 1 模式）”。 “总连接台数”为“1”。 “远程输入(RX)”为“X1000”。 “远程输出(RY)”为“Y1000”。 “远程寄存器(RWr)”为“W0”。 “远程寄存器(RWw)”为“W100”。 “特殊继电器(SB)”为“SB0”。 “特殊寄存器(SW)”为“SW0”。 “重试次数”为“3”。 “自动恢复台数”为“1”。 “CPU 宕机指定”为“停止”。 “扫描模式指定”为“非同步”。 “延迟时间设置”为“0”。 在完成相关参数设置后，单击“站信息设置”中的“站信息”，此时窗口显示“CC-Link 站信息 模块 1”对话框	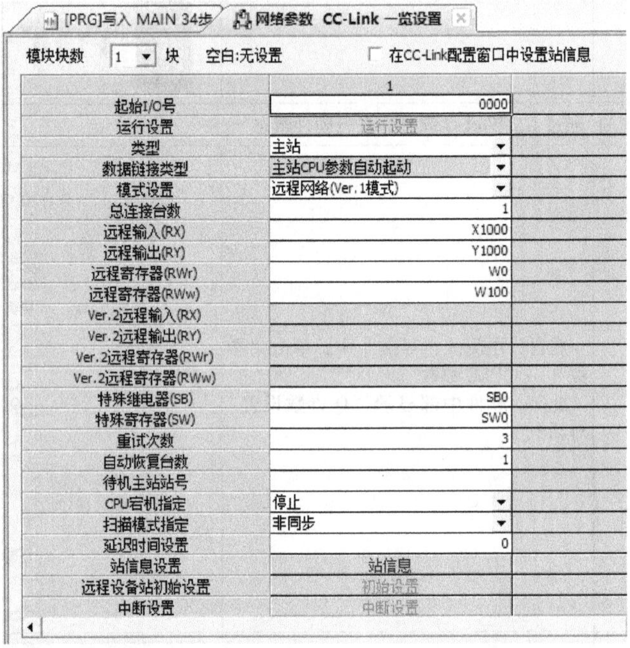
3）	在弹出的“CC-Link 站信息 模块 1”对话框中，“站类型”选择“远程设备站”。 “占用站数”选择“占用 1 站”；“保留/无效站指定”选择“无设置”。 完成参数设置后，单击两处“设置结束”按钮，退出 CC-Link 参数设置	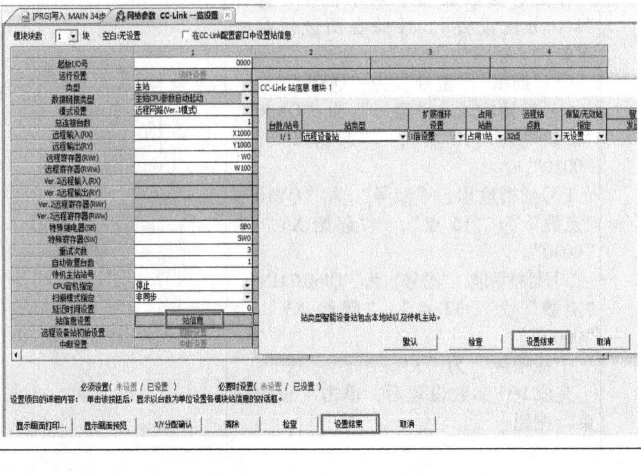

（续）

操作步骤	操作说明	示意图
（5）在程序编辑区域，编写PLC程序		
	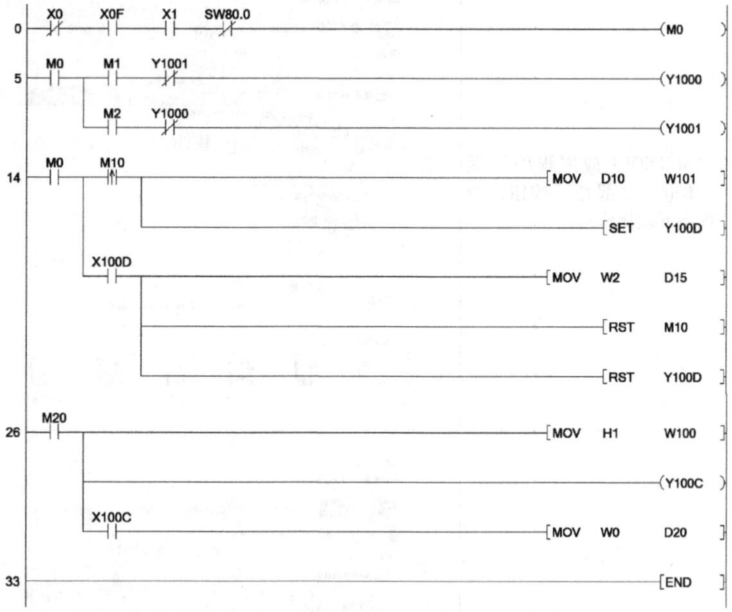	0 X0 X0F X1 SW80.0 (M0) 5 M0 M1 Y1001 (Y1000) M2 Y1000 (Y1001) 14 M0 M10 [MOV D10 W101] [SET Y100D] X100D [MOV W2 D15] [RST M10] [RST Y100D] 26 M20 [MOV H1 W100] (Y100C) X100C [MOV W0 D20] 33 [END]
（6）PLC程序下载		
1）	在“GX Works2”窗口的菜单栏中单击“在线”→“PLC写入”	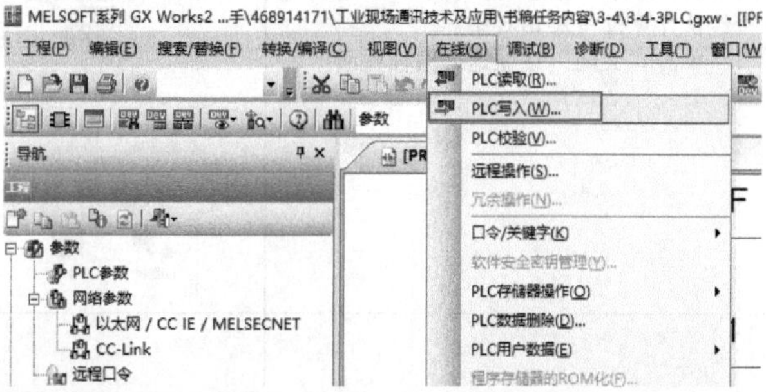 MELSOFT系列 GX Works2 ...手\468914171\工业现场通讯技术及应用\书稿任务内容\3-4\3-4-3PLC.gxw - [[PF 工程(P) 编辑(E) 搜索/替换(F) 转换/编译(C) 视图(V) 在线(O) 调试(B) 诊断(D) 工具(T) 窗口(W) 参数 导航 [PR 参数 PLC参数 网络参数 以太网 / CC IE / MELSECNET CC-Link 远程口令 PLC读取(R)... PLC写入(W)... PLC校验(V)... 远程操作(S)... 冗余操作(N)... 口令/关键字(K) 软件安全密钥管理(Y)... PLC存储器操作(O) PLC数据删除(D)... PLC用户数据(E) 程序存储器的ROM化(F)...
2）	在弹出的“在线数据操作”对话框中，单击“参数+程序”，然后单击“执行”按钮，进行PLC程序下载操作	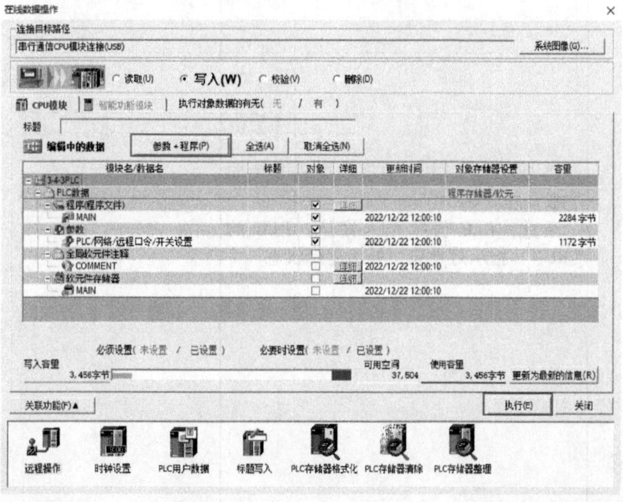 在线数据操作 连接目标路径 串行通信CPU模块连接(USB) 系统图像(G)... 读取(U) 写入(W) 校验(V) 删除(D) CPU模块 智能功能模块 执行对象数据的有无(无 / 有) 标题 编辑中的数据 参数+程序(P) 全选(A) 取消全选(N) 模块名/数据名 标题 对象 详细 更新时间 对象存储器设置 容量 3-4-3PLC PLC数据 程序存储器/软元... 程序(程序文件) 详细 MAIN 2022/12/22 12:00:10 2284字节 参数 PLC/网络/远程口令/开关设置 2022/12/22 12:00:10 1172字节 全局软元件注释 COMMENT 详细 2022/12/22 12:00:10 软元件存储器 详细 MAIN 2022/12/22 12:00:10 必须设置(未设置 / 已设置) 必要时设置(未设置 / 已设置) 写入容量 3,456字节 可用空间 37,504 使用容量 3,456字节 更新为最新的信息(R) 关联功能(F)▲ 执行(E) 关闭 远程操作 时钟设置 PLC用户数据 标题写入 PLC存储器格式化 PLC存储器清除 PLC存储器整理

（续）

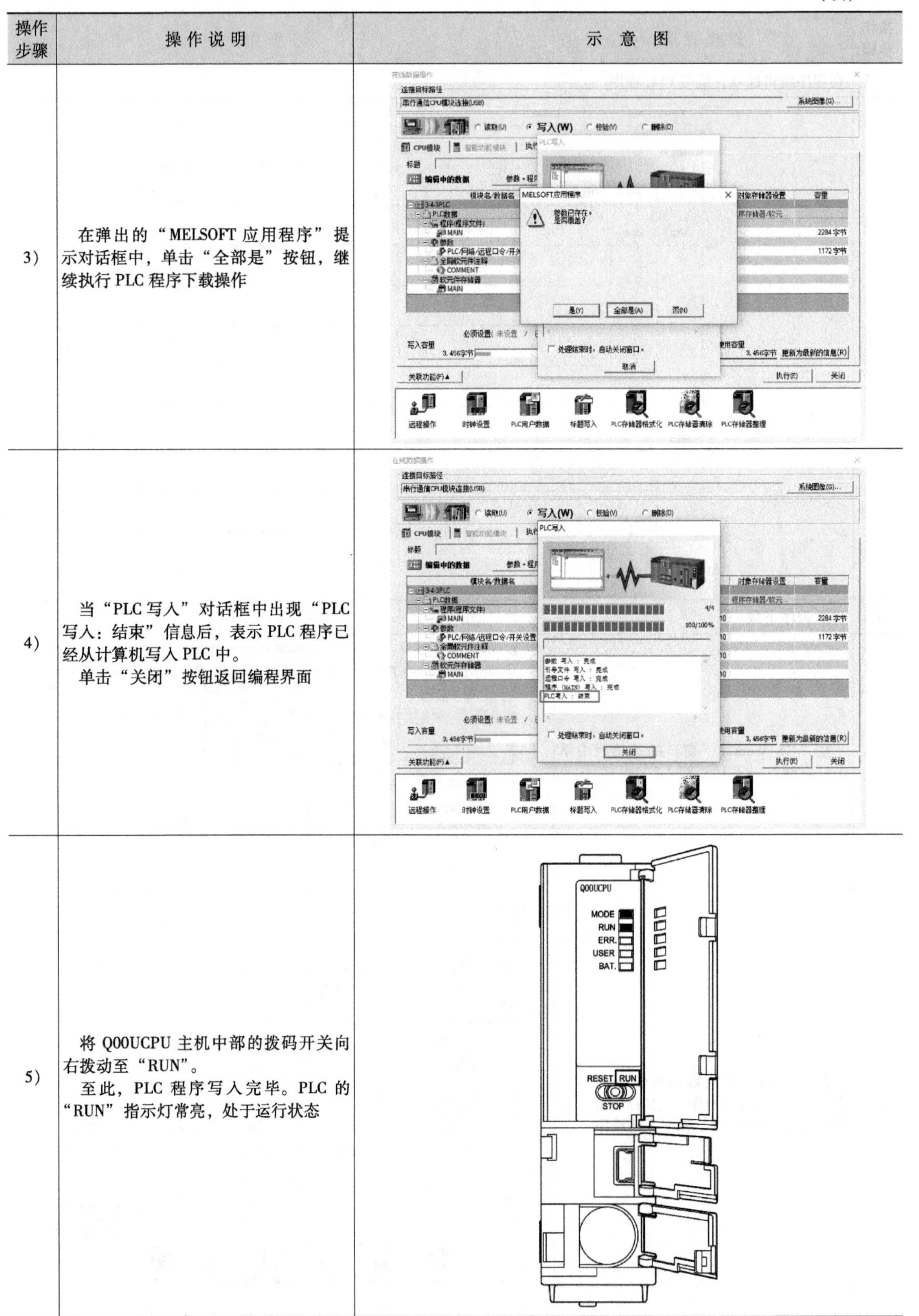

操作步骤	操作说明	示意图
3）	在弹出的“MELSOFT 应用程序”提示对话框中，单击“全部是”按钮，继续执行 PLC 程序下载操作	
4）	当“PLC 写入”对话框中出现“PLC 写入：结束”信息后，表示 PLC 程序已经从计算机写入 PLC 中。 单击“关闭”按钮返回编程界面	
5）	将 Q00UCPU 主机中部的拨码开关向右拨动至“RUN”。 至此，PLC 程序写入完毕。PLC 的“RUN”指示灯常亮，处于运行状态	

（续）

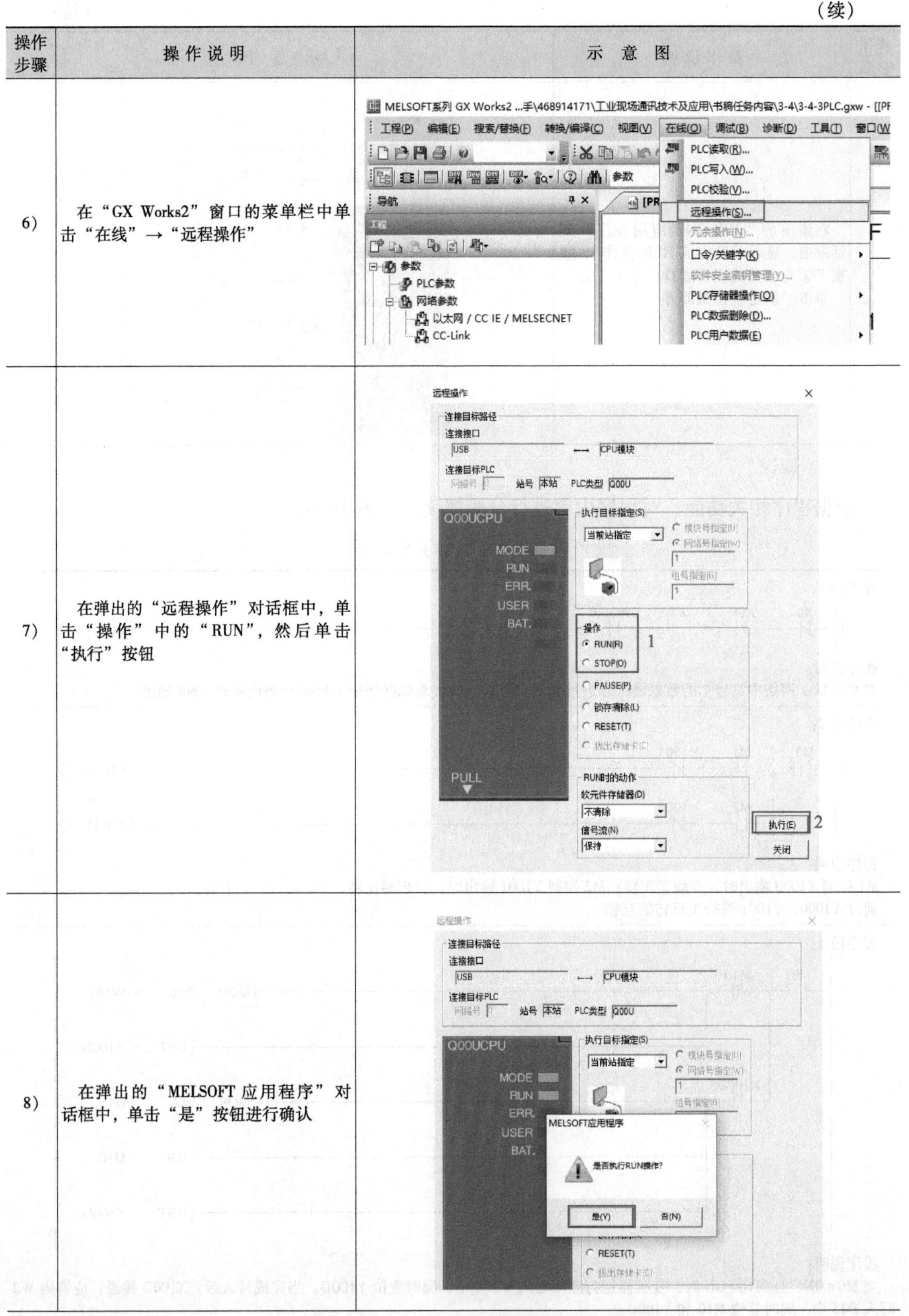

操作步骤	操作说明	示意图
6）	在“GX Works2”窗口的菜单栏中单击“在线”→“远程操作”	
7）	在弹出的“远程操作”对话框中，单击“操作”中的“RUN”，然后单击“执行”按钮	
8）	在弹出的“MELSOFT应用程序”对话框中，单击“是”按钮进行确认	

（续）

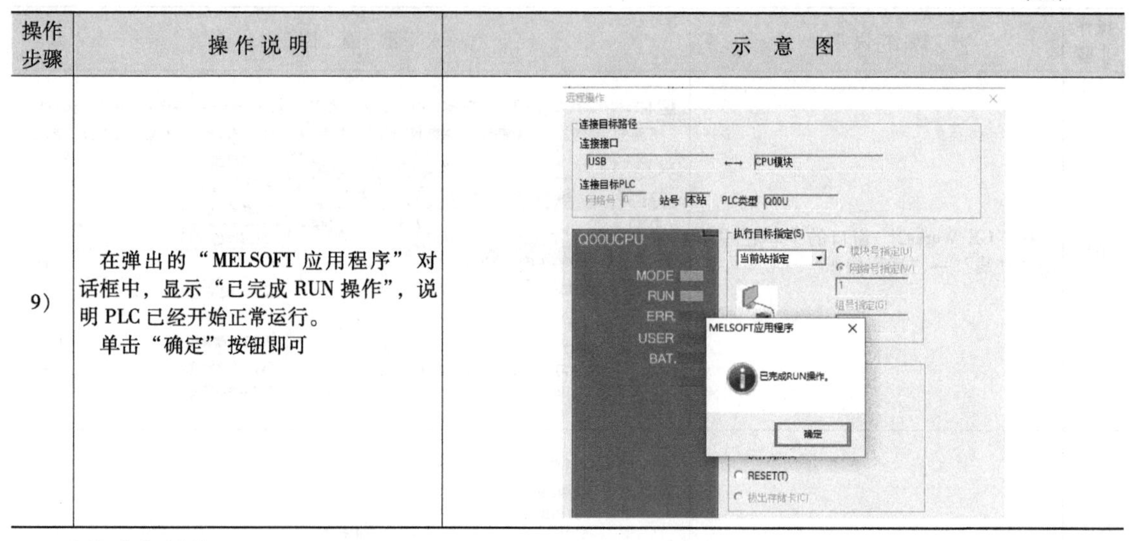

操作步骤	操作说明	示意图
9）	在弹出的“MELSOFT 应用程序”对话框中，显示“已完成 RUN 操作”，说明 PLC 已经开始正常运行。 单击“确定”按钮即可	

［程序解读］

根据程序相关功能，对程序内容进行分段解读，见表 3-47。

表 3-47　程序分段解读

程序段 1：

```
      X0     X0F     X1    SW80.0
0 ──┤/├────┤ ├────┤ ├────┤/├──────────────────────(M0    )
```

程序说明：
对 CC-Link 网络中站号 1 的数据链状态进行确认。当 CC-Link 总线网络中 1 号站状态正常时，M0 输出

程序段 2：

```
      M0      M1     Y1001
5 ──┤ ├──┬──┤ ├────┤/├────────────────────────────(Y1000 )
         │    M2     Y1000
         └──┤ ├────┤/├────────────────────────────(Y1001 )
```

程序说明：
M1 控制 Y1000 输出时，变频器正转；M2 控制 Y1001 输出时，变频器反转。
通过 Y1000、Y1001 进行正反转的互锁

程序段 3：

```
       M0      M10
14 ──┤ ├──┬──┤↑├──┬───────────────────[MOV   D10    W101  ]
          │       └───────────────────[SET          Y100D ]
          │   X100D
          └──┤ ├──┬───────────────────[MOV   W2     D15   ]
                  ├───────────────────[RST          M10   ]
                  └───────────────────[RST          Y100D ]
```

程序说明：
当 M0=ON，且 M10=ON 时，变频器运行频率写入 W101 中，同时置位 Y100D。当完成写入后，X100D 接通，应答码 W2 写入 D15 中，同时复位 M10 和 Y100D

（续）

程序段4：

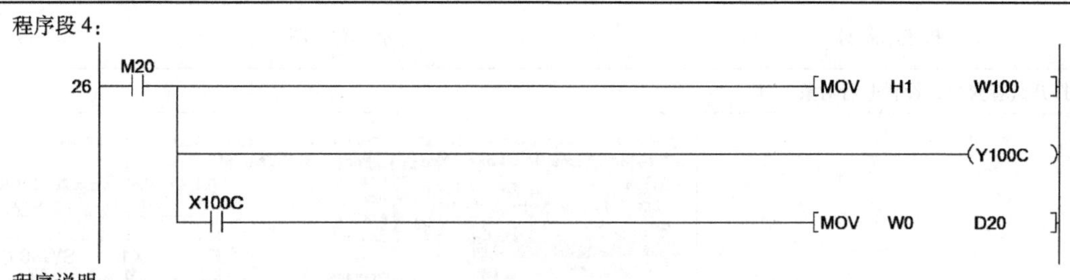

程序说明：
PLC运行后，当M20=ON，读取变频器的实时运行频率，并将结果值存储至寄存器D20中。

3.4.4　Q系列与变频器联机调试

3.4.4　Q系列与变频器联机调试

［目标］

将GX Works2编程软件调至监视模式，对E800变频器通过Q系列基于CC-Link协议进行正反转控制、调速控制及实时频率监控。

［描述］

在完成Q系列程序下载后，通过GX Works2的“监视模式”对程序中的辅助继电器进行设置，使变频器控制电动机运行；同时通过对寄存器进行写入与监控，实现改变变频器运行频率，并对变频器实时频率进行监控。

［实施］

1. 实施说明

实践中，应确保计算机和Q00U主机通信线路连接正常，在完成PLC程序下载后，软件应处于联机状态。

2. 操作步骤

Q系列与变频器联机调试操作步骤见表3-48。

表3-48　Q系列与变频器联机调试操作步骤

操作步骤	操作说明	示意图
（1）进行PLC电源接线（PLC与计算机通过编程线连接），GX Works2进入监视模式		
	在“GX Works2”窗口的菜单栏中单击“在线”→“监视”→“监视模式”，使软件处于监视模式	

（续）

<table>
<tr><th>操作步骤</th><th>操 作 说 明</th><th>示 意 图</th></tr>
<tr><td colspan="3">（2）打开监看窗口，设置监看对象</td></tr>
<tr><td>1）</td><td>在“GX Works2”窗口的菜单栏中单击“在线”→“监看”→“登录至监看窗口”，开启监看窗口</td><td></td></tr>
<tr><td>2）</td><td>在“监看 1”的“软元件/标签”中输入需要监控的软元件：
M1：控制变频器正转；
M2：控制变频器反转；
M10：设定频率写入；
M20：开始实时速度显示；
D10：变频器速度设定；
D20：变频器实时速度显示</td><td>监看1
<table>
<tr><th>软元件/标签</th><th>当前值</th><th>数据类型</th><th>类</th><th>软元件</th><th>注释</th></tr>
<tr><td>M1</td><td>—</td><td>Bit</td><td></td><td>M1</td><td></td></tr>
<tr><td>M2</td><td>—</td><td>Bit</td><td></td><td>M2</td><td></td></tr>
<tr><td>M10</td><td>—</td><td>Bit</td><td></td><td>M10</td><td></td></tr>
<tr><td>M20</td><td>—</td><td>Bit</td><td></td><td>M20</td><td></td></tr>
<tr><td>D10</td><td>—</td><td>Word[Signed]</td><td></td><td>D10</td><td></td></tr>
<tr><td>D20</td><td>—</td><td>Word[Signed]</td><td></td><td>D20</td><td></td></tr>
</table></td></tr>
<tr><td colspan="3">（3）开启监看功能，进行变频器控制</td></tr>
<tr><td>1）</td><td>在“GX Works2”窗口的菜单栏中单击“在线”→“监看”→“监看开始”，开启监看功能</td><td></td></tr>
<tr><td>2）</td><td>在“监看 1”中，将“D10”设置为“2345”；将“M20”设置为“1”；将“M1”设置为“1”。
此时变频器开始正转，D20 的数据由 0 开始升高</td><td>监看1(监视执行中)
<table>
<tr><th>软元件/标签</th><th>当前值</th><th>数据类型</th><th>类</th><th>软元件</th><th>注释</th></tr>
<tr><td>M1</td><td>1</td><td>Bit</td><td></td><td>M1</td><td></td></tr>
<tr><td>M2</td><td>0</td><td>Bit</td><td></td><td>M2</td><td></td></tr>
<tr><td>M10</td><td>0</td><td>Bit</td><td></td><td>M10</td><td></td></tr>
<tr><td>M20</td><td>1</td><td>Bit</td><td></td><td>M20</td><td></td></tr>
<tr><td>D10</td><td>2345</td><td>Word[Signed]</td><td></td><td>D10</td><td></td></tr>
<tr><td>D20</td><td>2085</td><td>Word[Signed]</td><td></td><td>D20</td><td></td></tr>
</table></td></tr>
</table>

（续）

操作步骤	操作说明	示意图
3)	当变频器运行至设定的目标频率“23.45 Hz”后，D20的数值显示为“2345” 说明，PLC通信控制变频器起动并已成功设定速度	监看1(监视执行中) 软元件/标签 | 当前值 | 数据类型 | 类 | 软元件 | 注释 M1 | 1 | Bit | | M1 | M2 | 0 | Bit | | M2 | M10 | 0 | Bit | | M10 | M20 | 1 | Bit | | M20 | D10 | 2345 | Word[Signed] | | D10 | D20 | 2345 | Word[Signed] | | D20 |

【学习成果评价】

对任务实施过程中的学习成果进行自我总结与评分，具体评价标准见表3-49。

表3-49 学习成果评价表

任务成果		评分表（1~5分）		
实践内容	任务总结与心得	学生自评	同学互评	教师评分
本任务线路设计及接线掌握情况				
变频器CC-Link协议参数设置掌握情况				
Q系列CC-Link通信协议掌握情况				
使用监看模式对变频器联机调试掌握情况				

【素养评价】

对任务实施过程中的思想道德素养进行量化评分，具体评价标准见表3-50。

表3-50 素养评价表

评价项目	评价内容	得分
课上表现	课堂参与程度	5□ 3□ 1□
	小组合作程度	5□ 3□ 1□
	实操完成度	5□ 3□ 1□
	任务完成质量	5□ 3□ 1□
职业精神	合作探究	5□ 3□ 1□
	严谨精细	5□ 3□ 1□
	讲求效率	5□ 3□ 1□
	独立思考	5□ 3□ 1□
	问题解决	5□ 3□ 1□
法治意识	遵纪守法	5□ 3□ 1□
	拥护法律	5□ 3□ 1□
健全人格	责任意识	5□ 3□ 1□
	抗压能力	5□ 3□ 1□
	友善待人	5□ 3□ 1□
	善于沟通	5□ 3□ 1□

（续）

评价项目	评价内容	得　分
社会意识	低碳节约	5□　3□　1□
	环境保护	5□　3□　1□
	热心公益	5□　3□　1□

【拓展与提高】

某通风设备使用三相异步电动机作为主要动力。由于工艺升级需要对进风量进行准确调节，要求采用变频器对其进行调速控制，实现电动机运行速度可稳定调节、速度控制准确的要求。具体要求如下：

1）系统根据不同的工艺要求，可设置一个高速运行频率、一个低速运行频率。设置时，高速运行频率需要高于低速运行频率。

2）当自动运行时，先执行低速运行频率2 min；之后按照1 Hz/s的速率，将频率提高至高速运行频率，到达高速运行频率后，运行2 min；之后按照0.5 Hz/s的速率，将频率降低至低速运行频率，到达低速运行频率后，系统一直按照此规律循环运行，直至按下停止按钮后，系统停止。

任务需要提交的资料见表3-51。

表3-51　任务需要提交的资料

序　号	文　件　名	数　量	负　责　人
1	任务选型依据及定型清单	1	
2	电气原理图	1	
3	电气线路完工照片	1	
4	调试完成的PLC程序	1	

项目 4　PLC 之间组网通信

【项目背景】

随着制造业智能化、信息化的转型升级，企业对现场设备的控制能力、信息化程度等要求大幅度提高。采用单台 PLC 控制，缺乏网络化、信息化能力，往往无法满足现代制造业的生产制造需求。传统生产设备向自动化设备发展。随着产业升级，出现了“无人车间”“熄灯工厂”等智能工厂，实现了智能生产，企业生产效率进一步提高。

随着网络化、数字化、智能化的发展，作为工业自动化控制核心的 PLC，由之前的控制单台设备，向着网络化组网的多台设备实时交互控制发展。通过 PLC 之间的组网，实现了前后级之间设备数据交互，使大规模自动化、智能化生产线得以实现。计算机系统通过工业网络实现了对网络中 PLC 的状态、数据等信息的采集，这为实现智能工厂数字化打下了坚实的基础。

本项目将介绍 PLC 之间采用专用通信协议，实现数据交互的具体方法及操作步骤。

【项目描述】

高新制造企业的生产车间实施数字信息化升级，需要对原有的单台设备实施网络化升级改造，将各台设备之间进行组网，主站设备与网络中的从站设备进行数据交互，以便信息化系统对所有设备进行数据监控、产能管理。

【任务分解】

- FX_{3U}系列 PLC 通过扩展 RS-485 通信接口，采用三菱 N:N 通信协议，完成 PLC 之间的数据交互。
- FX_{5U}系列 PLC 通过以太网通信接口，采用三菱以太网通信协议，完成 PLC 之间的数据交互。

【素质目标】

- 通过连接通信线路，培养安全操作、文明操作、规范操作的意识。
- 通过参数设置和 PLC 编程，培养认真、严谨、细致的工作态度。
- 通过多机通信数据交互，培养团队协作、有效沟通的能力及网络安全意识。

【知识目标】

- 掌握 FX_{3U}系列 N:N 通信参数的定义。
- 掌握 FX_{5U}系列 Socket 以太网通信参数的定义。
- 掌握 PLC 之间 N:N 通信、Socket 以太网通信中数据通信指令的使用方法。
- 理解三菱 N:N 通信、Socket 以太网通信的应用领域、应用场景及特点。

【技能目标】

- 能够连接多台 FX_{3U}系列 PLC（采用 N:N 通信）的 RS-485 通信线路。

- 能够连接多台 FX_{5U}系列 PLC（采用 Socket 以太网通信）的通信线路。
- 能够根据 N:N 通信协议设置通信参数，并编写 FX_{3U}系列 PLC 程序，实现 PLC 之间的数据交互。
- 能够根据 Socket 以太网通信协议设置通信参数，并编写 FX_{5U}系列 PLC 程序，实现 PLC 之间的数据交互。

任务 4.1 FX_{3U}基于 N:N 通信协议 RS-485 组网通信

【任务导读】

本任务将详细介绍 FX_{3U}系列 PLC 的扩展 RS-485 通信板，通过 RS-485 组网通信，采用 N:N 通信协议，实现 PLC 内部寄存器的数据在 3 台 PLC 之间传输。通过本任务，读者将学习到 FX_{3U}系列 PLC 在 N:N 协议通信中，通信数据范围的定义及数据收发功能的使用方法。

【任务情景】

某生产车间实施数据信息化升级改造。车间有 3 台加工设备，3 台设备均使用 FX_{3U}系列 PLC 进行自动生产加工。

要求在 1 台设备上设置当天计划产量，然后进行数据同步，其他 2 台设备照此数据执行当天计划产量，同时每台设备的实时产量由各自 PLC 进行计数，主站负责收集其他从站设备的实时产量数据，实现主站对所有设备进行数据监控、产能管理的目的。

【任务目标】

3 台 FX_{3U}系列 PLC 的扩展 FX_{3U}-232-BD 通信板通过 RS-485 通信线路，采用 N:N 通信协议，实现 3 台 PLC 之间数据通信传输。

【任务准备】

1）任务准备软硬件清单见表 4-1。

表 4-1　任务准备软硬件清单

序号	器件名称	数量	用　途
1	带 USB 口的计算机（或个人笔记本计算机）	1	编写 PLC 程序及监控数据
2	FX_{3U}-32M	3	作为组网的主、从站
3	FX_{3U}-485-BD	3	PLC 扩展的 RS-485 通信接口
4	天技 T125A USB 转 232&485 模块（T125A 模块）	1	将 USB 接口转换成 RS-232 接口
5	网线（RS-485 通信）	1	3 台 PLC 进行 N:N 通信
6	打印机数据线	1	连接计算机 USB 口与 T125A 模块
7	SC-11 通信线	1	连接计算机和 PLC
8	220 V 电源线	1	给 PLC 供电
9	GX Works2 软件	1	FX_{3U}编程软件

2）任务关键实物清单图片如图 4-1 所示。

【任务实施】

本项目通过 RS-485 通信连接以及 FX_{3U}之间的数据交互，实现 PLC 寄存器数据的传输。具体实施步骤可分解为 5 个小任务，如图 4-2 所示。

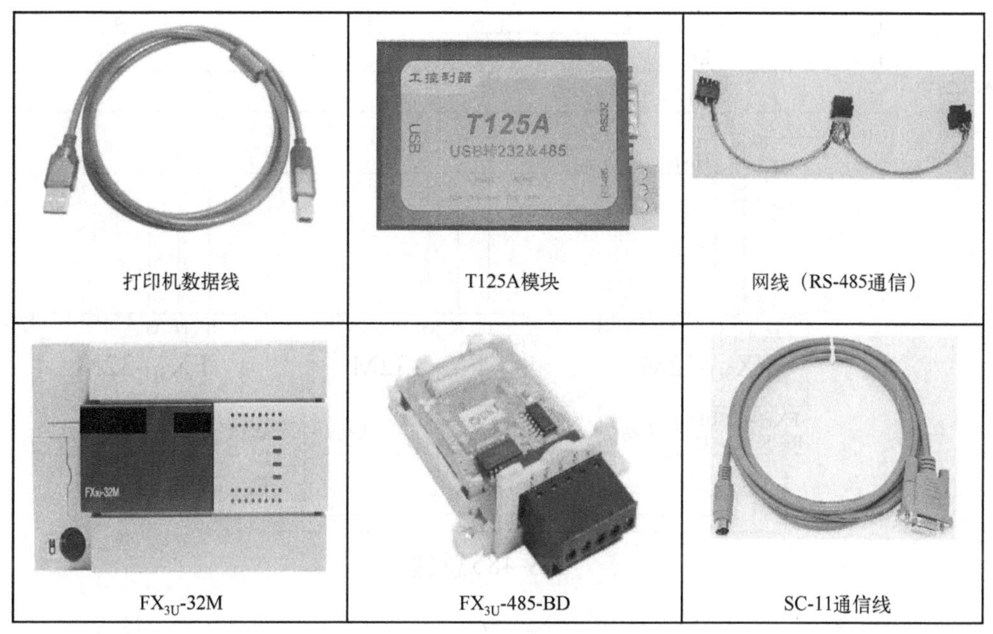

图 4-1　任务关键实物清单

图 4-2　3 台 FX_{3U}系列 PLC 基于 N∶N 通信协议组网通信的实施步骤

小任务 1：连接 3 台 FX_{3U}的 RS-485 通信线路。

小任务 2：对每台 PLC 数据的收发地址进行规划。

小任务 3：根据 N∶N 通信协议，编写 FX_{3U}主站 PLC 的通信程序。

小任务 4：根据 N∶N 通信协议，编写 FX_{3U}从站 PLC 的通信程序。

小任务 5：对 3 台 FX_{3U}系列 PLC 进行联机调试，通过通信实现 PLC 之间的数据交互。

4.1.1　3 台 FX_{3U}的 RS-485 通信连接

［目标］

完成 3 台 FX_{3U}的 RS-485 之间通信线路、电源线路的连接。

4.1.1　3 台 FX_{3U} RS-485 通信连接（器件准备及 PLC 电源连接）

4.1.1　3 台 FX_{3U} RS-485 通信连接（通信线路连接）

［描述］

FX_{3U}通过安装 FX_{3U}-485-BD 通信板进行 RS-485 通信接口的扩展，通过线路对 RS-485 通信接口进行连接，以及对电源部分线路进行连接，完成硬件部分系统搭建。需要将计算机通过 T125A 模块扩展 RS-232 通信接口和 SC-11 PLC 串口下载线与 FX_{3U}进行逐一连接，以实现程序下载及程序监控通信。

系统接线图如图 4-3 所示，系统通信架构图如图 4-4 所示。

［实施］

3 台 FX_{3U}的 RS-485 通信线路连接操作步骤见表 4-2。

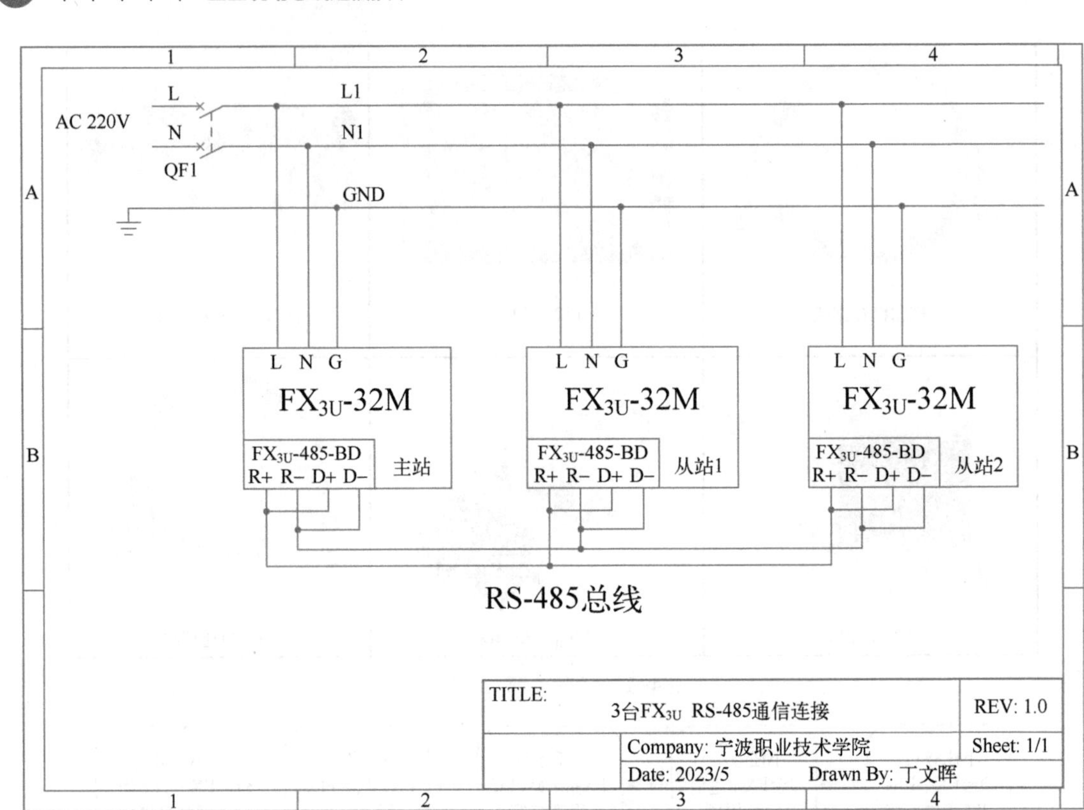

图 4-3 系统接线图

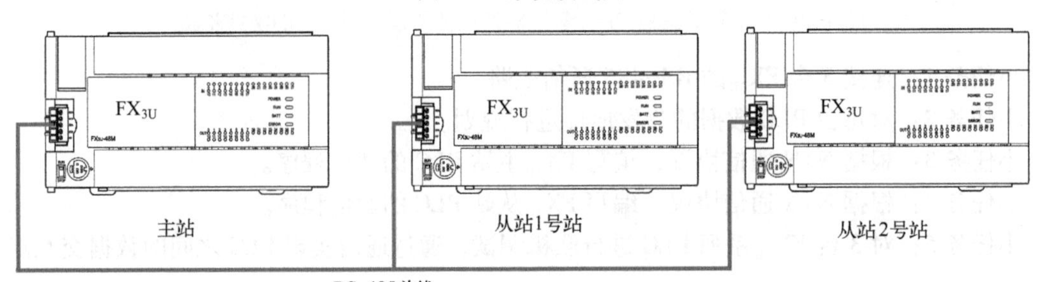

图 4-4 系统通信架构图

表 4-2 3 台 FX_{3U} 的 RS-485 通信线路连接操作步骤

操作步骤	操 作 说 明	示 意 图
1)	进行 FX_{3U}-485-BD 通信扩展模块的安装，详见本书的 3.3.1 小节	
2)	将 FX_{3U}-485-BD 通信扩展板安装至 FX_{3U} 系列 PLC 左侧扩展接口处。 将通信扩展板的接口按照右图所示进行连接。 注意： 由于通信线路距离较短，所以可以忽略终端电阻的问题	终端电阻 110Ω SDA (TXD+) SDB (TXD−) RDA (RXD+) RDB (RXD−) SG 终端电阻 110Ω

（续）

操作步骤	操作说明	示意图
3）	在完成通信线路连接后，根据系统接线图进行电源部分的连接。 完成线路连接后，将所有 FX_{3U} 左下角的拨码开关从上往下拨动至“STOP”	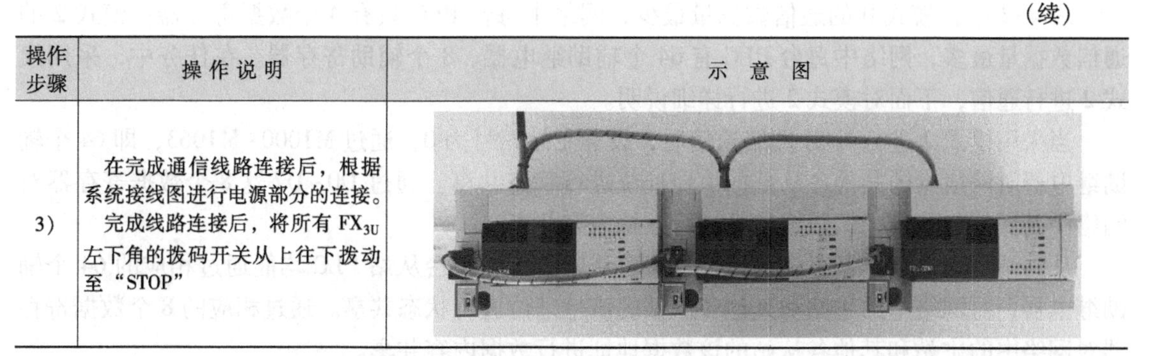

4.1.2 3台 FX_{3U} 通信地址的规划

［目标］

对 N:N 网络通信数据范围进行解读，完成3台 FX_{3U} 通信地址的规划。

［描述］

通过对 N:N 网络通信方式的分析，理解 N:N 网络的通信范围、通信功能以及用途；规划任务中3台 FX_{3U} 系列 PLC 的通信地址。在程序后续编写及调试过程中，将按照本任务规划的地址进行。

［实施］

1. N:N 网络通信

N:N 网络通信通过并联 RS-485 通信接口的形式，实现网络组网，最多可连接8台 FX 系列 PLC。N:N 网络通信时，可在组网的 PLC 之间自动执行数据交换。在网络工作时，通过模式选择决定不同范围的软元件在各 PLC 之间执行数据通信，并且可以在任意一台 PLC 中监控这些软元件的数据变化情况。N:N 网络一般用于小规模 PLC 系统的数据连接以及设备之间的信息交换，适用于 FX_{1N}、FX_{2N}、FX_{3S}、FX_{3G}、FX_{3GC}、FX_{3U}、FX_{3UC} 等同一系列之间的数据交互。

在通信时，网络中的波特率为 38 400 bit/s，其他通信参数的格式固定（按三菱协议执行）。

N:N 通信中，有3种通信模式，见表4-3。

表4-3 N:N 网络通信的3种通信模式

站号		模式0		模式1		模式2	
		位软元件（M）	字软元件（D）	位软元件（M）	字软元件（D）	位软元件（M）	字软元件（D）
		0点	各站4点	各站32点	各站4点	各站64点	各站8点
主站	站号0	—	D0~D3	M1000~M1031	D0~D3	M1000~M1063	D0~D7
从站	站号1	—	D10~D13	M1064~M1095	D10~D13	M1064~M1127	D10~D17
	站号2	—	D20~D23	M1128~M1159	D20~D23	M1128~M1191	D20~D27
	站号3	—	D30~D33	M1192~M1223	D30~D33	M1192~M1255	D30~D37
	站号4	—	D40~D43	M1256~M1287	D40~D43	M1256~M1319	D40~D47
	站号5	—	D50~D53	M1320~M1351	D50~D53	M1320~M1383	D50~D57
	站号6	—	D60~D63	M1384~M1415	D60~D63	M1384~M1447	D60~D67
	站号7	—	D70~D73	M1448~M1479	D70~D73	M1448~M1511	D70~D77

表 4-3 中，模式 0 的通信数据量最少，网络中每台 PLC 只有 4 个数据寄存器；模式 2 的通信数据量最多，网络中每台 PLC 有 64 个辅助继电器、8 个辅助寄存器。在任务中，采用模式 2 进行通信，下面对模式 2 进行详细说明。

当采用模式 2 进行 N∶N 网络通信时，设置主站站号为 0，通过 M1000~M1063，即 64 个辅助继电器对网络中的其他各从站的该地址位进行状态共享。通过 D0~D7 这 8 个数据寄存器对网络中的其他各从站的该数据地址进行数据内容共享。

从站站号为 1~7，即最多可以扩展 7 台从站 PLC。每台从站 PLC 均能通过相应的 64 个辅助继电器，对网络中的主站和其他各从站的该地址位进行状态共享。通过相应的 8 个数据寄存器对网络中的主站和其他各从站的该数据地址进行数据内容共享。

在主站通信时，当主站中 M1000 的状态被置为 ON 后，N∶N 网络中的其他 PLC 的 M1000 也会被置为 ON；当主站中数据寄存器 D0 的数据发生变化，N∶N 网络中的其他 PLC 的 D0 数据也会被同时更改。

从站通信时，以从站 1 为例：当从站 1 中 M1064 的状态被置为 ON 后，N∶N 网络中的主站以及其他从站 PLC 的 M1064 也会被置为 ON；当从站中数据寄存器 D10 的数据发生变化，N∶N 网络中的主站以及其他 PLC 的 D10 数据也会被同时更改。

2. 3 台 FX_{3U} 通信地址的规划

任务中，采用模式 2 作为通信模式，对 3 台 FX_{3U} 系列 PLC 的位软元件、字元件分别进行定义和说明，见表 4-4。

表 4-4　3 台 FX_{3U} 通信地址的规划

序号	通信地址要求	示 意 图
1)	主站 M1000 作为主站发出的位软元件。程序执行时，M1000 按照 1 Hz 频率闪烁并进行输出	发出M1000 主站；接收M1000 从站1；接收M1000 从站2
2)	主站 D0 作为主站发出的字软元件	发出D0 主站；接收D0 从站1；接收D0 从站2
3)	从站 1 的 M1064 作为该从站发出的位软元件。程序执行时，M1064 按照 1 Hz 频率闪烁并进行输出	接收M1064 主站；发出M1064 从站1；接收M1064 从站2
4)	从站 1 的 D10 作为该从站发出的字软元件	接收D10 主站；发出D10 从站1；接收D10 从站2
5)	从站 2 的 M1128 作为该从站发出的位软元件。程序执行时，M1128 按照 1 Hz 频率闪烁并进行输出	接收M1128 主站；接收M1128 从站1；发出M1128 从站2
6)	从站 2 的 D20 作为该从站发出的字软元件	接收D20 主站；接收D20 从站1；发出D20 从站2

4.1.3　FX_{3U}主站PLC程序编写

[目标]

计算机使用GX Works2软件对FX_{3U}主站进行通信参数设置、程序编写及下载。

[描述]

计算机使用GX Works2软件对FX_{3U}主站进行通信参数设置、程序编写及下载。程序主要由通信设置程序、需要发送的软元件数值动态变化程序，以及对接收到从站信息的位软元件进行显示输出的程序组成。具体要求如下：

程序执行时，使D0的数值在0~9之间进行循环累加，使D10的数值在10~19之间进行循环累加，使D20的数值在20~29之间进行循环累加。

[实施]

1. 实施说明

实践中，首先完成计算机与FX_{3U}之间通信线路的连接，并对PLC进行初始化操作（见本书电子资源的“FX_{3U}系列PLC初始化操作说明”文档），通过初始化操作确保后续的操作的顺利进行。当完成程序写入后，需要将FX_{3U}左下角的拨码开关从下往上拨动至“RUN”，使PLC处于执行状态。

2. 操作步骤

FX_{3U}主站PLC程序编写操作步骤见表4-5。

表4-5　FX_{3U}主站PLC程序编写操作步骤

操作步骤	操作说明	示意图
（1）进行PLC电源接线、PLC与计算机通过SC-11通信线连接		
	首先对FX_{3U}进行电源线路接线，确保“POWER”指示灯点亮。 将FX_{3U}左下角的拨码开关从上往下拨动至“STOP”，此时FX_{3U}右侧“RUN”指示灯为熄灭状态。 将SC-11通信线通过T125A模块与计算机相连接	
（2）进行FX_{3U}工程的创建（详见本书的2.1.4小节）		
（3）确认计算机与FX_{3U}的通信端口号（详见本书的2.1.4小节）		
（4）设置GX Works2软件，建立计算机与FX_{3U}主站的通信（详见本书的2.1.4小节）		
（5）在程序编辑区域，编写PLC程序		

（续）

操作步骤	操作说明	示意图
	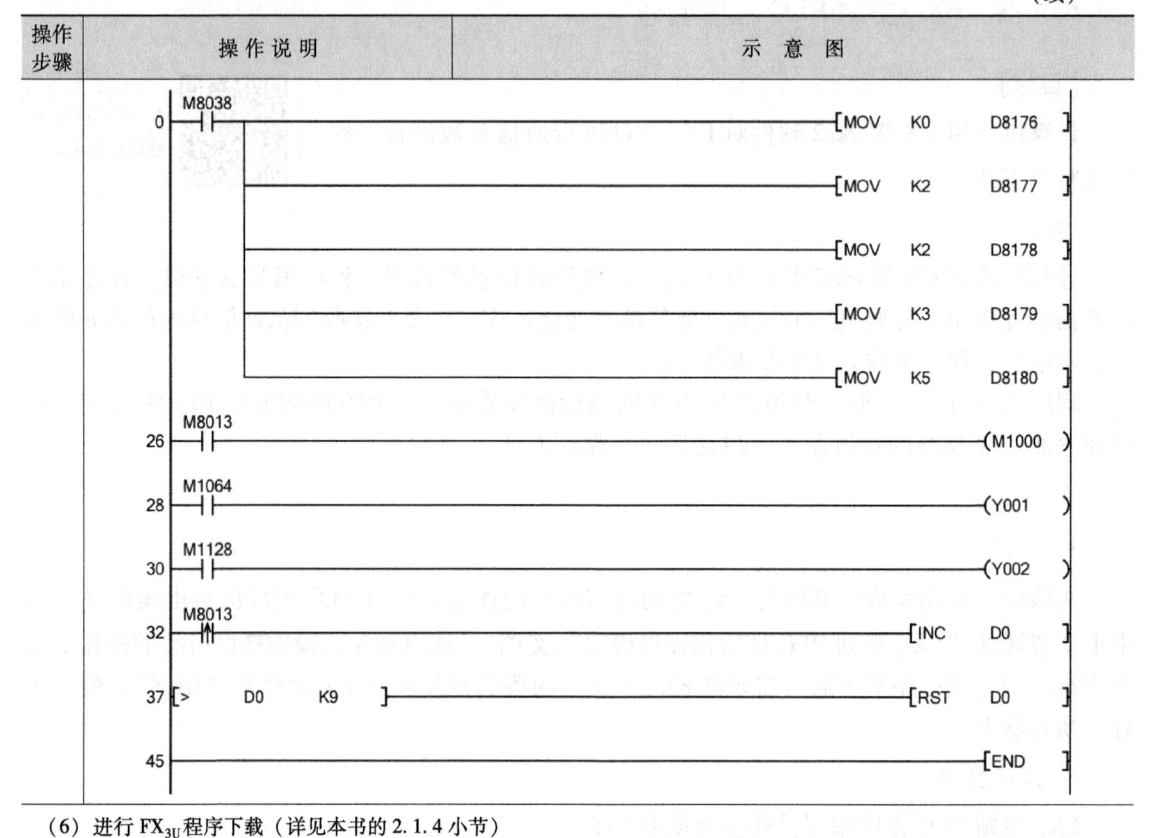	
（6）进行 FX_{3U} 程序下载（详见本书的 2.1.4 小节）		

［程序解读］

根据程序相关功能，对程序内容进行分段解读，见表 4-6。

表 4-6 程序分段解读

程序段 1：

程序注释：

M8038：N:N 网络参数设定（N:N 网络的设定程序，务必从第 0 步开始用 M8038 编写）。

D8176：本机站号设定。

D8177：通信网络中从站总数设定。

D8178：通信的模式设定。

D8179：网络异常重试次数的设定。

D8180：判断网络异常时间的设定。

（续）

程序说明：
在程序第0步，编写M8038表示开启N:N网络通信模式，并进行N:N网络通信参数设定。
本站作为主站，将K0传送至D8176中；
N:N网络通信中从站数量为2，将K2传送至D8177中。
N:N网络通信使用模式2，将K2传送至D8178中。
设置网络异常通信重试次数为3，将K3传送至D8179中。
设置判断网络异常时间为50ms，将K5传送至D8180中

程序段2：

```
     M8013
26 ──┤ ├──────────────────────────────────────(M1000 )
```

程序说明：
通过特殊辅助继电器M8013的1Hz闪烁信号，使M1000状态不断发生变化，同时将该状态值发送至从站1、从站2

程序段3：

```
     M1064
28 ──┤ ├──────────────────────────────────────(Y001 )

     M1128
30 ──┤ ├──────────────────────────────────────(Y002 )
```

程序说明：
读取从站1的位软元件M1064辅助寄存器，当M1064=1时，主站PLC的Y1输出。
读取从站2的位软元件M1128辅助寄存器，当M1128=1时，主站PLC的Y2输出

程序段4：

```
     M8013
32 ──┤↑├──────────────────────────────────────[INC    D0 ]

37 ─[>    D0    K9 ]──────────────────────────[RST    D0 ]
```

程序说明：
通过M8013实现对数据寄存器D0的不断累加，通过比较指令使D0中的数据在0~9之间进行循环

4.1.4 FX_{3U}从站PLC程序编写

4.1.4 FX_{3U}从站PLC程序编写

[目标]

计算机使用GX Works2软件对FX_{3U}从站进行通信参数设置、程序编写及下载。

[描述]

计算机使用GX Works2软件对FX_{3U}从站1、从站2进行通信参数设置、程序编写及下载。程序主要由通信设置程序、需要发送的软元件数值动态变化程序，以及对接收到从站信息的位软元件进行显示输出的程序组成。

[实施]

1. 实施说明

实践中，首先完成计算机与FX_{3U}之间通信线路的连接。通过对PLC进行初始化操作（见本书电子资源的“FX_{3U}系列PLC初始化操作说明”文档），确保后续的操作顺利进行。当完成程序写入后，需要将FX_{3U}左下角的拨码开关从下往上拨动至“RUN”，使PLC处于执行状态。

2. 操作步骤（从站 1）

FX_{3U}从站 1 PLC 程序编写操作步骤见表 4-7。

表 4-7　FX_{3U}从站 1 PLC 程序编写操作步骤

操作步骤	操作说明	示意图
（1）进行 PLC 电源接线、PLC 与计算机通过下载线连接		
	首先对 FX_{3U}从站 1 PLC 进行电源线路接线，确保“POWER”指示灯点亮。 将 FX_{3U}左下角的拨码开关从上往下拨动至“STOP”，此时 FX_{3U}右侧 RUN 灯为熄灭状态。 将 PLC 下载线通过 T125A 模块与计算机相连接	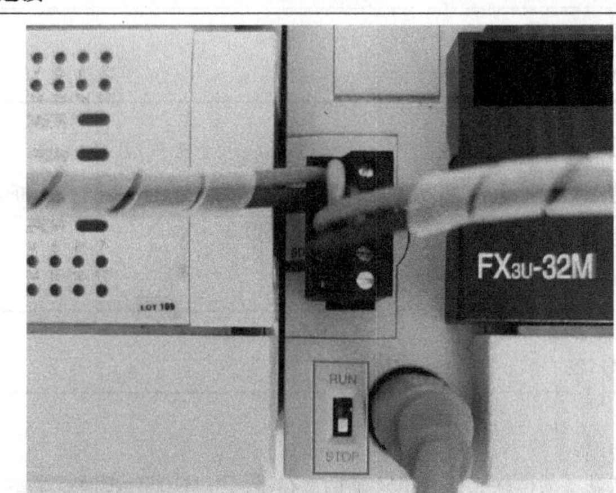
（2）进行 FX_{3U}工程的创建（详见本书的 2.1.4 小节）		
（3）确认计算机与 FX_{3U}的通信端口号（详见本书的 2.1.4 小节）		
（4）设置 GX Works2 软件，建立计算机与 FX_{3U}主站的通信（详见本书的 2.1.4 小节）		
（5）在程序编辑区域，编写 PLC 程序		
	``` 0 [M8038]-------------------------------[MOV K1 D8176] 6 [M1000]-------------------------------(Y000) 8 [M8013]-------------------------------(M1064) 10 [< D10 K10]--+-----------------------[MOV K10 D10] [> D10 K19]--+ 25 [>= D10 K10]--[M8013 ↓]--------------[INC D10] 35 ---------------------------------------[END] ```	
（6）进行 FX_{3U}程序下载（详见本书的 2.1.4 小节）		

［程序解读］

根据程序相关功能，对程序内容进行分段解读，见表 4-8。

表 4-8　程序分段解读

程序段 1：

```
    M8038
0 --| |----------------------------------------[MOV   K1   D8176]
```

（续）

程序注释：
M8038：N:N 网络参数设定（N:N 网络的设定程序，务必从 0 步开始用 M8038 编写）。
D8176：本机站号设定。
程序说明：
在程序第 0 步，编写 M8038 表示开启 N:N 网络通信模式，并进行 N:N 网络通信参数设定。
本站作为从站 1，将 K1 传送至 D8176 中

程序段 2：

```
    M1000
6 ──┤├──────────────────────────────(Y000  )
```

程序说明：
读取主站的位软元件 M1000 辅助寄存器，当 M1000=1 时，从站 1 PLC 的 Y0 输出

程序段 3：

```
    M8013
8 ──┤├──────────────────────────────(M1064  )
```

程序说明：
通过特殊辅助继电器 M8013 的 1 Hz 闪烁信号，使 M1064 状态不断发生变化，同时将该状态值发送至主站和从站 2

程序段 4：

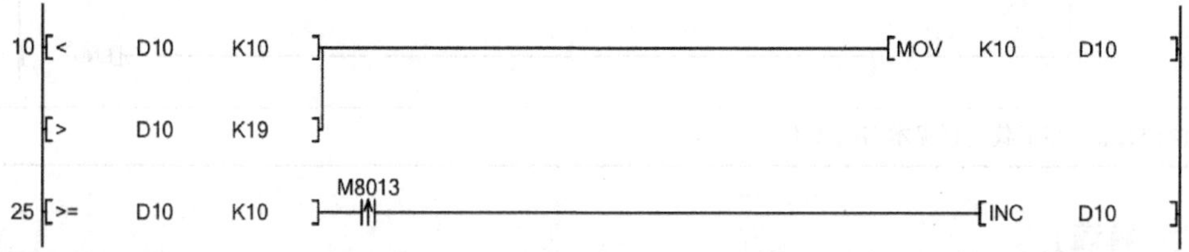

程序说明：
通过 M8013 实现对数据寄存器 D10 的不断累加，通过比较指令使 D10 中的数据在 10~19 之间进行循环

3. 操作步骤（从站 2）

FX_{3U}从站 2 PLC 程序编写操作步骤见表 4-9。

表 4-9　FX_{3U}从站 2 PLC 程序编写操作步骤

操作步骤	操作说明	示意图
（1）进行 PLC 电源接线、PLC 与计算机通过下载线连接		
	首先对 FX_{3U} 从站 2 进行电源线路接线，确保“POWER”指示灯点亮。 将 FX_{3U}左下角的拨码开关从上往下拨动至“STOP”，此时 FX_{3U} 右侧“RUN”指示灯为熄灭状态。 将 PLC 下载线通过 T125A 模块与计算机相连接	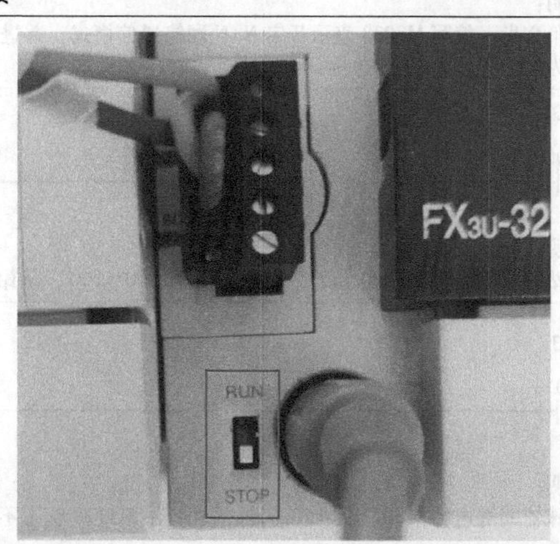

（续）

操作步骤	操作说明	示意图
（2）进行 FX_{3U}工程的创建（详见本书的 2.1.4 小节）		
（3）确认计算机与 FX_{3U}的通信端口号（详见本书的 2.1.4 小节）		
（4）设置 GX Works2 软件，建立计算机与 FX_{3U}主站的通信（详见本书的 2.1.4 小节）		
（5）在程序编辑区域，编写 PLC 程序		
		0 M8038 —[MOV K2 D8176] 6 M1000 —(Y000) 8 M8013 —(M1128) 10 [< D20 K20] —[MOV K20 D20] [> D20 K29] 25 [>= D20 K20] M8013 —[INC D20] 35 —[END]
（6）进行 FX_{3U}程序下载（详见本书的 2.1.4 小节）		

［程序解读］

根据程序相关功能，对程序内容进行分段解读，见表 4-10。

表 4-10　程序分段解读

程序段 1：

0 M8038 —[MOV K2 D8176]

程序注释：
M8038：N:N 网络参数设定（N:N 网络的设定程序，务必从第 0 步开始用 M8038 编写）。
D8176：本机站号设定。
程序说明：
在程序第 0 步，编写 M8038 表示开启 N:N 网络通信模式，并进行 N:N 网络通信参数设定。
本站作为从站 2，将 K2 传送至 D8176 中

程序段 2：

6 M1000 —(Y000)

程序说明：
读取主站的位软元件 M1000 辅助寄存器，当 M1000=1 时，从站 2 PLC 的 Y0 输出

程序段 3：

8 M8013 —(M1128)

程序说明：
通过特殊辅助继电器 M8013 的 1 Hz 闪烁信号，使 M1128 状态不断发生变化，同时将该状态值发送至主站和从站 1

（续）

程序段4：

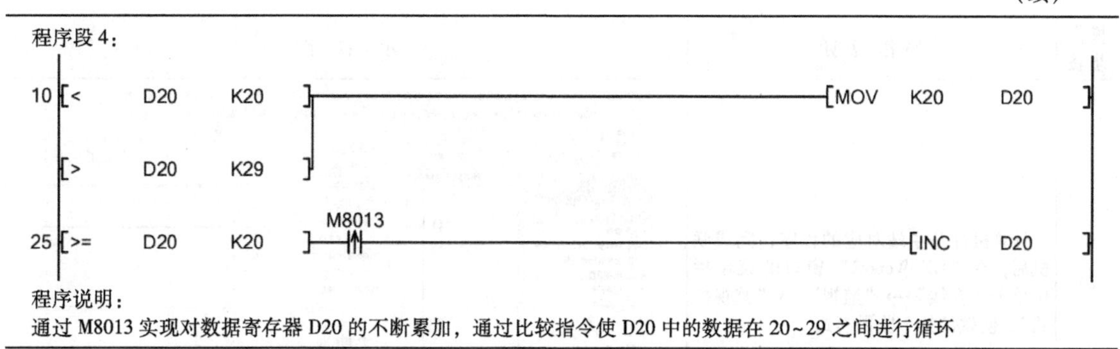

程序说明：
通过M8013实现对数据寄存器D20的不断累加，通过比较指令使D20中的数据在20~29之间进行循环

4.1.5 FX_{3U}的N:N组网联机调试

［目标］

用GX Works2编程软件监视模式，对3台PLC逐一监控，观察N:N网络通信中数据的变化。

4.1.5 FX_{3U} NN组网联机调试（主站数据监视）

4.1.5 FX_{3U} NN组网联机调试（从站数据监视）

［描述］

在完成FX_{3U}程序下载后，通过GX Works2的“监视模式”，联机3台PLC，并对程序运行情况进行监控；同时通过“软元件/缓冲存储器批量监视”列表对FX_{3U}的N:N组网使用的寄存器进行监控，观察数据变化情况。

［实施］

1. 实施说明

实践中，应确保计算机和FX_{3U}通信线路连接正常，在完成全部PLC程序下载后，需要将全部PLC左下角的拨码开关从下往上拨动至“RUN”。同时对全部PLC进行断电再重新上电的操作，从而使N:N网络通信正常工作。

2. 操作步骤

FX_{3U}的N:N组网联机调试操作步骤见表4-11。

表4-11 FX_{3U}的N:N组网联机调试操作步骤

操作步骤	操作说明	示意图
（1）计算机连接主站PLC进行监视		
1）	重新上电后，主站的Y1、Y2指示灯以1Hz频率闪烁输出，说明主站接收到了从站1中M1064的状态、从站2中M1128的状态。 将SC-11通信线与主站进行连接	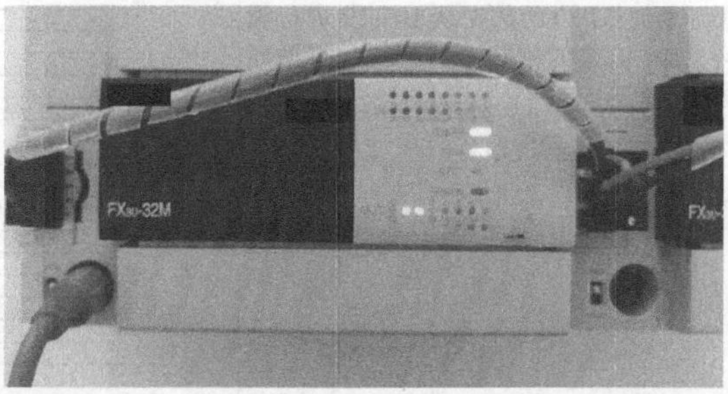

（续）

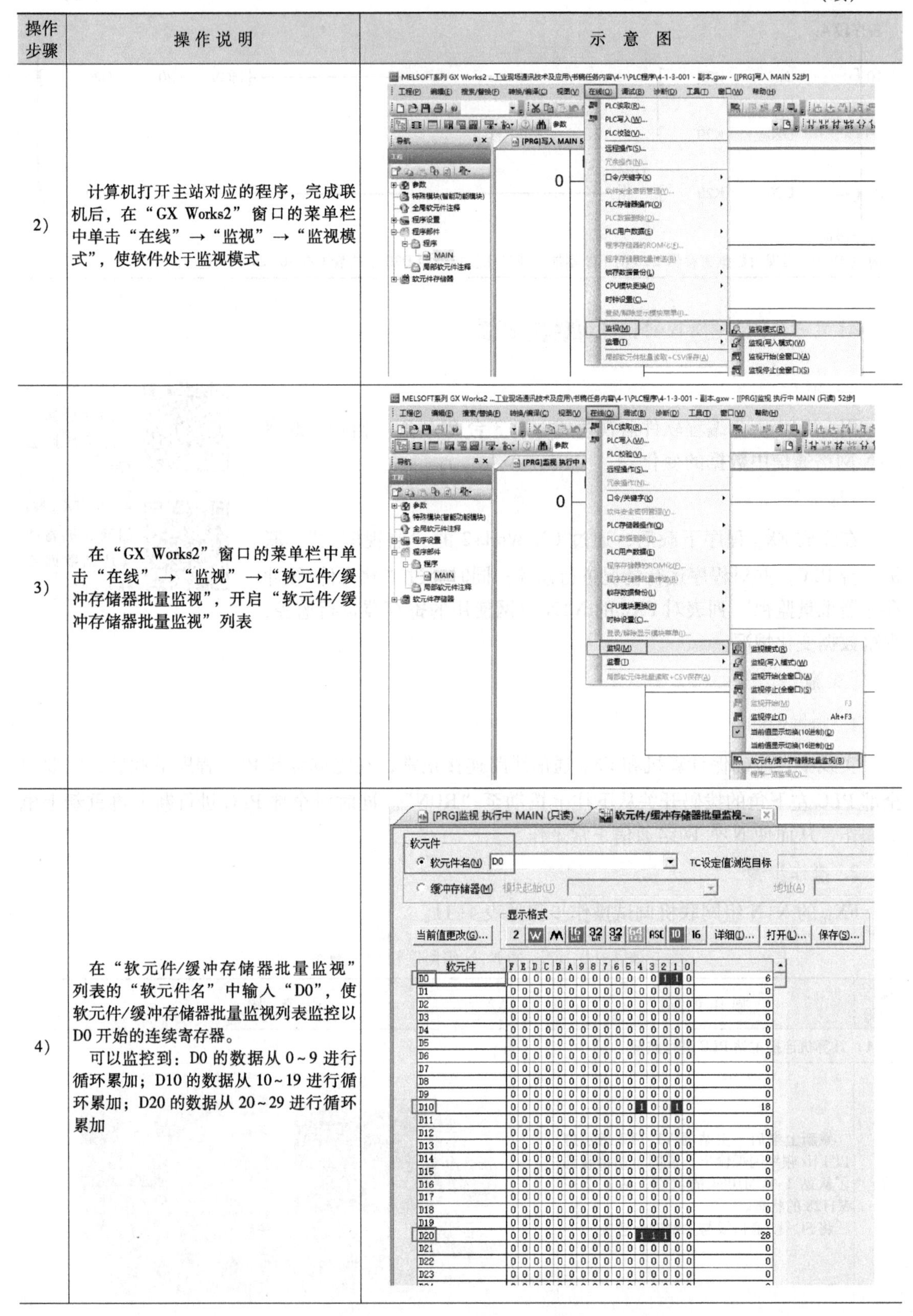

操作步骤	操作说明	示意图
2)	计算机打开主站对应的程序，完成联机后，在“GX Works2”窗口的菜单栏中单击“在线”→“监视”→“监视模式”，使软件处于监视模式	
3)	在“GX Works2”窗口的菜单栏中单击“在线”→“监视”→“软元件/缓冲存储器批量监视”，开启“软元件/缓冲存储器批量监视”列表	
4)	在“软元件/缓冲存储器批量监视”列表的“软元件名”中输入“D0”，使软元件/缓冲存储器批量监视列表监控以D0开始的连续寄存器。 可以监控到：D0的数据从0~9进行循环累加；D10的数据从10~19进行循环累加；D20的数据从20~29进行循环累加	

（续）

操作步骤	操 作 说 明	示 意 图
（2）计算机连接从站1进行监视		
1）	重新上电后，从站1的Y0以1 Hz频率闪烁输出，说明从站1接收到了主站中M1000的状态。 将计算机下载线与主站进行连接。 根据之前的操作，开启“软元件/缓冲存储器批量监视”对话框	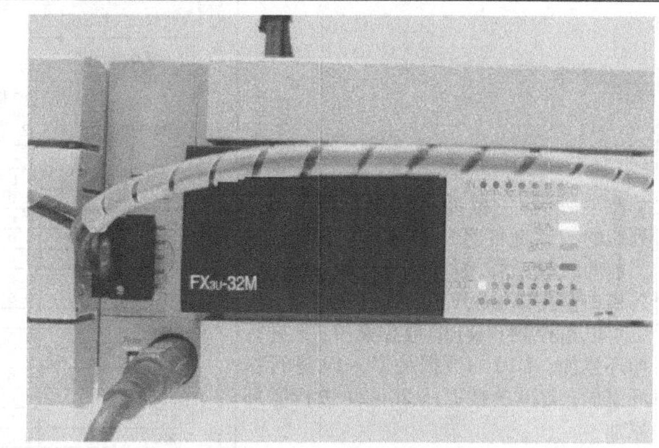
2）	在“软元件/缓冲存储器批量监视”列表的“软元件名”中输入“D0”，使软元件/缓冲存储器批量监视列表监控以D0开始的连续寄存器。 可以监控到：D0的数据从0~9进行循环累加；D10的数据从10~19进行循环累加；D20的数据从20~29进行循环累加	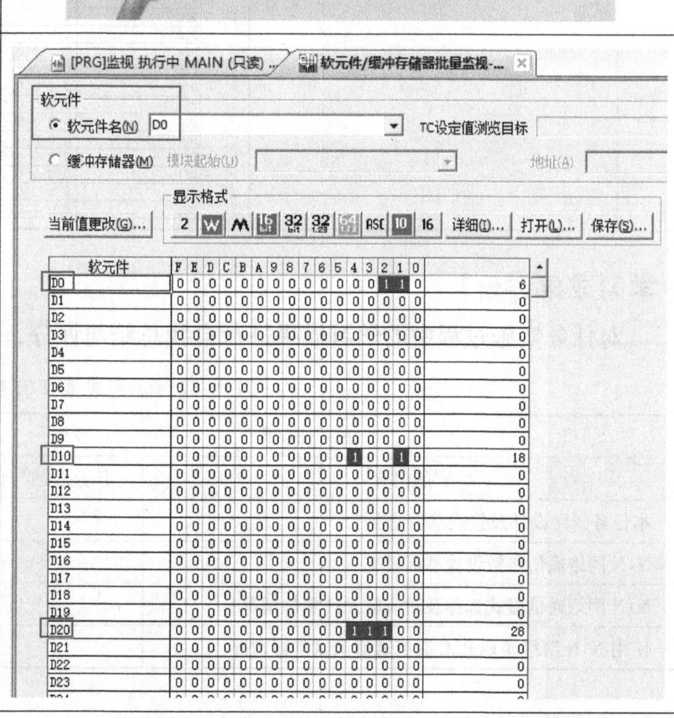
（3）计算机连接从站2进行监视		
1）	重新上电后，从站2的Y0以1 Hz频率闪烁输出，说明从站2接收到了主站中M1000的状态。 将SC-11通信线与主站进行连接。 根据之前的操作，开启“软元件/缓冲存储器批量监视”对话框	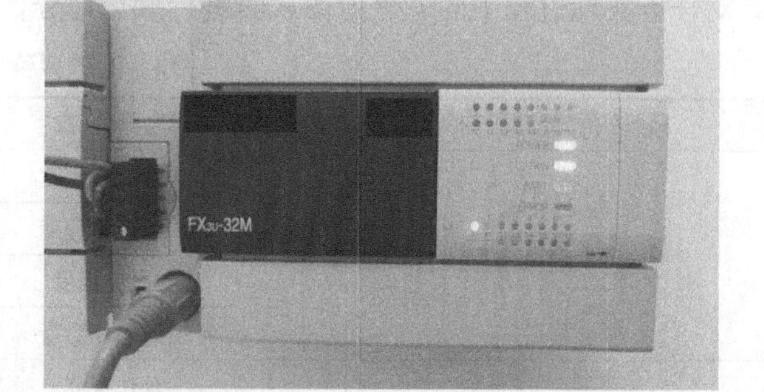

（续）

操作步骤	操作说明	示意图
2)	在“软元件/缓冲存储器批量监视”列表的“软元件名”中输入“D0”，在当前的“软元件/缓冲存储器批量监视”列表中监控以D0开始的连续寄存器。 可以监控到：D0的数据从0~9进行循环累加；D10的数据从10~19进行循环累加；D20的数据从20~29进行循环累加	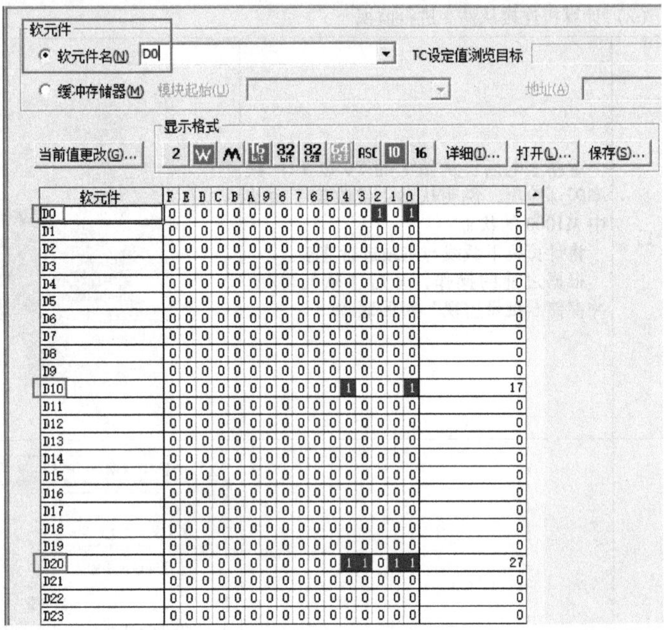

【学习成果评价】

对任务实施过程中的学习成果进行自我总结与评分，具体评价标准见表4-12。

表4-12　学习成果评价表

任务成果		评分表（1~5分）		
实践内容	任务总结与心得	学生自评	同学互评	教师评分
本任务线路设计及接线掌握情况				
N:N网络通信参数设置掌握情况				
N:N网络通信模式选择及对应软元件掌握情况				
使用N:N网络实现PLC联机通信调试掌握情况				

【素养评价】

对任务实施过程中的思想道德素养进行量化评分，具体评价标准见表4-13。

表4-13　素养评价表

评价项目	评价内容	得分
课上表现	课堂参与程度	5□　3□　1□
	小组合作程度	5□　3□　1□
	实操完成度	5□　3□　1□
	项目完成质量	5□　3□　1□
职业精神	合作探究	5□　3□　1□
	严谨精细	5□　3□　1□

（续）

评价项目	评价内容	得　分
职业精神	讲求效率	5□　3□　1□
	独立思考	5□　3□　1□
	问题解决	5□　3□　1□
法治意识	遵纪守法	5□　3□　1□
	拥护法律	5□　3□　1□
健全人格	责任意识	5□　3□　1□
	抗压能力	5□　3□　1□
	友善待人	5□　3□　1□
	善于沟通	5□　3□　1□
社会意识	低碳节约	5□　3□　1□
	环境保护	5□　3□　1□
	热心公益	5□　3□　1□

【拓展与提高】

某生产车间实施数据信息化升级改造。车间有3台加工设备，均使用FX_{3U}系列PLC进行自动生产及加工，每台设备的实时产量由各自的PLC进行计数。在管理人员巡查时，需要对比各台设备的生产进度，由于设备布置分散，需要管理人员来回巡视，不太方便。

现要求进行系统升级改造，设置1台设备为主站，负责收集其他从站设备的实时产量数据，实现主站对所有设备进行数据监控、产能管理的目的。设计该项目，并提交相关的设计资料。

任务需要提交的资料见表4-14。

表4-14　任务需要提交的资料

序　号	文件名	数　量	负责人
1	任务选型依据及定型清单	1	
2	电气原理图	1	
3	电气线路完工照片	1	
4	调试完成的PLC程序	1	

任务4.2　FX_{5U}基于Socket以太网组网通信

【任务导读】

本任务将详细介绍FX_{5U}系列PLC使用以太网接口，采用Socket以太网通信，实现PLC内部寄存器数值在3台PLC之间传输。通过本任务，读者将学到FX_{5U}系列PLC在以太网通信中，Socket以太网组网通信功能、通信参数设置、数据范围定义、数据收发功能的使用方法，以及FX_{5U}系列PLC使用Modbus-TCP通信时，SP.SOCOPEN、SP.SOCSND、SP.SOCRCV、SP.SOCCLOSE指令的使用方法。

【任务目标】

通过以太网通信线路，采用以太网通信协议，实现 3 台 FX_{5U}系列 PLC 之间数据通信。

【任务准备】

1）任务准备软硬件清单见表 4-15。

表 4-15　任务准备软硬件清单

序号	器件名称	数量	用　途
1	带网口的计算机（或个人笔记本计算机）	1	编写 PLC 程序及监控数据
2	以太网交换机	1	用于计算机和 PLC 组成局域网络
3	FX_{5U}-32M	3	作为组网的主、从站
4	网线	4	连接计算机网口与 PLC
5	EDR-150-24 开关电源	1	给以太网交换机提供 24 V
6	0.75 mm^2 导线	1	连接以太网交换机与开关电源输出端的电源线
7	220 V 电源线	2	给 PLC 供电
8	GX Works3 软件	1	FX_{5U}编程软件

2）任务关键实物清单图片如图 4-5 所示。

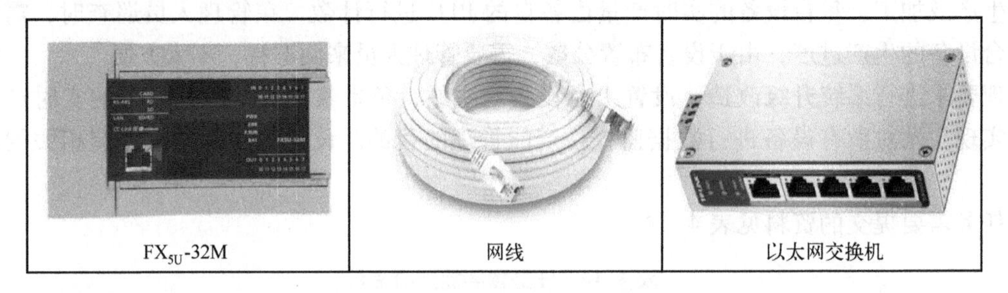

图 4-5　任务关键实物清单

【任务实施】

本任务通过以太网通信及 FX_{5U}之间的通信数据交互，实现 PLC 寄存器数据的传输。具体实施步骤分解可为 4 个小任务，如图 4-6 所示。

小任务 1：连接 3 台 FX_{5U}电源部分的线路，并对各站 PLC 通信数据进行规划。

小任务 2：计算机连接主站，设置并编写 FX_{5U}主站 PLC 的通信程序。

小任务 3：计算机分别连接两台从站，设置并编写 FX_{5U}从站 PLC 的通信程序。

小任务 4：使用交换机将计算机与 PLC 进行组网联机调试，实现 PLC 之间的数据交互。

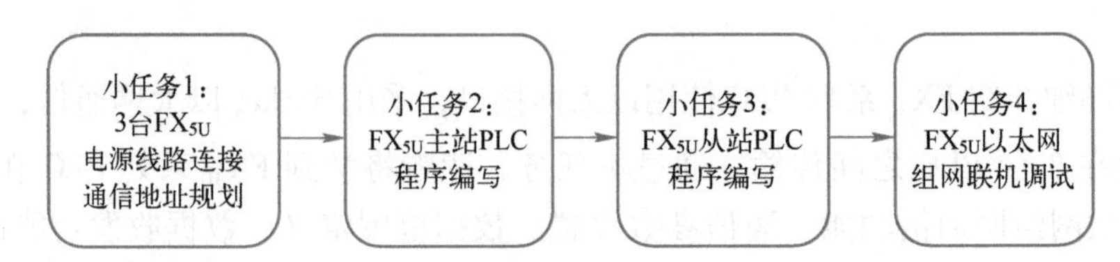

图 4-6　3 台 FX_{5U}系列 PLC 基于以太网通信的实施步骤

4.2.1　3 台 FX_{5U} 电源线路连接及通信地址规划

4.2.1　FX_{5U} 电源连接及通信地址规划（器件准备）

4.2.1　FX_{5U} 电源连接及通信地址规划（交换机电源连接）

4.2.1　FX_{5U} 电源连接及通信地址规划（PLC 电源连接）

［目标］

完成 3 台 FX_{5U} 电源线路的连接，规划 PLC 的 IP 地址以及寄存器通信范围。

［描述］

分别对 3 台 FX_{5U} 系列 PLC 进行电源线路的装接，同时对 3 台 PLC 在以太网组网时的 IP 地址进行规划，并根据 Socket 以太网组网通信功能，规划通信时所有的寄存器范围，为下一步的程序编写做好准备。

［实施］

1. 操作步骤

FX_{5U} 电源连接及通信地址规划操作步骤见表 4-16。

表 4-16　FX_{5U} 电源连接及通信地址规划操作步骤

操作步骤	操作说明	示意图
1)	完成系统接线图的绘制，并进行 IP 地址规划： 主站：192.168.1.10； 从站 1：192.168.1.11； 从站 2：192.168.1.12	AC 220V　L　N　QF1　L1　N1　GND L N G　FX_{5U}-32M　主站　IP: 192.168.1.10 L N G　FX_{5U}-32M　从站1　IP: 192.168.1.11 L N G　FX_{5U}-32M　从站2　IP: 192.168.1.12 TITLE: FX_{5U}电源连接及通信地址规划　REV: 1.0 Company: 宁波职业技术学院　Sheet: 1/1 Date: 2023/5　Drawn By: 丁文晖
2)	将 3 台 PLC 安装至导轨上，根据图纸对 3 台 PLC 的电源线路进行装接	

注意：

计算机在对每台 FX_{5U} 首次进行通信设置时，需要对每台 FX_{5U} 进行逐一连接，所以在完成电源线路连接后，暂时不进行以太网线路的连接

2. Socket 以太网组网通信功能说明

FX_{5U}系列 PLC 内置的以太网功能可以执行标准以太网 Socket 通信。FX_{5U}通过专用指令与通过以太网连接的对象设备，采用 TCP 及 UDP 进行任意数据的发送及接收。Socket 通信功能中，TCP 及 UDP 均使用识别通信的端口号，可在对象设备中进行多个通信，该功能最多支持 8 台设备组网。

3. 3 台 FX_{5U}通信数据地址规划

实践中，主站 PLC 分别开启 1001、1002 端口，分别用于同从站 1、从站 2 的通信数据交互；从站 1 开启 5001 端口，接收主站的通信数据；从站 2 开启 5002 端口，接收主站的通信数据。

以太网采用点对点数据传输，如图 4-7 所示。

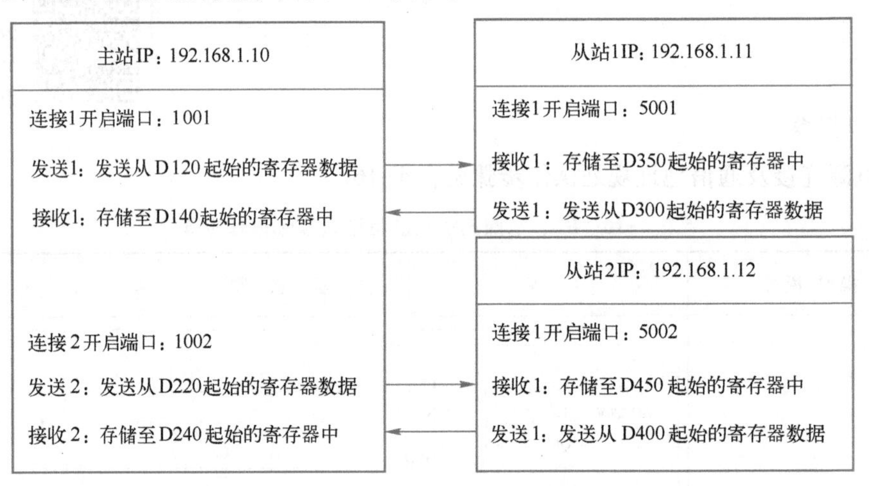

图 4-7　主站和 2 个从站的通信数据地址规划

1）主站通过“对象设备连接配置”中所设置的“连接 1”，将主站数据寄存器中 D120 起始的寄存器数据发送至“从站 1”，并将接收到的数据存储至 D140 起始的寄存器中。

2）主站通过“对象设备连接配置”中所设置的“连接 2”，将主站数据寄存器中 D220 起始的寄存器数据发送至“从站 2”，并将接收到的数据存储至 D240 起始的寄存器中。

3）从站 1 通过本站“对象设备连接配置”中所设置的“连接 1”，将本站数据寄存器中 D300 起始的寄存器数据发送至“主站”，并将接收到的数据存储至 D350 起始的寄存器中。

4）从站 2 通过本站“对象设备连接配置”中所设置的“连接 1”，将本站数据寄存器中 D400 起始的寄存器数据发送至“主站”，并将接收到的数据存储至 D450 起始的寄存器中。

4.2.2　FX_{5U}主站程序编写

［目标］

4.2.2　FX_{5U}主站程序编写

计算机使用 GX Works3 对 Socket 通信的主站进行通信设置及编程下载。

［描述］

计算机使用 GX Works3 软件对 FX_{5U}进行以太网通信参数设置，并根据通信数据规划进行程序编写及下载。这里主要使用 SP. SOCOPEN 指令、SP. SOCSND 指令、SP. SOCRCV 指令、SP. SOCCLOSE 指令进行数据收发通信程序的编写，并对这些指令的状态监视辅助程序组网。

［实施］

1. 实施说明

实践中，首先完成计算机与FX_{5U}之间的通信线路连接。然后对PLC进行初始化操作（见本书电子资源的"FX_{5U}系列PLC初始化操作说明"文档），通过初始化操作确保后续操作顺利进行。当完成程序写入后，需要将FX_{5U}左下角的拨码开关从下往上拨动至"RUN"，使PLC处于执行状态。

2. 操作步骤

FX_{5U}主站程序编写操作步骤见表4-17。

表4-17 FX_{5U}主站程序编写操作步骤

操作步骤	操作说明	示意图
（1）通过网线连接主站PLC与计算机、设置计算机IP地址		
1）	首先确认FX_{5U}电源线路接线正常，确保"POWER"指示灯点亮。 将FX_{5U}的运行拨码开关拨动至"STOP"，此时FX_{5U}右侧的"RUN"指示灯为熄灭状态。 将FX_{5U}网口通过网线与计算机相连接	
2）	打开计算机本地的"网络连接"，打开TCP/IPv4协议属性，设置计算机"IP地址"为："192.168.1.88"，"子网掩码"为："255.255.255.0"。 完成设置后，单击"确定"按钮退出设置	
（2）进行FX_{5U}工程的创建（详见本书的2.2.4小节）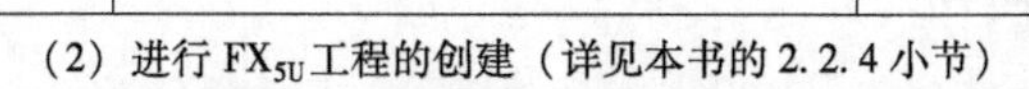		
（3）确认计算机与FX_{5U}的以太网通信（详见本书的2.2.4小节）		
（4）进行FX_{5U}主站以太网端口通信设置		

（续）

操作步骤	操作说明	示意图
1）	在窗口左侧“导航”中，单击“参数”→“FX5UCPU”→“模块参数”，双击“以太网端口”。 此时，窗口中部显示“模块参数”及“以太网端口”	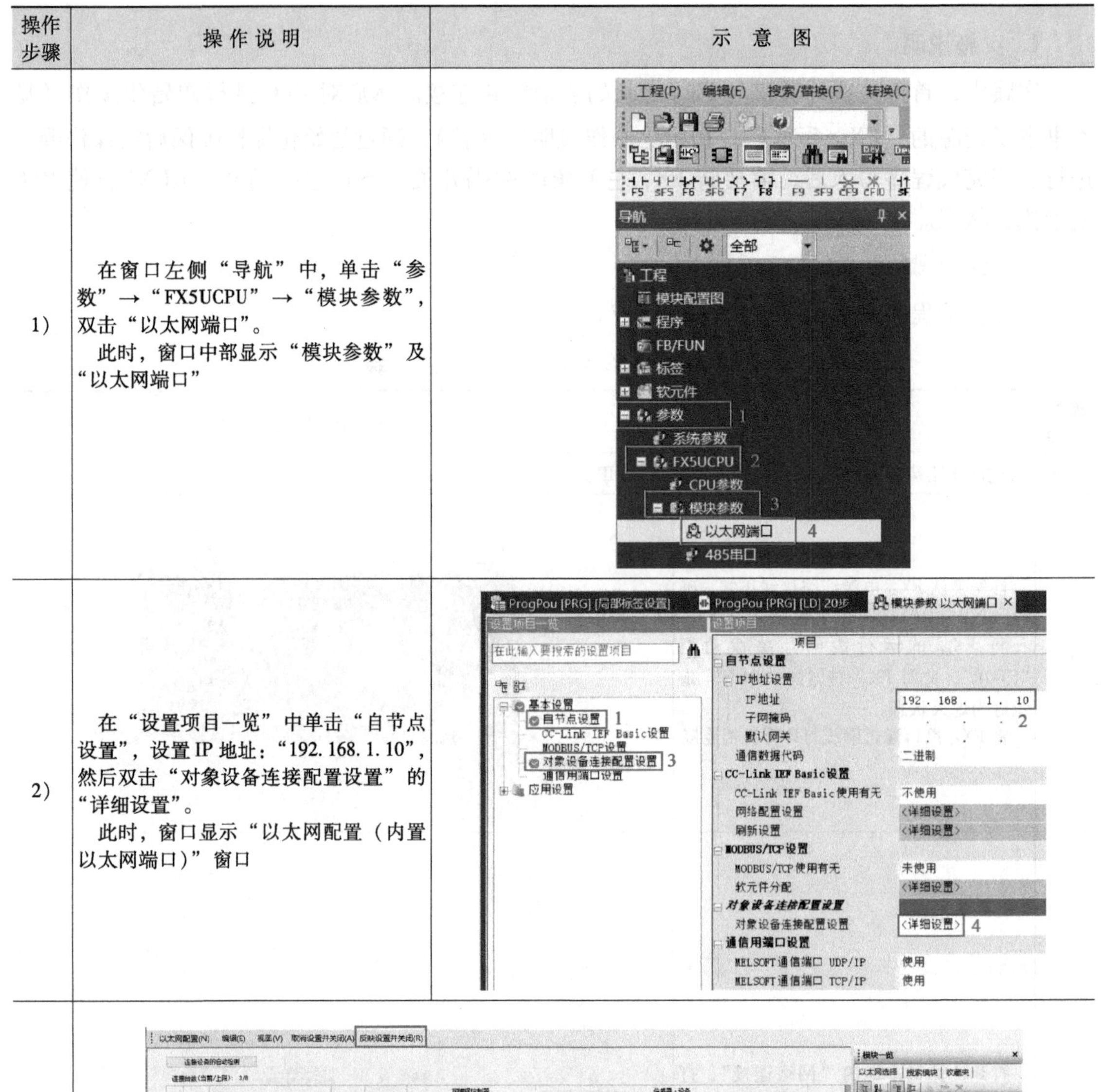
2）	在“设置项目一览”中单击“自节点设置”，设置IP地址：“192.168.1.10”，然后双击“对象设备连接配置设置”的“详细设置”。 此时，窗口显示“以太网配置（内置以太网端口）”窗口	
3）	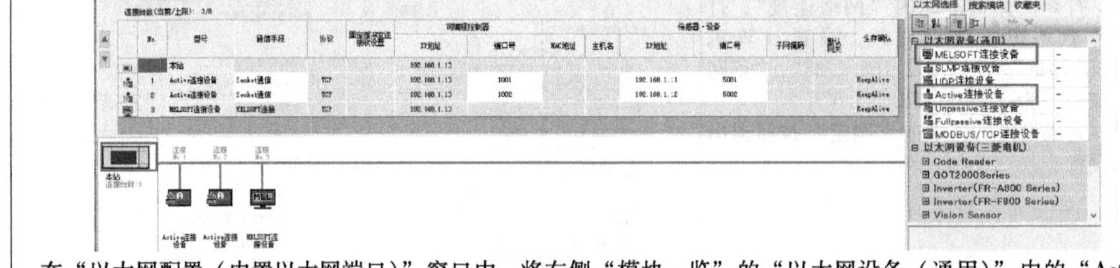 在“以太网配置（内置以太网端口）”窗口中，将右侧“模块一览”的“以太网设备（通用）”中的“Active连接设备”“MELSOFT连接设备”拖入左下角的连接区域。 由于有2台从站，所以拖入2台Active连接设备；之后拖入MELSOFT连接设备用于开启以太网协议，便于后期组网时计算机对该PLC的连接。 其次，进行通信手段选择和通信目标IP地址、端口的配置： 连接1：通信手段Socket通信，可编程控制器端口号：1001。 设备侧：IP：192.168.1.11，端口号5001。 连接2：通信手段Socket通信，可编程控制器端口号：1002。 设备侧：IP：192.168.1.12，端口号5002。 完成设置后，单击窗口导航栏中的“反映设置并关闭”按钮	

（续）

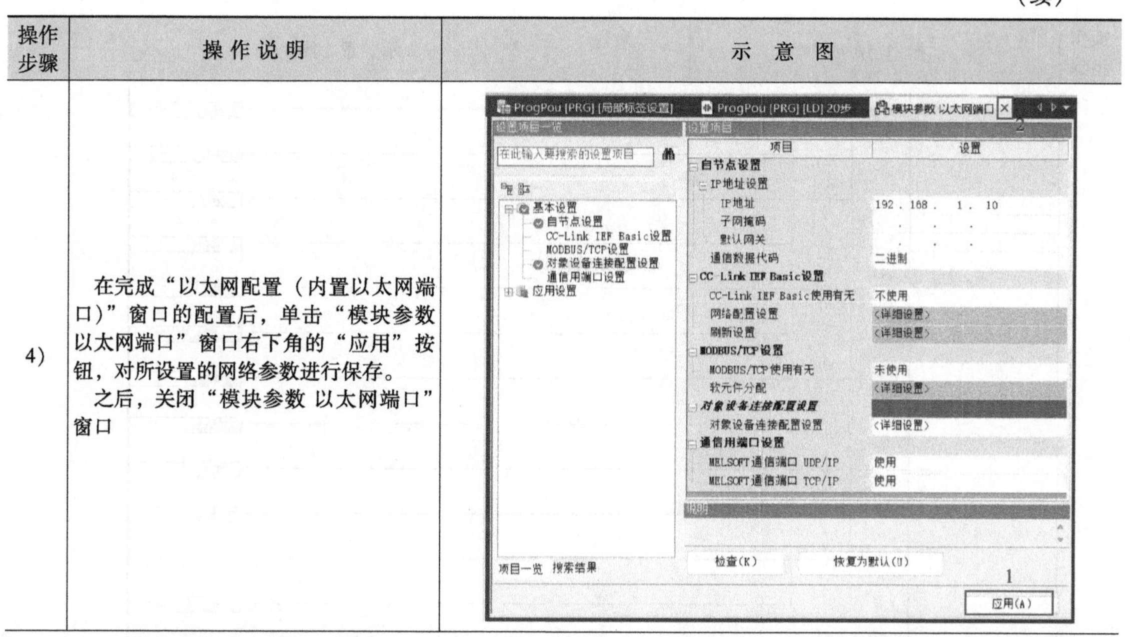

操作步骤	操作说明	示意图
4）	在完成“以太网配置（内置以太网端口）”窗口的配置后，单击“模块参数 以太网端口”窗口右下角的“应用”按钮，对所设置的网络参数进行保存。 之后，关闭“模块参数 以太网端口”窗口	

（5）在程序编辑区域，编写PLC程序

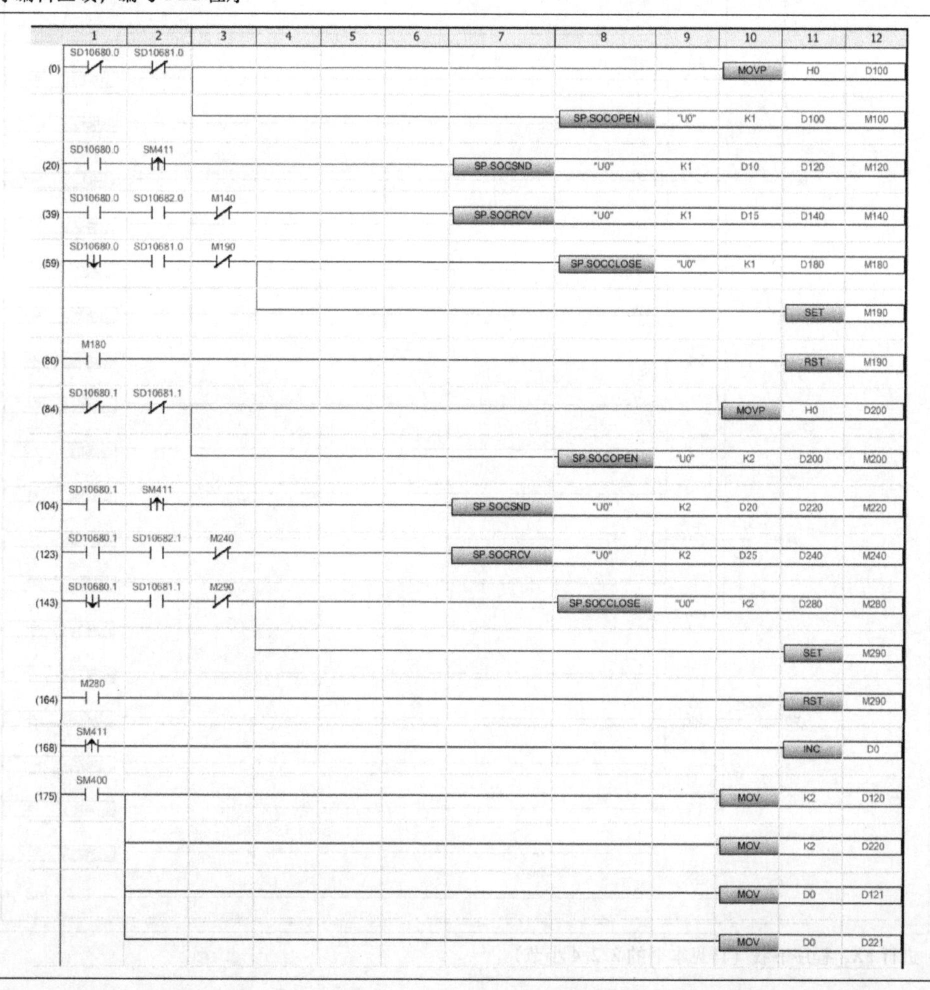

（续）

操作步骤	操作说明	示意图
	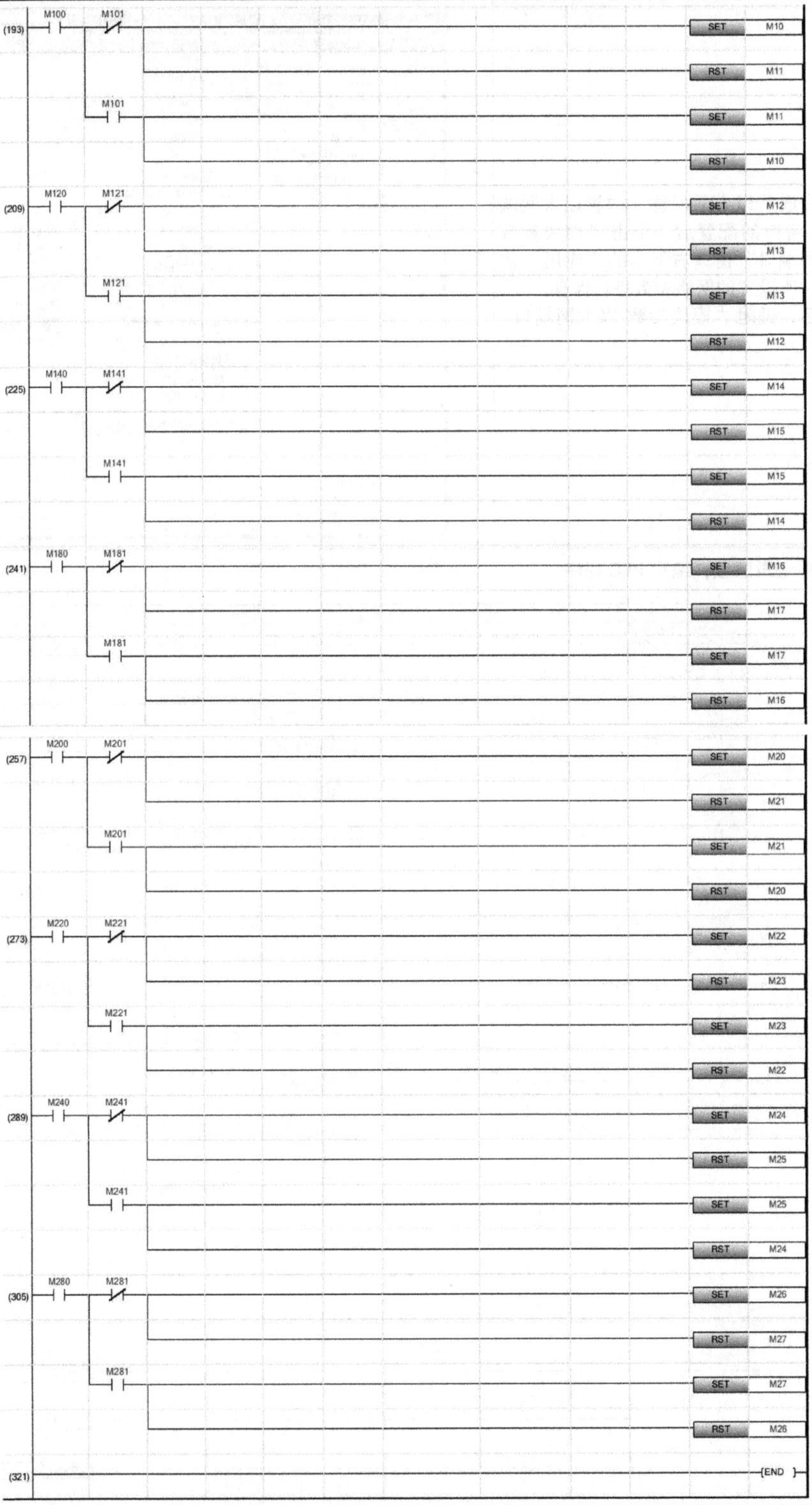	(193) M100 M101 SET M10 RST M11 M101 SET M11 RST M10 (209) M120 M121 SET M12 RST M13 M121 SET M13 RST M12 (225) M140 M141 SET M14 RST M15 M141 SET M15 RST M14 (241) M180 M181 SET M16 RST M17 M181 SET M17 RST M16 (257) M200 M201 SET M20 RST M21 M201 SET M21 RST M20 (273) M220 M221 SET M22 RST M23 M221 SET M23 RST M22 (289) M240 M241 SET M24 RST M25 M241 SET M25 RST M24 (305) M280 M281 SET M26 RST M27 M281 SET M27 RST M26 (321) END
（6）进行 FX_{5U} 程序下载（详见本书的 2.2.4 小节）		

[指令解读]

程序编写过程中使用的SP. SOCOPEN指令的解读见表4-18。

表4-18 SP. SOCOPEN指令的解读

指令名称：建立连接　　指令助记符：SP. SOCOPEN

指令说明：
该指令在Socket通信功能指令中，用于以太网采用Socket通信建立连接

指令图解：

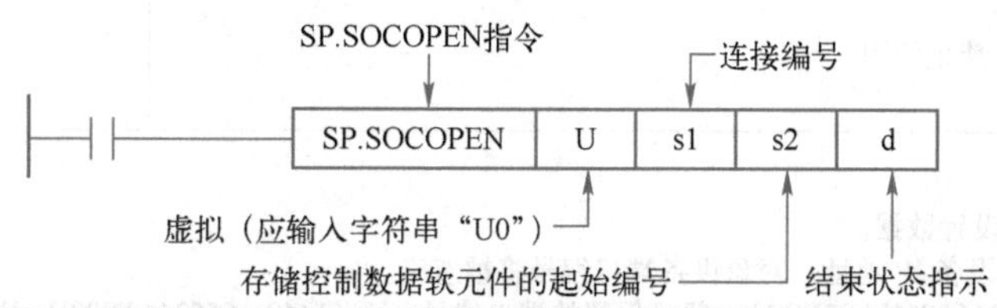

操作数	内容	范围	数据类型
(U)	虚拟（应输入字符串“U0”）	—	字符串
(s1)	连接编号	1~8	无符号BIN16位
(s2)	存储控制数据软元件的起始编号	详见控制数据	字
(d)	指令结束时，1个扫描为ON的软元件起始编号；异常完成时，(d)+1也变为ON	—	位

(s2)详解

软元件	项目	内容	设置范围	设置侧
(s2)+0	执行型/结束型	指定在开放式通信连接开放时，是使用通过工程工具设置的参数设置值，还是使用控制数据(s2)+2~(s2)+6的设置值。 0000H：通过工程工具中“对象设备连接配置设置”的设置进行连接开放时的处理。 8000H：通过在控制数据(s2)+2~(s2)+6中指定的内容进行连接开放时的处理	0000H 8000H	用户
(s2)+1	结束状态	存储完成时的状态。0000H：正常结束；0000H以外：异常结束	—	系统
(s2)+2	用途设置区域	b15 b14 b13 ~ b11 b10 b9 b8 b7 ~ b0 (s2)+2 [4] 0 [3] [2] [1] 0 [1] 指定通信方式（协议）。其中， 0：TCP/IP； 1：UDP/IP。 [2] 指定套接字通信功能的有序和无序。其中， 0：通信协议； 1：套接字通信（无顺序）。 [3] 指定通信协议设置。其中， 0：不使用通信协议功能（使用套接字通信功能）； 1：使用通信协议功能。 [4] 指定开放方式。其中， 00：Active（一种TCP连接方式）开放或UDP/IP； 10：Unpassive（允许连接）开放； 11：Fullpassive（一种连接方式）开放	如左图所示	用户
(s2)+3	本站端口编号	指定本站的端口编号	1~5548，5570~65534 (0001H~15ACH，15C2H~FFFEH)	

（续）

软元件	项目	内容	设置范围	设置侧
(s2)+4 (s2)+5	对象设备 IP 地址	指定对象设备的 IP 地址	1～3758096382 (00000001H～ DFFFFFFEH)	用户
(s2)+6	对象设备 端口编号	指定对象设备的端口编号	1～65534 (0001H～FFFEH)	
(s2)+7 (s2)+8 (s2)+9	—	禁止使用	—	系统

注意：
1）用户须在指令执行前设置数据。
2）Unpassive 打开时对象设备 IP 地址、对象设备端口编号将被忽略。
3）本站端口编号 1～1023(0001H～03FFH)一般是保留的端口编号，而 61440～65534(F000H～FFFEH)则用于其他通信功能，因此建议使用端口编号 1024～5548，5570～61439(0400H～15ACH、15C2H～EFFFH)。此外，5549～5569(15ADH～15C1H)已被系统使用，勿指定

程序编写过程中使用的 SP. SOCCLOSE 指令的解读见表 4-19。

表 4-19 SP. SOCCLOSE 指令的解读

指令名称：切断连接　　　　指令助记符：SP. SOCCLOSE

指令说明：
该指令在 Socket 通信功能指令中，用于以太网使用 Socket 通信切断连接

指令图解：

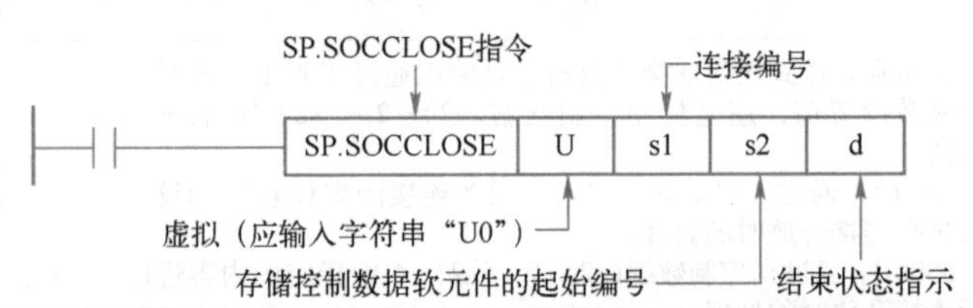

操作数	内容	范围	数据类型
(U)	虚拟（应输入字符串“U0”）	—	字符串
(s1)	连接编号	1～8	无符号 BIN16 位
(s2)	存储控制数据软元件的起始编号	详见控制数据	字
(d)	指令结束时，1 个扫描为 ON 的软元件起始编号；异常完成时，(d)+1 也变为 ON	—	位

(s2) 详解

软元件	项目	内容	设置范围	设置侧
(s2)+0	系统区域	—	—	—
(s2)+1	结束状态	存储完成时的状态。0000H：正常结束；0000H 以外：异常结束	—	系统

程序编写过程中使用的 SP. SOCSND 指令的解读见表 4-20。

表 4-20 SP. SOCSND 指令的解读

指令名称：数据发送	指令助记符：SP. SOCSND

指令说明：
该指令在 Socket 通信功能指令中，用于以太网使用 Socket 通信数据发送

指令图解：

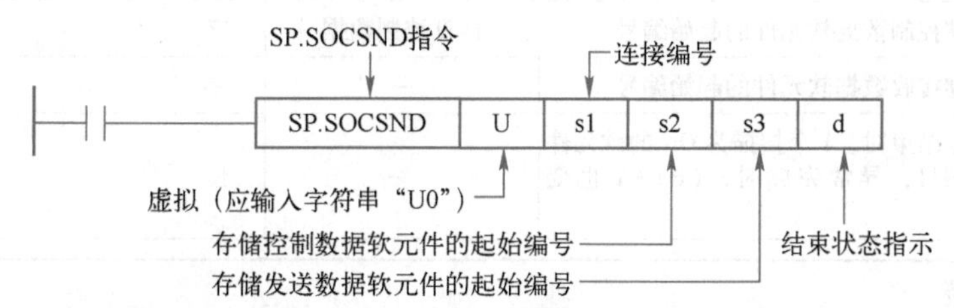

操作数	内容	范围	数据类型
(U)	虚拟（应输入字符串“U0”）	—	字符串
(s1)	连接编号	1~8	无符号 BIN16 位
(s2)	存储控制数据软元件的起始编号	详见控制数据	字
(s3)	存储发送数据软元件的起始编号	—	字
(d)	指令结束时，1 个扫描为 ON 的软元件起始编号；异常完成时，(d)+1 也变为 ON	—	位

各控制数据参数如下所示：

(s2) 详解

软元件	项目	内容	设置范围	设置侧
(s2)+0	系统区域	—	—	—
(s2)+1	结束状态	存储完成时的状态。0000H：正常结束；0000H 以外：异常结束	—	系统
(s3)+0	发送数据长	指定发送数据长（字节数）	1~2046	用户
(s3)+1~(s3)+n	发送数据	指定发送数据	—	用户

程序编写过程中使用的 SP. SOCRCV 指令的解读见表 4-21。

表 4-21 SP. SOCRCV 指令的解读

指令名称：数据接收	指令助记符：SP. SOCRCV

指令说明：
该指令在 Socket 通信功能指令中，用于以太网使用 Socket 通信读取接收到的数据

指令图解：

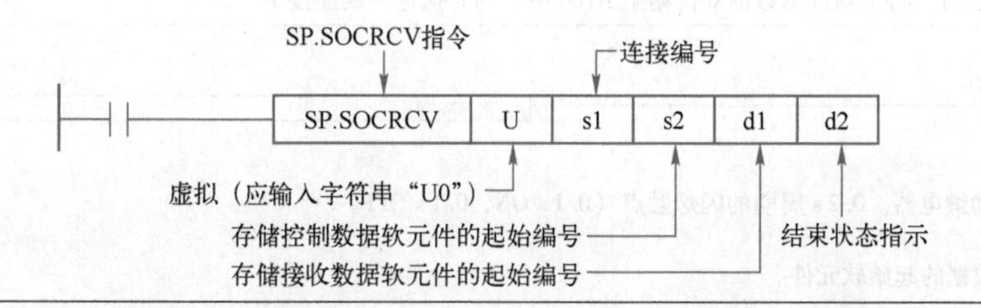

（续）

操作数	内容	范围	数据类型
(U)	虚拟（应输入字符串“U0”）	—	字符串
(s1)	连接编号	1~8	无符号 BIN16 位
(s2)	存储控制数据软元件的起始编号	详见控制数据	字
(d1)	存储接收数据软元件的起始编号	—	字
(d2)	指令结束时，1 个扫描为 ON 的软元件起始编号；异常完成时，(d)+1 也变为 ON	—	位

控制与接收数据详解

软元件	项目	内容	设置范围	设置侧
(s2)+0	系统区域	—	—	—
(s2)+1	结束状态	存储完成时的状态。0000H：正常结束；0000H 以外：异常结束	—	系统
(d1)+0	接收数据长度	存储从 Socket 通信接收数据区域读取的数据的数据长度（字节数）	0~2046	系统
(d1)+1~(d1)+n	接收数据	依次存储从 Socket 通信接收数据区域读取的数据	—	系统

注意：
1）执行 SP. SOCRCV 指令时，是在 END 处理时从 Socket 通信接收数据区域读取接收数据。因此，执行 SP. SOCRCV 指令时的扫描时间将延长。
2）接收了奇数字节数据的情况下，将在最后接收数据的软元件的高位字节中放入无效数据

[程序解读]

根据程序相关功能，对程序内容进行分段解读，见表 4-22。

表 4-22　程序分段解读

程序段 1：

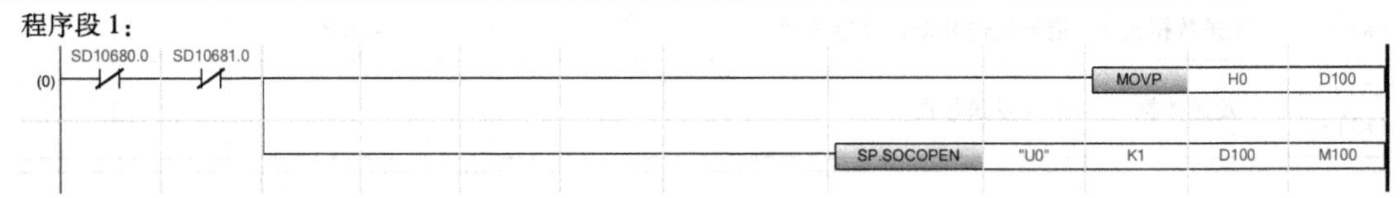

程序注释：
SD10680.0：特殊辅助继电器，连接 1 开放结束信号（0：关闭/开放未结束；1：开放结束）。
SD10681.0：特殊辅助继电器，连接 1 开放请求信号（0：不可接受开放请求；1：可接受开放请求，即等待开放请求状态）。
K1：连接编号 1。
D100：指定控制数据的起始软元件。
M100：指令结束时，指令运行正常，M100 变为 ON；异常，M101 变为 ON。
程序说明：
当连接 1 未被开放时，将十六进制数值 0 传输至 D100 中，同时执行开放连接 1

程序段 2：

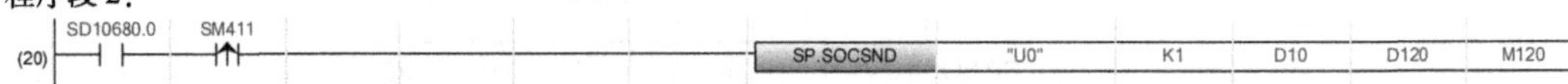

程序注释：
SM411：特殊辅助继电器。0.2 s 周期的闪烁触点（0.1 s ON，0.1 s OFF）
K1：连接编号 1。
D10：指定控制数据的起始软元件。

（续）

D120：存储发送数据的起始软元件。
M120：指令结束时，指令运行正常，则M120变为ON；异常，则M121变为ON。
程序说明：
主站每隔0.2s，向连接1的设备发送从D120起始的数据

程序段3：

(39) SD10680.0 SD10682.0 M140 SP.SOCRCV "U0" K1 D15 D140 M140

程序注释：
SD10682.0：特殊辅助继电器，连接1的Socket通信接收状态信号（0：无开放请求；1：开放请求中）。
K1：连接编号1。
D15：指定控制数据的起始软元件。
D140：存储接收数据的起始软元件。
M140：指令结束时，指令运行正常，M140变为ON；异常，M141变为ON。
程序说明：
当连接1开放时，程序执行接收指令。当接收指令完成数据接收后，M140由OFF转为ON，同时断开接收指令一个扫描周期后继续执行，等待接收下一次数据

程序段4：

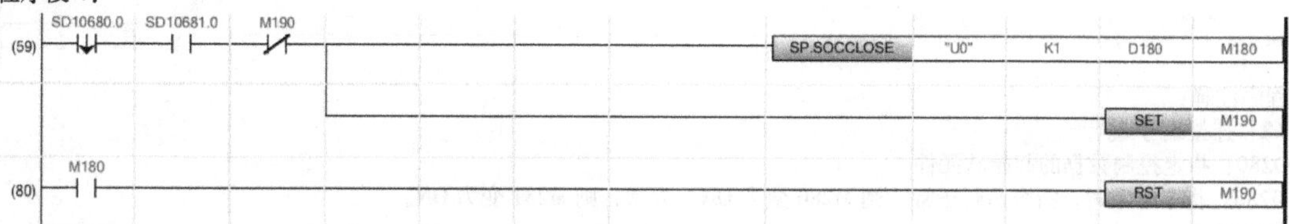

程序注释：
K1：连接编号1。
D180：指定控制数据的起始软元件。
M180：指令结束时，指令运行正常，则M180变为ON；异常，则M181变为ON。
程序说明：
当从站设备切断连接1时，执行关闭连接1操作，先置位SP.SOCCLOSE指令执行中标志M190，待完成后，复位SP.SOCCLOSE指令执行中标志M190

程序段5：

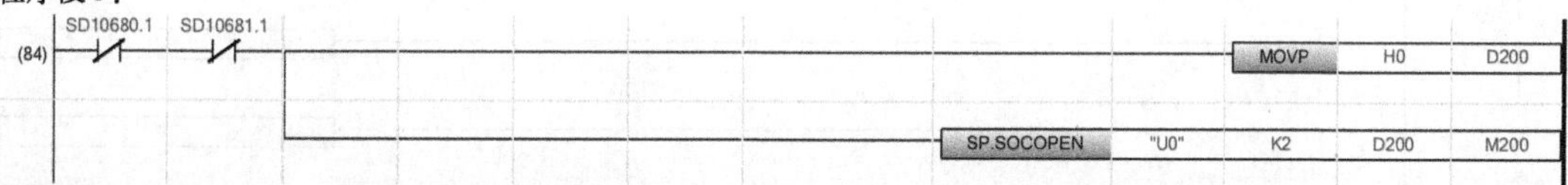

程序注释：
SD10680.1：特殊辅助继电器，连接2开放结束信号（0：关闭/开放未结束；1：开放结束）。
SD10681.1：特殊辅助继电器，连接2开放请求信号（0：不可接受开放请求；1：可接受开放请求，即等待开放请求状态）。
K2：连接编号2。
D200：指定控制数据的起始软元件。
M200：指令结束时，指令运行正常，则M200变为ON；异常，则M201变为ON。
程序说明：
当连接2未被开放时，将十六进制数值0传输至D200中，同时执行开放连接2

程序段6：

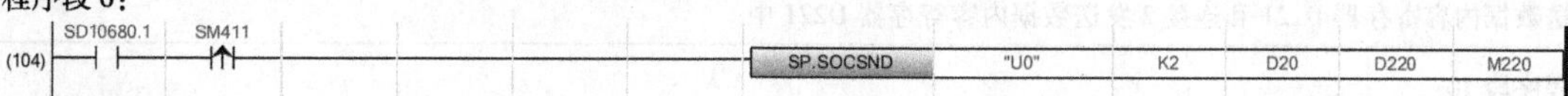

程序注释：
SM411：特殊辅助继电器。0.2s周期的闪烁触点（0.1s ON，0.1s OFF）。
K2：连接编号2。
D20：指定控制数据的起始软元件。
D220：存储发送数据的起始软元件。
M220：指令结束时，指令运行正常，则M220变为ON；异常，则M221变为ON。
程序说明：
主站每隔0.2s，向连接1的设备发送从D220起始的数据

（续）

程序段 7：

(123) SD10680.1 SD10682.1 M240 SP.SOCRCV "U0" K2 D25 D240 M240

程序注释：

SD10682.1：特殊辅助继电器，连接 2 的 Socket 通信接收状态信号（0：无开放请求；1：开放请求中）。

K2：连接编号 1。

D25：指定控制数据的起始软元件。

D240：存储接收数据的起始软元件。

M240：指令结束时，指令运行正常，则 M240 变为 ON；异常，则 M241 变为 ON。

程序说明：

当连接 2 开放时，程序执行接收指令。当接收指令完成数据接收后，M240 由 OFF 转为 ON，同时断开接收指令一个扫描周期后继续执行，等待接收下一次数据

程序段 8：

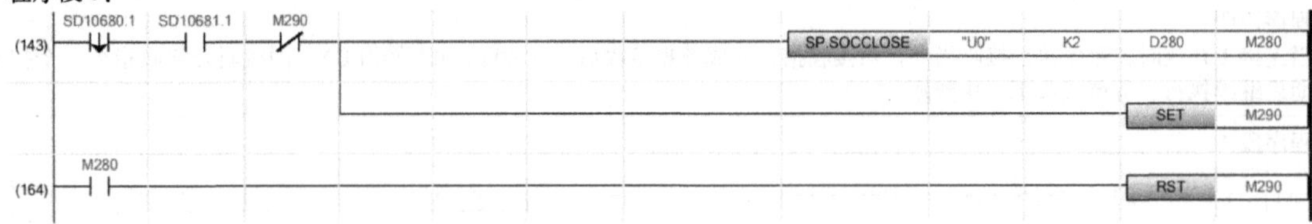

程序注释：

K2：连接编号 2。

D280：指定控制数据的起始软元件。

M280：指令结束时，指令运行正常，则 M280 变为 ON；异常，则 M281 变为 ON。

程序说明：

当从站设备切断连接 2 时，执行关闭连接 2 操作，先置位 SP. SOCCLOSE 指令执行中标志 M290，待完成后，复位 SP. SOCCLOSE 指令执行中标志 M290

程序段 9：

程序注释：

D120：指定连接 1 发送数据长度（字节数）。

D220：指定连接 2 发送数据长度（字节数）。

D121：指定连接 1 发送数据内容。

D221：指定连接 2 发送数据内容。

程序说明：

PLC 执行后，D0 数据以 0.2 s 间隔累加。设置连接 1、连接 2 的发送字节数为 2 字节，并将变化的数据 D0 传输到连接 1 发送数据内容寄存器 D121 和连接 2 发送数据内容寄存器 D221 中

程序段 10：

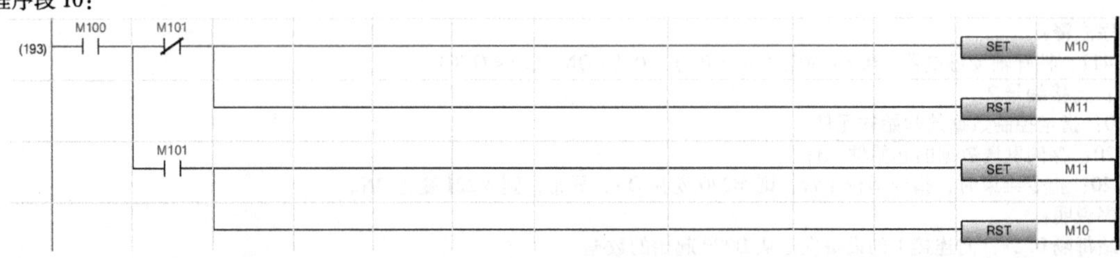

（续）

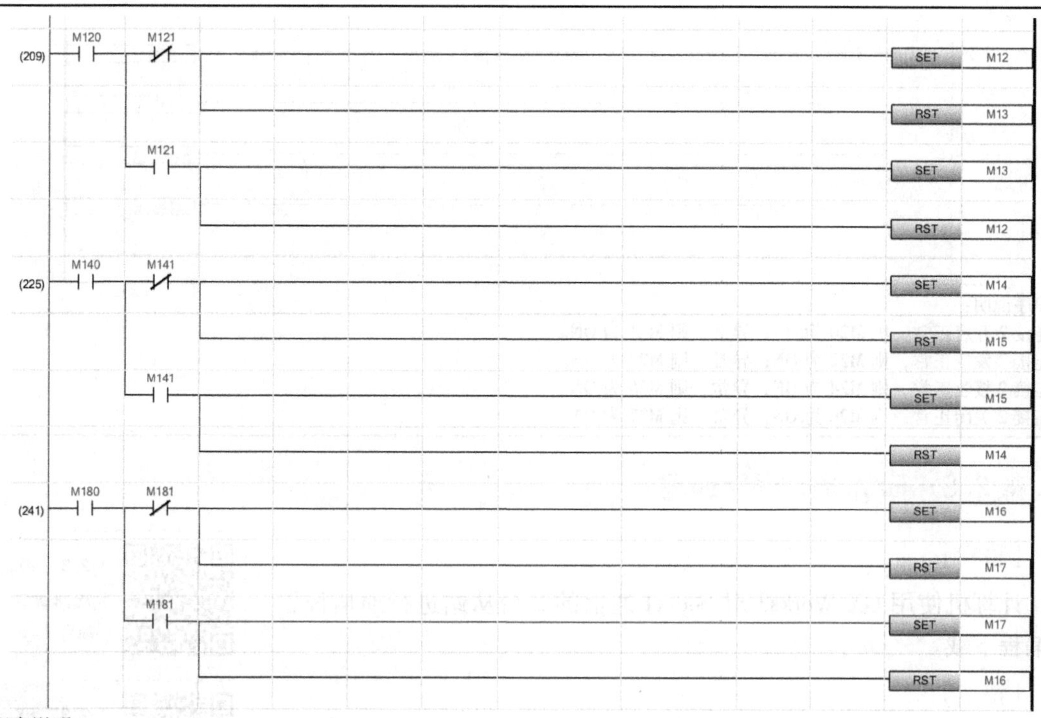

程序说明：

连接 1 开启正常，则 M10 为 ON；异常，则 M11 为 ON。

连接 1 发送正常，则 M12 为 ON；异常，则 M13 为 ON。

连接 1 接收正常，则 M14 为 ON；异常，则 M15 为 ON。

连接 1 关闭正常，则 M16 为 ON；异常，则 M17 为 ON

程序段 11：

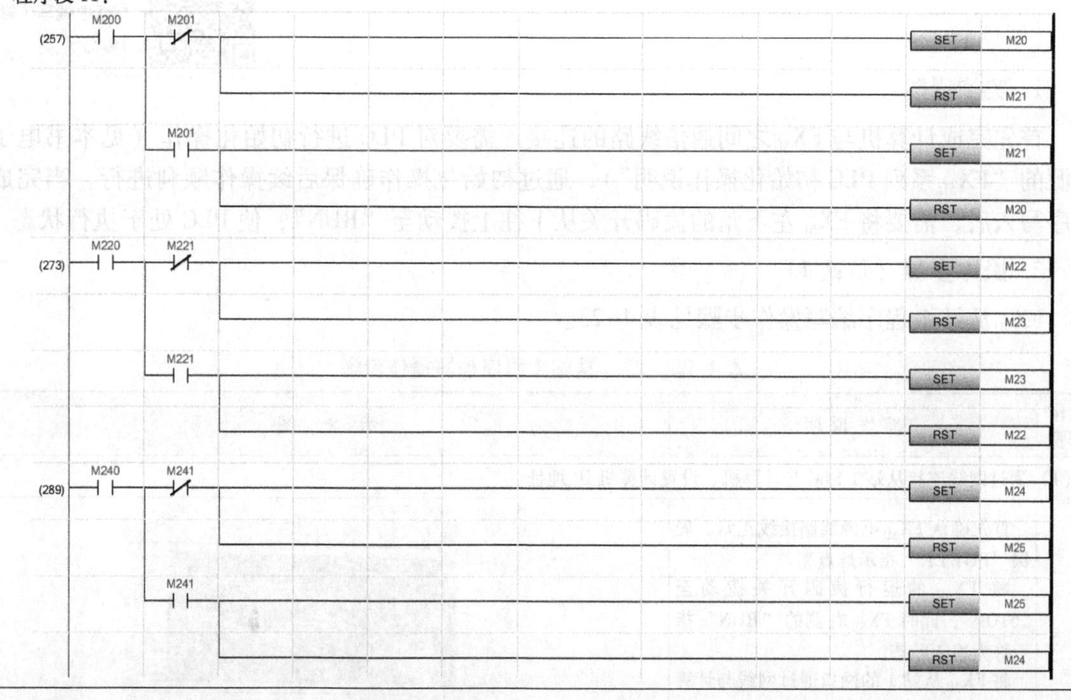

（续）

程序说明：
连接 2 开启正常，则 M20 为 ON；异常，则 M21 为 ON。
连接 2 发送正常，则 M22 为 ON；异常，则 M23 为 ON。
连接 2 接收正常，则 M24 为 ON；异常，则 M25 为 ON。
连接 2 关闭正常，则 M26 为 ON；异常，则 M27 为 ON

4.2.3 FX_{5U}从站程序编写

［目标］

计算机使用 GX Works3 对 Socket 通信的 2 台从站进行通信设置及编程下载。

4.2.3 FX_{5U}从站程序编写（第1部分）

4.2.3 FX_{5U}从站程序编写（第2部分）

4.2.3 FX_{5U}从站程序编写（第3部分）

［描述］

计算机使用 GX Works3 软件对 2 台从站 FX_{5U}进行以太网通信参数设置，并根据通信数据规划进行程序编写及下载。这里主要使用 SP. SOCCINF 指令、SP. SOCSND 指令、SP. SOCRCV 指令进行数据收发通信程序的编写，并对这些指令的状态进行监视及程序组网。

［实施］

1. 实施说明

首先完成计算机与 FX_{5U}之间通信线路的连接。需要对 PLC 进行初始化操作（见本书电子资源的“FX_{5U}系列 PLC 初始化操作说明”），通过初始化操作确保后续操作顺利进行。当完成程序写入后，需要将 FX_{5U}左下角的拨码开关从下往上拨动至“RUN”，使 PLC 处于执行状态。

2. 操作步骤（从站 1）

FX_{5U}从站 1 程序编写操作步骤见表 4-23。

表 4-23 FX_{5U}从站 1 程序编写操作步骤

操作步骤	操作说明	示意图
（1）通过网线连接从站 1 PLC 与计算机、设置计算机 IP 地址		
	首先确认 FX_{5U}电源线路接线正常，确保“POWER”指示灯点亮。 将 FX_{5U}的运行拨码开关拨动至“STOP”，此时 FX_{5U}右侧的“RUN”指示灯为熄灭状态。 将 FX_{5U}从站 1 的网口通过网线与计算机相连接	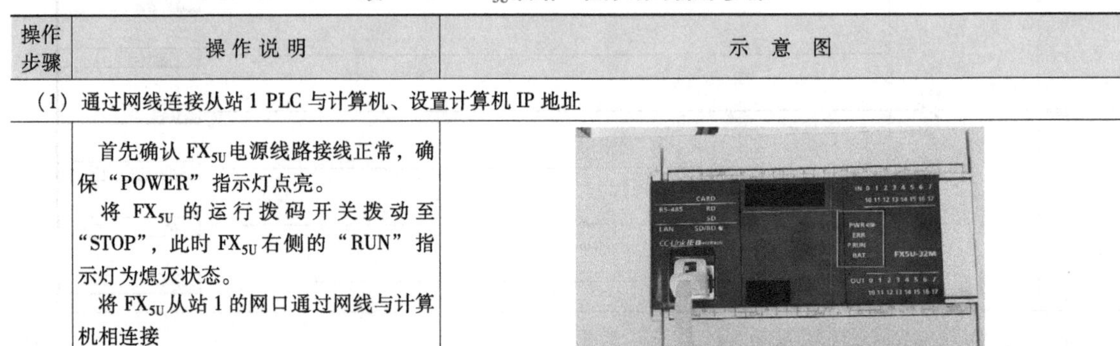

（续）

<table>
<tr><th>操作步骤</th><th>操 作 说 明</th><th>示 意 图</th></tr>
<tr><td colspan="3">（2）进行 FX_{5U}工程的创建（详见本书的 2.2.4 小节）</td></tr>
<tr><td colspan="3">（3）确认计算机与 FX_{5U}的以太网通信（详见本书的 2.2.4 小节）</td></tr>
<tr><td colspan="3">（4）进行 FX_{5U}从站 1 以太网端口通信设置</td></tr>
<tr><td>1）</td><td>在窗口左侧“导航”中，单击“参数”→“FX5UCPU”→“模块参数”，双击“以太网端口”。
此时窗口中部显示“模块参数 以太网端口”窗口（见下一步骤）</td><td></td></tr>
<tr><td>2）</td><td>在“设置项目一览”中单击“自节点设置”，在“IP 地址”中设置：“192.168.1.11”，然后双击“对象设备连接配置设置”的“详细设置”。
此时，窗口显示“以太网配置（内置以太网端口）”窗口</td><td>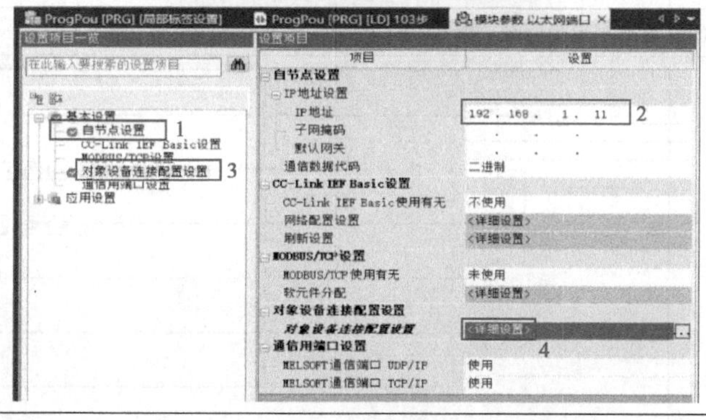
</td></tr>
<tr><td>3）</td><td colspan="2">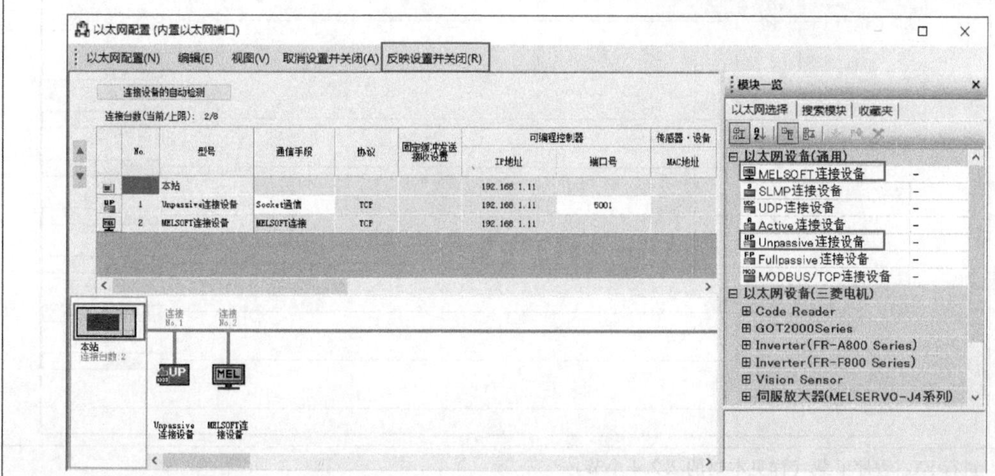
</td></tr>
</table>

（续）

<table>
<tr><th>操作步骤</th><th>操作说明</th><th>示意图</th></tr>
<tr><td>3）</td><td colspan="2">在“以太网配置（内置以太网端口）”窗口中，将右侧“模块一览”的“以太网设备（通用）”中的“Unpassive连接设备”“MELSOFT连接设备”拖入左下角的连接区域。
先拖入1台Unpassive连接设备，之后拖入MELSOFT连接设备用于开启以太网协议，便于后期组网时计算机对该PLC的连接。
其次，进行通信手段选择和通信目标IP地址、端口的配置：连接1的通信手段为Socket通信，可编程控制器端口号为5001。
完成设置后，单击窗口导航栏中的“反映设置并关闭”按钮</td></tr>
<tr><td>4）</td><td>在完成“以太网配置（内置以太网端口）”窗口中的配置后，单击“模块参数 以太网端口”窗口右下角的“应用”按钮，对所设置的网络参数进行保存。
之后关闭“模块参数 以太网端口”窗口</td><td>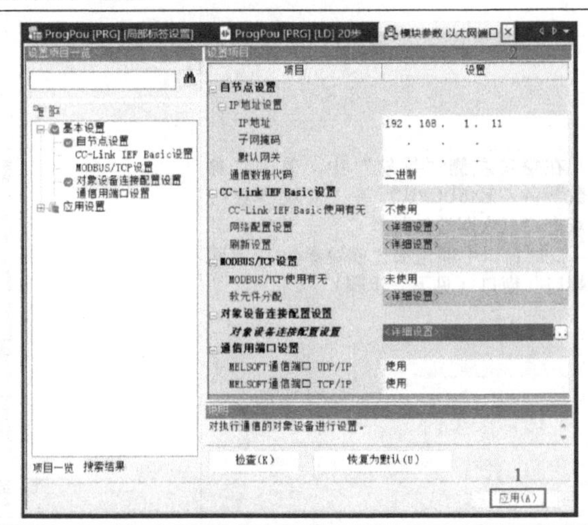
</td></tr>
<tr><td colspan="3">（5）在程序编辑区域，编写PLC程序</td></tr>
<tr><td></td><td colspan="2">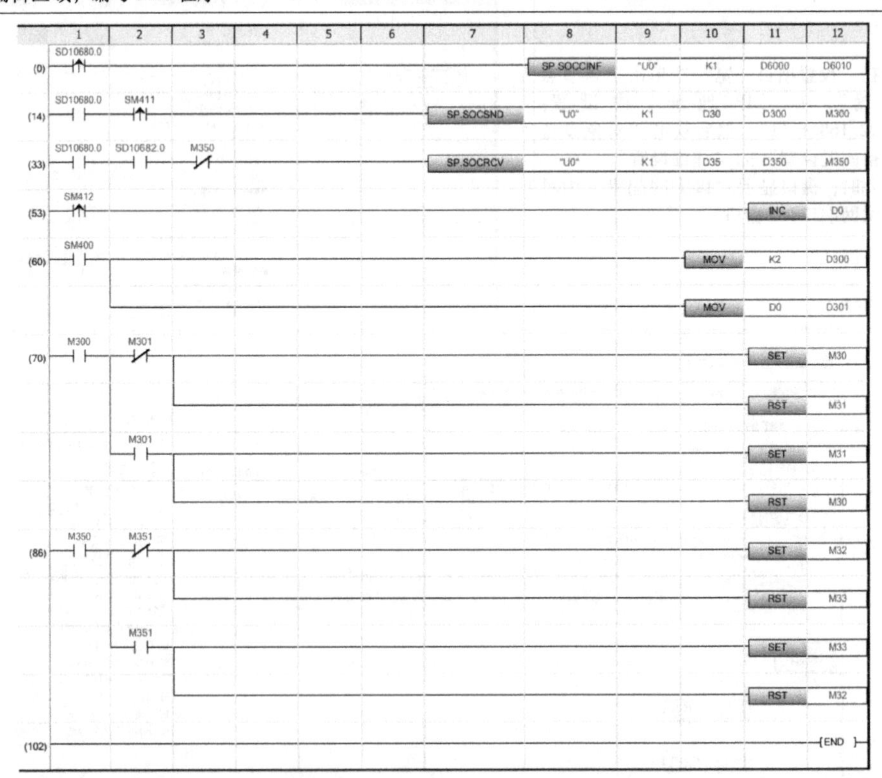
</td></tr>
<tr><td colspan="3">（6）进行FX_{5U}程序下载（详见本书的2.2.4小节）</td></tr>
</table>

[指令解读]

程序编写过程中使用的 SP. SOCCINF 指令的解读见表 4-24。

表 4-24　SP. SOCCINF 指令的解读

指令名称：读取连接信息　　　　指令助记符：SP. SOCCINF

指令说明：
该指令在 Socket 通信功能指令中，用于从站使用 Socket 通信读取连接信息

指令图解：

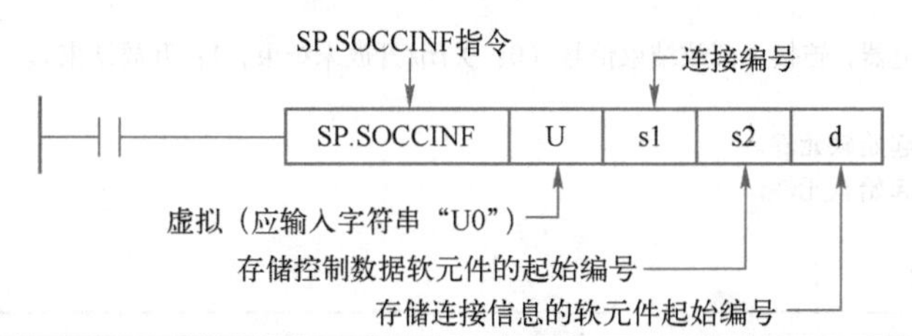

操作数	内容	范围	数据类型
(U)	虚拟（应输入字符串“U0”）	—	字符串
(s1)	连接编号	1~8	无符号 BIN16 位
(s2)	存储控制数据软元件的起始编号	详见控制数据	字
(d1)	存储连接信息软元件的起始编号	—	字

控制数据详解

软元件	项目	内容	设置范围	设置侧
(s2)+0	系统区域	—	—	—
(s2)+1	结束状态	存储完成时的状态。0000H：正常结束；0000H 以外：异常结束	—	系统
(d)+0 (d)+1	对象设备 IP 地址	存储对象设备的 IP 地址	1~3758096382 (00000001H~DFFFFFFEH)	系统
(d)+2	对象设备端口编号	存储对象设备的端口号	1~65534 (0001H~FFFEH)。 如未开放的连接执行时，将返回 0H。	系统
(d)+3	本站端口编号	存储本站端口号	1~5548，557065534 (0001H~15ACH，15C2H~FFFEH)	系统
(d)+4	使用用途设置区域	b15 b14 b13 ~ b10 b9 b8 b7 ~ b0 (d)+4 [3] 0 [2] [1] 0 [1] 指定通信方式（协议）。其中 0：TCP/IP； 1：UDP/IP [2] 指定 Socket 通信功能有无顺序。其中， 0：有顺序； 1：无顺序。 [3] 指定开放方式。其中， 00：Active 开放或 UDP/IP； 10：Unpassive 开放； 11：Fullpassive 开放	如左边栏目所示	系统

注意：
本站端口编号 1~1023(0001H~03FFH)一般是保留的端口编号，而 61440~65534(F000H~FFFEH)则用于其他通信功能，因此建议使用端口编号 1024~5548，5570~61439(0400H~15ACH、15C2H~EFFFH)。此外，5549~5569(15ADH~15C1H)已被系统使用，勿指定

［程序解读］

根据程序相关功能，对程序内容进行分段解读，见表4-25。

表4-25 程序分段解读

程序段1：

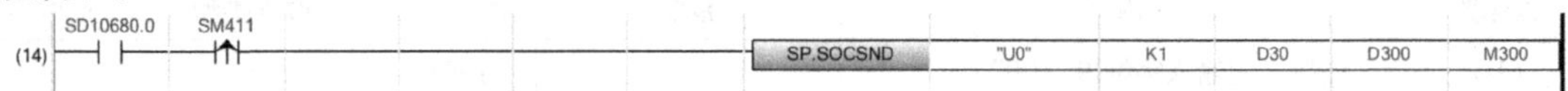

程序注释：

SD10680.0：特殊辅助继电器，连接1开放结束信号（0：关闭/开放未结束；1：开放结束）。

K1：连接编号1。

D6000：存储控制数据的起始软元件。

D6010：存储连接信息的起始软元件。

程序说明：

执行连接1连接信息读取

程序段2：

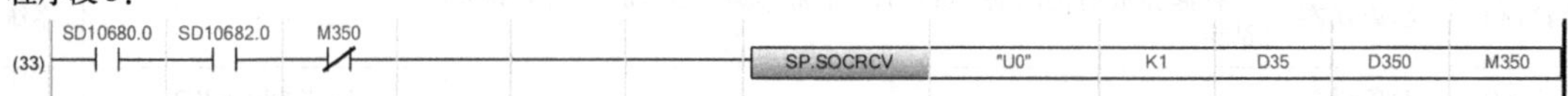

程序注释：

SM411：特殊辅助继电器。时钟周期为0.2s（0.1s ON，0.1s OFF）

K1：连接编号1。

D30：指定控制数据的起始软元件。

D300：存储发送数据的起始软元件。

M300：指令结束时，指令运行正常，则M300变为ON；异常，则M301变为ON。

程序说明：

主站每隔0.2s，向连接1的设备发送从D300起始的数据

程序段3：

程序注释：

SD10682.0：特殊辅助继电器，连接1的Socket通信接收状态信号（0：无开放请求；1：开放请求中）。

K1：连接编号1。

D35：指定控制数据的起始软元件。

D350：存储接收数据的起始软元件。

M350：指令结束时，指令运行正常，则M350变为ON；异常，则M351变为ON。

程序说明：

当连接1开放时，程序执行接收指令。当接收指令完成数据接收后，M350由OFF转为ON，同时断开接收指令一个扫描周期后继续执行，等待接收下一次数据

程序段4：

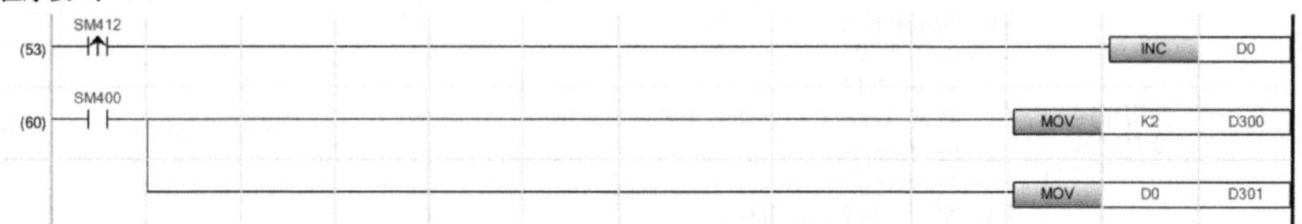

程序注释：

D300：指定连接1发送数据长度（字节数）。

D301：指定连接1发送数据内容。

程序说明：

PLC执行后，D0数据以0.2s间隔累加。设置连接1的发送字节数为2字节，并将变化的数据D0传输到连接1发送数据内容寄存器D301中

（续）

程序段5：

程序说明：

连接1发送正常，则M30为ON；异常，则M31为ON。

连接1接收正常，则M32为ON；异常，则M33为ON

3. 操作步骤（从站2）

FX_{5U}从站2程序编写操作步骤见表4-26。

表4-26 FX_{5U}从站2程序编写操作步骤

操作步骤	操作说明	示意图
（1）进行PLC电源接线、从站2 PLC与计算机通过网线连接		
	首先确认FX_{5U}电源线路接线正常，确保“POWER”指示灯点亮。 将FX_{5U}的运行拨码开关拨动至“STOP”，此时FX_{5U}右侧的“RUN”灯为熄灭状态。 将FX_{5U}从站2的网口通过网线与计算机相连接	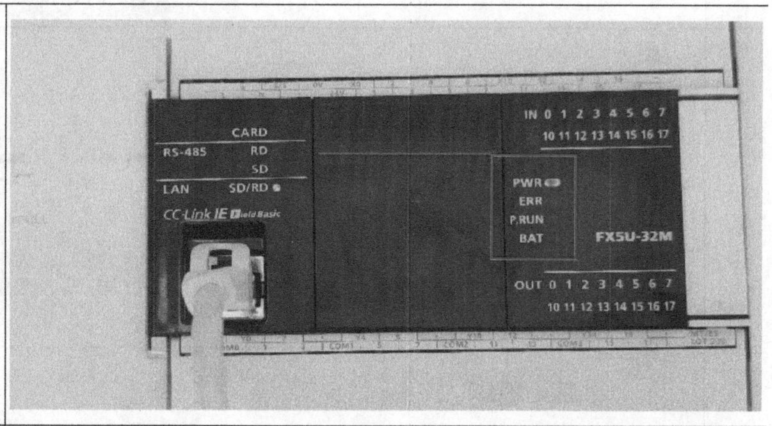
（2）进行FX_{5U}工程的创建（详见本书的2.2.4小节）		
（3）确认计算机与FX_{5U}的以太网通信（详见本书的2.2.4小节）		
（4）进行FX_{5U}从站2以太网端口通信设置		

（续）

操作步骤	操作说明	示意图
1)	在窗口左侧“导航”中，单击“参数”→“FX5UCPU”→“模块参数”，双击“以太网端口”。 此时，窗口中部显示“模块参数 以太网端口”窗口（见下一步骤）	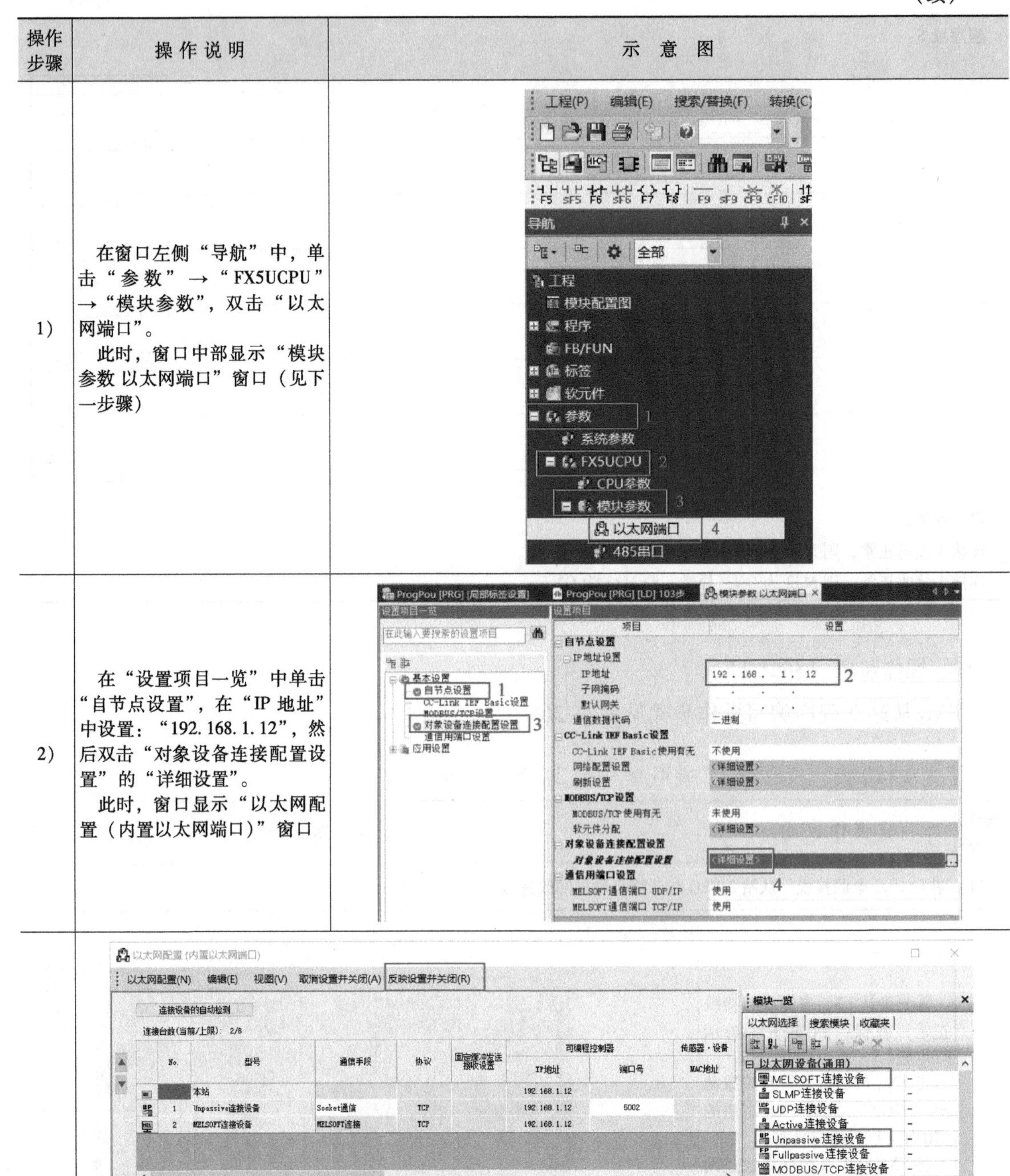
2)	在“设置项目一览”中单击“自节点设置”，在“IP 地址”中设置：“192. 168. 1. 12”，然后双击“对象设备连接配置设置”的“详细设置”。 此时，窗口显示“以太网配置（内置以太网端口）”窗口	
3)	在“以太网配置（内置以太网端口）”窗口中，将右侧“模块一览”的“以太网设备（通用）”中的“Unpassive 连接设备”“MELSOFT 连接设备”拖入左下角的连接区域。 先拖入 1 台 Unpassive 连接设备；之后拖入 MELSOFT 连接设备用于开启以太网协议，以后期组网时计算机对该 PLC 的连接。	

（续）

操作步骤	操 作 说 明	示 意 图
3）	其次，进行通信手段选择和通信目标IP地址、端口的配置：连接1对应的通信手段为Socket通信，可编程控制器端口号为5002。 完成设置后，单击窗口导航栏中的“反映设置并关闭”按钮	
4）	在完成“以太网配置（内置以太网端口）”窗口的配置后，单击“模块参数 以太网端口”窗口右下角的“应用”按钮，对所设置的网络参数进行保存。 之后，关闭“模块参数 以太网端口”窗口	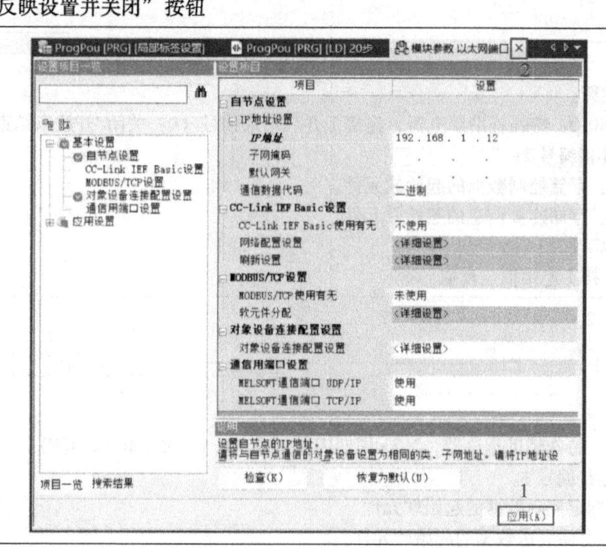

（5）在程序编辑区域，编写PLC程序

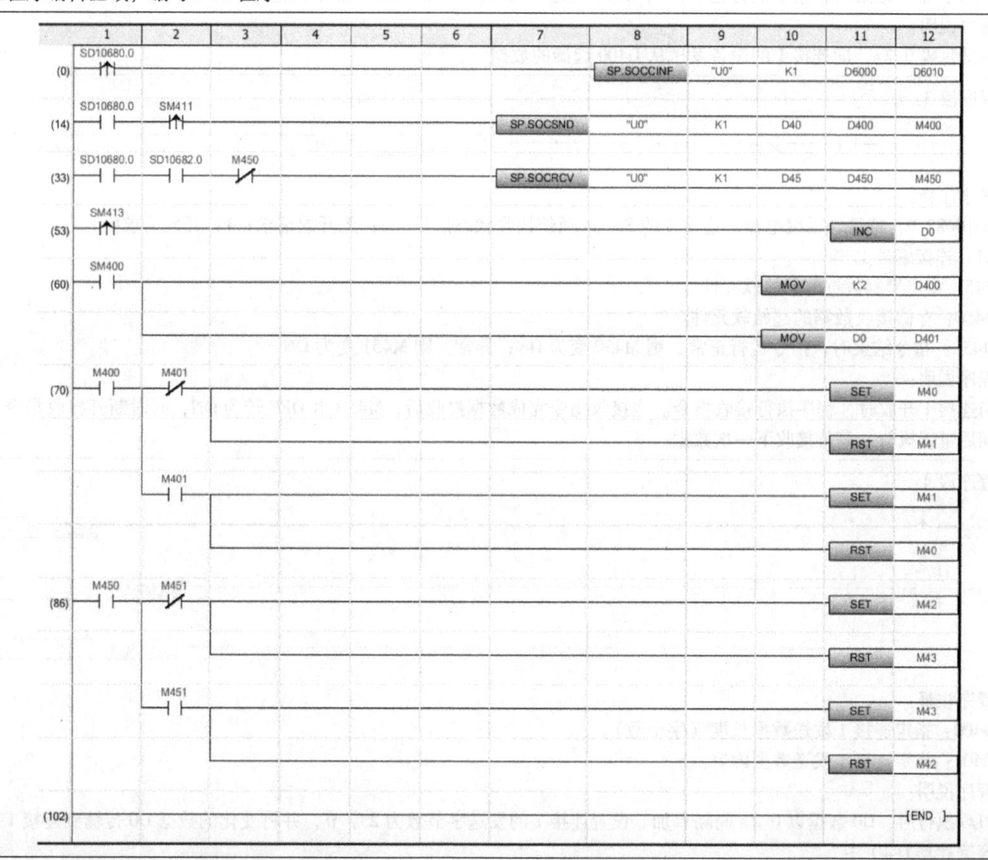

（6）进行FX_{5U}程序下载（详见本书的2.2.4小节）

[程序解读]

根据程序相关功能，对程序内容进行分段解读，见表4-27。

表4-27　程序分段解读

程序段1：

SD10680.0
(0)
SP.SOCCINF "U0" K1 D6000 D6010

程序注释：
SD10680.0：特殊辅助继电器，连接1开放结束信号（0：关闭/开放未结束；1：开放结束）。
K1：连接编号1。
D6000：存储控制数据的起始软元件。
D6010：存储连接信息的起始软元件。
程序说明：
执行连接1连接信息读取

程序段2：

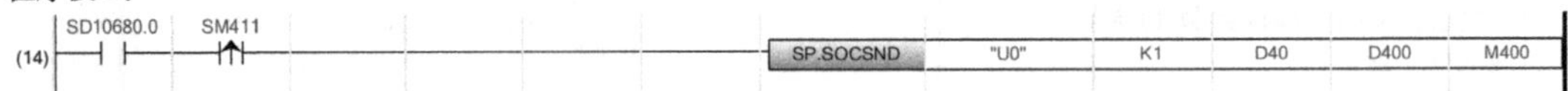

程序注释：
SM411：特殊辅助继电器，0.2 s周期闪烁触点（0.1 s ON，0.1 s OFF）。
K1：连接编号1。
D40：指定控制数据的起始软元件。
D400：存储发送数据的起始软元件。
M400：指令结束时，指令运行正常，则M400变为ON；异常，则M401变为ON。
程序说明：
主站每隔0.2 s，向连接1的设备发送从D400起始的数据

程序段3：

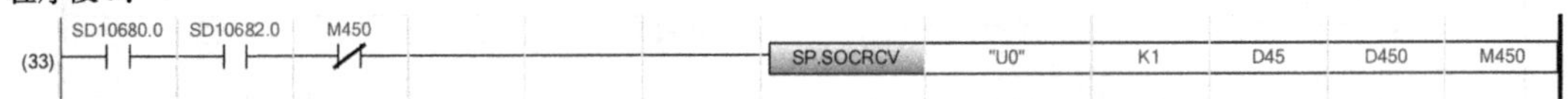

程序注释：
SD10682.0：特殊辅助继电器，连接1的Socket通信接收状态信号（0：无开放请求；1：开放请求中）。
K1：连接编号1。
D45：指定控制数据的起始软元件。
D450：存储接收数据的起始软元件。
M450：指令结束时，指令运行正常，则M450变为ON；异常，则M451变为ON。
程序说明：
当连接1开放时，程序执行接收指令。当接收指令完成数据接收后，M450由OFF转为ON，同时断开接收指令一个扫描周期后继续执行，等待接收下一次数据

程序段4：

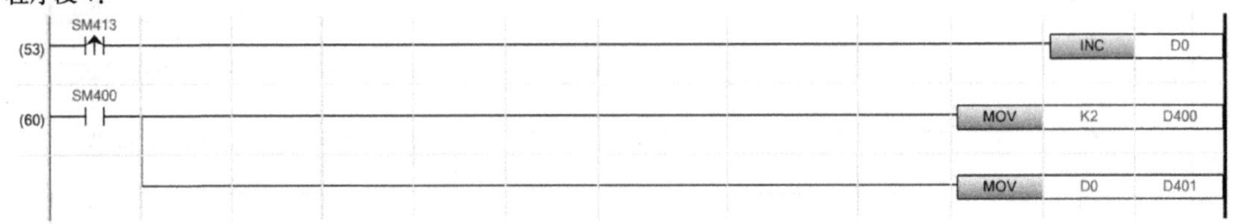

程序注释：
D400：指定连接1发送数据长度（字节数）。
D401：指定连接1发送数据内容。
程序说明：
PLC执行后，D0数据以0.2 s间隔累加。设置连接1的发送字节数为2字节，并将变化的数据D0传输到连接1发送数据内容寄存器D401中

（续）

程序段5：

程序说明：
连接2发送正常，则M40为ON；异常，则M41为ON。
连接2接收正常，M42为ON；异常，M43为ON

4.2.4　FX$_{5U}$以太网组网联机调试

［目标］

完成以太网线路连接；通过GX Works3软件的监视模式，对3台PLC进行逐一监控，观察Socket网络通信中各站数据的变化情况。

4.2.4　FX$_{5U}$以太网组网联机调试（网线连接）

［描述］

在完成3台FX$_{5U}$与计算机以太网硬件组网后，通过GX Works3的“监视模式”，联机3台PLC，并对程序运行情况进行监控；通过“监看窗口”对FX$_{5U}$的数据通信寄存器进行监控，观察数据变化情况。

4.2.4　FX$_{5U}$以太网组网联机调试（主站参数设置）

4.2.4　FX$_{5U}$以太网组网联机调试（主机数据监控）

［实施］

1. 实施说明

实践中，根据任务系统通信架构图完成计算机和FX$_{5U}$以太网通信线路连接。在完成全部PLC程序下载后，需要将全部PLC左下角的拨码开关从下往上拨动至“RUN”。同时对全部PLC进行断电再重新上电的操作。

4.2.4　FX$_{5U}$以太网组网联机调试（从站1数据监控）

2. 系统通信架构图

系统通信架构图如图4-8所示。

4.2.4　FX$_{5U}$以太网组网联机调试（从站2数据监控）

3. 操作步骤

FX$_{5U}$以太网组网联机调试操作步骤见表4-28。

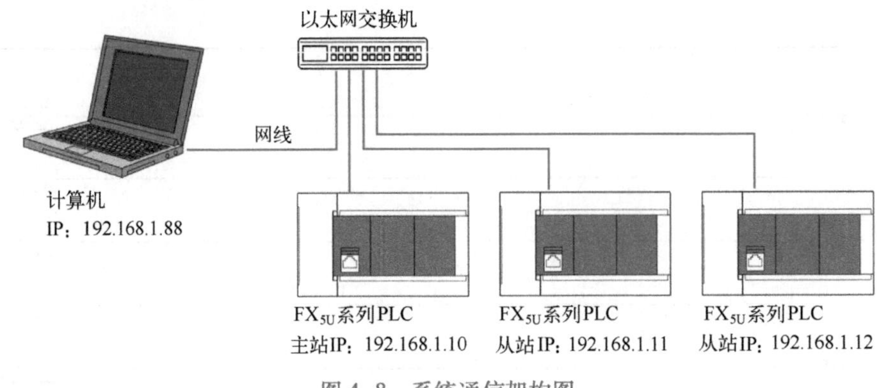

图 4-8　系统通信架构图

表 4-28　FX_{5U}以太网组网联机调试操作步骤

操作步骤	操作说明	示意图
（1）连接以太网线路		
1）	将 3 台 FX_{5U}以太网口通过网线连接至以太网交换机中	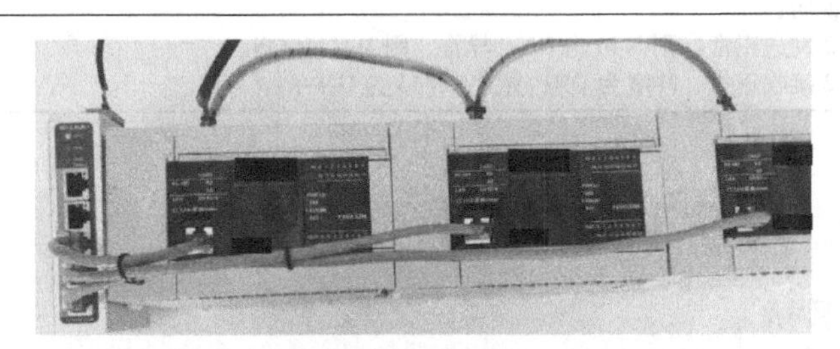
2）	将计算机以太网口通过网线连接至以太网交换机中。 完成网线部分的连接后，交换机的相应网口通信指示灯会闪烁，表明所接以太网设备通信正常	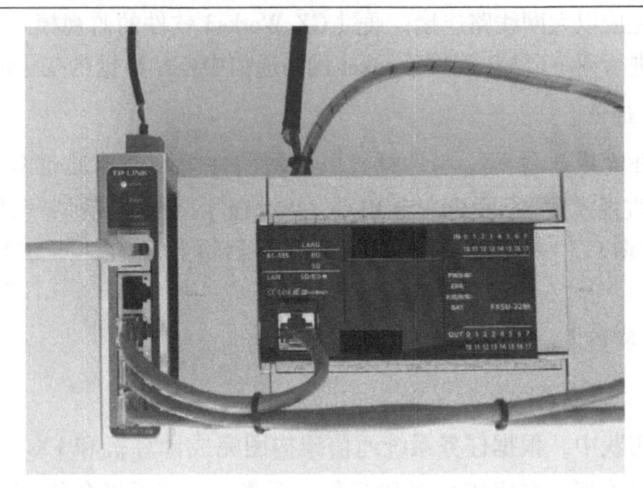
（2）计算机连接主站进行监视		
1）	在“GX Works3”窗口菜单栏中单击“在线”→“当前连接目标”	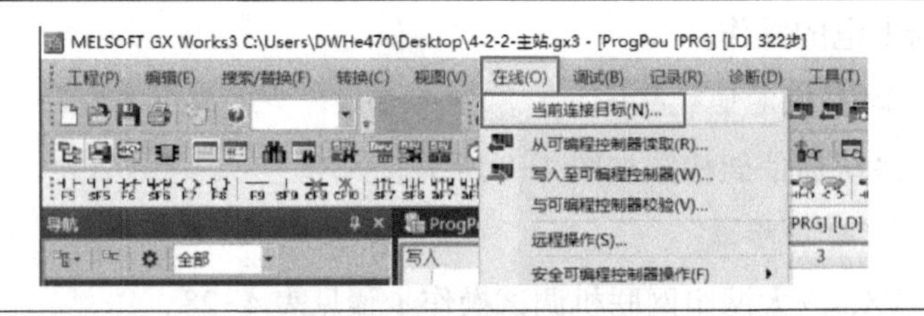

（续）

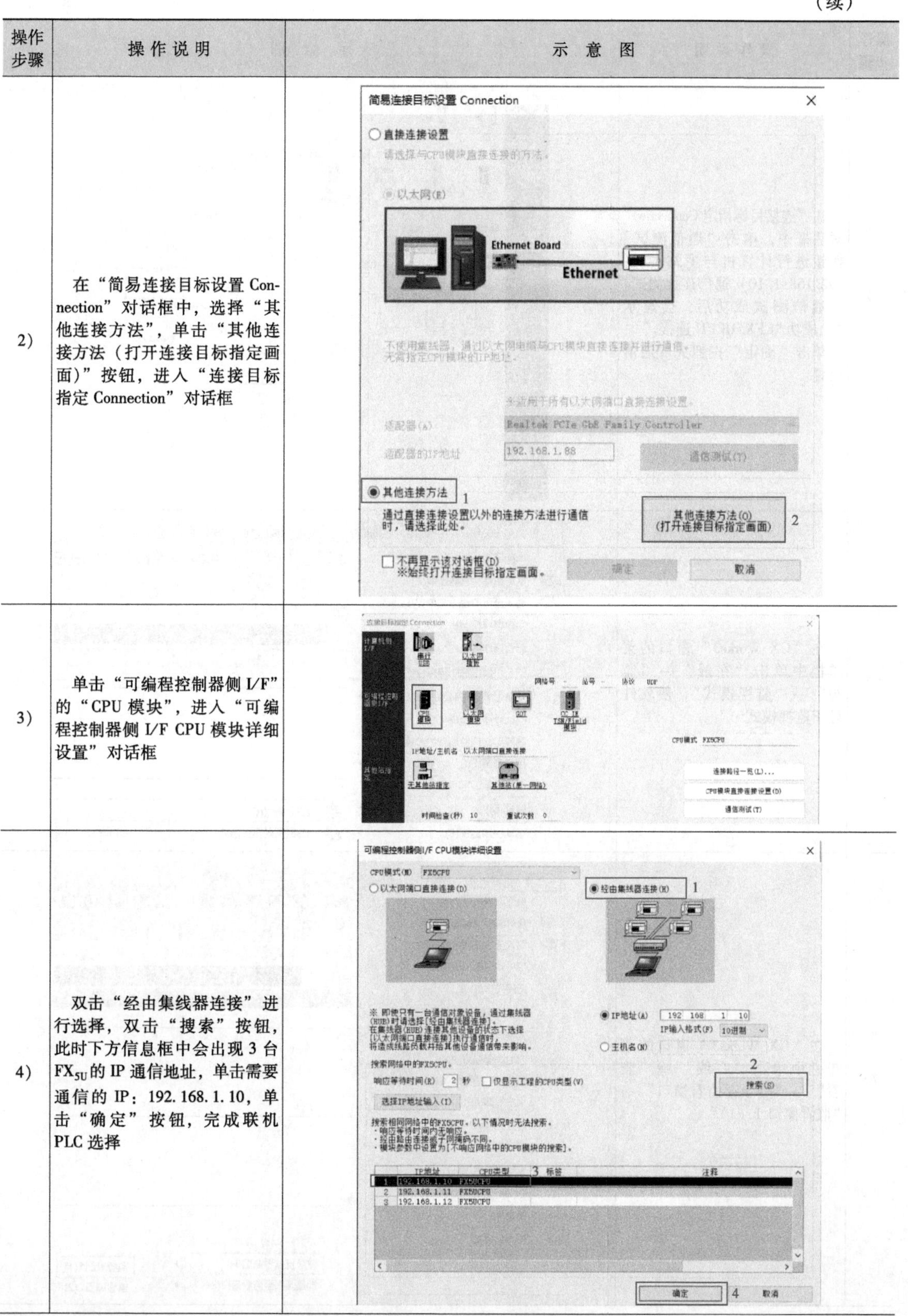

操作步骤	操作说明	示意图
2）	在“简易连接目标设置 Connection”对话框中，选择“其他连接方法”，单击“其他连接方法（打开连接目标指定画面）”按钮，进入“连接目标指定 Connection”对话框	
3）	单击“可编程控制器侧 I/F”的“CPU 模块”，进入“可编程控制器侧 I/F CPU 模块详细设置”对话框	
4）	双击“经由集线器连接”进行选择，双击“搜索”按钮，此时下方信息框中会出现 3 台 FX_{5U}的 IP 通信地址，单击需要通信的 IP：192.168.1.10，单击“确定”按钮，完成联机 PLC 选择	

（续）

操作步骤	操作说明	示意图
5）	在“连接目标指定 Connection”对话框中，单击“通信测试”按钮进行计算机与主站（IP：192.168.1.10）通信连接测试。 通信测试成功后，会显示“已成功与 FX5UCPU 连接。” 单击“确定”按钮完成通信设置	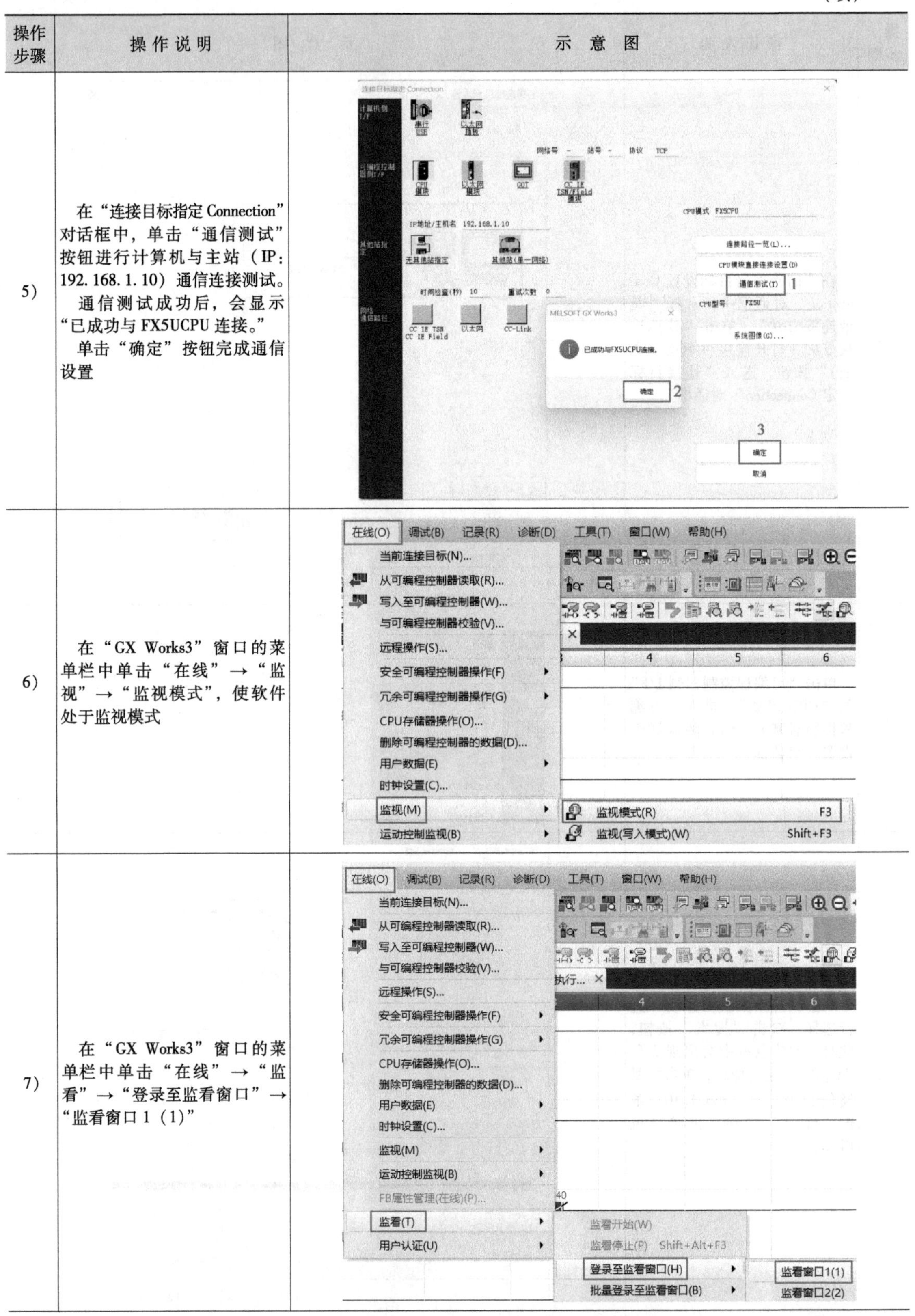
6）	在“GX Works3”窗口的菜单栏中单击“在线”→“监视”→“监视模式”，使软件处于监视模式	
7）	在“GX Works3”窗口的菜单栏中单击“在线”→“监看”→“登录至监看窗口”→“监看窗口 1（1）”	

（续）

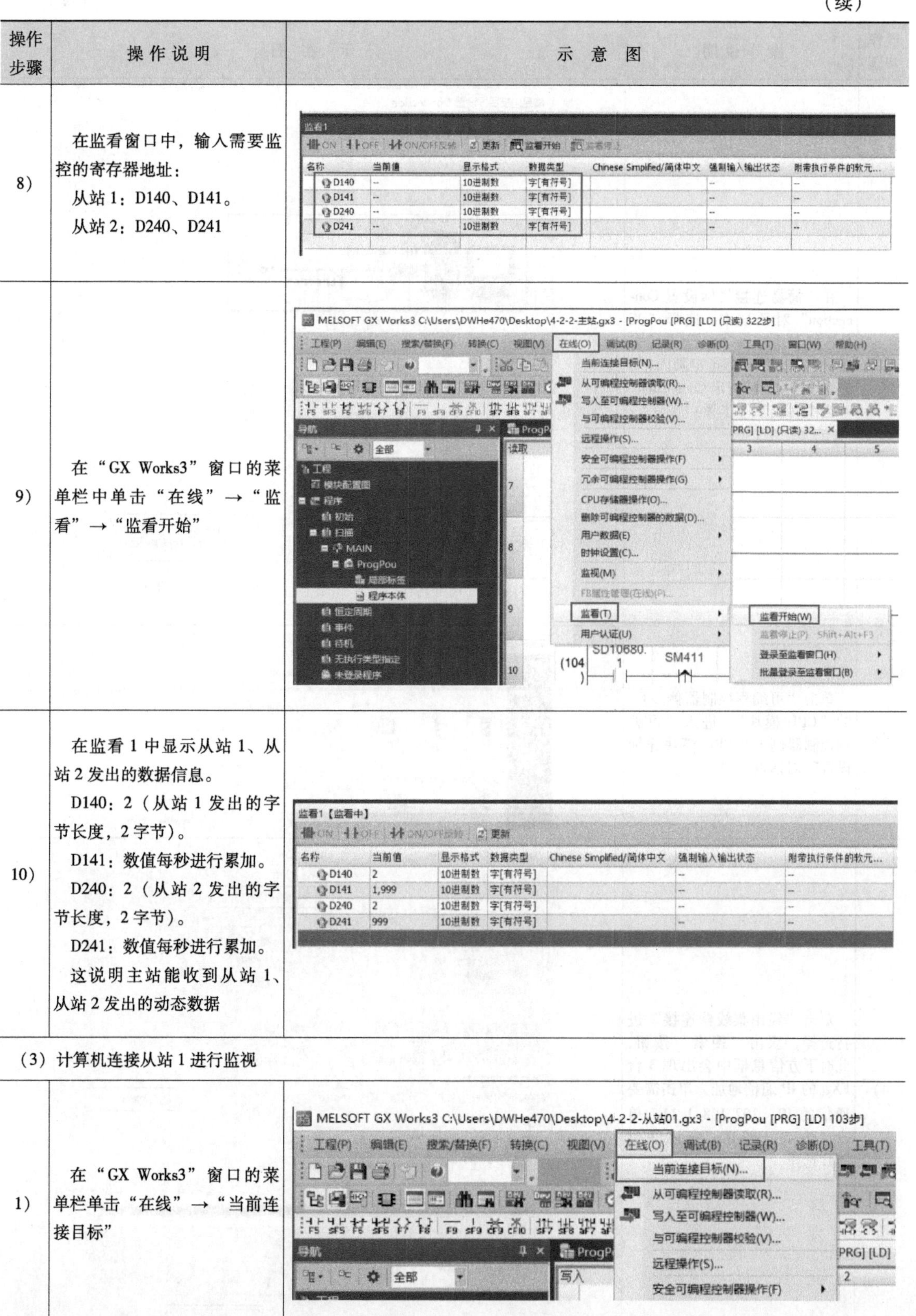

操作步骤	操作说明	示意图
8）	在监看窗口中，输入需要监控的寄存器地址： 从站1：D140、D141。 从站2：D240、D241	
9）	在“GX Works3”窗口的菜单栏中单击“在线”→“监看”→“监看开始”	
10）	在监看1中显示从站1、从站2发出的数据信息。 D140：2（从站1发出的字节长度，2字节）。 D141：数值每秒进行累加。 D240：2（从站2发出的字节长度，2字节）。 D241：数值每秒进行累加。 这说明主站能收到从站1、从站2发出的动态数据	
（3）计算机连接从站1进行监视		
1）	在“GX Works3”窗口的菜单栏单击“在线”→“当前连接目标”	

（续）

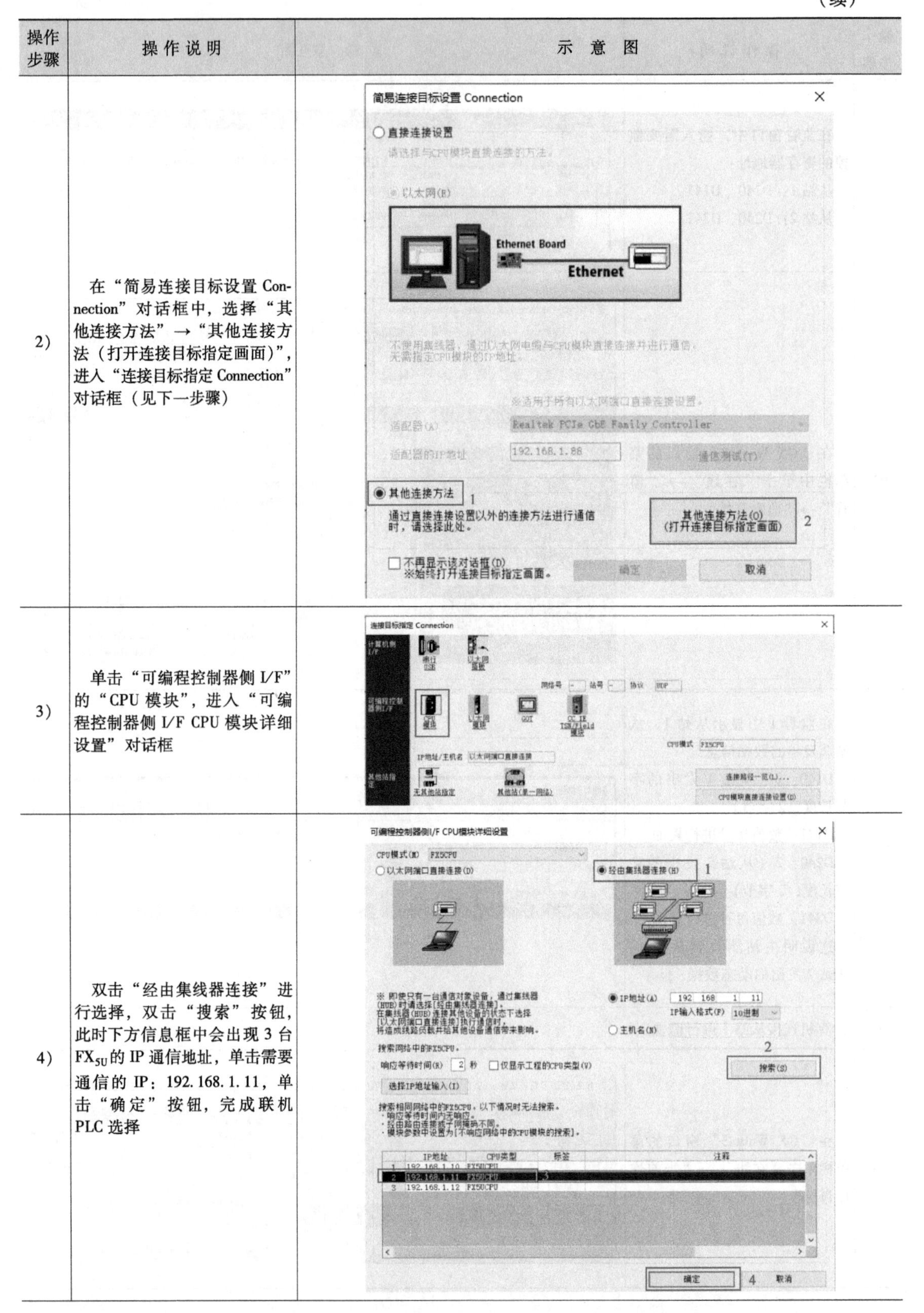

操作步骤	操作说明	示意图
2）	在“简易连接目标设置 Connection”对话框中，选择“其他连接方法”→“其他连接方法（打开连接目标指定画面）”，进入“连接目标指定 Connection”对话框（见下一步骤）	
3）	单击“可编程控制器侧 I/F”的“CPU 模块”，进入“可编程控制器侧 I/F CPU 模块详细设置”对话框	
4）	双击“经由集线器连接”进行选择，双击“搜索”按钮，此时下方信息框中会出现 3 台 FX_{5U}的 IP 通信地址，单击需要通信的 IP：192.168.1.11，单击“确定”按钮，完成联机 PLC 选择	

（续）

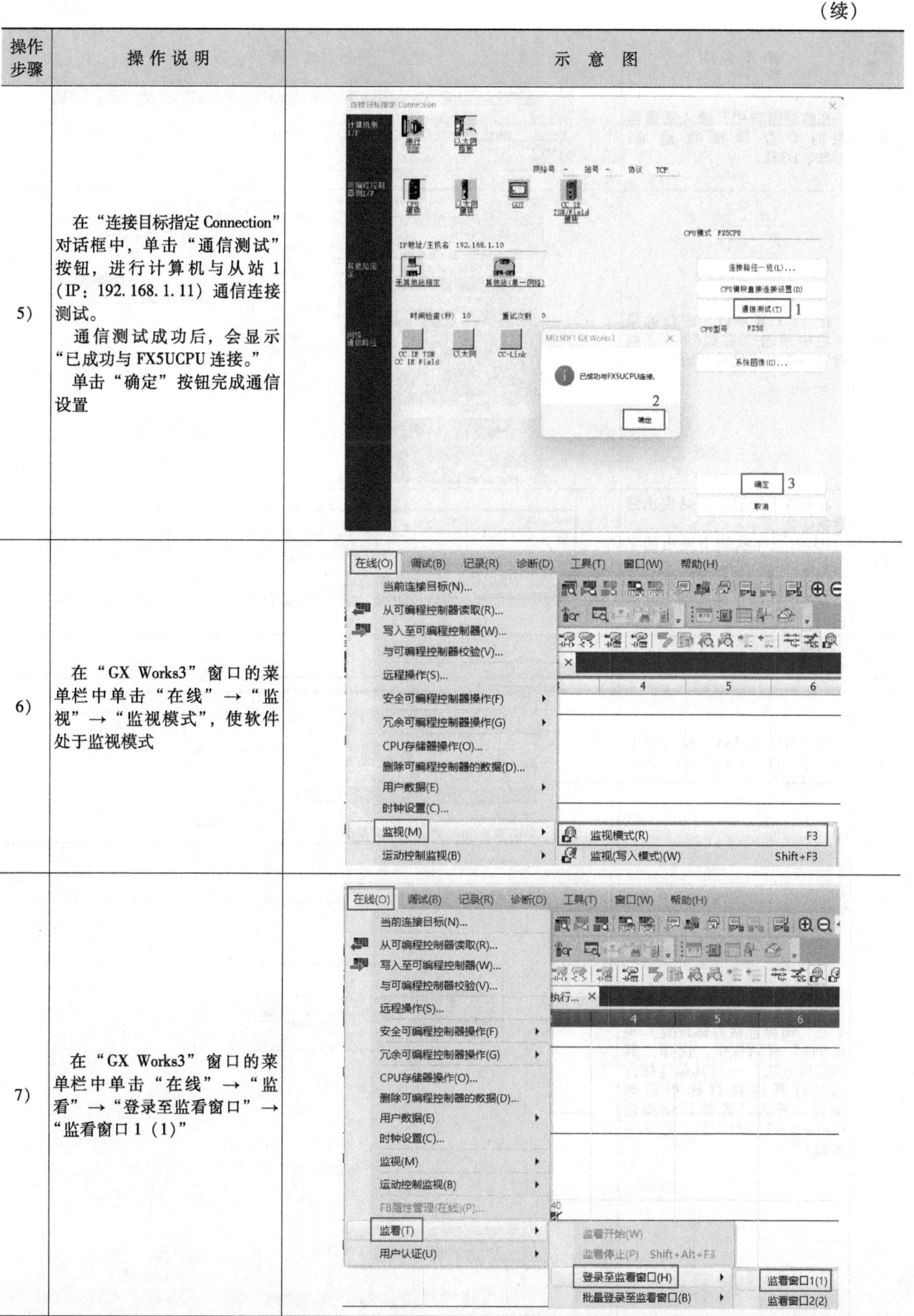

操作步骤	操作说明	示意图
5）	在“连接目标指定 Connection”对话框中，单击“通信测试”按钮，进行计算机与从站1（IP：192.168.1.11）通信连接测试。 通信测试成功后，会显示“已成功与FX5UCPU连接。” 单击“确定”按钮完成通信设置	
6）	在“GX Works3”窗口的菜单栏中单击“在线”→“监视”→“监视模式”，使软件处于监视模式	
7）	在“GX Works3”窗口的菜单栏中单击“在线”→“监看”→“登录至监看窗口”→“监看窗口1（1）”	

（续）

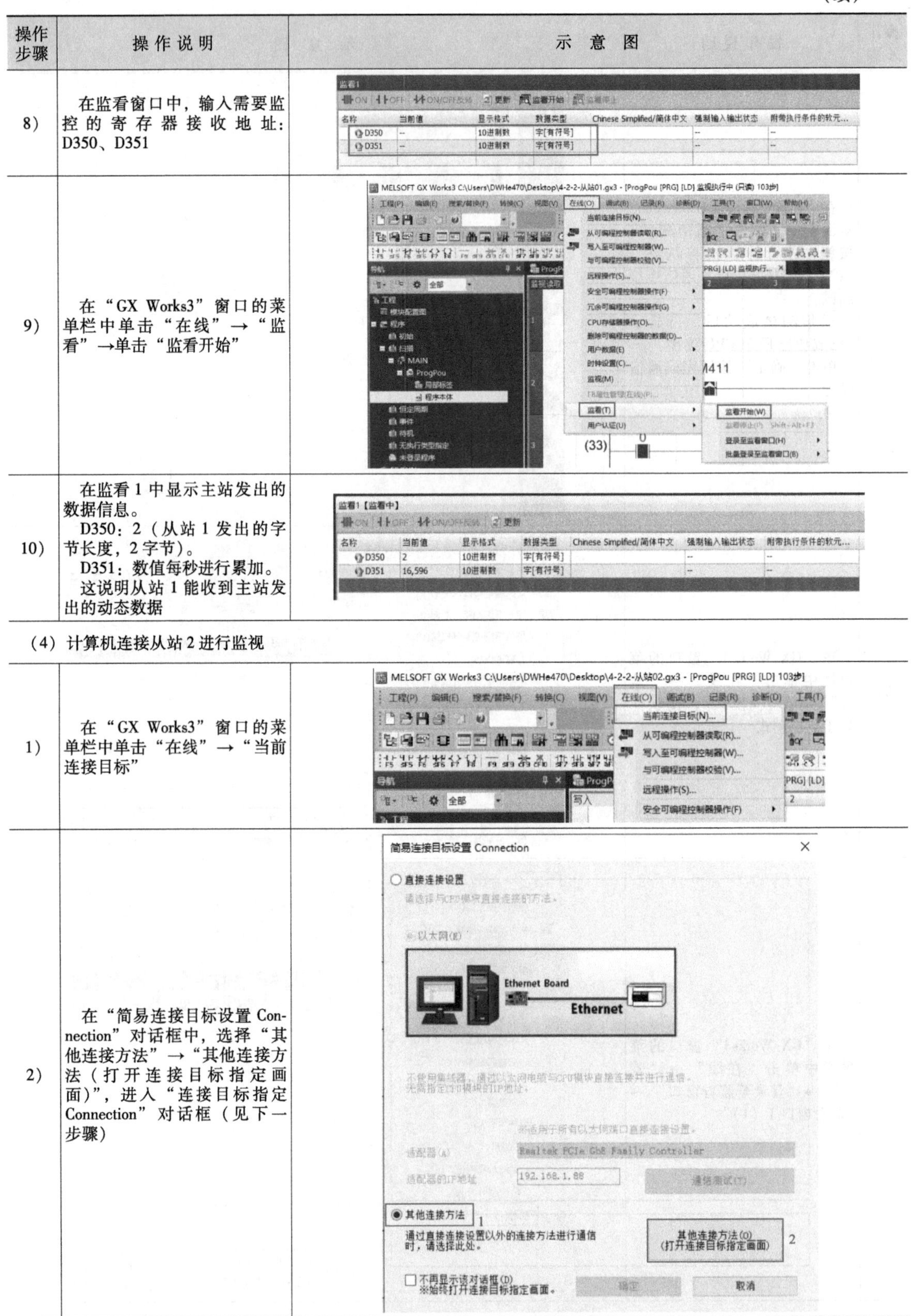

操作步骤	操 作 说 明	示 意 图
8）	在监看窗口中，输入需要监控的寄存器接收地址：D350、D351	
9）	在“GX Works3”窗口的菜单栏中单击“在线”→“监看”→单击“监看开始”	
10）	在监看1中显示主站发出的数据信息。 D350：2（从站1发出的字节长度，2字节）。 D351：数值每秒进行累加。 这说明从站1能收到主站发出的动态数据	
（4）计算机连接从站2进行监视		
1）	在“GX Works3”窗口的菜单栏中单击“在线”→“当前连接目标”	
2）	在“简易连接目标设置 Connection”对话框中，选择“其他连接方法”→“其他连接方法（打开连接目标指定画面）”，进入“连接目标指定 Connection”对话框（见下一步骤）	

（续）

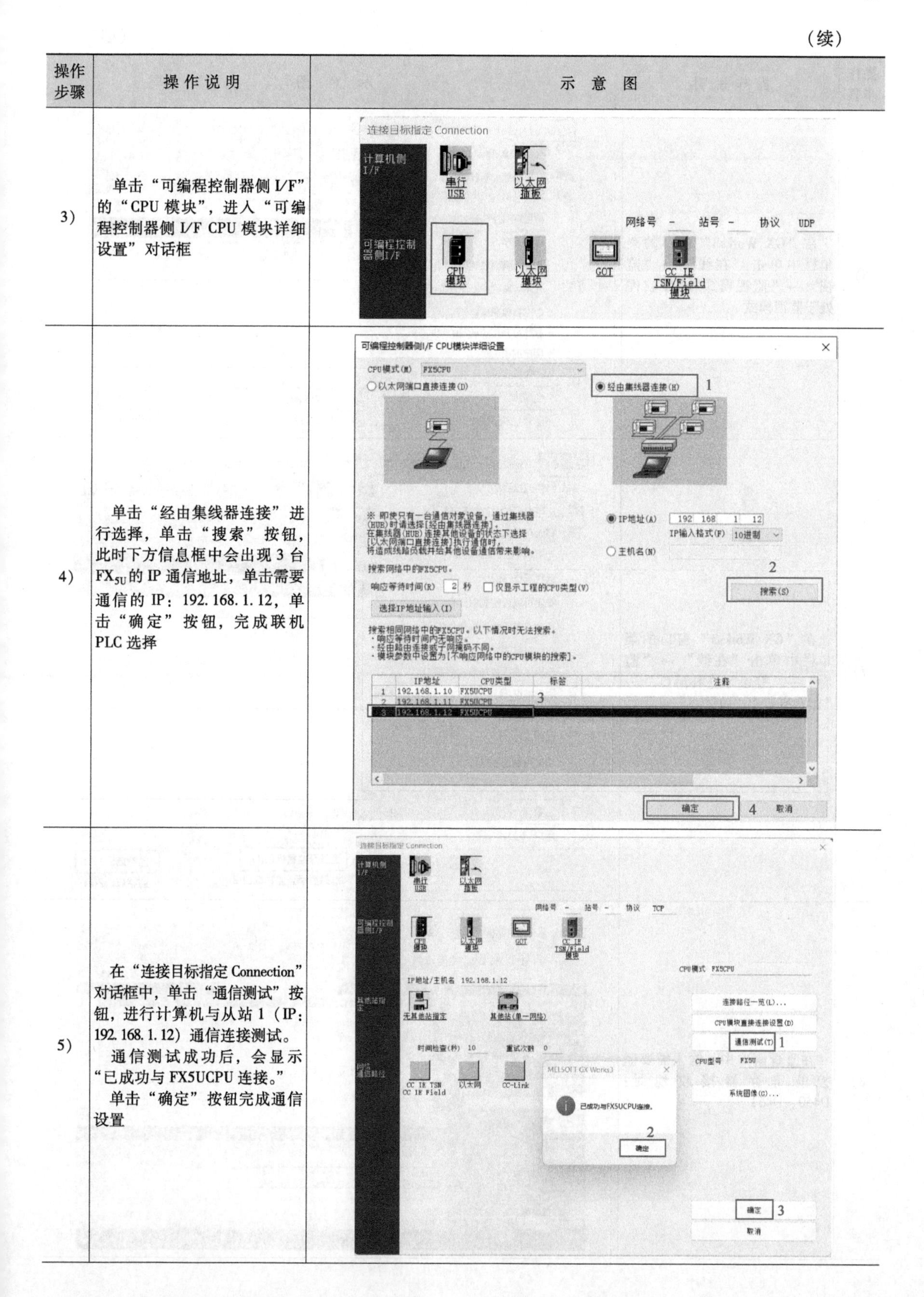

操作步骤	操作说明	示意图
3）	单击“可编程控制器侧I/F”的“CPU模块”，进入“可编程控制器侧I/F CPU模块详细设置”对话框	
4）	单击“经由集线器连接”进行选择，单击“搜索”按钮，此时下方信息框中会出现3台FX_{5U}的IP通信地址，单击需要通信的IP：192.168.1.12，单击“确定”按钮，完成联机PLC选择	
5）	在“连接目标指定Connection”对话框中，单击“通信测试”按钮，进行计算机与从站1（IP：192.168.1.12）通信连接测试。 通信测试成功后，会显示“已成功与FX5UCPU连接。” 单击“确定”按钮完成通信设置	

（续）

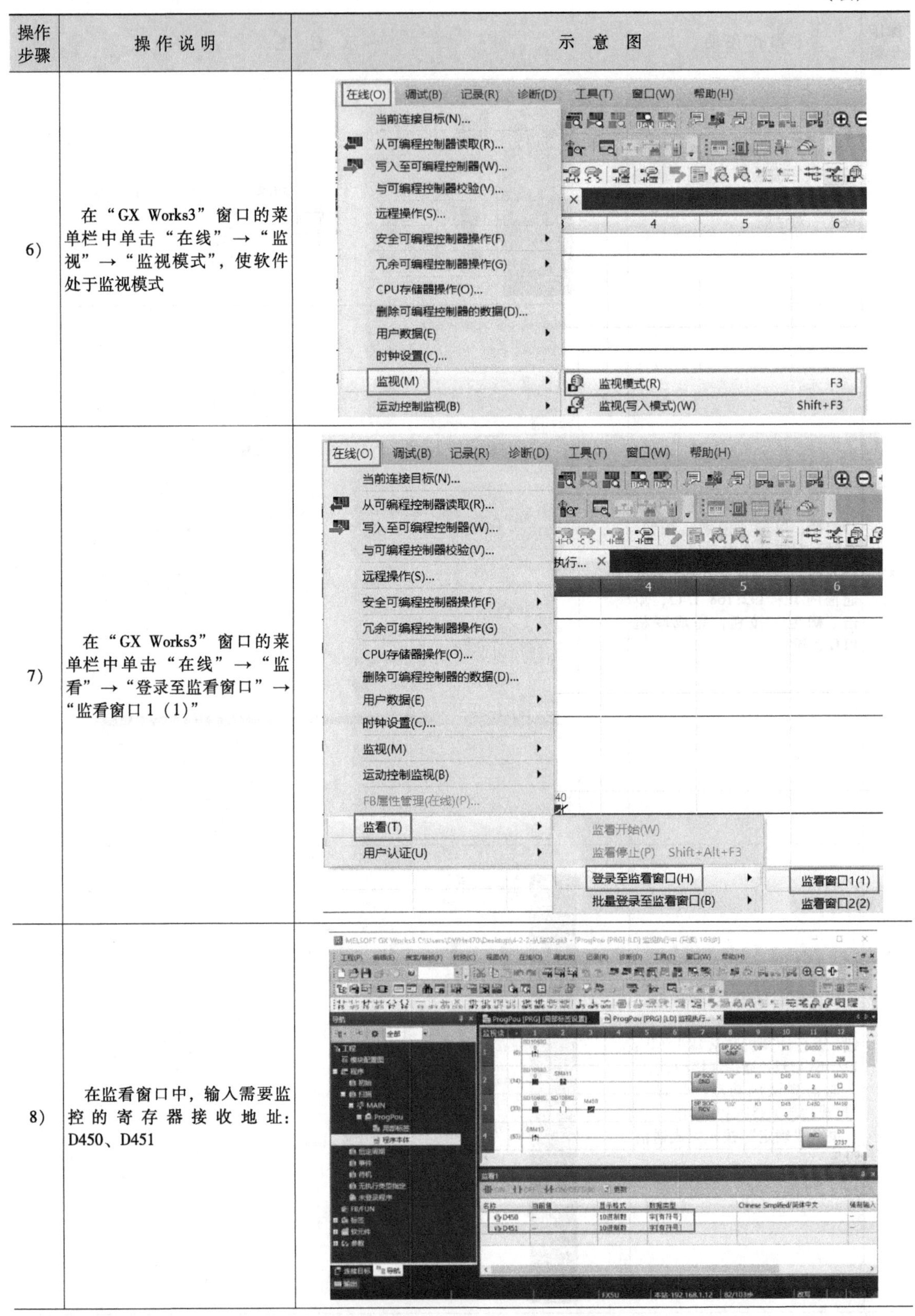

操作步骤	操作说明	示意图
6）	在“GX Works3”窗口的菜单栏中单击“在线”→“监视”→“监视模式”，使软件处于监视模式	
7）	在“GX Works3”窗口的菜单栏中单击“在线”→“监看”→“登录至监看窗口”→“监看窗口1（1）”	
8）	在监看窗口中，输入需要监控的寄存器接收地址：D450、D451	

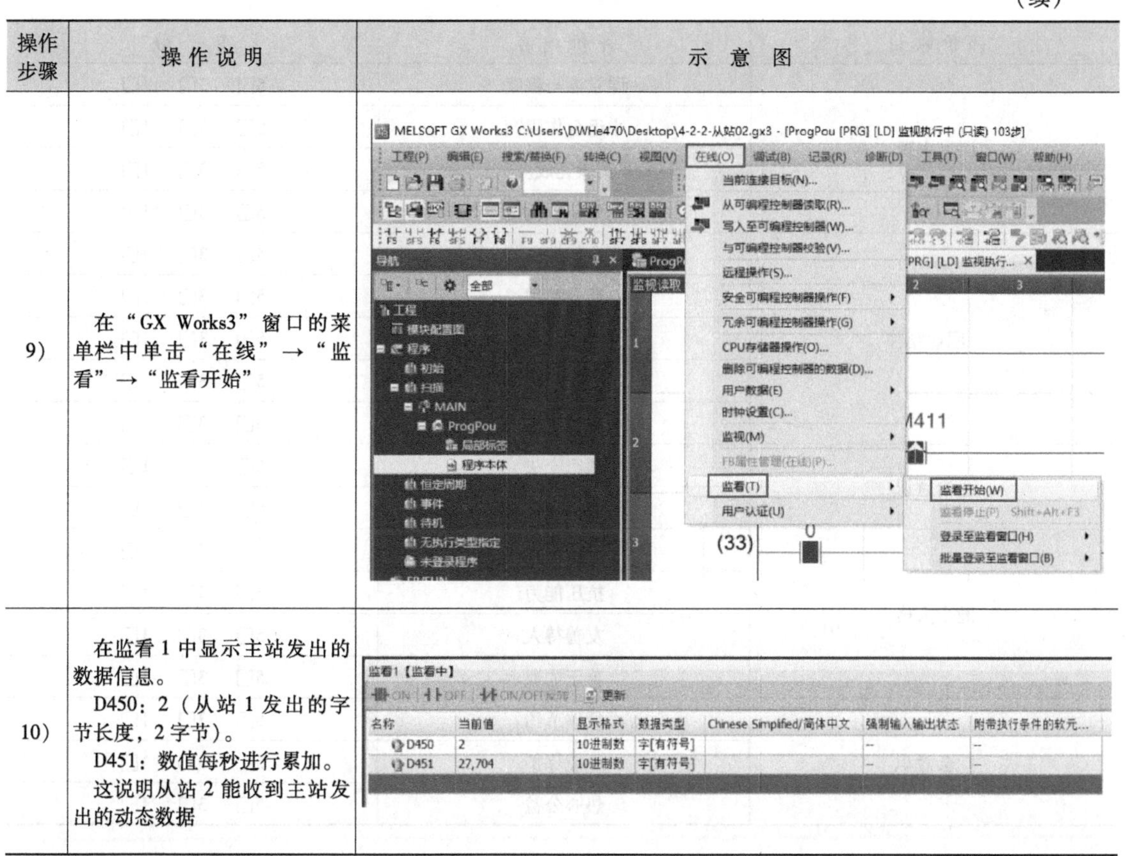

（续）

操作步骤	操作说明	示意图
9)	在“GX Works3”窗口的菜单栏中单击“在线”→“监看”→“监看开始”	
10)	在监看1中显示主站发出的数据信息。 D450：2（从站1发出的字节长度，2字节）。 D451：数值每秒进行累加。 这说明从站2能收到主站发出的动态数据	

【学习成果评价】

对任务实施过程中的学习成果进行自我总结与评分，具体评价标准见表4-29。

表4-29　学习成果评价表

任务成果		评分表（1~5分）		
实践内容	任务总结与心得	学生自评	同学互评	教师评分
本任务线路设计及接线掌握情况				
Socket通信参数设置掌握情况				
Socket通信程序编写掌握情况				
使用Socket通信实现PLC组网通信调试掌握情况				

【素养评价】

对任务实施过程中的思想道德素养进行量化评分，具体评价标准见表4-30。

表 4-30　素养评价表

评价项目	评价内容	得　分
课上表现	课堂参与程度	5□　3□　1□
	小组合作程度	5□　3□　1□
	实操完成度	5□　3□　1□
	任务完成质量	5□　3□　1□
职业精神	合作探究	5□　3□　1□
	严谨精细	5□　3□　1□
	讲求效率	5□　3□　1□
	独立思考	5□　3□　1□
	问题解决	5□　3□　1□
法治意识	遵纪守法	5□　3□　1□
	拥护法律	5□　3□　1□
健全人格	责任意识	5□　3□　1□
	抗压能力	5□　3□　1□
	友善待人	5□　3□　1□
	善于沟通	5□　3□　1□
社会意识	低碳节约	5□　3□　1□
	环境保护	5□　3□　1□
	热心公益	5□　3□　1□

【拓展与提高】

某生产车间实施数据信息化升级改造。车间有 3 台加工设备，均使用 FX_{5U} 系列 PLC 进行自动生产加工运行，每台设备的实时产量由各自 PLC 进行计数。在管理人员巡查时，需要对比各台生产进度，由于设备分散布置，需要管理人员来回巡视，不太方便。

现要求进行系统升级改造，设置 1 台设备为主站，负责收集其他从站设备的实时产量数据，实现主站便可对所有设备进行数据监控、产能管理的目的。请设计该任务，并提交相关设计资料。

任务需要提交的资料见表 4-31。

表 4-31　任务需要提交的资料

序　号	文 件 名	数　量	负 责 人
1	任务选型依据及定型清单	1	
2	电气原理图	1	
3	电气线路完工照片	1	
4	调试完成的 PLC 程序	1	

项目 5 PLC 与其他工业组件之间通信

【项目背景】

随着智能制造时代的到来，生产现场的控制功能需求日趋复杂，单台 PLC 的功能已无法满足现代制造业生产制造的需求。通过 PLC 扩展的数据通信接口与其他工业组件连接，可实现 PLC 的功能扩展，提高数据交互与控制的能力，从而满足工业现场日趋增加的智能化、信息化的发展需求。

本项目以工业控制常见的智能温控仪表、远程 IO 模块、微型打印机为例，介绍工业组件的使用方法，及其与 PLC 实施数据通信的线路连接、编程与调试方法，为设计新型工业控制系统打下坚实的基础。

【项目描述】

高新制造企业，由于生产工艺要求，需要恒温的温水且要 24 h 供应。由于热水管道距离较长，需要对远距离管道的阀门进行控制以及对阀门开关状态进行采集。同时，还需要将水温数据通过纸质记录的形式进行存储、存档。

【任务分解】

- FX_{3U}系列 PLC 通过 RS-485 通信接口与温控器，采用 Modbus-RTU 通信协议通信，实现温度读取及温度控制。
- FX_{5U}系列 PLC 通过以太网通信接口，采用 Modbus-TCP 通信协议扩展远程 IO 模块，实现 PLC IO 点的扩充。
- FX_{5U}系列 PLC 通过 RS-232 通信接口，采用自由口通信协议控制微型打印机，实现数据打印。

【素质目标】

- 通过连接通信线路，培养安全操作、文明操作、规范操作的意识。
- 通过参数设置和 PLC 编程，培养认真、严谨、细致的工作态度。
- 培养技术资料的撰写、整理及存档的能力。
- 培养精益求精、创新精神。

【知识目标】

- 理解 PLC 数据通信扩展功能的方法。
- 理解 PLC 数据通信扩展模块的类型。
- 掌握 FX_{3U}系列 PLC Modbus-RTU 通信协议指令的应用。
- 掌握 FX_{5U}系列 PLC Modbus-TCP 通信协议指令的应用。
- 掌握 FX_{5U}系列 PLC 自由口通信数据发送的调试方法。

【技能目标】

- 能够连接 PLC 通信接口与温控器、远程 IO 和微型打印机的通信线路。
- 能够使用 FX_{3U}系列 PLC 采用 Modbus-RTU 通信协议与温控器通信，实现温度控制。
- 能够使用 FX_{5U}系列 PLC 采用 Modbus-TCP 通信协议与远程 IO 通信，实现远程 IO 模块扩充。
- 能够使用串口调试助手软件，向微型打印机发送数据。
- 能够使用 FX_{5U}系列 PLC 采用自由口通信协议与微型打印机通信，实现微型打印机数据内容的打印。

任务 5.1 FX_{3U}与温控器基于 Modbus-RTU 协议通信

【任务导读】

本任务将详细介绍 FX_{3U}系列 PLC 的扩展模块，通过 Modbus-RTU 协议，与温控器进行通信，实现温度数据的采集与控制。通过本任务，读者将学到温度传感器的选择以及温控器的使用，以及 PLC 通过 Modbus-RTU 通信协议与温控器数据交互的方法。

【任务目标】

使用 FX_{3U}系列 PLC 的扩展通信模块 FX_{3U}-485ADP-MB，采用 Modbus-RTU 协议，实现 PLC 与温控器的数据交互，实现温度数据的读取与控制。

【任务准备】

1）任务准备软硬件清单见表 5-1。

表 5-1 任务准备软硬件清单

序 号	器件名称	数 量	用 途
1	带 USB 口的计算机（或个人笔记本计算机）	1	编写 PLC 程序及监控数据
2	FX_{3U}-32M	1	与温控器的通信数据交互
3	FX_{3U}-485-BD	1	FX_{3U}扩展 RS-485 通信接口
4	DTK4848V12 温控器	1	进行温度数据的读取和显示，控制固态继电器
5	K 型热电偶	1	采集温度
6	220 V 加热棒	1	对水加热
7	FX_{3U}-485ADP-MB 通信模块	1	扩展 RS-485 通信接口
8	天技 T125A USB 转 232&485 模块（T125A 模块）	1	将 USB 接口转换成 RS-232 接口
9	GK12D 固态继电器	1	控制加热棒
10	打印机数据线	1	连接计算机 USB 口与 T125A 模块
11	网线（RS-485 通信）	1	连接 PLC 和温控器
12	SC-11 通信线	1	连接计算机和 PLC
13	220 V 电源线	1	给 PLC 供电
14	GX Works2	1	FX_{3U}编程软件

2）任务关键实物清单图片如图 5-1 所示。

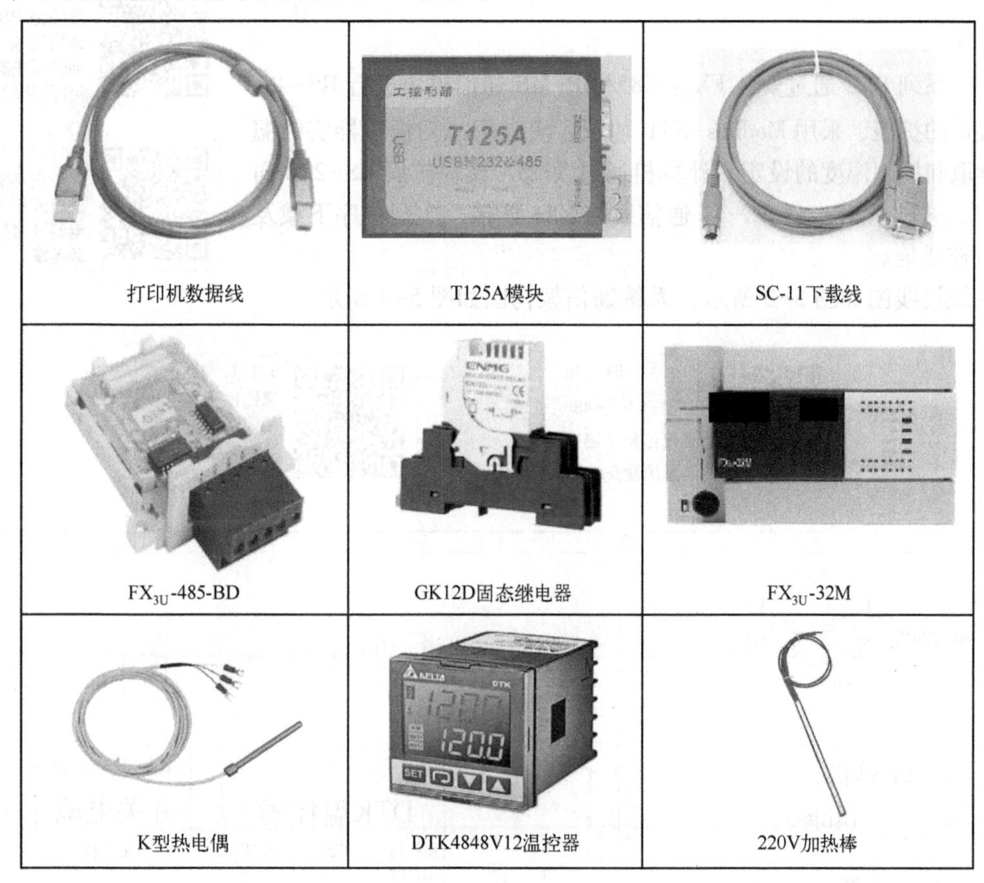

图 5-1　任务关键实物清单

【任务实施】

本任务通过 RS-485 通信连接，实现 FX_{3U}与温控器的通信数据交互，进而实现温度数据的读取与控制。具体实施步骤可分解为 4 个小任务，如图 5-2 所示。

小任务 1：连接 FX_{3U}系列 PLC 与温控器的 RS-485 通信线路。

小任务 2：对温控器进行初始化操作，并设置相关参数。

小任务 3：根据温控器 Modbus-RTU 协议通信地址定义，编写 FX_{3U}系列 PLC 通信程序。

小任务 4：对 FX_{3U}系列 PLC 与温控器进行联机调试，通过通信实现对温度的控制。

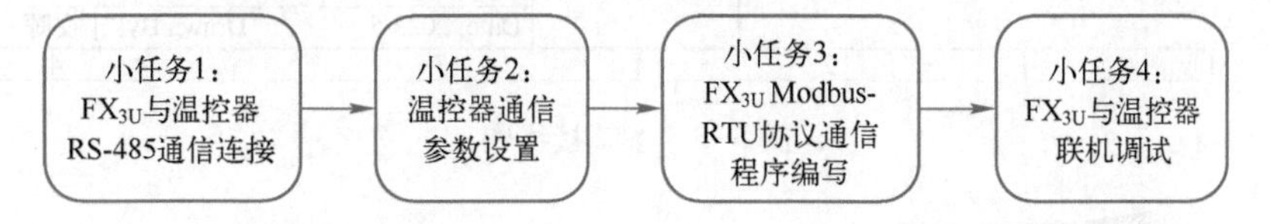

图 5-2　FX_{3U}与温控器基于 Modbus-RTU 协议通信的实施步骤

5.1.1　FX_{3U}与温控器 RS-485 通信连接

5.1.1（FX_{3U}与温控器 RS-485 通信连接（器件准备））

［目标］

完成 FX_{3U}与 DTK 系列温控器

RS-485 接口之间通信线路的连接。

5.1.1 FX_{3U}与温控器 RS-485 通信连接（PLC 通信模块安装及电源连接）

［描述］

FX_{3U}系列 PLC 通过安装 FX_{3U}-485ADP-MB 通信模块进行 RS-485 通信接口的扩展，采用 Modbus-RTU 协议，实现 FX_{3U}对温控器实时温度的读取和控制温度的设定。计算机通过 T125A 模块扩展 RS-232 通信接口，通过 PLC 串口 SC-11 通信线与 FX_{3U}连接，实现程序下载及程序监控通信。

5.1.1 FX_{3U}与温控器 RS-485 通信连接（开关电源及温控器电源连接）

系统接线图如图 5-3 所示，系统通信架构图如图 5-4 所示。

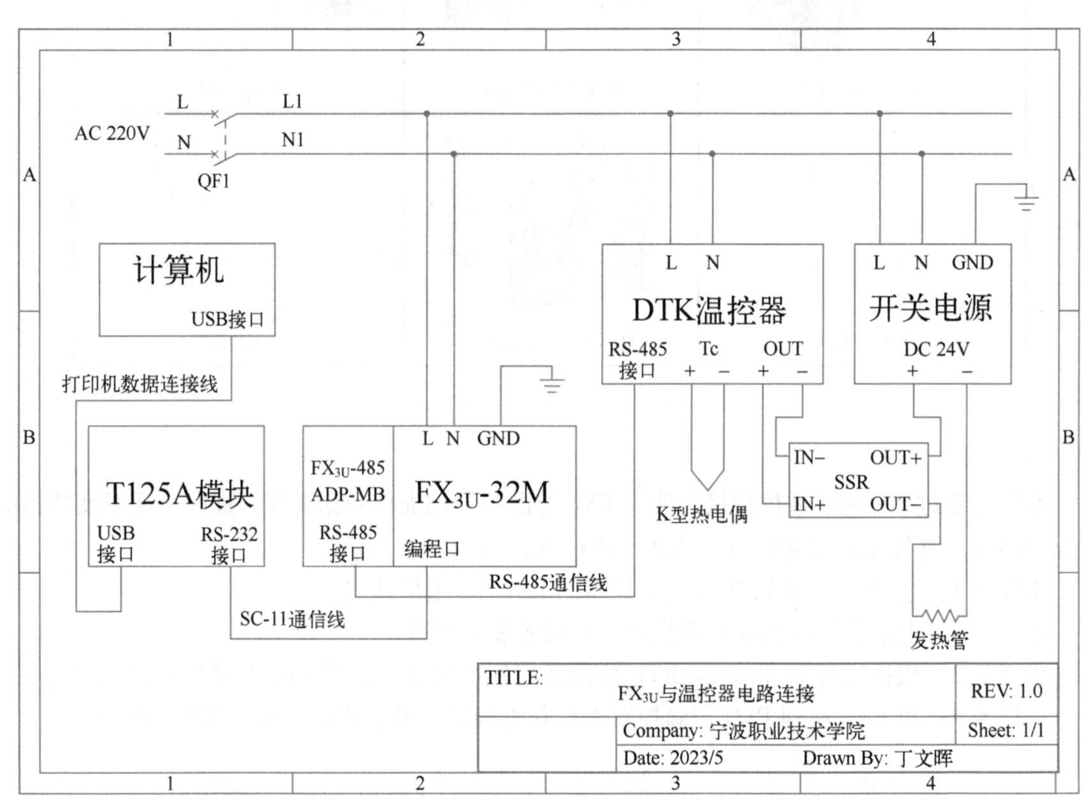

图 5-3　系统接线图

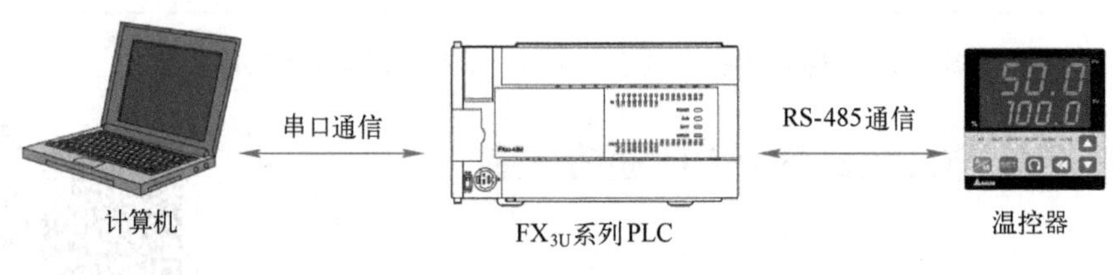

图 5-4　系统通信架构图

［实施］

FX_{3U}与温控器 RS-485 通信连接操作步骤见表 5-2。

表 5-2　FX_{3U}与温控器 RS-485 通信连接操作步骤

操作步骤	操作说明	示意图
1）	使用网线的其中两芯将温控器的 RS-485 通信口与 FX_{3U}系列 PLC 所扩展的 FX_{3U}-485-ADP-MB 通信模块相连接，实现通信线路的连接	FX_{3U}-485ADP-MB 主站：SDA、SDB、RDA、RDB DTK系列温控器 从站：A、B
2）	需要注意温控器通信口的接口定义。 13：D+（A）。 14：D-（B）。 通信时，PLC 作为主站，温控器作为从站。采用 2 线制进行通信。 注意： 由于通信线路距离较短，所以可以忽略终端电阻的问题	AC 100~240V 50/60 Hz 5VA；COM；ALM2；ALM1；D+ RS-485 D-；RTD；Tc；OUT 5A 250 Vac
3）	将 PLC 编程线通过 T125A 模块与计算机相连接。 PLC 通电后，将 FX_{3U}左下角的拨码开关从上往下拨动至"STOP"，此时 FX_{3U}右侧"RUN"指示灯为熄灭状态	

［知识扩展］

1. 温控系统基本架构

温控系统包括三个部分：传感器、控制器和执行器。首先由测温传感器将量测控制环境中的温度值，并将结果传送到温控器中，系统内部随即展开运算，经由不同的输出接口方式（如继电器、电压脉波或 DC 电流方式）输出加热信号，并通过触发固态继电器（SSR）或可控硅（SCR）控制加热元件。通过脉冲宽度调制技术控制加热元件通断，实现温度控制。

在本任务中，测温传感器采用 K 型热电偶，采用 PLC 通信的形式控制温控器内部目标温度的设置以及实时温度的读取，温控器输出信号为电压脉波形式，如图 5-5 所示。

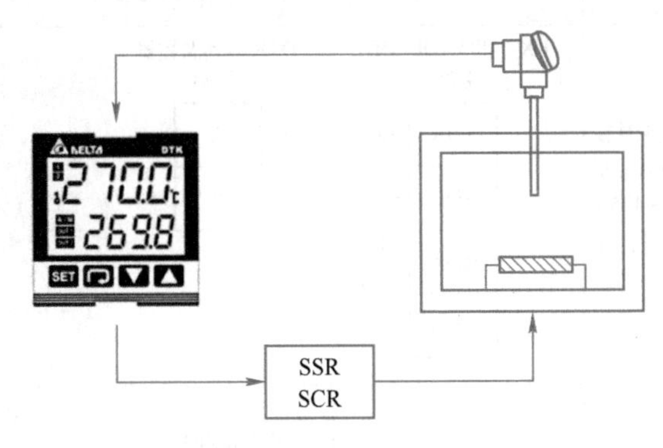

图 5-5 温控系统架构图

2. 温度传感器的种类及温度范围

常用温度传感器的类型、温度范围、通信缓存器数值的说明见表 5-3。

表 5-3 常用温度传感器的种类、温度范围、通信缓存器数值

温度传感器类型	通信缓存器数值		温 度 范 围
热电偶 K		0	-200~1300℃
热电偶 J		1	-100~1200℃
热电偶 T		2	-200~400℃
热电偶 E		3	0~600℃
热电偶 N		4	-200~1300℃
热电偶 R		5	0~1700℃
热电偶 S		6	-0~1700℃
热电偶 B		7	100~1800℃
热电偶 L		8	-200~850℃
热电偶 U		9	-200~500℃
热电偶 TXK		10	-150~800℃
白金测温电阻（JPt100）		11	-100~400℃
白金测温电阻（Pt100）		12	-200~850℃
测温电阻（Ni120）		13	-80~270℃
测温电阻（Cu50）		14	-50~150℃

3. 固态继电器

本任务中所使用的固态继电器（SSR）为国产恩爵小型直流控直流固态继电器。其采用铸铝外壳，可有效增强散热，可适应各种应用环境。且其采用35 mm DIN底座，可方便安装。表5-4所示为其产品性能参数表。

表5-4　恩爵GK12D性能参数表

型　号	参　数	规　格
输入	额定工作电压	DC 5~24 V
	适用电压范围	DC 3~32 V
输出	最大允许负载电流	12 A
	负载电压	DC 0~60 V
	非重复浪涌电流	390 A
	峰值耐受电压	60Vpeak
	导通压降	最大0.3 V（在直流为12 A时）
	关断状态漏电流	最大1 mA（在直流为24 V时）
	最小负载电流	20 mA
	动作/复位时间	1 ms以下

5.1.2　温控器通信参数设置

5.1.2　温控器通信参数设置（第1部分）

5.1.2　温控器通信参数设置（第2部分）

[目标]

完成温控器系统参数和通信参数的设置。

[描述]

根据温控器的Modbus-RTU协议参数，设置其系统参数和通信参数。

[实施]

1. 实施说明

实践中，在温控器通电后，首先完成其初始化操作（见本书电子资源的“温控器初始化操作说明”文档），从而确保温控器在后续参数设置时能顺利进行。

本次实验温控器的通信参数为：使用Modbus-RTU协议，温控器为从站1，波特率9600 bit/s，数据位8 bit，停止位1位，偶校验，允许外部参数写入。

2. 操作步骤

温控器参数设置操作步骤见表5-5。

表5-5　温控器参数设置操作步骤

操作步骤	操作说明	示意图
1)	温控器上电后，长按“SET”键3 s以上，进入设定模式。 此时参数显示为“inPt”（传感器输入类型设定），由于默认为K型热电偶，所以不需要修改	

（续）

操作步骤	操作说明	示意图
2）	通过“选择”键，将面板参数显示调整至“Ctrl”（控制形式选择）	→ CtrL
3）	按“上下调整”键进行调整，将设定值调整为“onoF”（开关模式），按“SET”键确认。 确认后，“onoF”不再闪烁	▲▼ → CtrL onoF → SET
4）	通过“选择”键，将面板参数显示调整至“CoSH”（通信写入许可/禁止设置）	→ CoSH
5）	按动“上下调整”键进行调整，将设定值调整为“on”（通信写入许可），按“SET”键确认。 确认后，“on”不再闪烁	▲▼ → CoSH on → SET
6）	通过“选择”键，将面板参数显示调整至“C-SL”（通信格式选择）	→ C-SL
7）	按动“上下调整”键进行调整，将设定值调整为“rtU”，按“SET”键确认。 确认后，“rtU”不再闪烁	▲▼ → C-SL rtU → SET
8）	通过“选择”键，将面板参数显示调整至“C-no”（通信站号设定）	→ C-no
9）	按动“上下调整”键进行调整，将设定值调整为“1”，按“SET”键确认。 确认后，“1”不再闪烁	▲▼ → C-no 1 → SET
10）	通过“选择”键，将面板参数显示调整至“bPS”（通信波特率设定）	→ bPS
11）	按动“上下调整”键进行调整，将设定值调整为“96”（9600 bit/s），按“SET”键确认。 确认后，“96”不再闪烁	▲▼ → bPS 96 → SET
12）	通过“选择”键，将面板参数显示调整至“LEn”（通信数据位设定）	→ LEN
13）	按动“上下调整”键进行调整，将设定值调整为“8”（数据位8位），按“SET”键确认。 确认后，“8”不再闪烁	▲▼ → LEn 8 → SET
14）	通过“选择”键，将面板参数显示调整至“StoP”（通信停止位设定）	→ StoP
15）	按动“上下调整”键进行调整，将设定值调整为“1”（停止位1位），按“SET”键确认。 确认后，“1”不再闪烁	▲▼ → StoP 1 → SET
16）	通过“选择”键，将面板参数显示调整至“PrtY”（通信校验位设定）	→ PrtY
17）	按动“上下调整”键进行调整，将设定值调整为“EvEn”（偶校验），按“SET”键确认。 确认后，“EvEn”不再闪烁。 长按“SET”键，退出设置模式	▲▼ → PrtY EvEn → SET
注意：完成温控器的具体参数设置后，需要对其断电重启		

5.1.3 FX_{3U} Modbus-RTU 协议通信程序编写

［目标］

计算机使用 GX Works2 对 FX_{3U}系列 PLC 进行通信程序编写及下载。

[描述]

计算机使用 GX Works2 软件对 FX_{3U} 系列 PLC 进行通信程序编程及下载。程序主要使用 ADPRW Modbus-RTU 通信指令，对采用相应通信方式的温控器进行温度值的读取、设定及写入。

[实施]

1. 实施说明

任务实施时，首先对 PLC 进行初始化操作（见本书电子资源的“FX_{3U} 系列 PLC 初始化操作说明”文档），通过初始化操作确保后续的操作顺利进行。

2. 操作步骤

FX_{3U} 温控器通信程序编写操作步骤见表 5-6。

表 5-6　FX_{3U} 温控器通信程序编写操作步骤

操作步骤	操作说明	示意图
（1）进行 FX_{3U} 系列 PLC 工程的创建（详见本书的 2.1.4 小节）		
（2）确认计算机与 FX_{3U} 系列 PLC 的通信端口号（详见本书的 2.1.4 小节）		
（3）设置 GX Works2 软件，建立计算机与 FX_{3U} 的通信（详见本书的 2.1.4 小节）		
（4）在程序编辑区域，编写 PLC 程序		
	0 M8411 —[MOV H1087 D8420] —[MOV H1 D8421] —[MOV K2000 D8429] —[MOV K400 D8430] —[MOV K10 D8431] —[MOV K3 D8432] 32 M8013 —[SET M0] 35 M0 M8013 —[ADPRW H1 H3 H1000 K1 D0] M8029 —[RST M0] 52 M1 M0 —[ADPRW H1 H6 H1001 K1 D5] M8029 —[RST M1] 69 —[END]	
（5）进行 FX_{3U} 程序下载（详见本书的 2.1.4 小节）		

[指令解读]

ADPRW 指令详见本书的 3.1.3 小节。

[程序解读]

根据程序相关功能，对程序内容进行分段解读，见表5-7。

表5-7　程序分段解读

程序段1：

程序注释：
M8411：设定Modbus通信参数的标志位，是Modbus通信设定专用的特殊辅助继电器。
D8420：通道2，通信格式设定。
D8421：通道2，协议模式。
D8429：通道2，从站响应超时，设定范围：0~32 767 ms。
D8430：通道2，播放延迟，设定范围：0~32 767 ms。
D8431：通道2，请求间延迟，设定范围：0~16 382 ms。
D8432：通道2，重试次数，设定范围：0~20次。
程序说明：
在程序第0步，编写M8411表示开启Modbus-RTU通信模式，并进行相关通信参数的设定。
PLC开始运行瞬间，将通信通道2的串行通信格式设定为十六进制，并将数据“1087”传输至D8420中。
将通信通道2的协议模式设定为十六进制，并将数据“1”传输至D8421中。
通信中从站响应超时时间为2000 ms，将2000传送至D8429中。
通信中播放延迟时间为400 ms，将400传送至D8430中。
通信中请求间延迟时间为10 ms，将400传送至D8431中。
通信中异常重试次数设置为3次，将3传送至D8432中

程序段2：

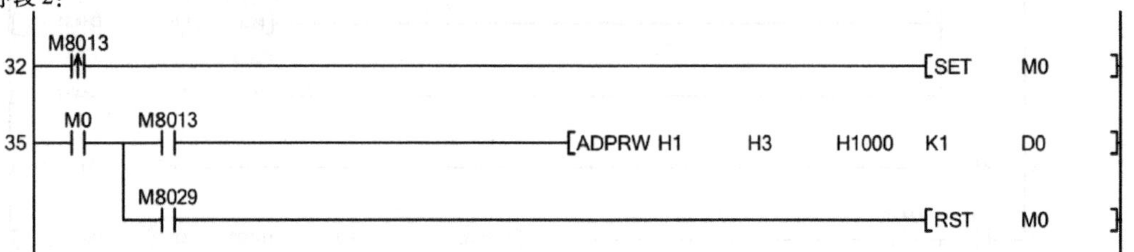

程序注释：
M8013：特殊辅助继电器，1 s为周期进行闪烁的触点（ON：0.5 s；OFF：0.5 s）。
M0：普通辅助继电器，用于触发PLC执行读取温控器实时温度值的通信程序。
D0：用于保存读取温控器的实时温度值。
M8029：特殊辅助继电器，指令执行结束信号。
程序说明：
当M8013由OFF变为ON时，置位M0，通信程序对温控器（从站1）进行读取（功能码03H），从站Modbus地址为1000H，读取数据点数1，并将读取值保持至D0中。
当通信程序运行结束后，M8029被置为ON，对M0进行复位，并等待下一秒通信程序运行

程序段3：

M1 M0
52
ADPRW H1 H6 H1001 K1 D5
M8029
RST M1

（续）

程序注释：
M8013：特殊辅助继电器，1 s 为周期进行闪烁的触点（ON：0.5 s；OFF：0.5 s）。
M1：普通辅助继电器，用于触发 PLC 执行将温度设定值写入温控器的通信程序。
D5：用于设置温控器温度设定值。
M8029：特殊辅助继电器，指令执行结束信号。
程序说明：
当 M0 由 ON 变为 OFF 时，置位 M1，通信程序对温控器（从站 1）进行写入（功能码 06H），从站 Modbus 地址为 1001H，写入数据点数 1，并读取 D5 中的数据进行写入。
当通信程序执行结束后，M8029 被置为 ON，对 M1 进行复位，并等待下一秒通信程序运行

5.1.4　FX_{3U}与温控器联机调试

5.1.4　FX_{3U} 系列 PLC 与温控器联机调试（温控器监视）

［目标］

通过 GX Works2 编程软件的监视模式，对温控器进行实时温度值的监控以及对温度值进行设定。

［描述］

在完成 FX_{3U}程序下载后，通过 GX Works2 的“监视模式”对程序中的实时温度值进行查看，同时通过调试模式中的“当前值更改”对 FX_{3U}的寄存器进行写入与监控，实现控制温度的设定。

［实施］

1. 实施说明

实践中，需要确保计算机和 FX_{3U}通信线路连接正常，且完成 PLC 程序下载后，GX Works2 软件处于联机状态。

2. 操作步骤

FX_{3U}与温控器联机调试操作步骤见表 5-8。

表 5-8　FX_{3U}与温控器联机调试操作步骤

操作步骤	操 作 说 明	示 意 图
（1）GX Works2 进入监视模式		
	在“GX Works2”窗口的菜单栏中单击“在线”→“监视”→“监视模式”，来处于监视模式	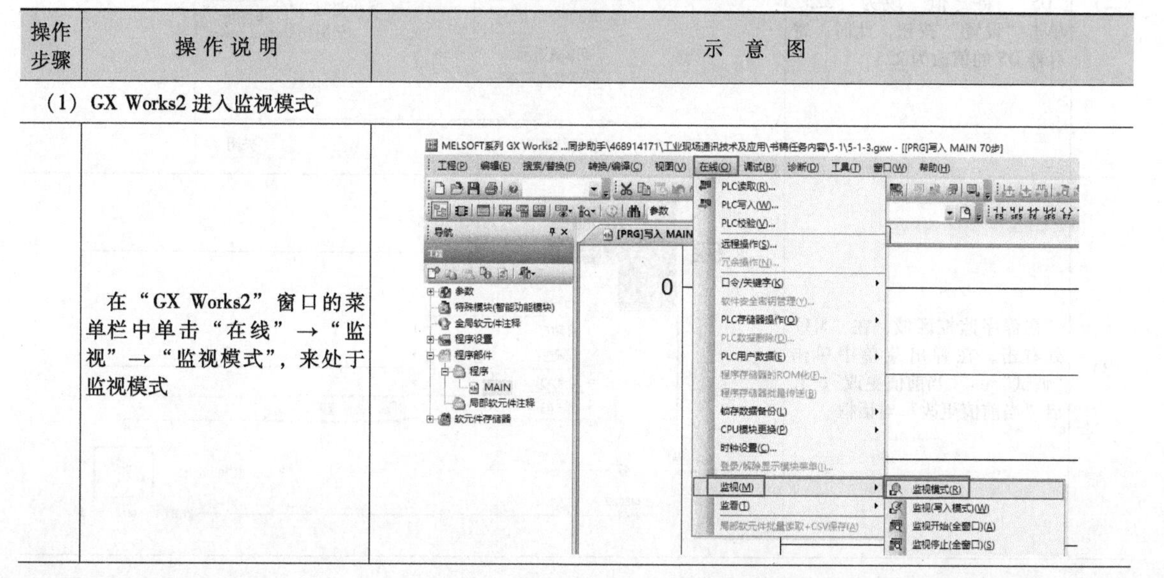

（续）

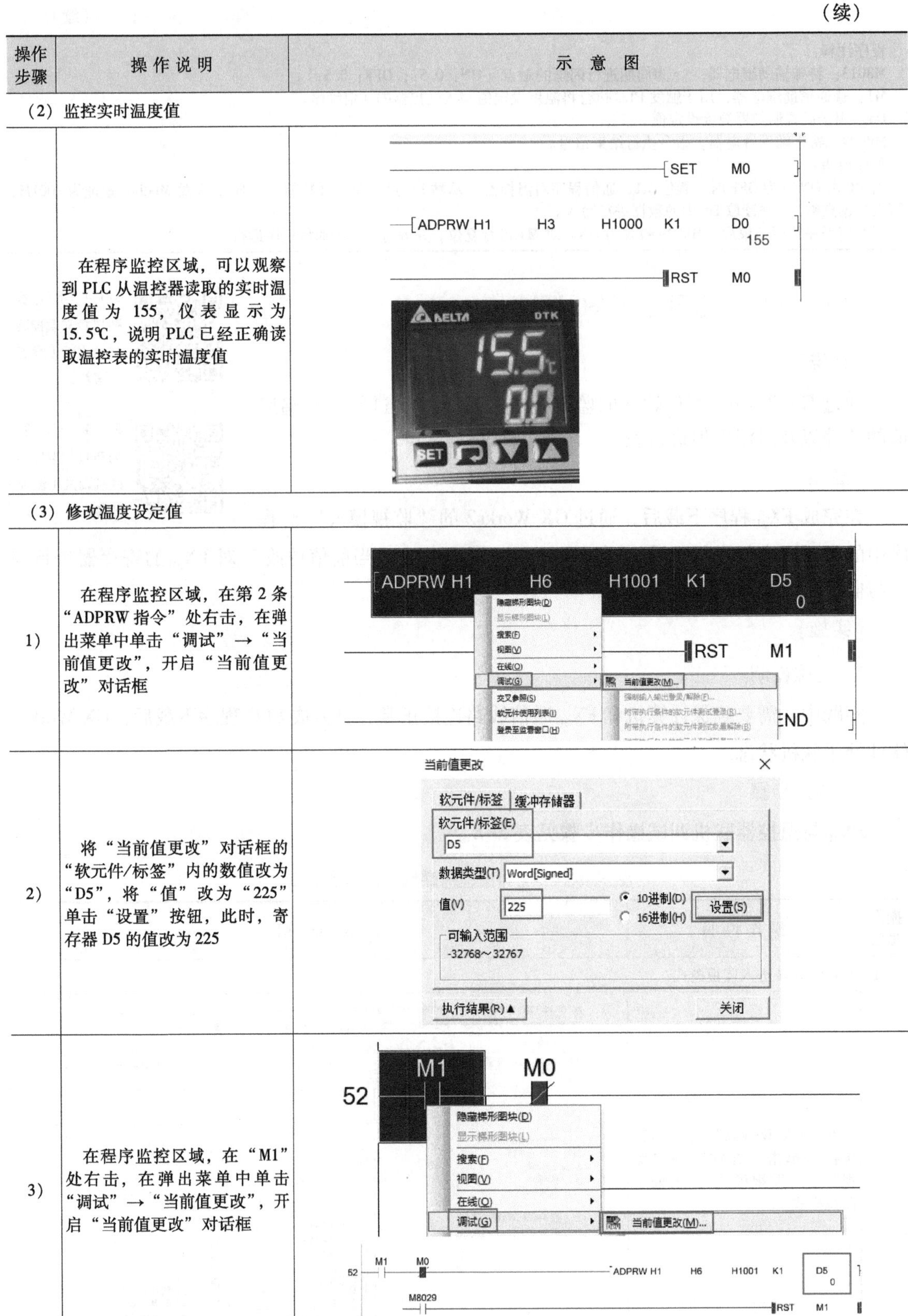

操作步骤	操作说明	示意图
（2）监控实时温度值		
	在程序监控区域，可以观察到PLC从温控器读取的实时温度值为155，仪表显示为15.5℃，说明PLC已经正确读取温控表的实时温度值	
（3）修改温度设定值		
1）	在程序监控区域，在第2条“ADPRW指令”处右击，在弹出菜单中单击“调试”→“当前值更改”，开启“当前值更改”对话框	
2）	将“当前值更改”对话框的“软元件/标签”内的数值改为“D5”，将“值”改为“225”单击“设置”按钮，此时，寄存器D5的值改为225	
3）	在程序监控区域，在“M1”处右击，在弹出菜单中单击“调试”→“当前值更改”，开启“当前值更改”对话框	

（续）

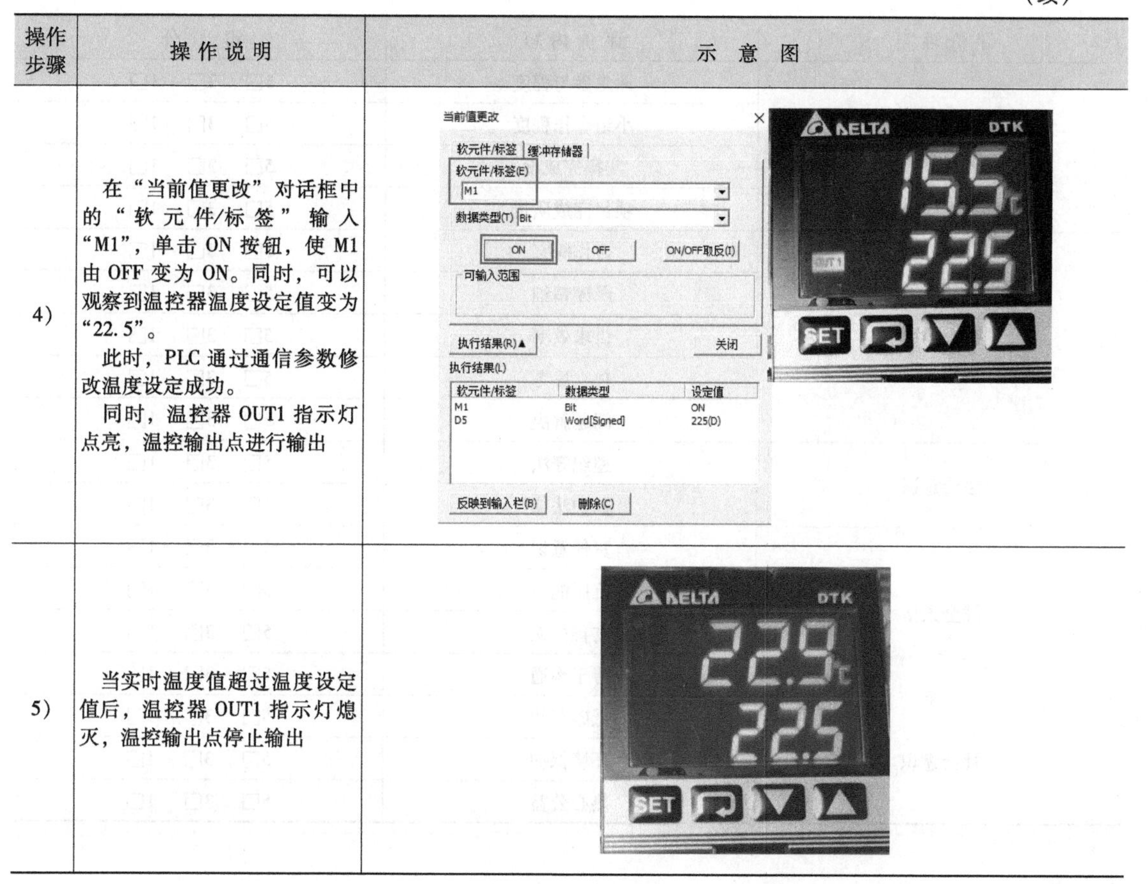

操作步骤	操作说明	示意图
4）	在“当前值更改”对话框中的“软元件/标签”输入“M1”，单击 ON 按钮，使 M1 由 OFF 变为 ON。同时，可以观察到温控器温度设定值变为“22.5”。 此时，PLC 通过通信参数修改温度设定成功。 同时，温控器 OUT1 指示灯点亮，温控输出点进行输出	
5）	当实时温度值超过温度设定值后，温控器 OUT1 指示灯熄灭，温控输出点停止输出	

【学习成果评价】

对任务实施过程中的学习成果进行自我总结与评分，具体评价标准见表 5-9。

表 5-9　学习成果评价表

任务成果		评分表（1~5 分）		
实践内容	任务总结与心得	学生自评	同学互评	教师评分
本任务线路设计及接线掌握情况				
温控器参数设置掌握情况				
FX_{3U} 系列 ADPRW 指令功能掌握情况				
FX_{3U} 与温控器联机调试掌握情况				

【素养评价】

对任务实施过程中的思想道德素养进行量化评分，具体评价标准见表 5-10。

表 5-10　素养评价表

评价项目	评价内容	得　分
课上表现	课堂参与程度	5□　3□　1□
	小组合作程度	5□　3□　1□
	实操完成度	5□　3□　1□
	项目完成质量	5□　3□　1□
职业精神	合作探究	5□　3□　1□
	严谨精细	5□　3□　1□
	讲求效率	5□　3□　1□
	独立思考	5□　3□　1□
	问题解决	5□　3□　1□
法治意识	遵纪守法	5□　3□　1□
	拥护法律	5□　3□　1□
健全人格	责任意识	5□　3□　1□
	抗压能力	5□　3□　1□
	友善待人	5□　3□　1□
	善于沟通	5□　3□　1□
社会意识	低碳节约	5□　3□　1□
	环境保护	5□　3□　1□
	热心公益	5□　3□　1□

【拓展与提高】

高新制造企业，由于生产工艺要求，需要恒温的温水且 24 h 供应。由于控制系统需要对电热水箱进行温度控制，则控制方案为：采用温控器对水箱中的水温进行控制，PLC 与温控器进行 Modbus-RTU 通信，从而实现 PLC 对温控器实时温度值的读取以及温度设定值的设置，以实现控温的要求。具体要求如下：

1）PLC 系统实时显示水箱中的水温。

2）系统要求不同季节、每天不同时间段，热水箱设定的温度值不同。在 PLC 中需要编写季节、时间判断程序，根据不同时段的要求，控制电热水箱运行不同的温度。

任务需要提交的资料见表 5-11。

表 5-11　任务需要提交的资料

序　号	文件名	数　量	负责人
1	任务选型依据及定型清单	1	
2	电气原理图	1	
3	电气线路完工照片	1	
4	调试完成的 PLC 程序	1	

任务5.2 FX_{5U}与远程IO基于Modbus-TCP通信

【任务导读】

本任务详细介绍了FX_{5U}系列PLC通过以太网接口与远程IO模块，通过Modbus-TCP进行通信，实现开关量输入输出点的扩展。通过本任务，读者将学到远程IO模块的Modbus-TCP通信协议的参数设置方法，以及FX_{5U}系列PLC使用Modbus-TCP通信时，SP.ECPRTCL指令的使用方法。

【任务目标】

使用FX_{5U}系列PLC以太网口，采用Modbus-TCP通信协议，与远程IO模块进行通信，实现开关量与模拟量输入/输出的扩展。

【任务准备】

1）任务准备软硬件清单见表5-12。

表5-12 任务准备软硬件清单

序 号	器件名称	数 量	用 途
1	带USB口的计算机（或个人笔记本计算机）	1	编写PLC程序及监控数据
2	FX_{5U}-32M	1	控制远程IO模块
3	远程IO模块	1	扩展FX_{5U}-32M的远程IO点
4	以太网交换机	1	用于计算机、PLC和远程IO模块组成局域网络
5	EDR-150-24开关电源	1	给远程I/O模块和以太网交换机供电
6	常开按钮	1	用于I0.0输入信号
7	网线	3	连接计算机与远程IO模块
8	0.75 mm^2导线	1	连接以太网交换机与24 V电源、连接远程IO模块与按钮
9	220 V电源线	2	给PLC供电
10	艾莫迅MODBUS调试工具	1	对远程IO模块进行测试
11	GX Works3软件	1	FX_{5U}编程软件

2）任务关键实物清单图片如图5-6所示。

【任务实施】

本任务通过以太网通信连接，实现FX_{5U}与远程IO模块的通信，进而实现开关量输入/输出的扩展。具体实施步骤可分解为4个小任务，如图5-7所示。

小任务1：连接计算机与远程IO模块的通信线路。

小任务2：通过计算机软件对远程IO模块进行通信测试。

小任务3：完成计算机、FX_{5U}系列PLC和远程IO模块的组网连接，根据Modbus-TCP通信地址定义，编写PLC的Modbus-TCP通信程序。

小任务4：对FX_{5U}系列PLC与远程IO模块进行联机调试，通过通信实现开关量输入输出扩展的功能。

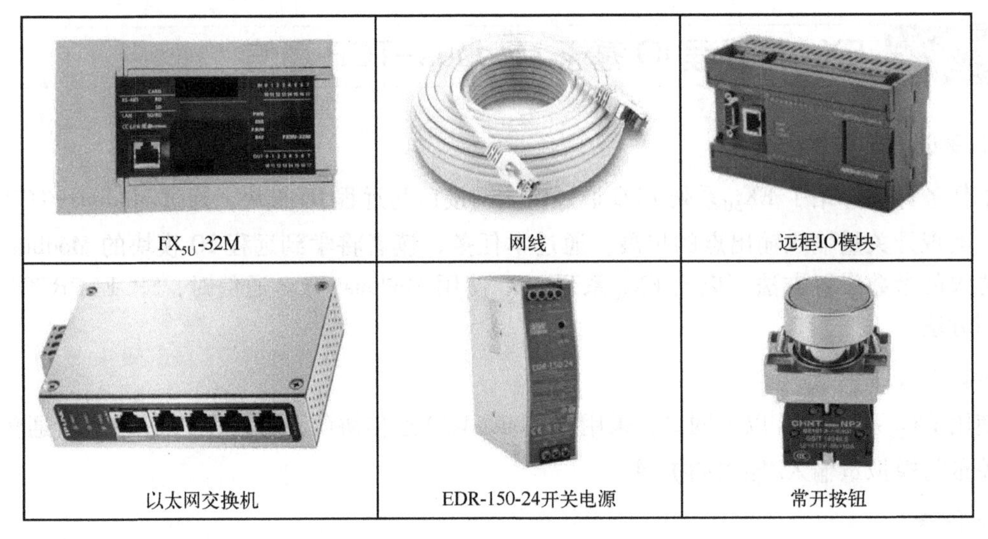

图 5-6　任务关键实物清单

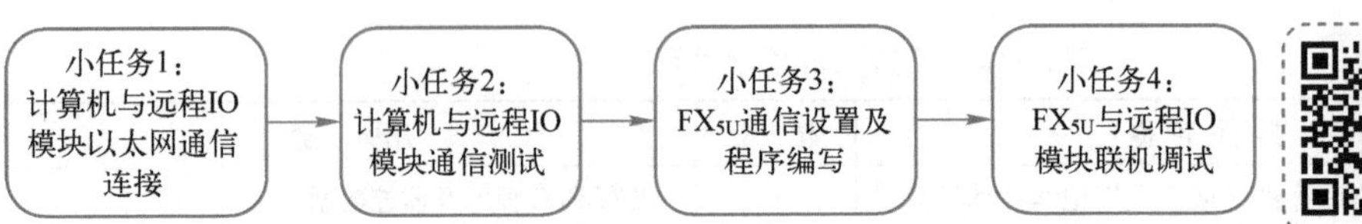

图 5-7　FX_{5U}与远程 IO 基于 Modbus-TCP 协议通信

5.2.1　计算机与远程 IO 模块以太网通信连接（器件准备）

5.2.1　计算机与远程 IO 模块以太网通信连接（PLC 及远程 IO 模块电源线路连接）

5.2.1　计算机与远程 IO 模块以太网通信连接（交换机电源线路连接）

5.2.1　计算机与远程 IO 模块以太网通信连接（按钮及网线连接）

5.2.1　计算机与远程 IO 模块以太网通信连接

[目标]

完成 FX_{5U}与远程 IO 设备电源线路的连接，计算机通过以太网连接远程 IO 模块。

[描述]

对 FX_{5U}系列 PLC 及远程 IO 模块进行电源线路的连接，同时对设备在以太网组网时的 IP 地址进行规划。计算机通过网线直连远程 IO 模块，为下一步远程 IO 模块的调整做好准备。

系统接线图如图 5-8 所示。

[实施]

设备电源线路连接、计算机通过以太网连接远程 IO 操作步骤见表 5-13。

表 5-13　设备电源线路连接、计算机通过以太网连接远程 IO 操作步骤

操作步骤	操作说明	示意图
1）	将开关电源、FX_{5U}和远程 IO 模块安装至导轨上。 根据图 5-8 完成 FX_{5U}、远程 IO 模块的电源线路连接	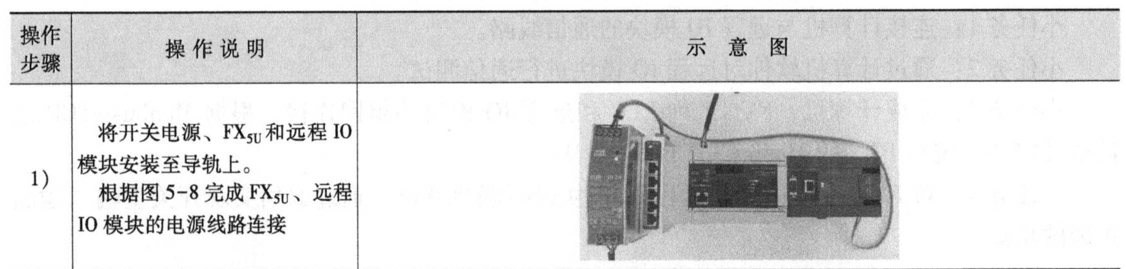

（续）

操作步骤	操 作 说 明	示 意 图
2）	将计算机与远程 IO 模块通过网线进行连接。 通电后，远程 IO 模块正常状态下，“PWR”指示灯常亮、“RUN”指示灯闪烁	

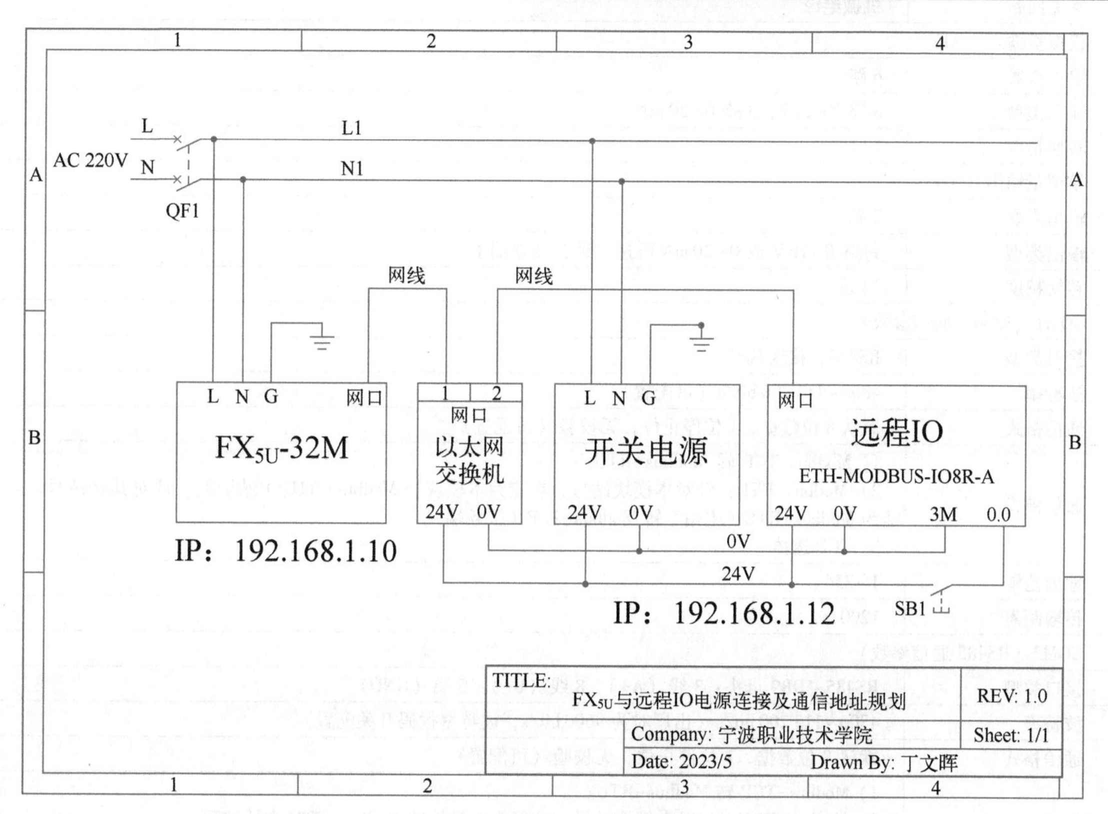

图 5-8　系统接线图

[相关知识]

1. 远程 IO 模块

在工业自动化项目实施过程中，往往会出现现场按钮、传感器、指示灯、调节阀等控制元件与 PLC 控制柜相距较远（超过 100 m）的情况。以本任务为例，热水供应现场控制柜安装有 8 个指示灯和 8 个切换开关。根据公共线共用的原则，指示灯需要使用 9 芯电缆线路，切换开关也需要使用 9 芯电缆线路，距离 100 m，则需要 1800 m 的电缆线路。而使用远程 IO 模块时，只需要 1 路电源和 1 路网线，大大减少了项目的施工成本。

ETH-MODBUS-IO8R-A 是一款远程 IO 模块，自带开关量采集控制、模拟量采集输出通道，还加入了以太网接口，其支持拨码设置串口波特率、站号等功能。远程 IO 模块主要参数见表 5-14。

表 5-14 远程 IO 模块主要参数

产品型号：ETH-MODBUS-IO8R-A	
输入接口（DI）	
输入点数	8 路
输入信号类型	开关触点信号或电平信号
输出能力	2 A/点；8 A/4 点
绝缘回路	光电隔离
输出接口（DO）	
输出点数	8 路
输出类型	继电器输出，常开触点
输出能力	2 A/点；8 A/4 点
绝缘回路	机械绝缘
模拟量输入（AI）	
输入点数	6 路
输入类型	3 路 0~10 V；3 路 0~20 mA
转换精度	12 位
模拟量输出（AO）	
输出点数	2 路
输出类型	每路 0~10 V 或 0~20 mA 可选一种，独立端子
转换精度	12 位
COM1（RS485 通信参数）	
接口类型	RS485，接线端子
波特率	4800~115 200 bit/s（可配置）
通信格式	默认 8 位数据，1 位停止位，无校验（可配置）
通信模式	1）Modbus-TCP 转 Modbus-RTU。 2）Modbus-RTU：针对本模块站号，功能为本模块被 Modbus-RTU 主站访问；针对其余站号，功能为 Modbus-RTU（主站）转 Modbus-TCP（服务端）。 3）TCP 透传
地址范围	1~254
传输距离	1200 m
COM2（RS485 通信参数）	
接口类型	RS485，DB9 母头：3 线（A+），8 线（B-）：5 线（GND）
波特率	4800~115 200 bit/s（出厂时为 9600 bit/s，波特率拨码开关配置）
通信格式	默认 8 位数据，1 位停止位，无校验（可配置）
通信模式	1）Modbus-TCP 转 Modbus-RTU。 2）Modbus-RTU：仅对本模块站号，功能为本模块被 Modbus-RTU 主站访问。 3）TCP 透传。 4）Modbus-RTU 主站
地址范围	1~254
传输距离	1200 m
网络通信参数	
接口形式	RJ45
网络类型	局域网
IP 地址	192. 168. 1. 12（可配置）
通信协议	Modbus-TCP、TCP/IP
速率	10/100 Mbit/s；全双工；自适应
电源参数	
工作电压	DC 24 V：带防反接保护

（续）

功耗	2~4 W
工作环境	
工作温度	−20～+70℃
存储温度	−40～+85℃
其他	
安装方式	导轨
尺寸	125 mm（长）×80 mm（宽）×50 mm（高），以实物为准

2. 远程 IO 模块端子接线图

远程 IO 模块端子接线图如图 5-9 所示。

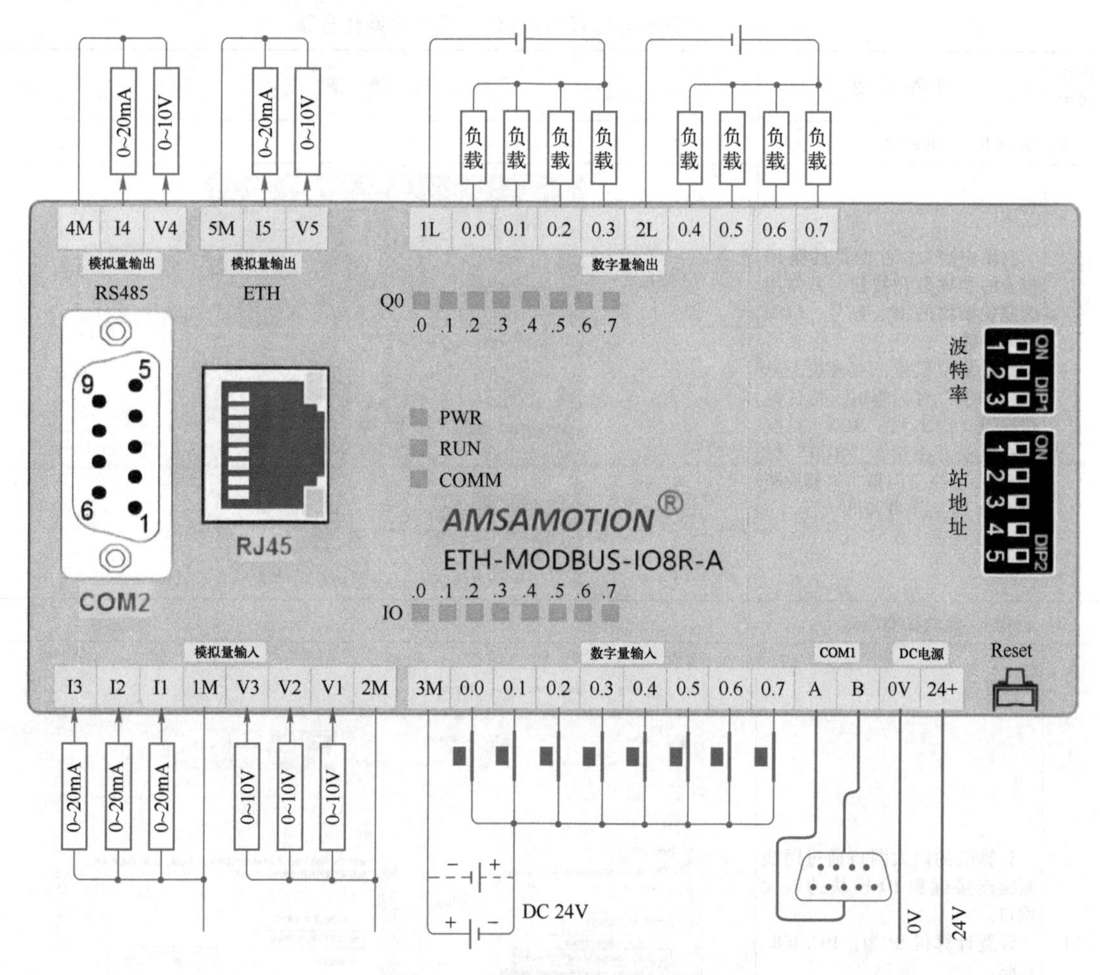

图 5-9　远程 IO 模块端子接线图

5.2.2　计算机与远程 IO 模块通信测试

5.2.2　计算机与远程 IO 模块通信测试

［目标］

计算机通过对远程 IO 模块通信进行测试，确认远程 IO 模块的工作状态及通信参数。

［描述］

选择正确的模块型号，配置通信参数，连接远程 IO 模块，确认当前模块的 IP 地址。通过对输入点的监控及输出点的输出控制，确认远程 IO 模块的工作状态。

［实施］

1. 实施说明

通信测试时，使用远程 IO 模块配套软件“艾莫迅 MODBUS 调试工具”进行测试。

2. 操作步骤

计算机与远程 IO 模块通信测试操作步骤见表 5-15。

表 5-15　计算机与远程 IO 模块通信测试操作步骤

操作步骤	操作说明	示意图
（1）远程 IO 模块复位		
	右图中箭头标注的是远程 IO 模块的参数复位按钮，其作用为复位模块的 IP、站号、COM 口等参数。 参数复位设置：在模块上电且“RUN”灯闪烁时，按住复位按钮（约 5s），“RUN”灯变常亮后松开按钮，“RUN”灯常亮 5s 后恢复闪烁，将模块断电至少 3s 后上电即可	
（2）远程 IO 模块功能测试		
1）	计算机的以太网口通过网线直接连接远程 IO 模块的以太网口。 设置计算机 IP 为：192. 168. 1. 88。 计算机 IP 地址及防火墙设置，详见本书的 1. 3. 2 小节	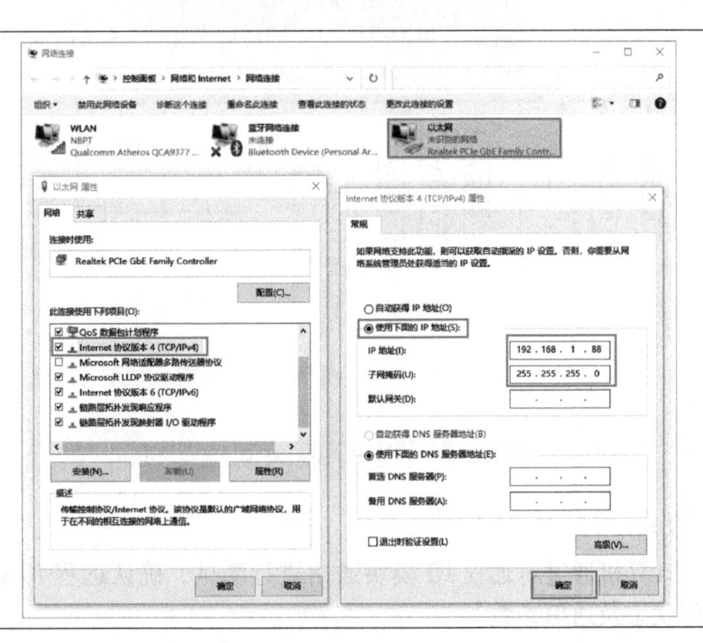

（续）

操作步骤	操 作 说 明	示 意 图
2）	打开软件“艾莫迅 MODBUS 调试工具”，在通信参数配置处进行以下设置。 接口型号为 MODBUS TCP+； 产品类别为 I8-Q8-AI6-AO2； 模块地址为 1； 模块 IP 地址为 192. 168. 1. 12； 模块端口号为 502； 单击“开始扫描”按钮，成功连接后按钮文字变为“停止扫描”，其右边通信状态图标颜色由黑色变为红色，代表艾莫迅 MODBUS 调试工具与远程 IO 模块完成连接	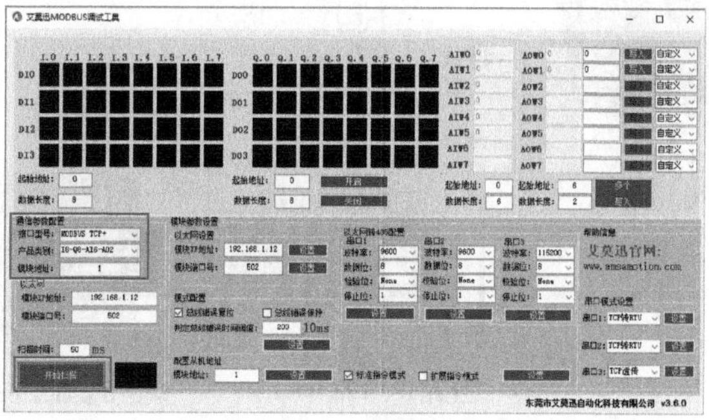
3）	当测试输入时，按下外部按钮，模块 I0. 0 被点亮，软件监控区域中 DI0. 0 变为红色； 当测试输出时，单击 DQ0. 0~DQ0. 3 相关的区域，远程 IO 模块相对应的点位立即输出	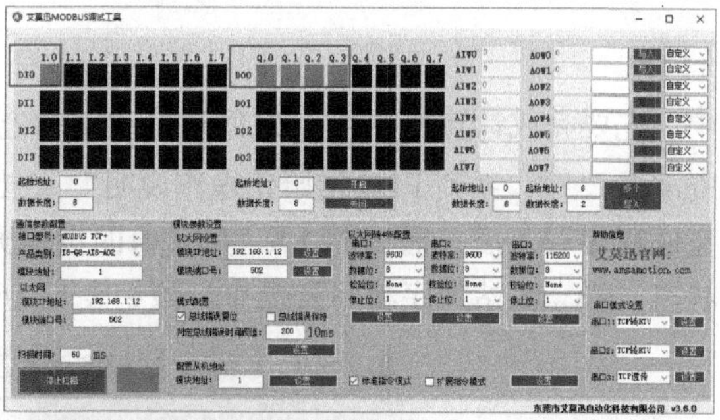 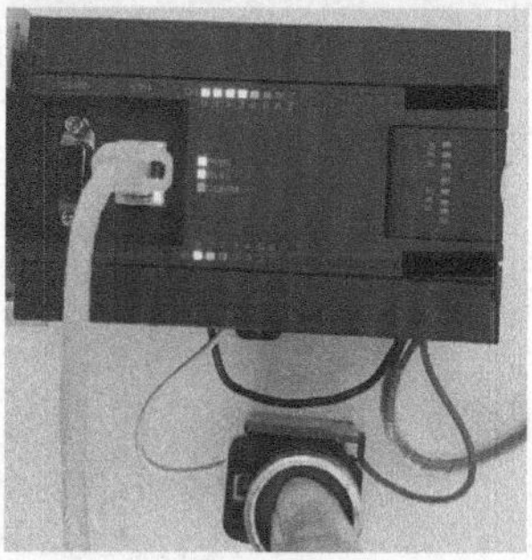

5. 2. 3　FX_{5U}通信设置及程序编写

5. 2. 3　FX_{5U} 通信设置及程序编写（第 1 部分）

5. 2. 3　FX_{5U} 通信设置及程序编写（第 2 部分）

5. 2. 3　FX_{5U} 通信设置及程序编写（第 3 部分）

［目标］

计算机使用 GX Works3 对 Modbus-TCP 通信的主站进行通信设置及编程下载。

［描述］

首先根据系统通信架构图（图 5-10）完成计算机、FX_{5U}、远程 IO 之间以太网通信线路的连接。计算机使用 GX Works3 软件对 FX_{5U} 进行 Modbus-TCP 主站通信参数设置，并根据通信数据规划进行程序编写及下载。这里主要使用 SP. SOCOPEN 指令、SP. SOCCLOSE 指令、SP. ECPRTCL 指令进行数据收发通信程序的编写，还要对这些指令的状态监视辅助程序进行编写。

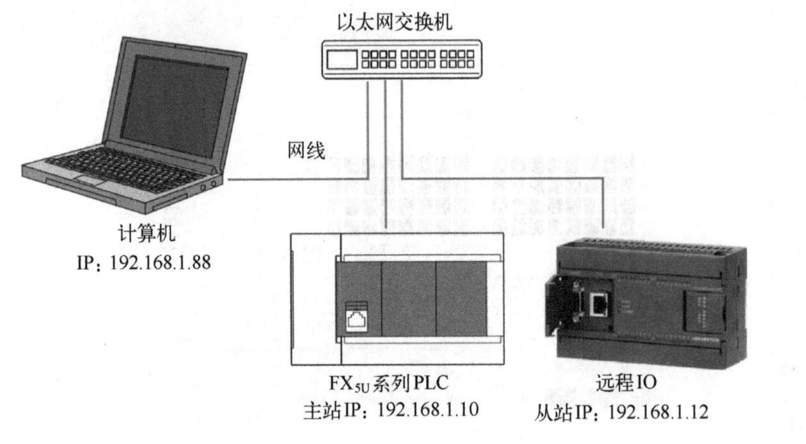

图 5-10　系统通信架构图

[实施]

实践中，先要完成计算机与 FX_{5U}之间通信线路的连接。首先对 PLC 进行初始化操作（见本书电子资源的“FX_{5U}系列 PLC 初始化操作说明”文档），通过初始化操作确保后续操作顺利进行。当完成程序写入后，需要将 FX_{5U}左下角的拨码开关从下往上拨动至“RUN”，使 PLC 处于运行状态。FX_{5U}主站程序编写及操作步骤见表 5-16。

表 5-16　FX_{5U}主站程序编写及操作步骤

操作步骤	操作说明	示意图
（1）通过网线连接计算机、以太网交换机、FX_{5U}和远程 IO		
1）	对 FX_{5U}进行电源线路接线，确保“PWR”电源指示灯点亮。 通过网线将计算机、FX_{5U}、远程 IO 与网络交换机相连接。 完成网线部分的连接后，以太网交换机的相应网口通信指示灯会进行闪烁，此时表明所接以太网设备通信正常	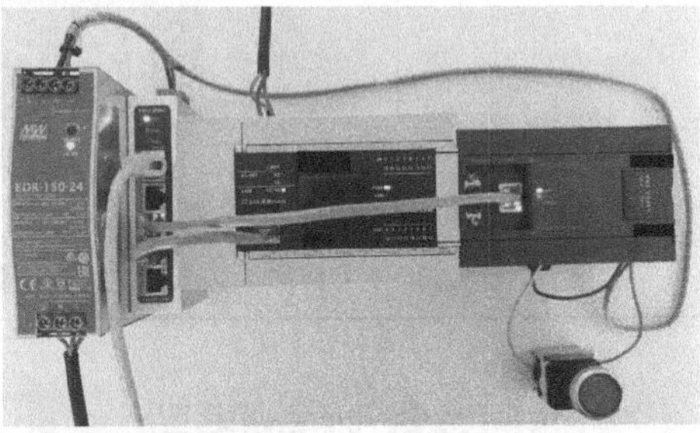
2）	将 FX_{5U}左侧拨码调至“STOP”，确保右侧“P. RUN”指示灯熄灭	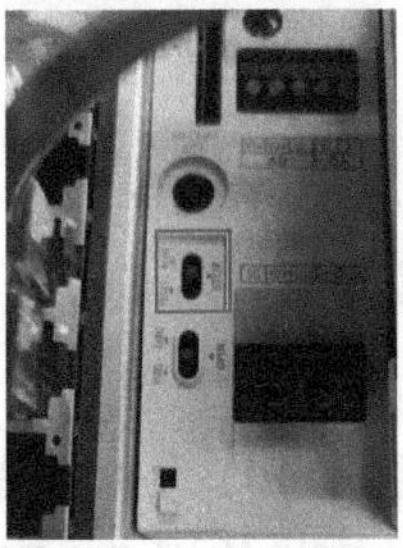 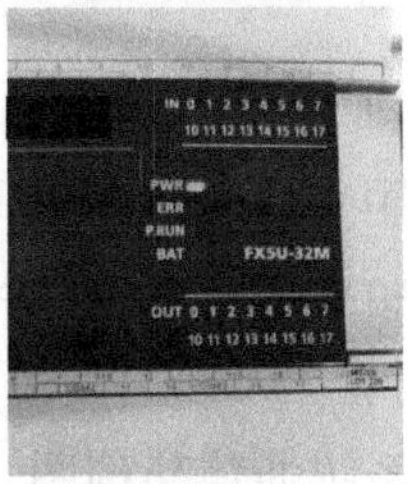
（2）FX_{5U}工程的创建（详见本书的 2.2.4 小节）		
（3）确认计算机与 FX_{5U}的以太网通信（详见本书的 2.2.4 小节）		
（4）FX_{5U}以太网端口通信设置		

（续）

操作步骤	操作说明	示意图
1)	在窗口左侧“导航”中，单击“参数”→“FX5UCPU”→“模块参数”，双击“以太网端口”。 此时，窗口中部显示“模块参数 以太网端口”窗口（见下一步骤）	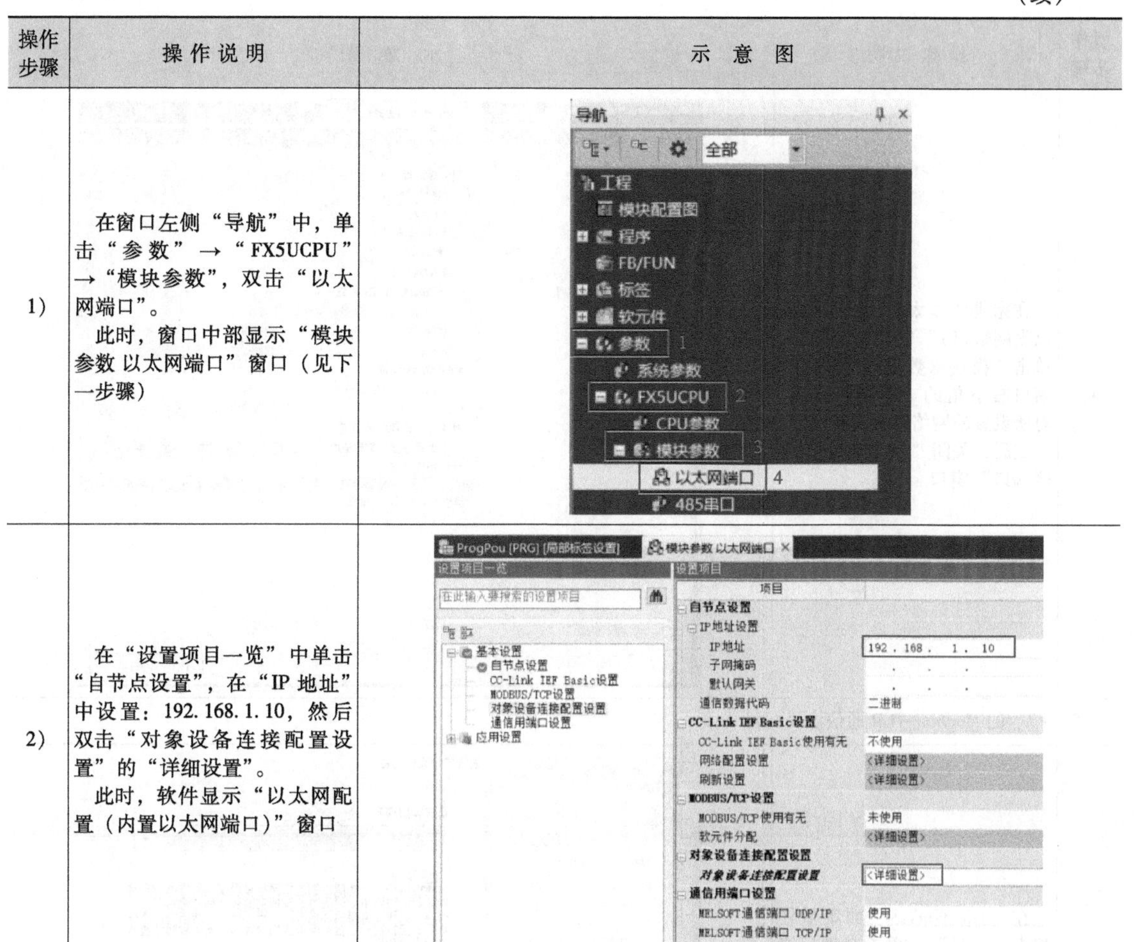
2)	在“设置项目一览”中单击“自节点设置”，在“IP 地址”中设置：192.168.1.10，然后双击“对象设备连接配置设置”的“详细设置”。 此时，软件显示“以太网配置（内置以太网端口）”窗口	
3)	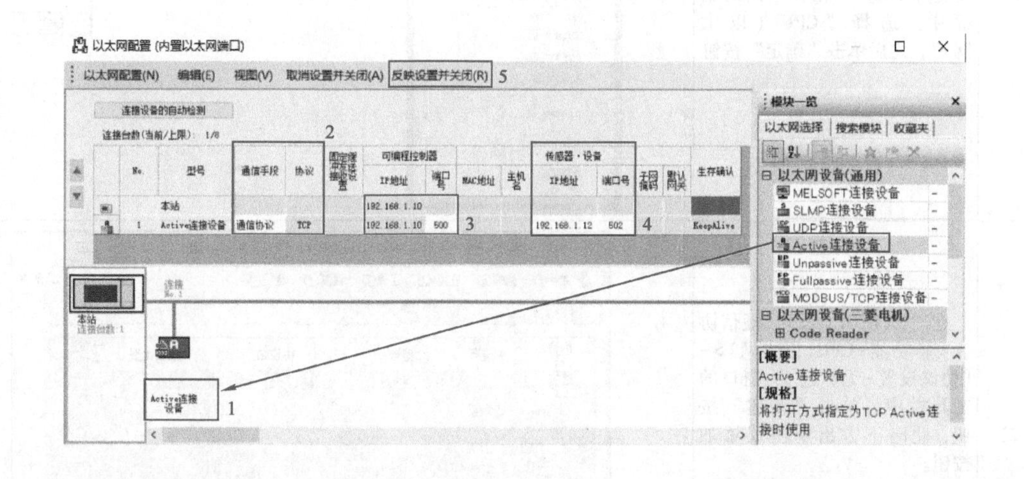	
	在“以太网配置（内置以太网端口）”窗口中，将右侧“模块一览”的“以太网设备（通用）”中的“Active 连接设备”拖入左下角的连接区域。之后进行“通信手段”选择和通信目标“IP 地址”“端口号”配置。 连接 1 中，“通信手段”为“通信协议”；“协议”为“TCP”；“可编程控制器”下的“端口号”为“500”。“传感器・设备”的“IP 地址”为“192.168.1.12”，“端口号”为“502”。 完成设置后，单击窗口导航栏中的“反映设置并关闭”	

（续）

操作步骤	操作说明	示意图
4）	在完成“以太网配置（内置以太网端口）”窗口的配置后，单击“模块参数 以太网端口”窗口右下角的“应用”按钮，对所设置的网络参数进行保存。 之后，关闭“模块参数 以太网端口”窗口	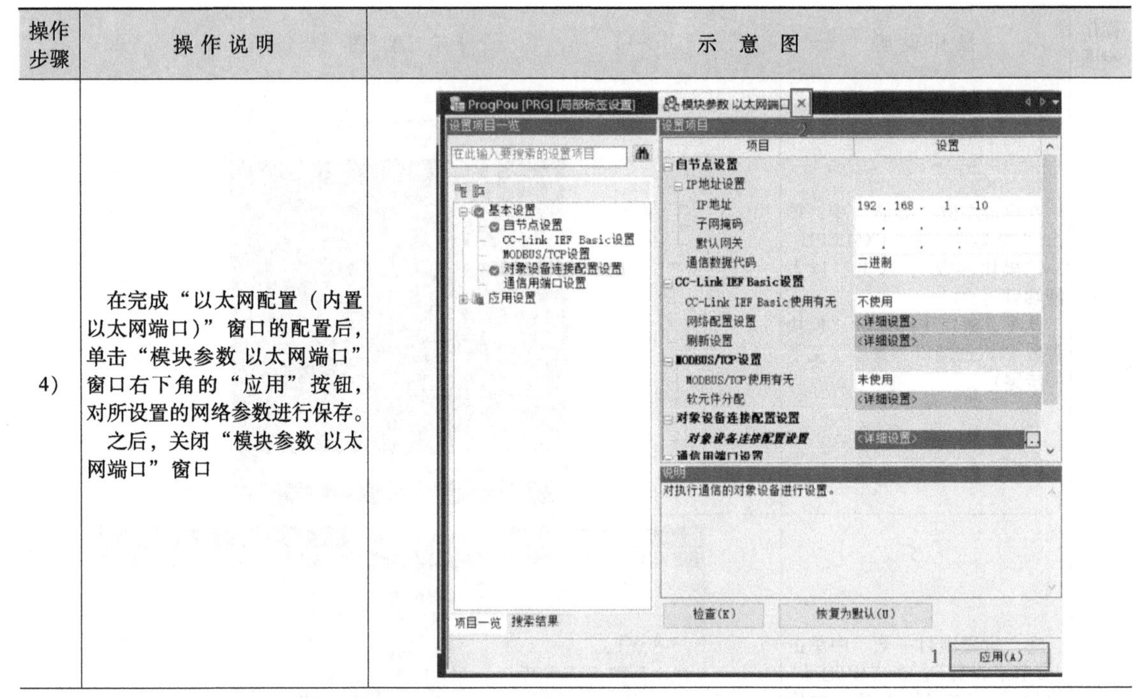
（5）FX$_{5U}$的Modbus-TCP通信协议配置		
1）	在“GX Works3”的菜单栏单击“工具”→单击“通信协议支持功能”，在弹出的对话框中，选择“CPU（以太网）”，之后单击“确定”按钮	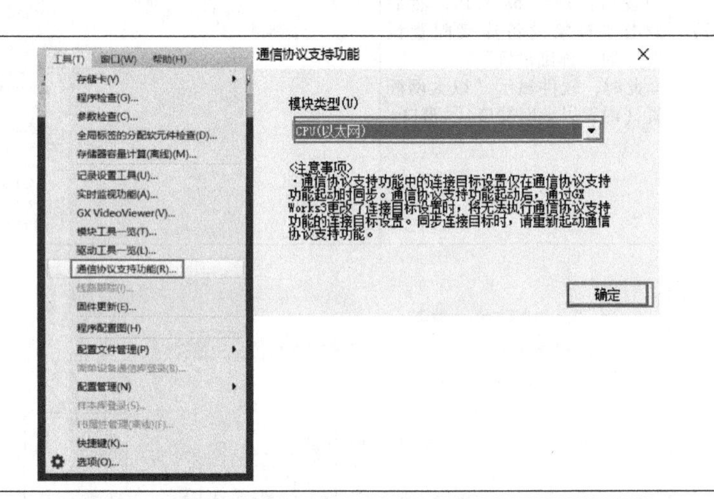
2）	在“MELSOFT系列<通信协议支持功能-CPU(以太网)>-[协议设置-无标题]”窗口的工具栏中，单击“新建”按钮，此时下方出现协议添加按钮。 单击“协议号”中的“添加”，进入“协议添加”对话框	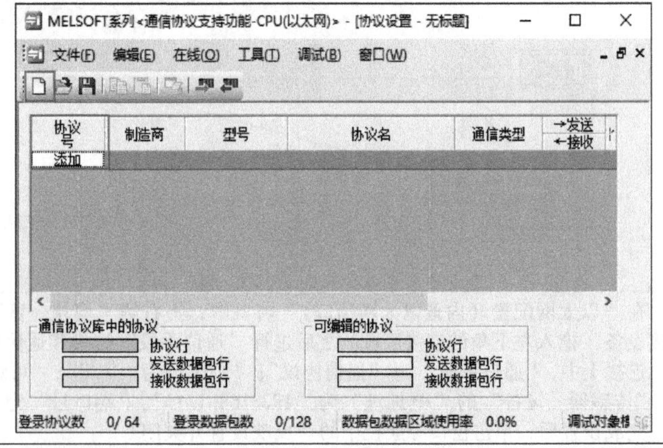

（续）

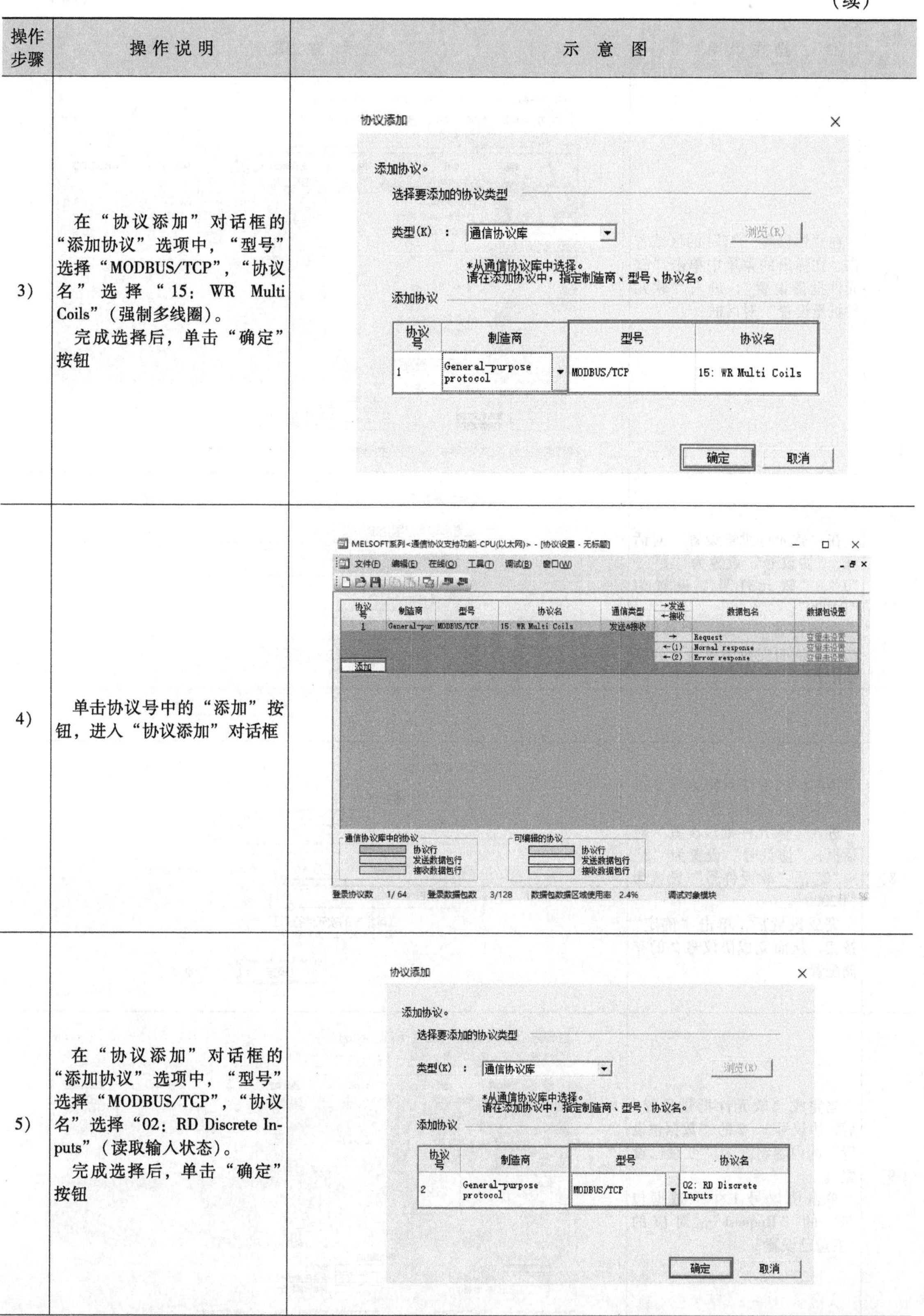

操作步骤	操 作 说 明	示 意 图
3）	在“协议添加”对话框的“添加协议”选项中，“型号”选择“MODBUS/TCP”，“协议名”选择“15：WR Multi Coils”（强制多线圈）。 完成选择后，单击“确定”按钮	
4）	单击协议号中的“添加”按钮，进入“协议添加”对话框	
5）	在“协议添加”对话框的“添加协议”选项中，“型号”选择“MODBUS/TCP”，“协议名”选择“02：RD Discrete Inputs”（读取输入状态）。 完成选择后，单击“确定”按钮	

（续）

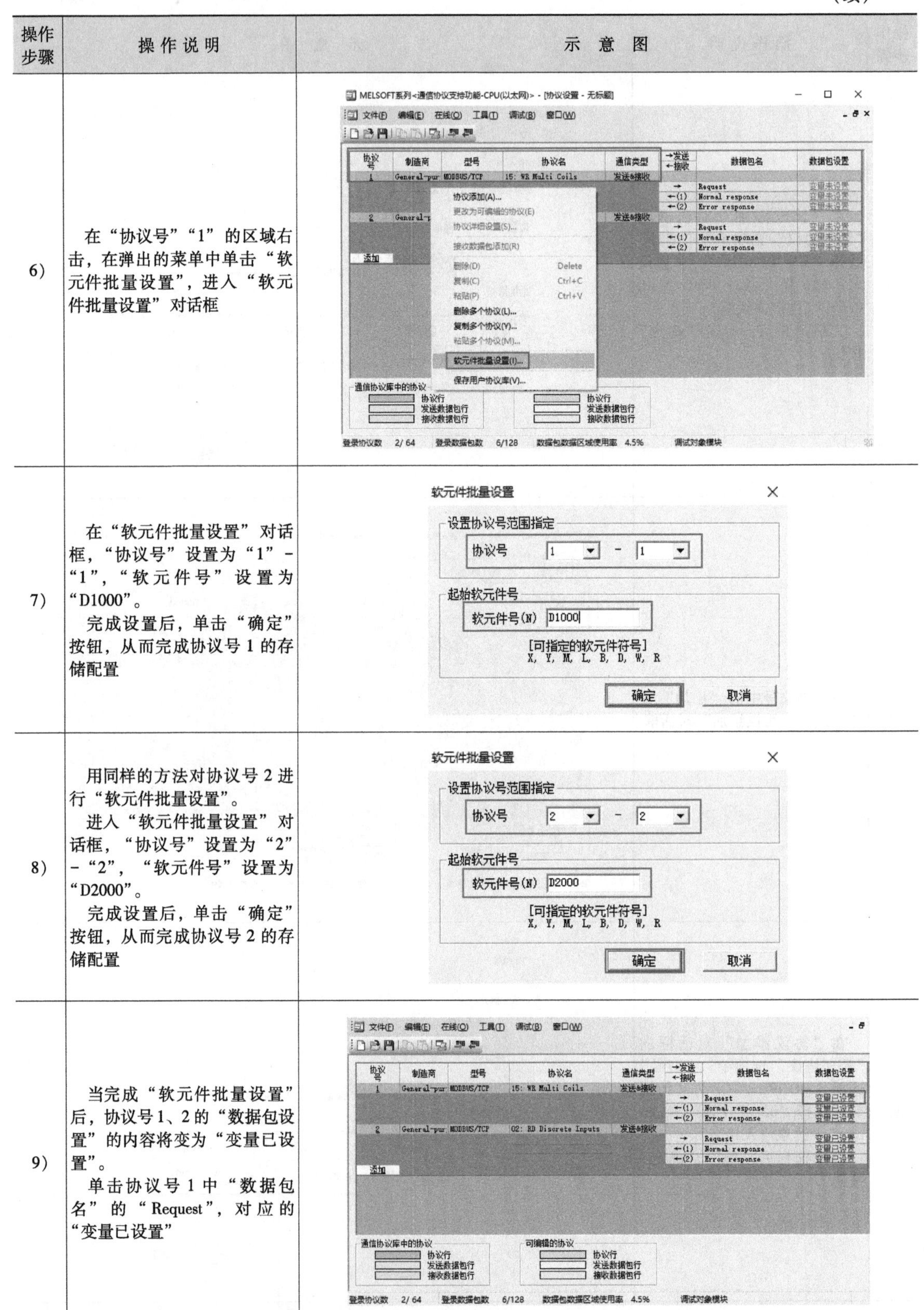

操作步骤	操作说明	示意图
6）	在“协议号”“1”的区域右击，在弹出的菜单中单击“软元件批量设置”，进入“软元件批量设置”对话框	
7）	在“软元件批量设置”对话框，“协议号”设置为“1”-“1”，“软元件号”设置为“D1000”。 完成设置后，单击“确定”按钮，从而完成协议号1的存储配置	
8）	用同样的方法对协议号2进行“软元件批量设置”。 进入“软元件批量设置”对话框，“协议号”设置为“2”-“2”，“软元件号”设置为“D2000”。 完成设置后，单击“确定”按钮，从而完成协议号2的存储配置	
9）	当完成“软元件批量设置”后，协议号1、2的“数据包设置”的内容将变为“变量已设置”。 单击协议号1中“数据包名”的“Request”，对应的“变量已设置”	

（续）

操作步骤	操 作 说 明	示 意 图
10）	可查看 PLC 发送的请求报文对应的寄存器地址。 D1005 为强制多线圈内容的寄存器地址	数据包设置 协议号 1　协议名 15: WR Multi Coils 数据包类型 发送数据包　数据包名(N) Request 配置元素一览(L) 配置元素号 / 配置元素类型 / 配置元素名 / 配置元素设置 1 无转换变量 Transaction ID [D1000-D1000](固定长度/2字节/下上字节/有更换) 2 固定数据 Protocol ID 0000(2字节) 3 长度 Length (对象元素4-9/HEX/正/2字节) 4 无转换变量 Module ID [D1001-D1001](固定长度/1字节/下上字节/无更换) 5 固定数据 Function Code 0F(1字节) 6 无转换变量 Head coil number [D1002-D1002](固定长度/2字节/下上字节/有更换) 7 无转换变量 Write points [D1003-D1003](固定长度/2字节/下上字节/有更换) 8 长度 Number of bytes (对象元素9-9/HEX/1字节) 9 无转换变量 Device data [D1004][D1005-D1988](可变长度/1968字节/下上字节/无更换) 类型更改(E)　新建(A)　复制(C)　粘贴(P)　删除(D)　关闭
11）	单击协议号 2 中的“数据包名”：“Normal response”，对应的“变量已设置”	MELSOFT系列«通信协议支持功能-CPU(以太网)» - [协议设置 - 无标题] 文件(F)　编辑(E)　在线(O)　工具(T)　调试(B)　窗口(W) 协议号 / 制造商 / 型号 / 协议名 / 通信类型 / →发送 ←接收 / 数据包名 / 数据包设置 1 General-pur: MODBUS/TCP 15: WR Multi Coils 发送&接收 → Request 变量已设置 ←(1) Normal response 变量已设置 ←(2) Error response 变量已设置 2 General-pur: MODBUS/TCP 02: RD Discrete Inputs 发送&接收 → Request 变量已设置 ←(1) Normal response 变量已设置 ←(2) Error response 变量已设置 添加
12）	可查看远程 IO 响应回复的报文信息对应的寄存器地址。 D2007 为 PLC 读取到的远程 IO 输入点 I0.0 的状态地址	数据包设置 协议号 2　协议名 02: RD Discrete Inputs 数据包类型 发送数据包　数据包名(N) Request 配置元素一览(L) 配置元素号 / 配置元素类型 / 配置元素名 / 配置元素设置 1 无转换变量 Transaction ID [D2000-D2000](固定长度/2字节/下上字节/有更换) 2 固定数据 Protocol ID 0000(2字节) 3 长度 Length (对象元素4-7/HEX/正/2字节) 4 无转换变量 Module ID [D2001-D2001](固定长度/1字节/下上字节/无更换) 5 固定数据 Function Code 02(1字节) 6 无转换变量 Head input number [D2002-D2002](固定长度/2字节/下上字节/有更换) 7 无转换变量 Read points [D2003-D2003](固定长度/2字节/下上字节/有更换) 类型更改(E)　新建(A)　复制(C)　粘贴(P)　删除(D)　关闭
13）	在完成协议和软元件批量设置后，单击“MELSOFT 系列<通信协议支持功能 - CPU（以太网）>-[协议设置-无标题]”工具栏中的红色“写入”按钮	辑(E)　在线(O)　工具(T)　调 制造商　型号

（续）

操作步骤	操作说明	示意图
14）	在“模块写入”对话框中，“模块选择”为“FX5UCPU”，“对象存储器”为“CPU 内置存储器”。 在完成选择后，单击“执行”按钮	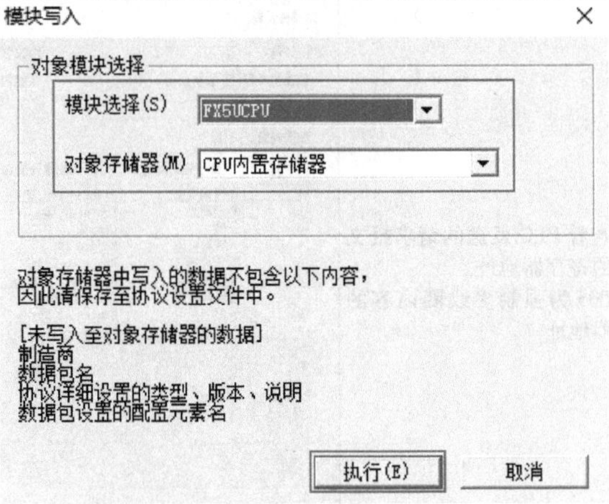 模块写入 对象模块选择 模块选择(S) FX5UCPU 对象存储器(M) CPU内置存储器 对象存储器中写入的数据不包含以下内容， 因此请保存至协议设置文件中。 [未写入至对象存储器的数据] 制造商 数据包名 协议详细设置的类型、版本、说明 数据包设置的配置元素名 执行(E) 取消
15）	如果 PLC 没有进行初始化，则 PLC 中将遗留之前的协议配置文件，单击“是”按钮，进行覆盖写入	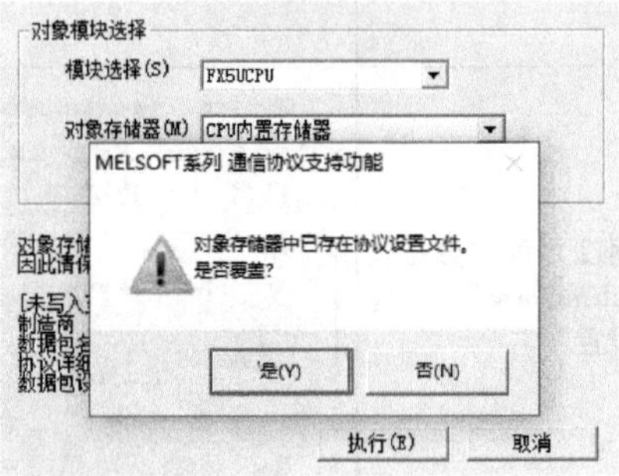 MELSOFT系列 通信协议支持功能 对象存储器中已存在协议设置文件。 是否覆盖？ 是(Y) 否(N)
16）	在弹出“对对象存储器的写入已完成”提示后，单击“确定”按钮完成 FX_{5U} 的 Modbus-TCP 通信协议配置	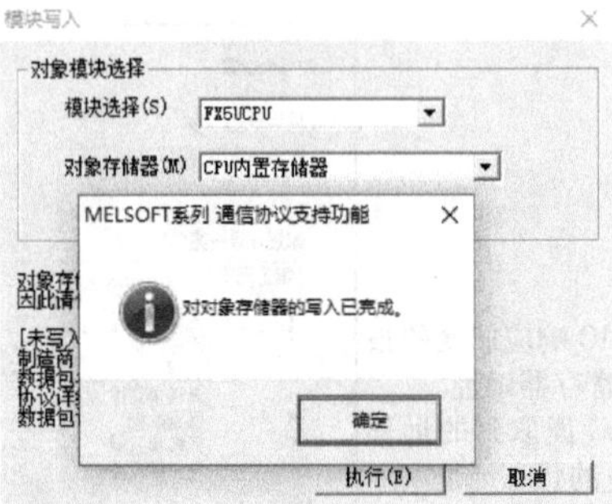 MELSOFT系列 通信协议支持功能 对对象存储器的写入已完成。 确定

（6）在程序编辑区域，编写 PLC 程序

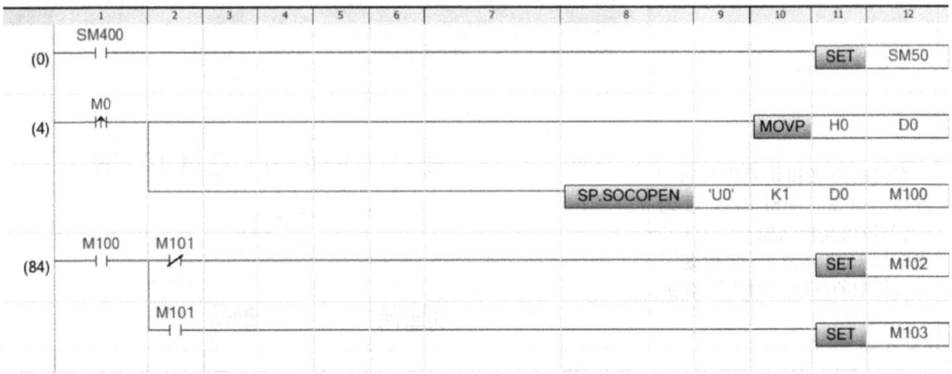

```
(0)   SM400 ─┤ ├─────────────────────────────── SET SM50
(4)   M0 ─┤↑├─┬──────────────────────────── MOVP H0 D0
              └─────────── SP.SOCOPEN 'U0' K1 D0 M100
(84)  M100 ─┤ ├─ M101 ─┤/├──────────────────── SET M102
                 M101 ─┤ ├──────────────────── SET M103
```

（续）

操作步骤	操作说明	示意图
		(96) M0 ─ RST M102；SP.SOCCLOSE 'U0' K1 D2 M105 (112) M105 ─ RST M102；RST M103；RST M101 (120) SD10680.0 ─ RST M0；M0 ─ OUT T0 K1；T0 ─ SET M0 (138) M102 ─ MOV K0 D1000；MOV H1 D1001；MOV H0 D1002；MOV H8 D1003；MOV H1 D1004；MOV D500 D1005；MOV K1 D1402 (168) SD10680.0、M210 ─ SP.ECPRTCL 'U0' K1 K1 D1400 M110 (188) M102 ─ MOV K0 D2000；MOV K1 D2001；MOV K0 D2002；MOV K1 D2003；MOV K2 D2402

（续）

操作步骤	操作说明	示意图
	(210) M110 SP.ECPRTCL 'U0' K1 K1 D2400 M210 (226) END	
（7）FX_{5U}程序下载（详见本书的 2.2.4 小节）		

［指令解读］

程序编写过程中使用的 SP. ECPRTCL 指令的解读见表 5-17。

表 5-17 SP. ECPRTCL 指令的解读

指令名称：通信协议支持功能指令	指令助记符：SP. ECPRTCL
指令说明： 该指令通过内置以太网执行工程工具中登录的通信协议	
指令图解：	

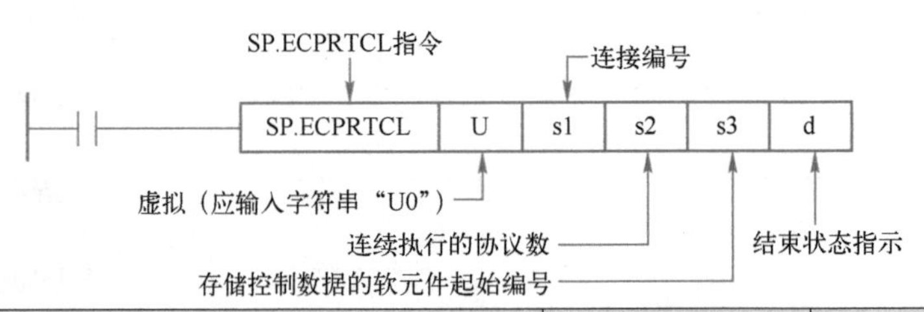

操作数	内 容	范 围	数据类型
(U)	虚拟（应输入字符串“U0”）	—	字符串
(s1)	连接编号	1~8	无符号 BIN16 位
(s2)	指定控制数据的软元件起始编号	参考控制数据	字
(s3)	存储发送数据的软元件起始编号	—	字
(d)	指令结束时，1 个扫描为 ON 的软元件起始编号；异常完成时，(d)+1 也变为 ON	—	位

控制数据如下所示：

软 元 件	项 目	内 容	设置范围
(s2)+0	系统区域	—	—
(s2)+1	结束状态	存储结束时的状态。0000H：正常结束；0000H 以外：异常结束	—
(s3)+0	发送数据长度	指定发送数据长度	1~2046
(s3)+1~(s3)+n	发送数据	指定所发送的数据	—

注意：
TCP 通信时，应将发送数据长度控制在对象设备的最大数据尺寸（TCP 的接收缓冲区）以下。超出对象设备的最大数据尺寸的数据，将无法发送

［程序解读］

根据程序相关功能，对程序内容进行分段解读见表 5-18。

表 5-18　程序分段解读

程序段 1：

(0)　SM400　SET　SM50

程序注释：

SM400：特殊辅助继电器，在 CPU 模块运行中始终为 ON。

SM50：特殊辅助继电器，清除出错信号。

程序说明：

当 PLC 运行时，因 SM400 始终为 ON，所以 SM0 始终为 ON，它用于对通信中的轻微错误进行清除，避免 PLC 报警造成 PLC 停机

程序段 2：

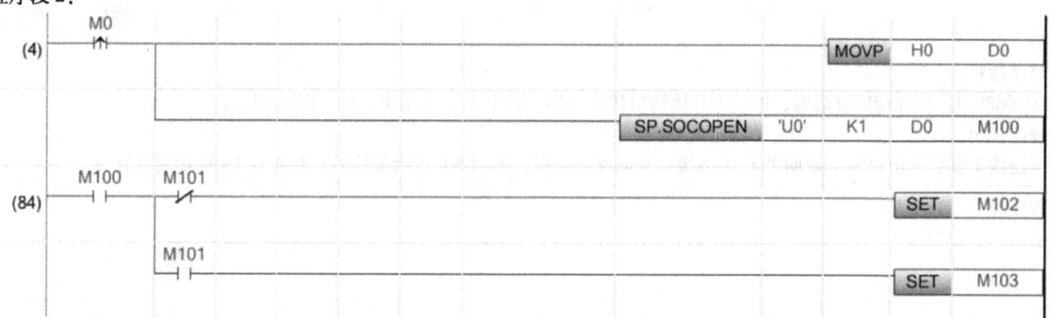

程序注释：

M0：普通辅助继电器，用于触发 PLC 执行建立连接指令。

K1：连接编号 1。

D0：指定控制数据的起始软元件。

M100：指令结束时，指令运行正常，则 M100 变为 ON；异常，则 M101 变为 ON。

M102：连接 1 正常指示。

M103：连接 1 异常指示。

程序说明：

当 M0 由 OFF 变为 ON 时，将十六进制数值 0 传输至 D0 中，同时执行开放连接 1。连接 1 开启正常，则 M102 为 ON；异常，则 M103 为 ON

程序段 3：

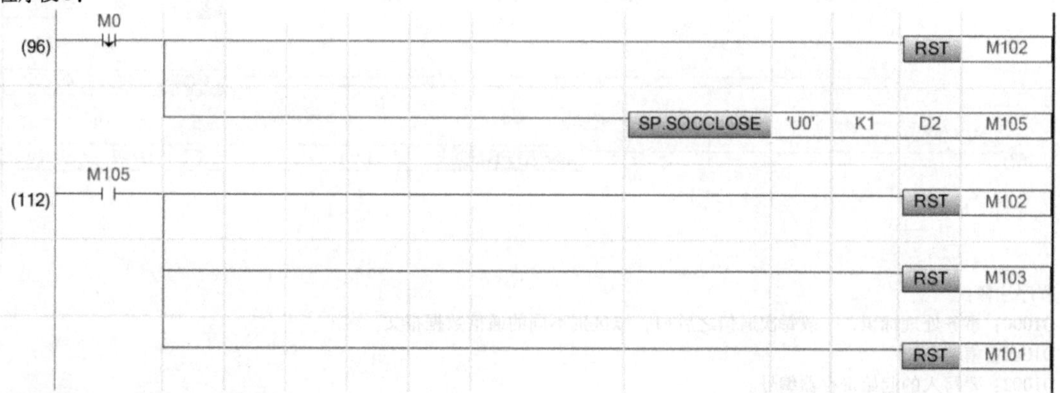

程序注释：

M0：用于触发 PLC 执行建立连接指令。

K1：连接编号 1。

D2：指定控制数据的起始软元件。

M105：指令结束时，指令运行正常，则 M105 变为 ON；异常，则 M106 变为 ON。

M102：连接 1 正常指示。

M103：连接 1 异常指示。

M101：连接 1 异常状态。

（续）

程序说明：
当M0由ON变为OFF时，设备切断连接1，执行关闭连接1操作，先复位M102，同时执行SP. SOCCLOSE指令，待完成后，复位M101、M102、M103

程序段4：

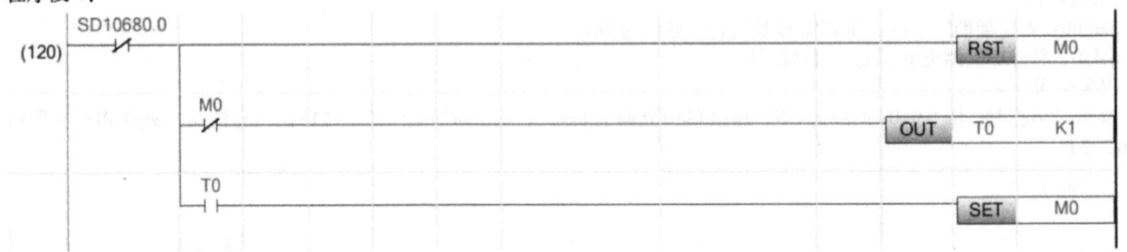

程序注释：
SD10680.0：特殊辅助继电器，连接1开放结束信号（0：关闭/开放未结束；1：开放结束）。
程序说明：
当连接1没有开放结束，说明PLC网络接口完成硬件连接，则对M0进行复位后，延时0.1s重新进行置位

程序段5：

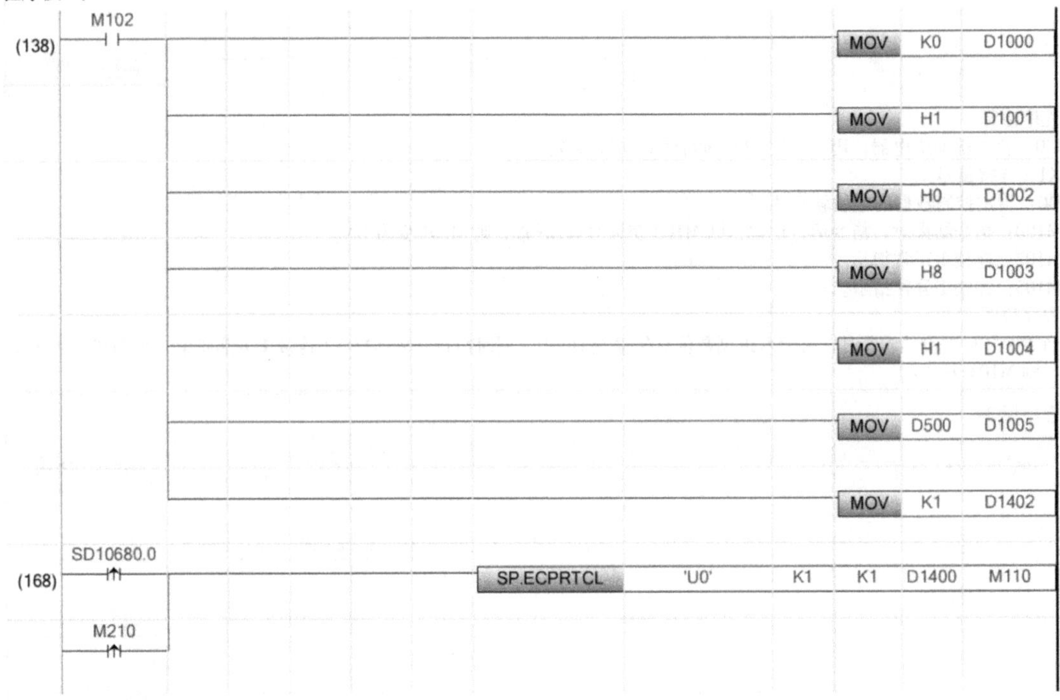

程序注释：
D1000：事务处理标识，一般每次通信之后+1，以区别不同的通信数据报文。
D1001：模块ID。
D1002：要写入的起始寄存器编号。
D1003：点位长度。
D1004：字节数。
D500：输入寄存器。
D1005：数据内容。
D1402：发送指令(S3)+2，设置指定协议1。
程序说明：
当连接1正常后，M102变为ON，将相关参数写入特定数据寄存器中，同时通过连接1开放结束信号进行第1次触发，之后由M210进行触发。通过修改D500的数据，可以修改对外部远程IO模块输出点位的控制

（续）

程序段6：

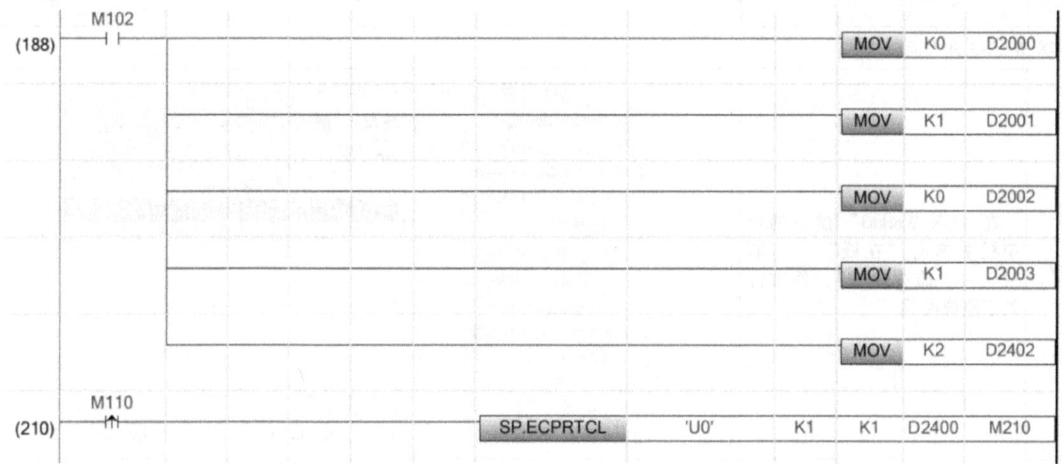

程序注释：

D2000：事务处理标识，一般每次通信之后+1，以区别不同的通信数据报文。

D2001：模块ID。

D2002：读取起始编号。

D2003：读取长度。

D2402：发送指令(S3)+2，设置指定协议2。

程序说明：

当连接1正常后，M102变为ON，将相关参数写入特定数据寄存器中。当M110由OFF转为ON时，将外部远程IO模块第1个输入点位I0.0的状态传送至寄存器D2007中

5.2.4 FX_{5U}与远程IO模块联机调试

5.2.4 FX_{5U}与远程IO模块联机调试

[目标]

通过GX Works3编程软件对运行中的PLC进行监视，对远程IO模块的开关量输入、输出进行监控。

[描述]

在完成FX_{5U}程序下载后，通过GX Works3的“监看模式”对程序中的寄存器进行设置，PLC通过Modbus-TCP控制远程IO模块的输出点动作，同时对远程IO模块的输入点位进行监控，当外部输入时，观察Modbus-TCP读取的寄存器数据的变化情况。

[实施]

1. 实施说明

实践中，需要确保计算机和FX_{5U}通信线路连接正常，完成PLC程序下载后，GX Works3软件应处于联机状态。

2. 操作步骤

FX_{5U}与变频器联机调试操作步骤见表5-19。

表 5-19　FX_{5U}与变频器联机调试操作步骤

操作步骤	操作说明	示意图
GX Works3 进入监视模式		
1）	在“GX Works3”窗口的菜单栏中单击“在线”→“监视”→“监视模式”，使软件处于监视模式	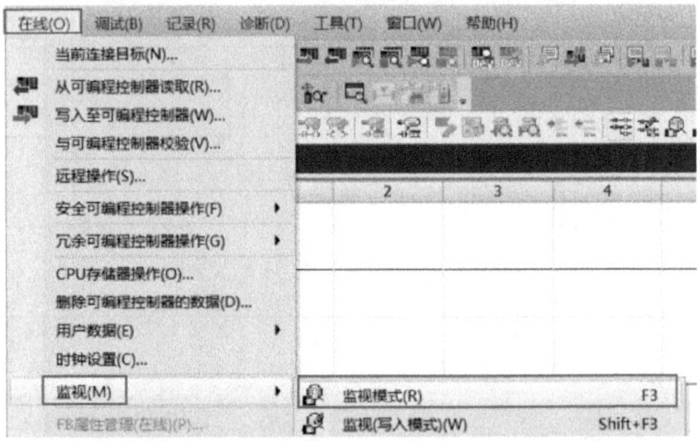
2）	在“GX Works3”窗口的菜单栏中单击“在线”→“监看”→“登录至监看窗口”→单击“监看窗口（1）”	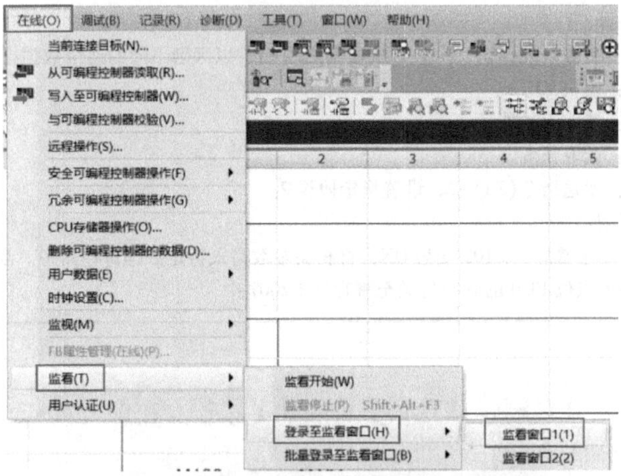
3）	在监看窗口中，输入需要监控的寄存器地址及显示格式： D500（二进制数）。 D2007（十进制数）	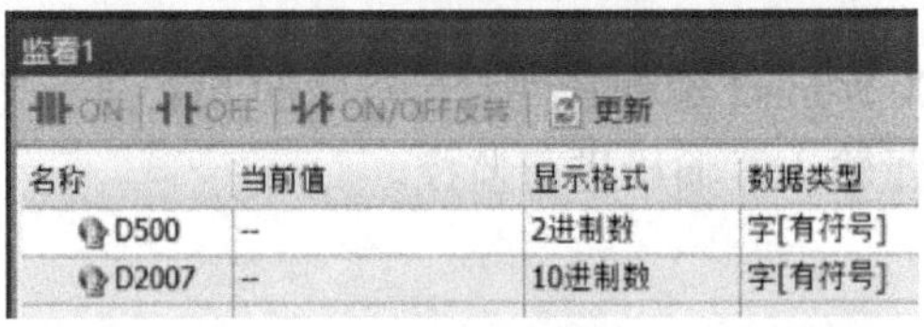
4）	在“GX Works3”窗口的菜单栏中单击“在线”→“监看”→“监看开始”	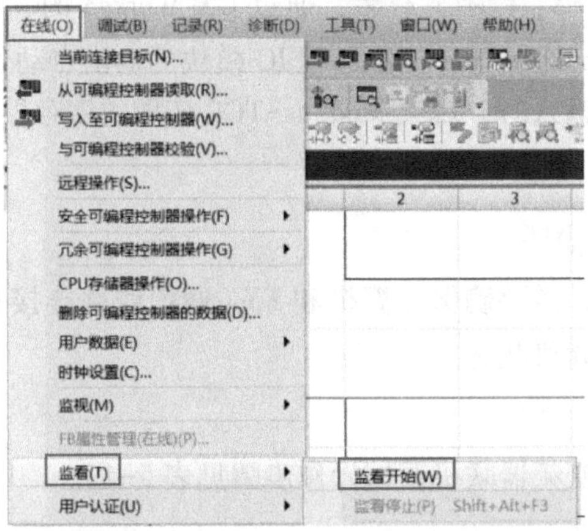

（续）

操作步骤	操作说明	示意图
5)	修改“监看1”中寄存器“D500”的当前值为“10101010”。此时，远程IO模块的Q0.1、Q0.3、Q0.5、Q0.7输出，相关指示灯点亮。 当按下外部I0.0的按钮后，远程IO模块的I0.0点亮，“监看1”中的“D2007”当前值显示为1，说明PLC能控制远程IO模块的开关量输出，并能对其开关量输入进行监控	监看1【监看中】 ON OFF ON/OFF反转 更新 名称 当前值 显示格式 数据类型 D500 0000 0000 1010 1010 2进制数 字[有符号] D2007 1 10进制数 字[有符号]

【学习成果评价】

对任务实施过程中的学习成果进行自我总结与评分，具体评价标准见表5-20。

表5-20 学习成果评价表

任务成果		评分表（1~5分）		
实践内容	任务总结与心得	学生自评	同学互评	教师评分
本任务线路设计及接线掌握情况				
远程IO模块参数设置掌握情况				
Modbus-TCP通信程序编写掌握情况				
使用Modbus-TCP通信实现PLC组网联机调试掌握情况				

【素养评价】

对任务实施过程中的思想道德素养进行量化评分，具体评价标准见表5-21。

表5-21 素养评价表

评价项目	评价内容	得分
课上表现	课堂参与程度	5□ 3□ 1□
	小组合作程度	5□ 3□ 1□
	实操完成度	5□ 3□ 1□
	项目完成质量	5□ 3□ 1□

（续）

评价项目	评价内容	得　分
职业精神	合作探究	5□　3□　1□
	严谨精细	5□　3□　1□
	讲求效率	5□　3□　1□
	独立思考	5□　3□　1□
	问题解决	5□　3□　1□
法治意识	遵纪守法	5□　3□　1□
	拥护法律	5□　3□　1□
健全人格	责任意识	5□　3□　1□
	抗压能力	5□　3□　1□
	友善待人	5□　3□　1□
	善于沟通	5□　3□　1□
社会意识	低碳节约	5□　3□　1□
	环境保护	5□　3□　1□
	热心公益	5□　3□　1□

【拓展与提高】

某温水集中供应系统，采用PLC控制管道阀门、水泵电机等设备。由于输送管路距离长，且每个阀门均需要开启、关闭控制，以及开启到位信号、关闭到位信号。所以要求使用PLC主机采用Modbus-TCP通信协议，与远程IO模块进行通信，完成对远距离的电动阀门进行信号采集及控制。您作为工程师，请完成该任务的选型、图纸绘制、线路接线以及程序调试。需要提交资料如下表所列。

任务需要提交的资料见表5-22。

表5-22　任务需要提交的资料

序　号	文件名	数　量	负责人
1	任务选型依据及定型清单	1	
2	电气原理图	1	
3	电气线路完工照片	1	
4	调试完成的PLC程序	1	

任务5.3　FX_{5U}与热敏打印机基于无协议通信

【任务导读】

本任务介绍FX_{5U}系列PLC通过扩展FX5-232-BD通信板与热敏打印机通信，通过改变PLC内部寄存器数值，控制热敏打印机的打印内容。通过本任务，读者将学习到热敏打印机工作原理，以及FX_{5U}系列PLC中RS2指令在数据发送功能的使用。

【任务目标】

使用FX_{5U}系列PLC通过扩展FX5-232-BD通信板，向热敏打印机发送数据，控制热敏打印机在热敏纸上打印数字及字符内容。

【任务准备】

1）任务准备软硬件清单见表 5-23。

表 5-23　任务准备软硬件清单

序　号	器件名称	数　量	用　途
1	带 USB 口的计算机（或个人笔记本计算机）	1	编写 PLC 程序及监控数据
2	FX_{5U}-32M	1	控制热敏打印机
3	FX5-232-BD	1	PLC 拓展的 RS-232 通信接口
4	热敏打印机	1	作为打印设备
5	热敏打印机电源适配器	1	给热敏打印机供电
6	打印机数据线	1	连接计算机 USB 口与 T125A 模块
7	天技 T125A USB 转 232&485 模块（T125A 模块）	1	将 USB 接口转换成 RS-232 接口
8	RS-232 公头转母头串口线	1	连接热敏打印机与 PLC 通信接口
9	网线	1	连接计算机与 FX_{5U}
10	XPrinter V3.2C 软件	1	调试打印机
11	串口调试助手软件	1	对计算机与热敏打印机进行通信测试
12	GX Works3 软件	1	FX_{5U} 编程软件

2）任务关键实物清单图片如图 5-11 所示。

图 5-11　任务关键实物清单

【任务实施】

本任务基于 RS-232 通信连接，通过 FX_{5U} 向热敏打印机发送数据，控制热敏打印机进行数字及字符内容的打印。具体实施步骤可分解为 5 个小任务，如图 5-12 所示。

小任务 1：连接计算机与热敏打印机 RS-232 通信线路。

小任务 2：计算机通过热敏打印机专用调试软件，对热敏打印机进行通信测试。

小任务 3：计算机连接 FX_{5U}，编写通信程序，对 FX_{5U} 发送数据并进行监控。

小任务 4：连接 FX_{5U} 与热敏打印机的 RS-232 通信线路，对 FX_{5U} 与热敏打印机进行联机调试。

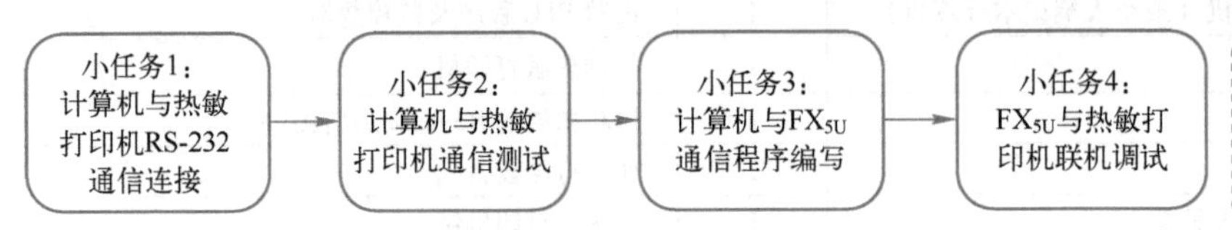

图 5-12　FX_{5U} 发送数据至热敏打印机的实施步骤

5.3.1　计算机与热敏打印机 RS-232 通信连接（器件准备及通信模块安装）

5.3.1　计算机与热敏打印机 RS-233 通信连接（PLC 电源线路连接）

5.3.1　计算机与热敏打印机 RS-234 通信连接（热敏打印机线路连接）

5.3.1　计算机与热敏打印机 RS-232 通信连接

［目标］

完成计算机与热敏打印机 RS-232 接口之间通信线路的连接。

［描述］

将热敏打印机 RS-232 通信接口与计算机的 RS-232 通信接口，通过 RS-232 通信数据线相连接。同时对热敏打印机进行供电，使其能正常工作。实践中，计算机的 RS-232 接口依然采用 USB 接口扩展 RS-232 的形式。

系统接线图如图 5-13 所示，系统通信架构图如图 5-14 所示。

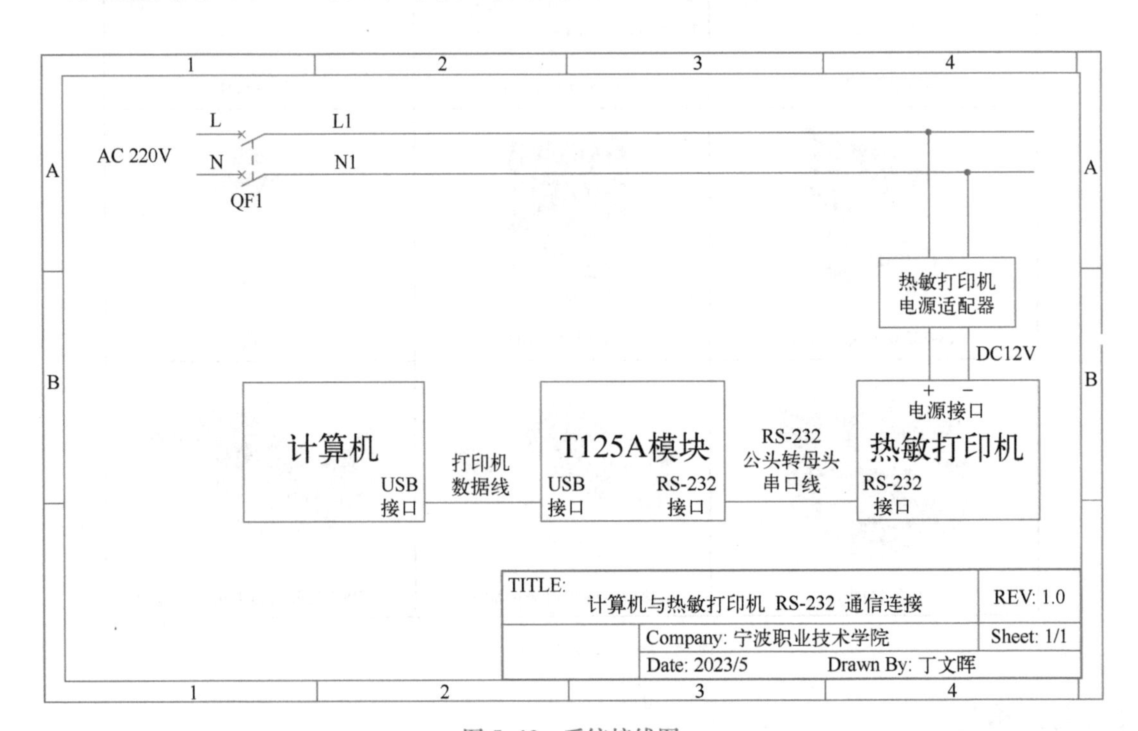

图 5-13　系统接线图

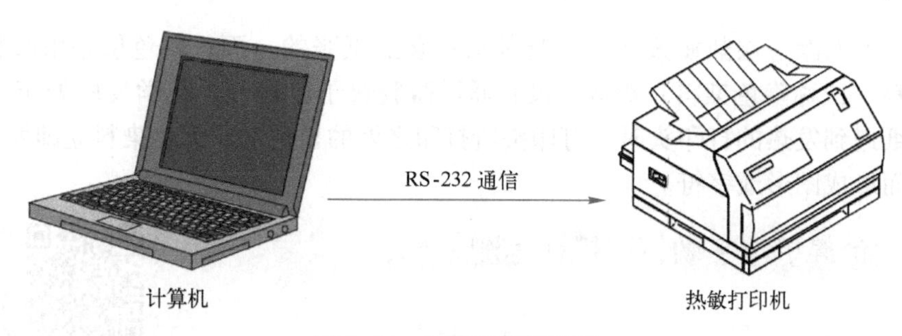

图 5-14　系统通信构架图

[实施]

计算机与热敏打印机 RS-232 通信连接操作步骤见表 5-24。

表 5-24　计算机与热敏打印机 RS-232 通信连接操作步骤

操作步骤	操作说明	示意图
1)	使用 USB2.0A 公转 B 公方口头接线将计算机 USB 口与 T125A 模块进行连接，USB2.0A 公转 B 公方口头通信线的 A 公头接至计算机，B 公头接至 T125A 模块	
2)	将电源适配器接入 220 V 插头，直流输出插口接入热敏打印机，对其供电。 当热敏打印机正常通电后，蓝色电源指示灯常亮	
3)	将 RS-232 通信线插入热敏打印机串口处，另一端与连接 T125A 模块的 RS-232 通信接口进行连接	

[相关知识]

1. 热敏打印机

热敏打印机的打印头上安装了半导体加热元件。打印时，打印头加热并接触热敏纸后就可以打印出需要的图形或字符。图像是通过加热，在接触热敏纸的膜后产生化学反应而生成的。这种热敏打印机产生的化学反应是在一定的温度下进行的。高温会加速这种化学反应。当温度低于 60℃ 时，纸需要经过相当长的时间才能变成深色；而当温度达到 200℃ 时，这种反应会在几微秒内完成。

2. 热敏纸

热敏纸是一种特殊的涂布加工纸，其外观与普通白纸相似。热敏纸表层光滑，是由普通纸张作为纸基，上面涂一层热敏发色层，且都涂在普通纸张的一面；发色层是由胶粘剂、显色剂、无色染料（或称隐色染料）组成，没有通过微胶囊予以隔开，化学反应处于“潜伏”状态。当热敏纸遇到发热的打印头时，打印头所打印之处的显色剂与无色染料立即发生化学反应而变色，从而形成图形或字符。

5.3.2 计算机与热敏打印机通信测试

5.3.2 计算机与热敏打印机通信测试（第1部分）

5.3.2 计算机与热敏打印机通信测试（第2部分）

[目标]

计算机通过对热敏打印机进行通信测试，确认热敏打印机的工作状态及通信格式。

[描述]

计算机通过热敏打印机专用调试软件设置串口信息及通信格式，并设置需要打印的文字和数字，命令打印机执行打印动作；通过将打印内容的 ASCII 码转换为十六进制，确认热敏打印机的通信格式。

[实施]

1. 实施说明

实践中，计算机使用 COM1 与热敏打印机进行 RS-232 通信。注意，本任务需要用到 2 个调试软件，且同一时刻，只允行 1 个软件使用 COM1 与热敏打印机进行通信。关于 COM 口编号的修改，详见本书的 1.1.2 小节。

2. 操作步骤

计算机与热敏打印机通信测试操作步骤见表 5-25。

表 5-25 计算机与热敏打印机通信测试操作步骤

操作步骤	操作说明	示意图
(1) 设置热敏打印机调试软件的参数并打印设置的内容		
1)	在计算机中打开“XPrinter V3.2C”软件。 在该窗口左侧上部“通讯端口选择”中选择：“串口”；在“串口设置”中设置：“COM1”“19200”“None”。 在该窗口左侧中部“打印内容”中输入打印的内容为： “型号 A001 数量 1234”。 单击“打印”按钮。 此时，热敏打印机将打印出“打印内容”中所设置的内容	

（续）

操作步骤	操作说明	示意图
2）	当完成打印后，需要查看内容时，可以按“出纸”键将打印纸送出	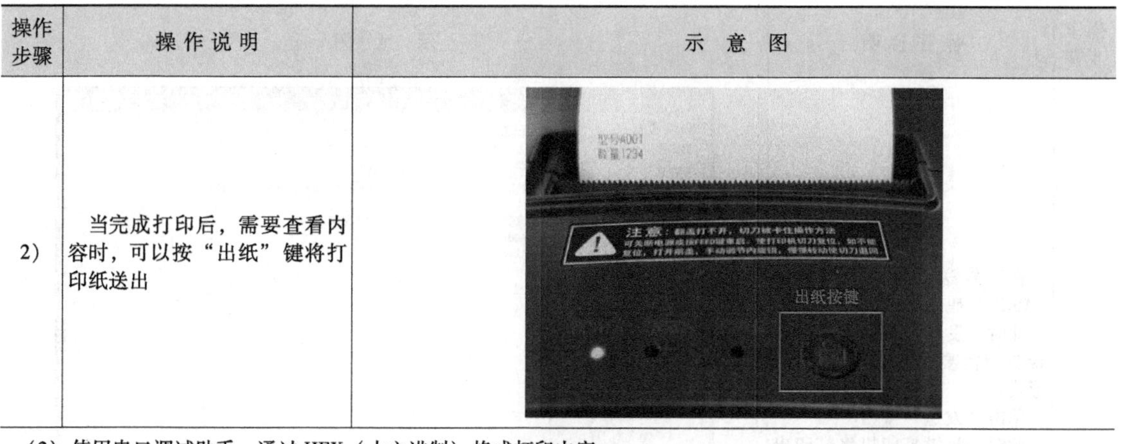
（2）使用串口调试助手，通过HEX（十六进制）格式打印内容		
1）	将打印内容的格式设置为HEX，此时打印内容由文字转变为HEX（十六进制）字符显示。 单击“打印”按钮，此时，热敏打印机将打印出“打印内容”中所设置的内容	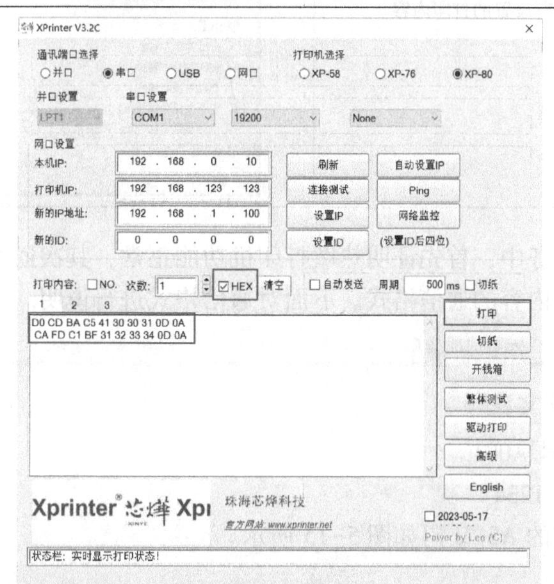
2）	在计算机中打开“串口调试助手”软件。 在该窗口左侧上部“串口设置”中设置“串口号”为“COM1”，“波特率”为“19200”，“校验位”为“NONE”，“数据位”为“8”，“停止位”为“1”，“流控制”为“NONE”。 在该窗口左侧下部“发送设置”中设置为“HEX”格式。 单击“串口设置”中的“打开”按钮开启COM口。 将“XPrinter V3.2C”软件中的HEX格式字符内容，复制到“串口调试助手”窗口的发送区域。 单击“发送”按钮。 此时，热敏打印机将打印出之前所设置的打印内容	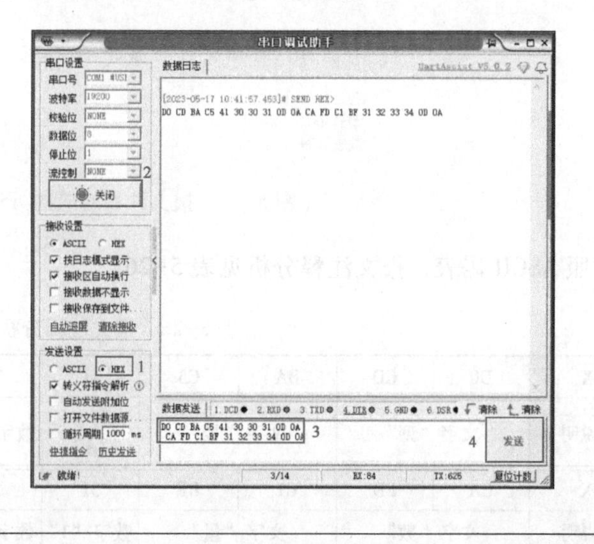

（续）

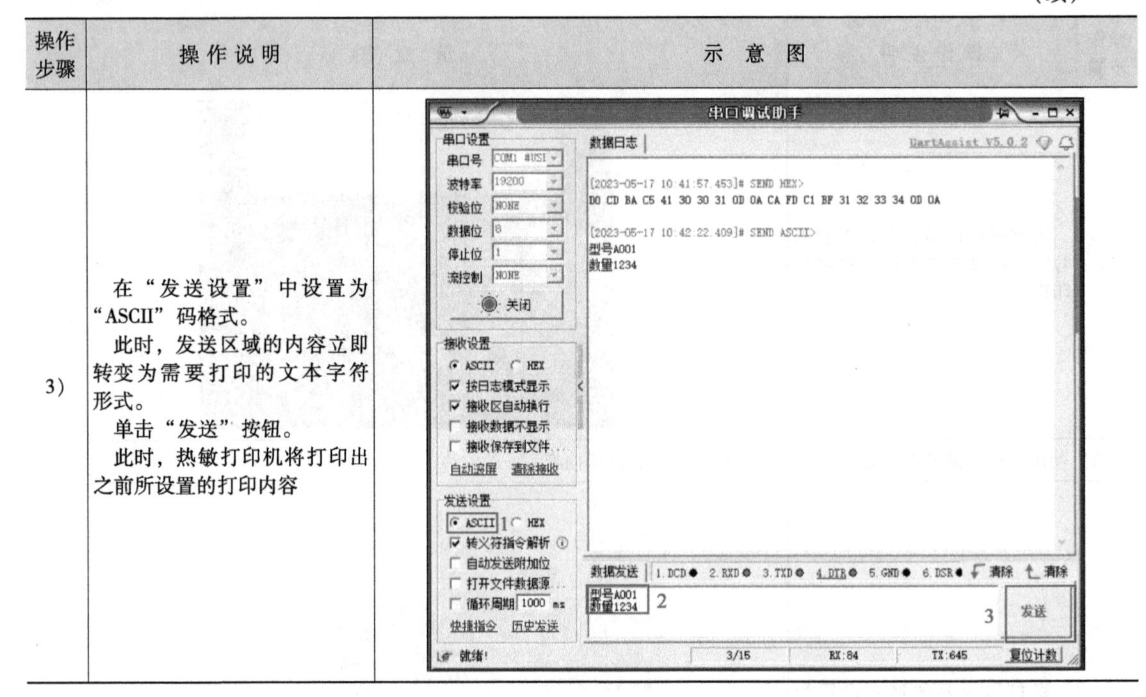

操作步骤	操作说明	示意图
3）	在“发送设置”中设置为“ASCII”码格式。 此时，发送区域的内容立即转变为需要打印的文本字符形式。 单击“发送”按钮。 此时，热敏打印机将打印出之前所设置的打印内容	（串口调试助手界面截图）

此任务中，首先证明热敏打印机功能正常，其次通过计算机发送数据，确认了控制热敏打印机打印内容的通信格式。下面对通信格式进行说明。

[知识扩展]

1. 报文注释

“型号 A001

数量 1234”

对应的 ASCII 码如图 5-15 所示。

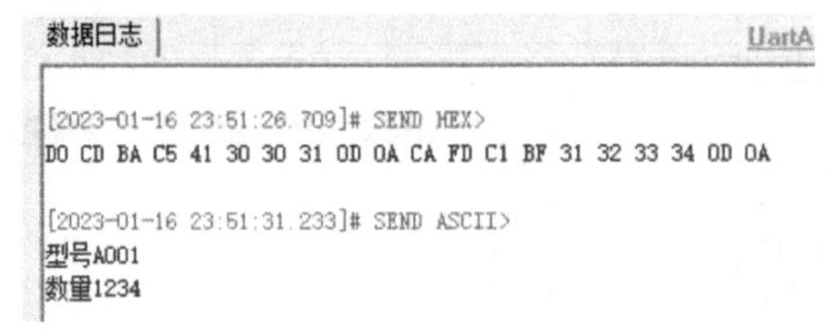

图 5-15 报文注释对应的 ASCII 码

对照 ASCII 码表，报文注释分析见表 5-26。

表 5-26 报文注释分析

HEX	D0	CD	BA	C5	41	30	30	31	0D	0A
字符说明	文字“型”		文字“号”		大写字母“A”	数字“0”	数字“0”	数字“1”	回车符	换行符
HEX	CA	FD	C1	BF	31	32	33	34	0D	0A
字符说明	文字“数”		文字“量”		数字“1”	数字“2”	数字“3”	数字“4”	回车符	换行符

由于 ASCII 对照表不包含中文汉字，所以该热敏打印机打印的字母、数字、常用符号采用 ASCII 编码，中文汉字采用 GB2312 编码，可以通过查询 GB2312 编码表进行中文字符之间的转换。

2. GB 2312-1980

《信息交换用汉字编码字符集》是由中国国家标准总局 1980 年发布，1981 年 5 月 1 日开始实施的一套国家标准，标准号是 GB 2312-1980。

该标准适用于汉字处理、汉字通信等系统之间的信息交换，通行于中国大陆；新加坡等地也采用此编码。中国大陆几乎所有的中文系统和国际化的软件都支持 GB2312。

该标准共收录 6763 个汉字，其中一级汉字 3755 个，二级汉字 3008 个；同时，还收录了包括拉丁字母、希腊字母、日文平假名及片假名字母、俄语西里尔字母在内的 682 个全角字符。

该标准的出现，基本满足了汉字的计算机处理需要，它所收录的汉字已经覆盖中国大陆 99.75%的使用频率。

对于人名、古汉语等方面出现的罕用字，本标准不能处理，这导致了后来 GBK 及 GB 18030 汉字字符集的出现。

5.3.3 计算机与 FX_{5U} 通信程序测试

5.3.3 计算机与 FX_{5U} 通信程序测试（PLC 程序下载）

5.3.3 计算机与 FX_{5U} 通信程序测试（PLC 程序测试）

[目标]

计算机通过对 FX_{5U} 通信程序进行测试，确认 FX_{5U} 发出的 HEX 数据格式符合热敏打印机的通信格式。

[描述]

首先，FX_{5U} 通过安装 FX5-232-BD 通信板进行 RS-232 通信接口的扩展。其次，计算机通过以太网线路连接 FX_{5U}，根据 5.3.2 中的 HEX（十六进制）格式编码内容，编写 PLC 数据发送程序。最后，计算机使用 T125A 模块，将 FX_{5U} 通过 FX5-232-BD 通信板发出的数据内容进行接收检查，确保 FX_{5U} 发送的数据编码内容正确。

[实施]

1. 实施说明

实践中，首先完成计算机与 FX_{5U} 之间的网线、RS-232 线路连接。首先，需要对 PLC 进行初始化操作。FX_{5U} 的 PLC 工程新建以及计算机与 FX_{5U} 之间的连接测试，可查看本书任务 2.2 的操作内容。

完成编程设置后，通过串口调试助手软件实现对 FX_{5U} 发出的数据内容的接收。

系统接线图如图 5-16 所示，系统通信架构图如图 5-17 所示。

2. 操作步骤

计算机与 FX_{5U} 通信程序测试操作步骤见表 5-27。

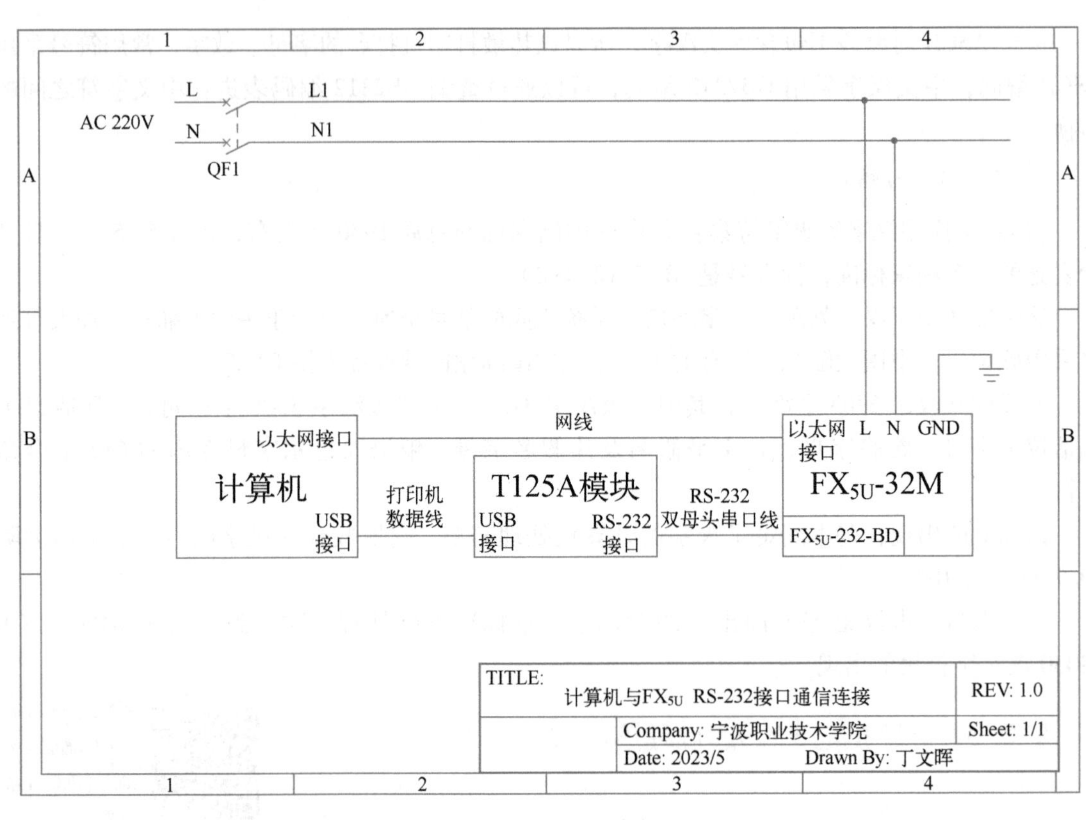

图 5-16　系统接线图

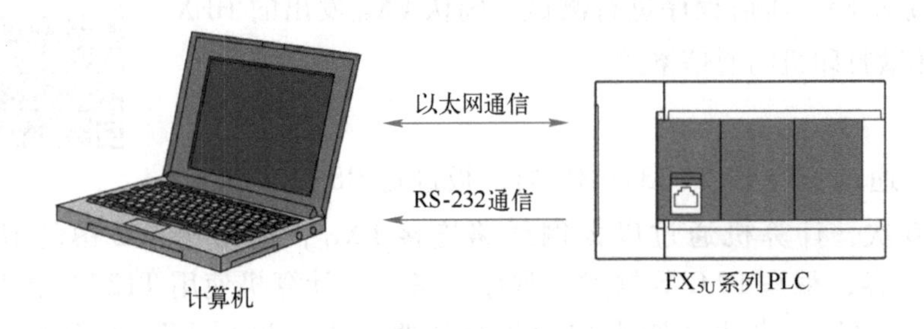

图 5-17　系统通信架构图

表 5-27　计算机与 FX_{5U} 通信程序测试操作步骤

操作步骤	操作说明	示意图
(1) PLC 电源接线、通信线路连接、硬件设置		
1)	对 FX_{5U} 进行电源线路接线，确保“POWER”指示灯点亮，然后使用网线将 FX_{5U} 与计算机相连接。 将 T125A 的 USB 口接入计算机中，RS-232 串口接入 FX_{5U} 的通信扩展模块 FX5-232-BD 的串口中	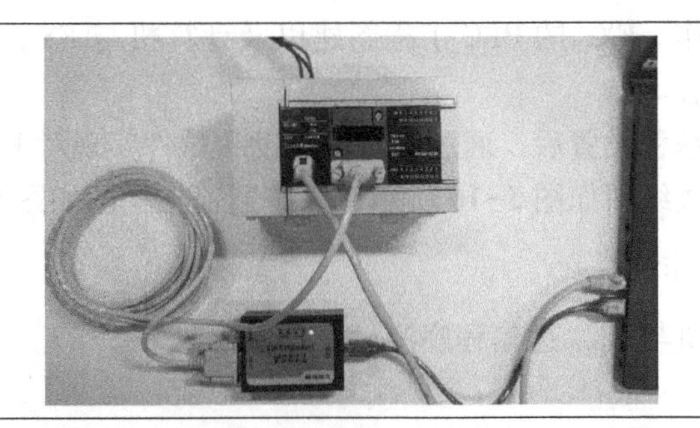

（续）

操作步骤	操 作 说 明	示 意 图
2）	将 FX_{5U} 左侧拨码调至“STOP”，确保右侧的“P. RUN”指示灯熄灭	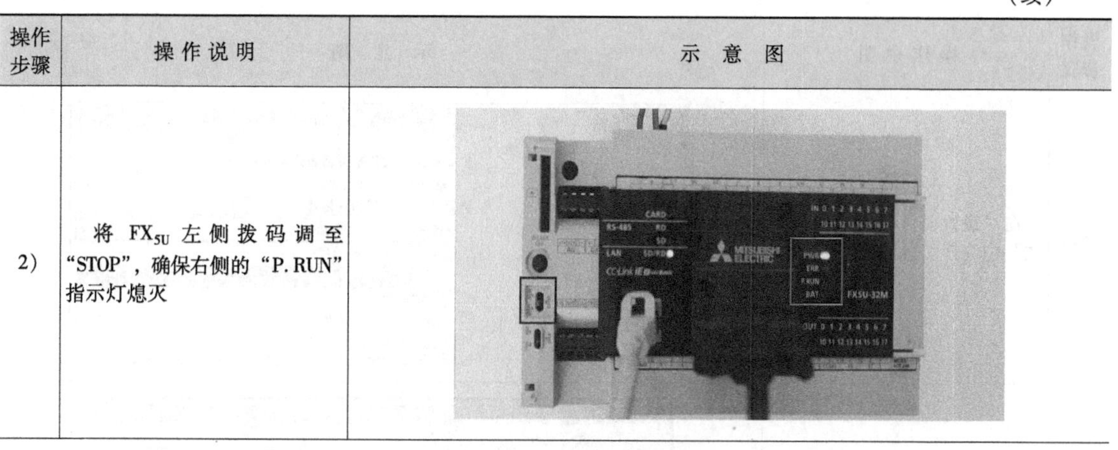
（2）FX_{5U}工程的创建（详见本书的 2. 2. 4 小节）		
（3）确认计算机与 FX_{5U}的以太网通信（详见本书的 2. 2. 4 小节）		
（4）FX5-232-BD 通信扩展插板设置		
1）	在窗口左侧“导航”栏中，单击“参数”→“FX5UCPU”→“模块参数”，双击“扩展插板”。 此时，窗口中部显示“设置项目”	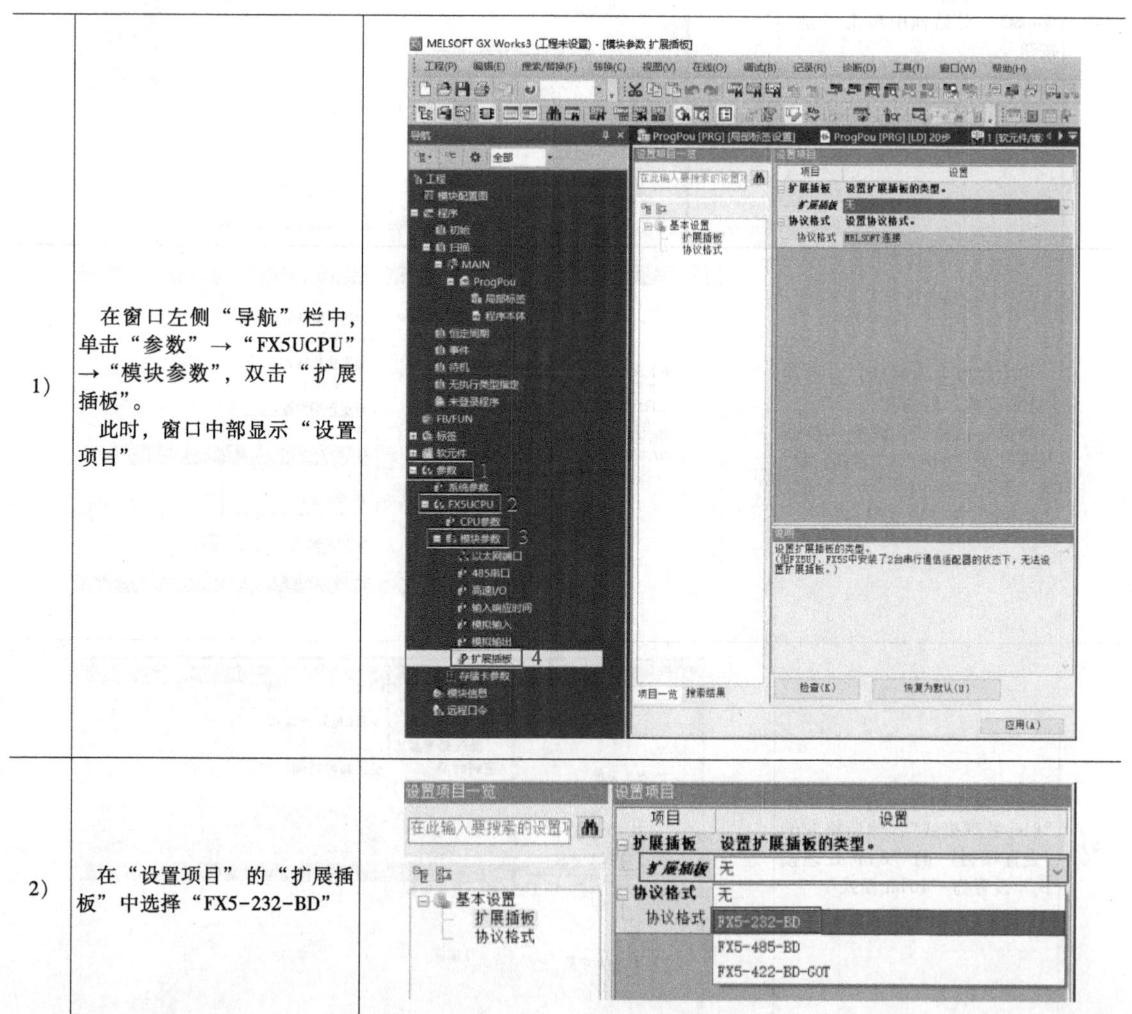
2）	在“设置项目”的“扩展插板”中选择“FX5-232-BD”	

（续）

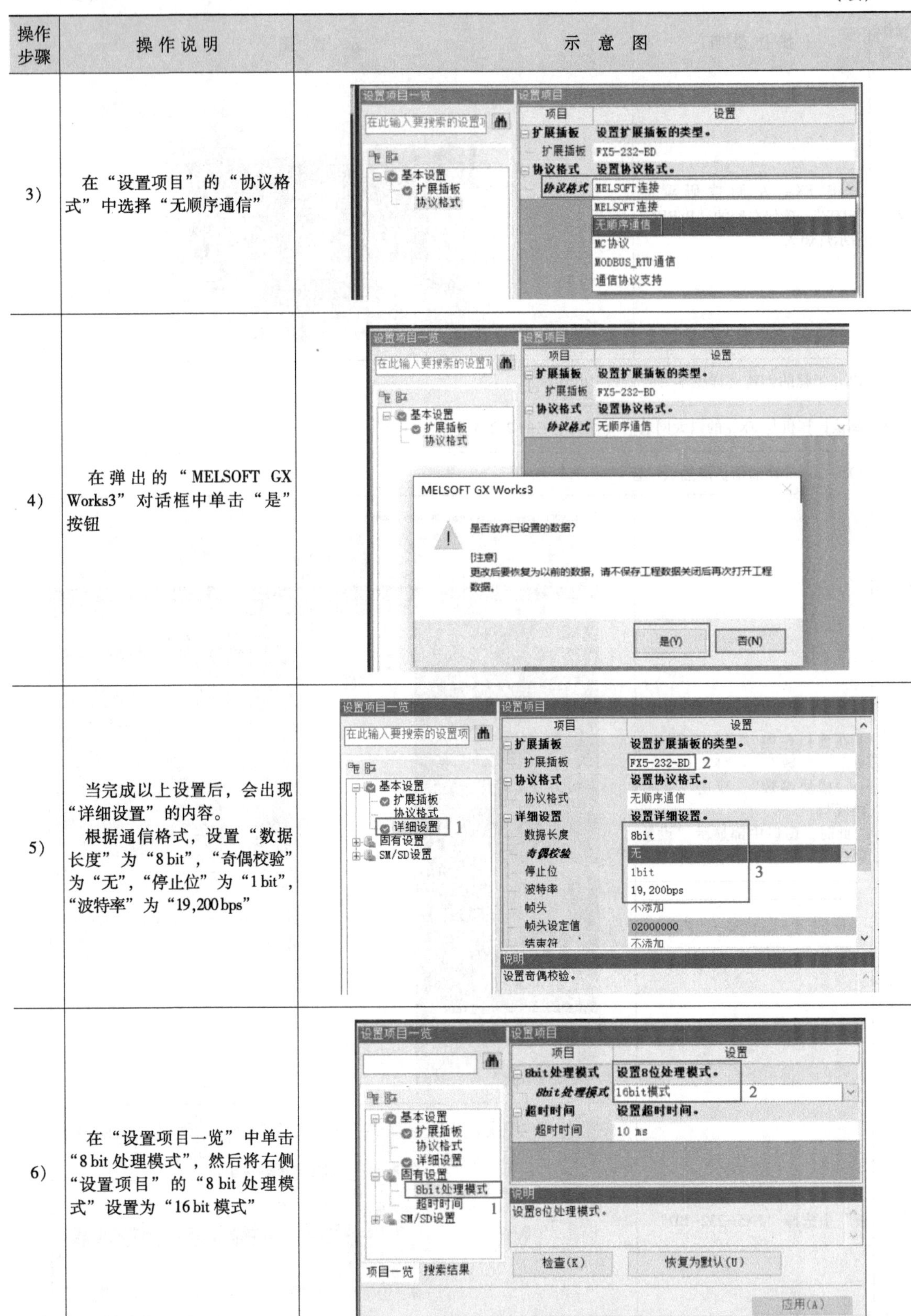

操作步骤	操 作 说 明	示 意 图
3）	在“设置项目”的“协议格式”中选择“无顺序通信”	
4）	在弹出的“MELSOFT GX Works3”对话框中单击“是”按钮	
5）	当完成以上设置后，会出现“详细设置”的内容。 根据通信格式，设置“数据长度”为“8 bit”，“奇偶校验”为“无”，“停止位”为“1 bit”，“波特率”为“19,200 bps”	
6）	在“设置项目一览”中单击“8 bit 处理模式”，然后将右侧“设置项目”的“8 bit 处理模式”设置为“16 bit 模式”	

（续）

<table>
<tr><th>操作步骤</th><th>操作说明</th><th>示意图</th></tr>
<tr><td colspan="3">（5）在程序编辑区域，编写PLC程序</td></tr>
<tr><td></td><td colspan="2">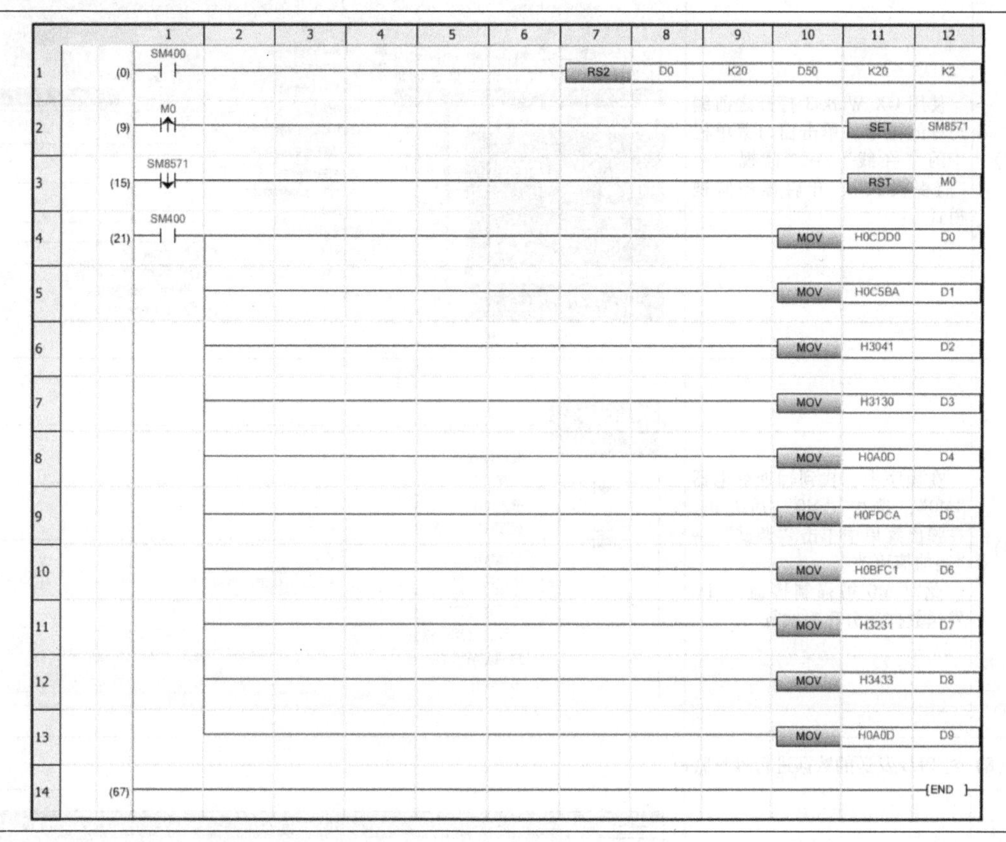
</td></tr>
<tr><td colspan="3">（6）进行FX_{5U}程序下载（详见本书的2.2.4小节）</td></tr>
<tr><td colspan="3">（7）进行计算机数据接收准备操作，PLC发送数据</td></tr>
<tr><td>1）</td><td>在计算机中打开“串口调试助手”软件。
在该窗口左侧上部串口设置中设置“串口号”为“COM1”，“波特率”为“19200”，“校验位”为“NONE”，“数据位”为“8”，“停止位”为“1”，“流控制”为“NONE”。
在该窗口左侧的“接收设置”中设置为“HEX”格式（十六进制格式）。
单击“串口设置”中的“打开”按钮开启COM口</td><td>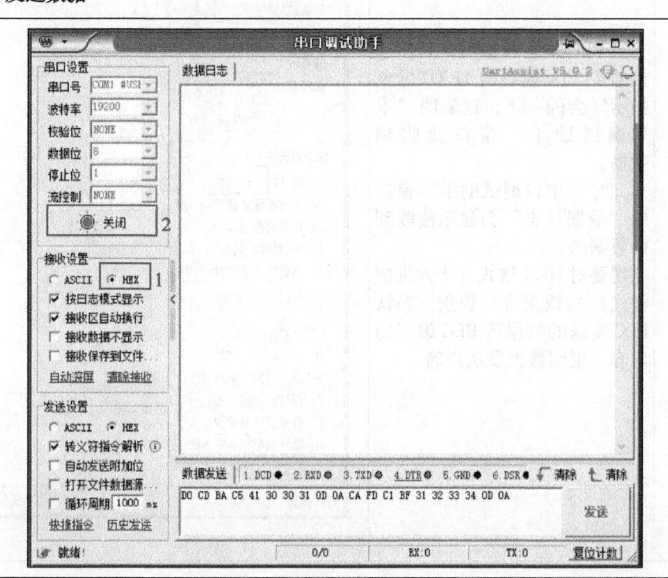
</td></tr>
</table>

（续）

操作步骤	操作说明	示意图
2）	使用GX Works3打开之前编写好的程序。单击窗口菜单栏中的“在线”→“监视”→“监视模式”，开启程序监视模式	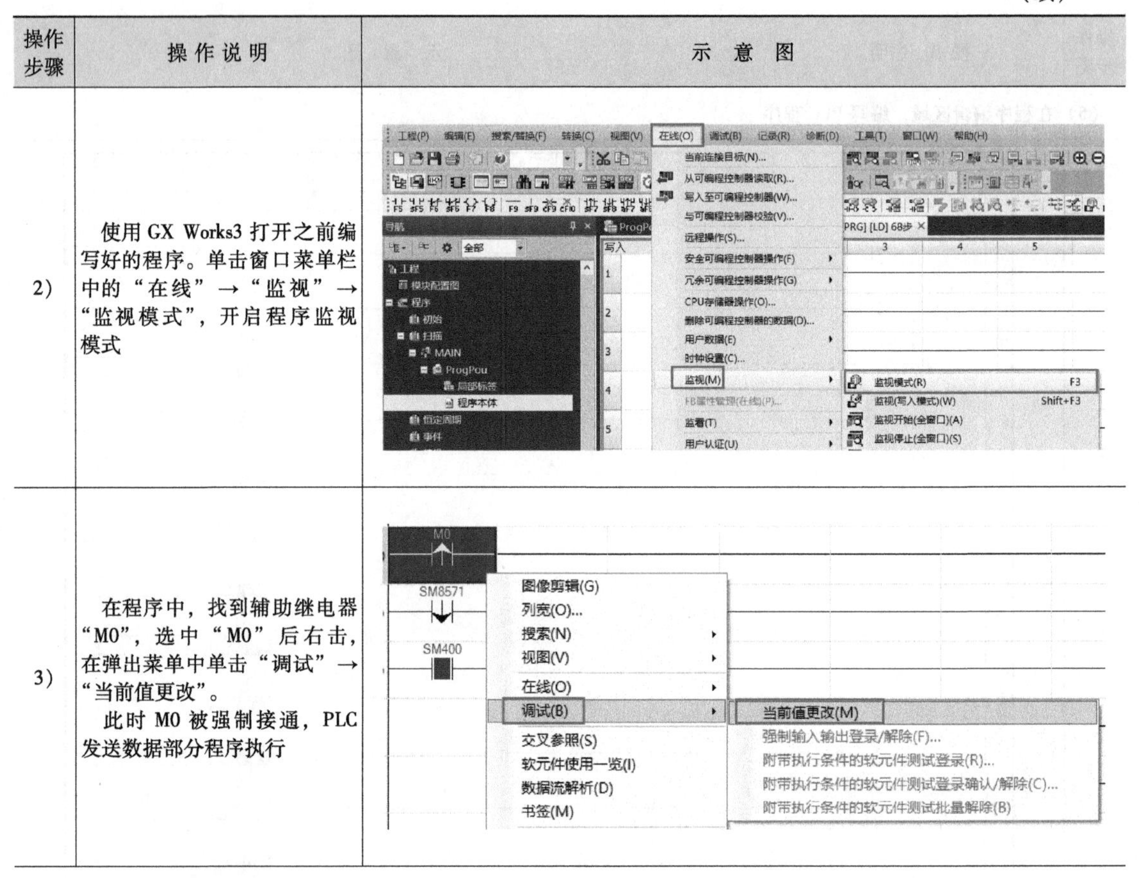
3）	在程序中，找到辅助继电器“M0”，选中“M0”后右击，在弹出菜单中单击“调试”→“当前值更改”。 此时M0被强制接通，PLC发送数据部分程序执行	

（8）对PLC发送的数据进行接收监控

1）	当PLC发送数据后，其所连接的T125A模块的1RXD绿色指示灯会闪一下，这表明“串口调试助手”窗口接收到数据。 此时“串口调试助手”窗口的“数据日志”会显示接收到的数据内容。 需要对HEX格式（十六进制格式）的数据进行识别，确认PLC发送的数据是PLC编程的内容，说明数据发送正确	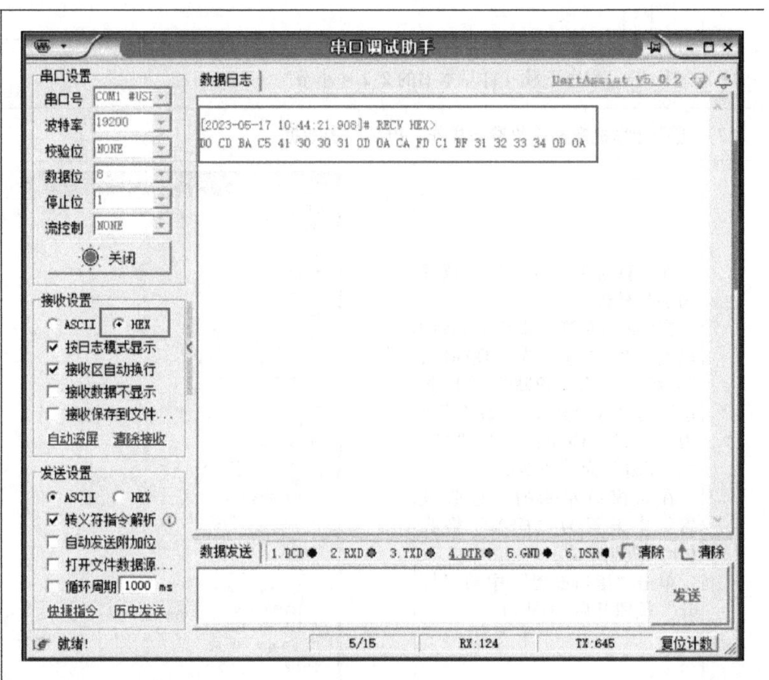

（续）

操作步骤	操作说明	示意图
2）	把“串口调试助手”窗口左侧中部“接收设置”设置为“ASCII”码格式，PLC 再次发送数据。 此时，“串口调试助手”软件的“数据日志”会显示接收到的数据内容，则为需要打印的文字信息。 由此确认 PLC 程序正常	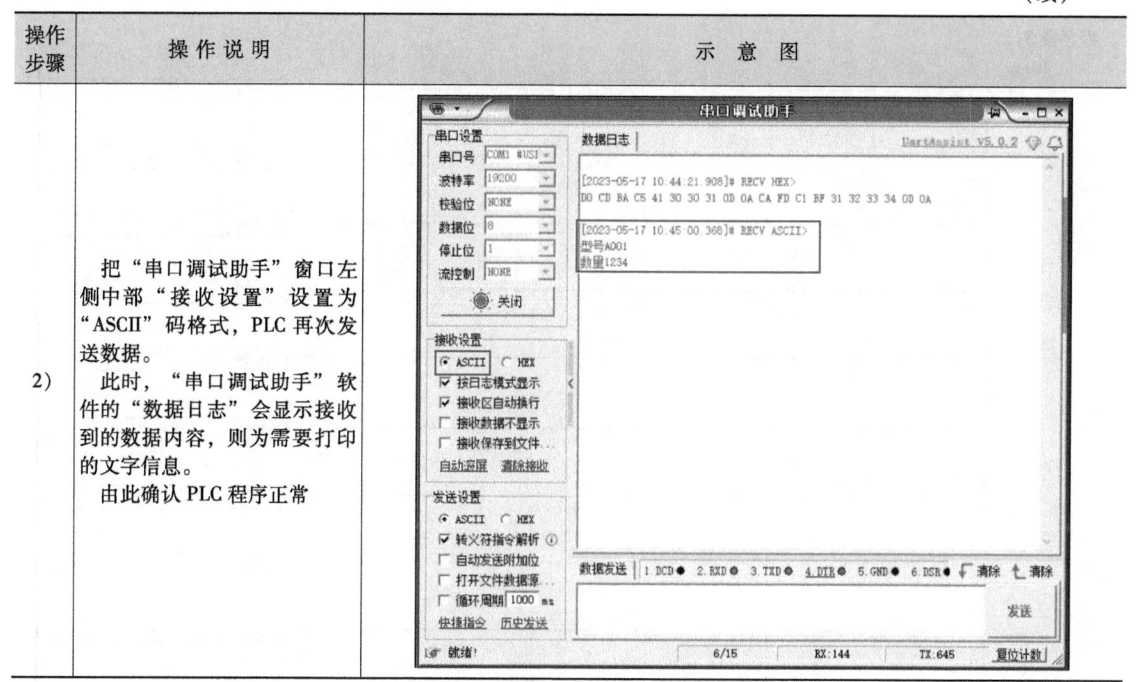

[程序解读]

根据程序相关功能，对程序内容进行分段解读，见表 5-28。

表 5-28　程序分段解读

程序段 1：

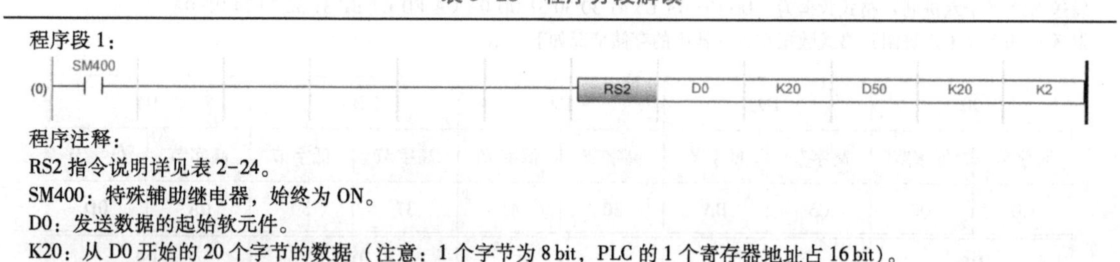

程序注释：
RS2 指令说明详见表 2-24。
SM400：特殊辅助继电器，始终为 ON。
D0：发送数据的起始软元件。
K20：从 D0 开始的 20 个字节的数据（注意：1 个字节为 8 bit，PLC 的 1 个寄存器地址占 16 bit）。
D50：保存接收数据的起始软元件（与本任务无关）。
K20：接收数据的字节数（与本任务无关）。
K2：使用 2 号通信通道。
程序说明：
PLC 运行后，开启 RS2 指令，执行从 D0 开始的连续 20 个字节的待发送数据，即 D0~D9。设置 2 号通信通道为数据发送通道

程序段 2：

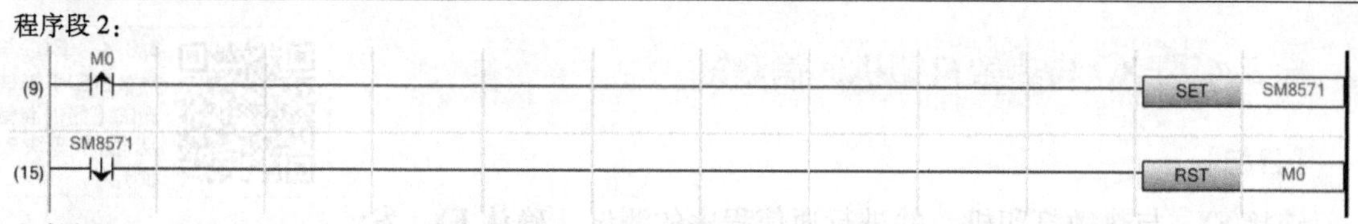

程序注释：
M0：普通辅助继电器，用于触发 PLC 数据发送。
SM8571：通道 2 发送请求标志。该标志置为 ON 时开始发送，发送完毕该标志自动变为 OFF。
程序说明：
将 M0 由 OFF 变为 ON 时，置位 SM8571，RS2 指令通过通道 2 发送数据。当完成数据发送后，SM8571 自动转为 OFF，同时将 M0 置为 OFF，等待下次置位

（续）

程序段 3：

(21) SM400

指令	源	目标
MOV	H0CDD0	D0
MOV	H0C5BA	D1
MOV	H3041	D2
MOV	H3130	D3
MOV	H0A0D	D4
MOV	H0FDCA	D5
MOV	H0BFC1	D6
MOV	H3231	D7
MOV	H3433	D8
MOV	H0A0D	D9

程序说明：

PLC 运行后，通过 MOV 传输指令将所要发送的 HEX 格式数据传输至 D0~D9 的 10 个寄存器中。编程时，需要注意高低字节位置，PLC 在发送数据时，先发送低字节，再发送高字节。

发送 HEX（十六进制）格式数据为：D0 CD BA C5 41 30 30 31 0D 0A CA FD C1 BF 31 32 33 34 0D 0A。

发送的 HEX（十六进制）格式数据在寄存器中的存储情况如下所示：

D0		D1		D2		D3		D4	
高字节	低字节	高字节	低字节	高字节	低字节	高字节	低字节	高字节	低字节
CD	D0	C5	BA	30	41	31	30	0A	0D
D5		**D6**		**D7**		**D8**		**D9**	
高字节	低字节	高字节	低字节	高字节	低字节	高字节	低字节	高字节	低字节
FD	CA	BF	C1	32	31	34	33	0A	0D

5.3.4 FX_{5U}与热敏打印机通信测试

5.3.4 FX_{5U}与热敏打印机通信测试（器件准备及通信模块安装）

［目标］

连接 FX_{5U}与热敏打印机，并进行通信程序的测试，确认 FX_{5U}发出的 HEX 数据符合热敏打印机的通信格式，并实现相关信息打印。

［描述］

FX_{5U}通过 FX5-232-BD 通信板进行 RS-232 通信接口的扩展。计算机通过以太网线路连接 FX_{5U}，根据 5.3.3 中的 HEX（十六进制）编码内容，编写 PLC 数据发送程序。计算机使用

T125A 模块，将 FX_{5U}通过 FX5-232-BD 通信板发出的数据内容进行接收检查，确保 FX_{5U}发送的数据编码内容正确。

［实施］

1. 实施说明

实践中，首先完成计算机与 FX_{5U}之间的网线、RS-232 线路连接，并对 PLC 进行初始化操作。通过计算机监控 PLC 程序，触发 PLC 数据发送程序，实现热敏打印机的打印操作。

系统接线图如图 5-18 所示，系统通信架构图如图 5-19 所示。

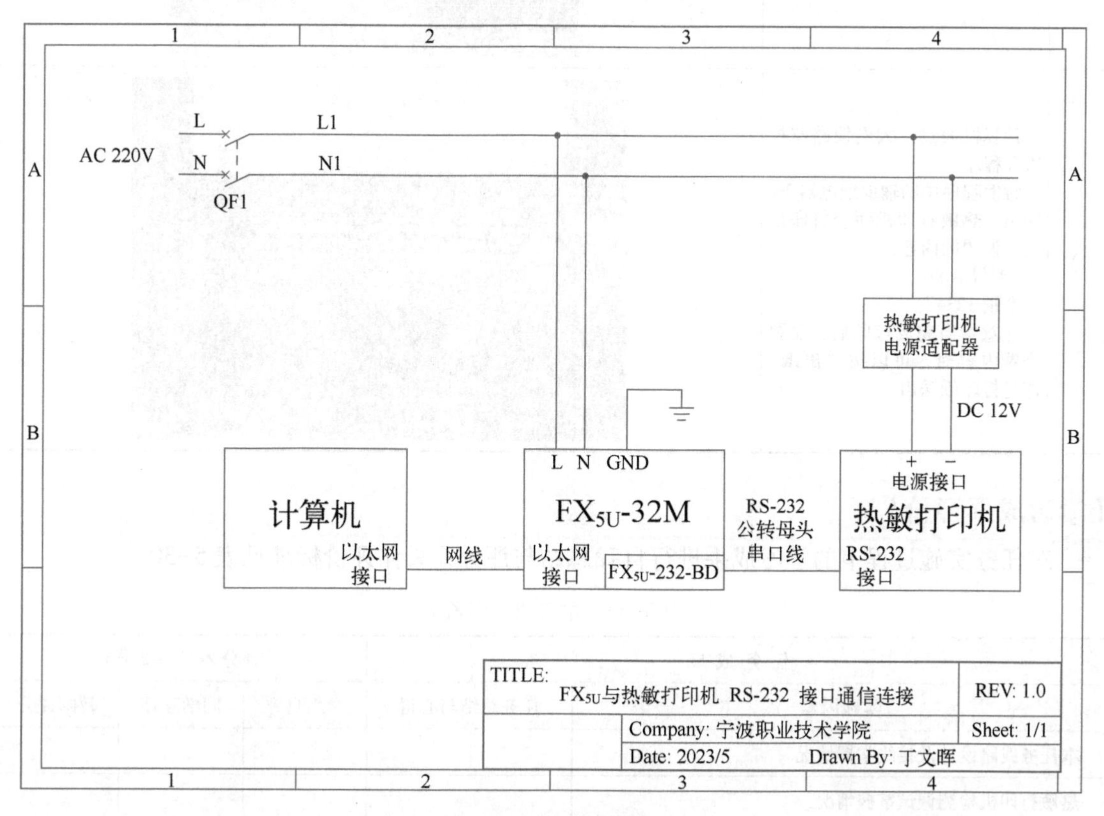

图 5-18　系统接线图

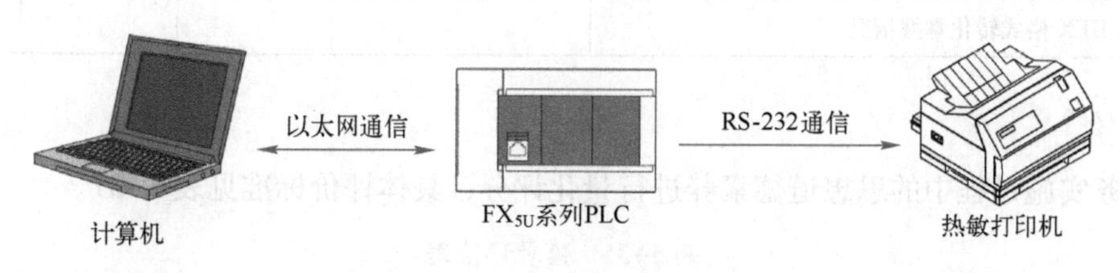

图 5-19　系统通信架构图

2. 操作步骤

FX_{5U}与热敏打印机通信调试步骤见表 5-29。

表 5-29　FX_{5U}与热敏打印机通信调试步骤

操作步骤	操作说明	示意图
1）	将热敏打印机串口延长线接至FX_{5U}通信扩展模块 FX5-232-BD 的串口上。 将计算的网线与FX_{5U}相连接	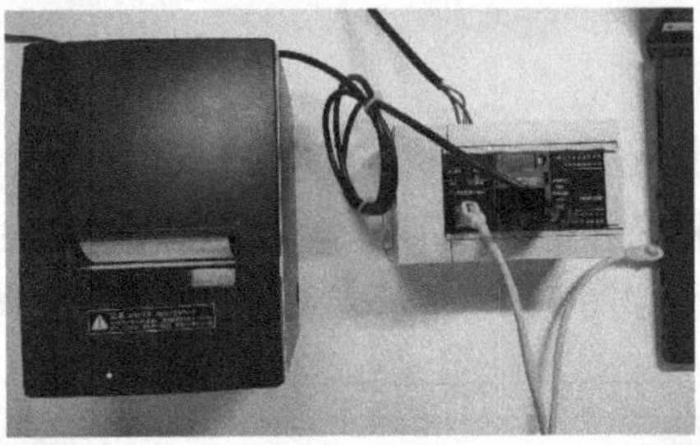
2）	计算机通过以太网线路监控 PLC 程序。 触发程序中的辅助继电器 M0 输出，热敏打印机便会打印出之前设置的内容： “型号 A001 数量 1234”。 注意：当完成打印后，需要查看内容时，可以按“出纸”键将打印纸送出	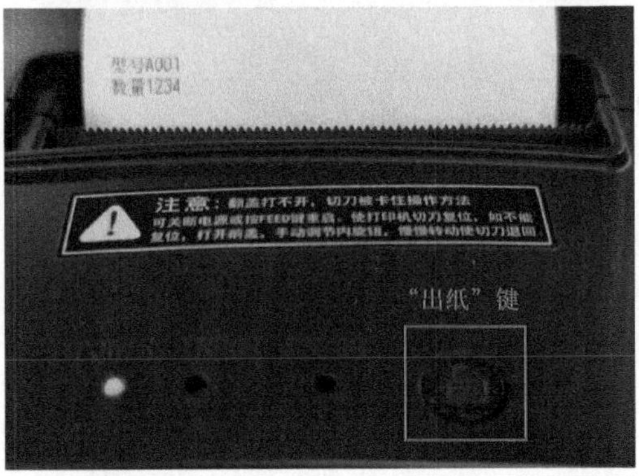

【学习成果评价】

对任务实施过程中的学习成果进行自我总结与评分，具体评价标准见表 5-30。

表 5-30　学习成果评价表

任务成果		评分表（1~5 分）		
实践内容	任务总结与心得	学生自评	同学互评	教师评分
本任务线路设计及接线掌握情况				
热敏打印机检测调试掌握情况				
RS2 指令功能掌握情况				
GB2312 与 HEX 格式转化掌握情况				

【素养评价】

对任务实施过程中的思想道德素养进行量化评分，具体评价标准见表 5-31。

表 5-31　素养评价表

评价项目	评价内容	得　分
课上表现	课堂参与程度	5□　3□　1□
	小组合作程度	5□　3□　1□
	实操完成度	5□　3□　1□
	任务完成质量	5□　3□　1□

（续）

评价项目	评价内容	得　分
职业精神	合作探究	5□　3□　1□
	严谨精细	5□　3□　1□
	讲求效率	5□　3□　1□
	独立思考	5□　3□　1□
	问题解决	5□　3□　1□
法治意识	遵纪守法	5□　3□　1□
	拥护法律	5□　3□　1□
健全人格	责任意识	5□　3□　1□
	抗压能力	5□　3□　1□
	友善待人	5□　3□　1□
	善于沟通	5□　3□　1□
社会意识	低碳节约	5□　3□　1□
	环境保护	5□　3□　1□
	热心公益	5□　3□　1□

【拓展与提高】

某高新生产企业，根据要求需要对供应温水的温度进行纸质记录，任务引入自动报表打印系统。该系统需要在每天 23:59 下班时，打印出当天监控管道的温度数据报表，报表具体格式见表 5-32。您作为工程师，请完成该任务的选型、图纸绘制、线路接线以及程序调试。任务需要提交的资料见表 5-33。

表 5-32　XX 重点流水线温度监控日报表

2023　年　1 月　5 日	
最高温度：	（自定数据）
平均温度：	（自定数据）
最低温度：	（自定数据）
是否达标：	（自定数据）
今日值班员签名：	

表 5-33　任务需要提交的资料

序号	文　件　名	数量	负责人
1	任务选型依据及定型清单	1	
2	电气原理图	1	
3	电气线路完工照片	1	
4	调试完成的 PLC 程序	1	
5	打印成品照片	2	

本书相关初始化操作见如下二维码内容。

6.1　FX_{3U} 初始化（第 1 部分）

6.1　FX_{3U} 初始化（第 2 部分）

6.2　FX_{5U} 初始化

6.3　Q 系列初始化（第 1 部分）

6.3　Q 系列初始化（第 2 部分）

6.4　变频器初始化

6.5　温控器初始化

参考文献

[1] 三菱电机自动化（中国）有限公司 . FX_{3S} · FX_{3G} · FX_{3GC} · FX_{3U} · FX_{3UC}系列微型可编程控制器编程手册（基本 · 应用指令说明书）[Z]. 2016.

[2] 三菱电机自动化（中国）有限公司 . FX_{3U}-232-BD 安装手册 [Z]. 2007.

[3] 三菱电机自动化（中国）有限公司 . FX_{3U}-485-BD 安装手册 [Z]. 2007.

[4] 三菱电机自动化（中国）有限公司 . FX_{3U}-485ADP-MB 安装手册 [Z]. 2007.

[5] 三菱电机自动化（中国）有限公司 . FX 系列微型可编程控制器用户手册（通信篇）[Z]. 2019.

[6] 三菱电机自动化（中国）有限公司 . 三菱电机微型可编程控制器 MELSEC iQ-F FX_{5S}/FX_{5UJ}/FX_{5U}/FX_{5U}用户手册（硬件篇）[Z]. 2021.

[7] 三菱电机自动化（中国）有限公司 . 三菱电机微型可编程控制器 MELSEC iQ-F FX_{5S}/FX_{5UJ}/FX_{5U}/FX_{5UC}用户手册（串行通信篇）[Z]. 2021.

[8] 三菱电机自动化（中国）有限公司 . 三菱电机微型可编程控制器 MELSEC iQ-F FX_{5S}/FX_{5UJ}/FX_{5U}/FX_{5UC}用户手册（MODBUS 通信篇）[Z]. 2021.

[9] 三菱电机自动化（中国）有限公司 . 三菱电机微型可编程控制器 MELSEC iQ-F FX_{5S}/FX_{5UJ}/FX_{5U}/FX_{5UC}用户手册（以太网通信篇）[Z]. 2021.

[10] 三菱电机自动化（中国）有限公司 . 三菱电机微型可编程控制器 MELSEC iQ-F FX5 编程手册（指令/通用 FUN/FB 篇）[Z]. 2022.

[11] 三菱电机自动化（中国）有限公司 . MELSEC iQ-F FX5-232-BD 硬件手册 [Z]. 2019.

[12] 三菱电机自动化（中国）有限公司 . Q 系列 CC-Link 网络系统用户参考手册（主站，本地站） [Z] . 2000.

[13] 三菱电机自动化（中国）有限公司 . 三菱电机通用变频器内置选件 FR-A8NC 使用手册（CC-Link 通讯功能）[Z]. 2017.

[14] 三菱电机自动化（中国）有限公司 . 三菱通用变频器 FR-E700 使用手册（应用篇）[Z]. 2022.

[15] 三菱电机自动化（中国）有限公司 . 三菱电机通用变频器 E800 使用手册（连接篇）[Z]. 2022.

[16] 三菱电机自动化（中国）有限公司 . 三菱电机通用变频器 E800 使用手册（功能篇）[Z]. 2022.

[17] 三菱电机自动化（中国）有限公司 . 三菱电机通用变频器 E800 使用手册（通讯篇）[Z]. 2022.

[18] 三菱电机自动化（中国）有限公司 . 三菱电机通用变频器 E800 使用手册（维护篇）[Z]. 2021.

[19] 中达电通股份有限公司 . DTK 系列温控器操作手册 [Z]. 2020.

[20] 郭琼，姚晓宁 . 现场总线技术及其应用 [M]. 4 版 . 北京：机械工业出版社，2024.

[21] 李正军，李潇然 . 现场总线与工业以太网及其应用技术 [M]. 2 版 . 北京：机械工业出版社，2023.

[22] 苏州汇川技术有限公司 . MD200 系列简易变频器用户手册 [Z]. 2019.

[23] 永宏电机有限公司 . 永宏可编程控制器使用手册 II 进阶应用篇 [Z]. 2022.